大学计算机基础教程

（Windows 7+Office 2010版）

主 编 张金秋 牛 炎

上海大学出版社

图书在版编目(CIP)数据

大学计算机基础教程/张金秋，牛炎主编. —上海：上海大学出版社，2012.7（2015. 7 重印）
ISBN 978-7-5671-0214-9

Ⅰ. ①大… Ⅱ. ①张…②牛… Ⅲ. ①电子计算机-高等学校-教材Ⅳ. ①TP3

中国版本图书馆 CIP 数据核字(2012)第 105749 号

责任编辑 彭 俊　　封面设计 施羲雯
技术编辑 金 鑫　　章 斐

大学计算机基础教程

张金秋 牛 炎 主编
上海大学出版社出版发行
（上海市上大路 99 号 邮政编码 200444）
（http://www.shangdapress.com 发行热线 021-66135112）
出版人：郭纯生

*

江苏德埔印务有限公司印刷 各地新华书店经销
开本 787×1092 1/16 印张 22.5 字数 532 千字
2012 年 7 月第 1 版 2015 年 7 月第 3 次印刷
印数：11201~13300
ISBN 978-7-5671-0214-9/TP·058 定价：35.80 元

大学计算机基础教程

编 委 会

主编

张金秋　牛　炎

副主编

陈治伯　黄军伟　骆焦煌

参加编写人员

张曙光　乔玲玲　杨景花　唐　娴

张红军　孙翠改　刘　娜　王　莉

前 言

随着教育改革的不断深入，高等教育发展迅速，加之社会对高层次应用型人才的需求更加迫切，目前高等教育已经进入到一个新的发展阶段。在改革和改造传统专业的基础上，加强应用型学科专业建设，主要面向地方支柱产业、高新技术产业、服务业，培养应用型人才已经成为普通高校教学改革的趋势。在教学改革中不断更新教学内容，改革课程体系，使教育与经济建设相适应。

为了提高普通高等院校学生计算机应用的水平，并尽快适应社会发展的需要，按照教育部计算机教学指导委员会《高等院校计算机教学基本要求（2010版）》精神，结合近三年的考试实际情况，我们总结了多年的教学经验，以新的教学思路编写了这套教材。

本套教材的目标是要让大学生不仅仅会进行计算机的基本操作，而且要对计算机的原理和进一步的应用奠定比较好的基础，在后继课程的学习和将来的工作中能较长期的受益。在这套教材中，我们集中概括了当代大学生所必须了解的信息科学和信息技术的基础理论，必须掌握的信息基础、计算机技术、数据通信、网页技术和网络技术的基础知识，以及必须提供的计算机操作和应用的基本技能。

在本套教材的编写过程中，我们顾及了教学内容的系统性和完整性；考虑了各个块面知识的联系；考虑了基础理论、基本操作技能和解决实际问题能力的有机结合，特别注重于实际应用能力的培养。通过这门课的学习，学生不仅能适应计算机的飞速发展，同时也能运用所学的知识帮助自己的研究和工作。

在编写过程中，全体作者多次认真地对教材的深度和难度进行了研究，最终决定操作系统以Windows 7为基础进行介绍，办公软件的应用以Office 2010为基础进行介绍，采用这些较新的内容对大学生未来的学习和工作更加有益。

全书涵盖了高等院校非计算机专业计算机应用课程的教学特点，全书系统性强，概念清楚，逻辑清晰，内容全面，语言简练，可操作性强。本书配有《大学计算机实训教程》。

由于时间紧迫，作者水平有限，书中难免有错漏之处，恳求广大读者和专家批评指正。

目录

第1章　计算机基础与信息科学

本章提要

信息化时代，人类生存的一切领域，在政治、商业，甚至个人生活中，都是以信息的获取、加工、传递和分配为基础的。信息技术是人们在信息活动中所采用的一切技术和方法。计算机是人类史上最伟大的发明之一，是现代信息技术的核心，是存储和处理信息的主要工具。计算机系统由硬件和软件两大部分组成。信息在计算机内是以二进制形式存储和处理的。

学习目标

- 了解计算机的发展过程、特点及发展趋势；
- 了解信息技术发展过程，理解现代信息技术的内容；
- 理解二进制数的表示方法和计算机内部信息的存储方法；
- 理解计算机的基本工作原理，熟悉计算机硬件系统的构成；
- 熟悉计算机软件系统的构成，包括系统软件和应用软件。

1.1　计算机的发展与分类

电子计算机是20世纪人类最伟大的发明之一，从诞生之初到现在六十多年的时间，计算机对人们的工作、生活产生了巨大的影响，逐渐渗透到社会生活的各个方面，成为各行各业必不可少的一种基本工具。进入21世纪，社会步入信息化时代，计算机与信息技术成为人们必须掌握的基本知识。

1.1.1　计算机的发展过程

自古以来，人类就在不断发明和改进计算工具，从古老的“结绳记事”，到算盘、计算尺、差分机，直到1946年，第一台电子计算机诞生，计算工具经历了从简单到复杂、从低级到高级、从手动到自动的发展过程，而且还在不断地发展变化。

人类最早的计算是使用手指，因而产生了十进制计数法，而最原始的人造计算工具是算

筹，是由我国古代劳动人民最先创造和使用的。到公元前5世纪，中国发明的算盘，广泛用于商业贸易中，算盘被认为是最早的一种计算机，算盘在某些方面的运算能力（如加、减）要超过目前的计算机。

直到17世纪，计算设备才有了第二次重要进步。1621年，英国数学家威廉·奥特雷德（William Oughtred）根据对数原理发明了圆形计算尺，不仅能进行加、减、乘、除、乘方、开方运算，甚至可以计算三角函数、指数函数和对数函数。1645年，法国数学家帕斯卡（Blaise Pascal）发明自动进位加法器，这是人类历史上第一台机械计算器，计算器使用齿轮进行运算，但只能做加法。1673年，德国人莱布尼茨（G. W. Leibnitz）研制了一台能进行四则运算的机械式计算器，称为莱布尼茨四则运算器，如图1-1-1所示。这台机器在进行乘法运算时采用进位-加（shift-add）的方法，后来演化为二进制，被现代计算机采用。1822年，英国数学家查尔斯·巴贝奇（Charles Babbage）开始研制差分机，专门用于航海和天文计算，这是最早采用寄存器来存储数据的计算工具，体现了早期程序设计思想的萌芽，巴贝奇认为一个完整的计算器应具有存储、运算、控制等功能，使计算工具从手动机械跃入自动机械的新时代。

1937年英国剑桥大学的图灵（A. M. Turing）在一篇论文中提出了被后人称为“图灵机”的模型。1944年美国哈佛大学应用数学教授艾肯（H. Aiken）在IBM的资助下，研制成功了机电式计算机Mark-I，可做四则运算，执行一次加法需要0.3秒。

图 1-1-1　莱布尼茨四则运算器

二战期间，美国宾夕法尼亚大学物理学教授约翰·莫克利（John Mauchly）和他的研究生普雷斯帕·埃克特（Presper Eckert）受军械部的委托，为计算炮弹弹道启动了研制ENIAC（Electronic Numerical Integrator And Computer）的计划，1946年2月15日，这台标志人类计算工具历史性变革的巨型机器宣告竣工。ENIAC（见图1-1-2）是一个庞然大物，共使用了18000多个电子管、1500多个继电器、10000多个电容和7000多个电阻，占地167平方公尺，重达30吨。ENIAC的最大特点就是采用电子器件代替机械齿轮或电动机械来执行算术运算、逻辑运算和存储信息，因此，同以往的计算机相比，ENIAC最突出的优点就是高速度。ENIAC每秒能完成5000次加法，300多次乘法，比当时最快的计算工具快1000多倍。ENIAC是世界上第一台能真正运转的大型电子计算机，ENIAC的诞生标志着电子计算机（以下称计算机）时代的到来。

自从第一台电子计算机诞生以来，计算机的发展以用于构建计算机硬件的元器件的发展为主要特征，而元器件的发展与电子技术的发展紧密相关，每当电子技术有突破性的进展，就会导致计算机硬件的一次重大变革。因此，根据计算机所采用的电子元器件不同，人们将现代计算机的发展划分为以下四代：

第一代计算机（1946～1958），主要特征有：

1）电子元件：电子管；

2）运算速度：几千～几万（次/秒）；

3）存储设备：水银延迟电路或电子射线管；

图 1-1-2 ENIAC 计算机

4）系统软件：无操作系统，使用简单的机器语言和符号语言编写程序；

5）主要特点：体积庞大，耗电量多，运算速度低，制造成本高；

6）应用范围：主要用于科学计算和军事领域；

第二代计算机(1959～1964)，主要特征有：

1）电子元件：晶体管；

2）运算速度：数十万～几百万(次/秒)；

3）存储设备：以磁芯作为内存储器，用磁盘和磁带作为外存储器；

4）系统软件：用高级语言(如 Fortran，COBOL 等)编写程序，出现了系统管理程序；

5）主要特点：体积减小，速度更快，功耗降低，性能较稳定；

6）应用范围：扩展到数据处理和自动控制方面；

第三代计算机(1965～1970)，主要特征有：

1）电子元件：中、小规模集成电路；

2）运算速度：几百万～几千万(次/秒)；

3）存储设备：采用了半导体存储器，使存储容量和存储速度大幅度提高；

4）系统软件：出现了操作系统；

5）主要特点：体积更小，可靠性更高，运算速度更快，成本降低；

6）应用范围：进一步扩大，诸如企事业管理，文字处理等；

第四代计算机(1971～至今)，主要特征有：

1）电子元件：大规模、超大规模的集成电路；

2）运算速度：几千万～几百亿(次/秒)；

3）存储设备：半导体存储器集成度越来越高，辅存采用大容量的软、硬磁盘和光盘；

4）系统软件：完善的操作系统，并出现了数据库技术，网络通信技术和多媒体技术等；

5）主要特点：运算速度不断提高，价格大幅下降；

6）应用范围：办公自动化、数据库管理、多媒体运用和专家系统等多个领域；在此阶段中，外部设备有了很大发展，广泛采用光字符阅读器(OCR)、扫描仪、激光打印机和绘图仪等。

现代计算机经历了六十多年的发展，英国科学家图灵（Alan Matheson Turing）和美籍匈牙利科学家冯·诺依曼（John Von Neumann）是这个时期的杰出代表。图灵对现代计算机的贡献主要是建立了图灵机的理论模型，发展了可计算理论，并提出了定义机器智能的图灵测试。冯·诺依曼的主要贡献是确立了现代计算机的基本结构，即冯·诺依曼结构，其主要思想是存储程序和程序控制。

从20世纪80年代开始，日本、美国以及欧洲共同体都相继开展了新一代计算机的研究。新一代计算机是把信息采集、存储、处理、通信和人工智能结合在一起的计算机系统，它不仅能进行一般信息处理，而且能面向知识处理，具有形式推理、联想、学习和解释能力，能帮助人类开拓未知领域和获取新的知识。新一代计算机的研究领域大体包括人工智能、系统结构、软件工程和支援设备等方面，其系统结构将突破传统的冯·诺依曼机器的结构和概念，实现高度并行处理。

1.1.2 计算机的分类

计算机按照其用途分为通用计算机和专用计算机。根据计算机的运算速度、存储能力、输入输出能力和系统规模的大小，可将计算机划分为巨型机、大型机、小型机和微型机等4类。但美国电气和电子工程师协会（IEEE）建议把计算机划分为巨型机、大型机、小型机、工作站和微型计算机等5类。这两种分类方法大同小异。

1. 巨型机

巨型机也叫超级计算机，通常是指由数百数千甚至更多的处理器（机）组成的、能计算普通PC机和服务器不能完成的大型复杂课题的计算机。如果说普通计算机的运算速度比做成人的走路速度，那么超级计算机就达到了火箭的速度。在这样的运算速度前提下，人们可以通过数值模拟来预测和解释以前无法实验的自然现象。超级计算机是计算机中功能最强、运算速度最快、存储容量最大的一类计算机，多用于国家高科技领域和尖端技术研究，是国家科技发展水平和综合国力的重要标志。随着超级计算机运算速度的迅猛发展，它也被越来越多的应用在工业、科研和学术等领域。

2. 大型机

大型机最初是指装在非常大的铁盒子里的大型计算机系统，以用来同小一些的迷你机和微型机有所区别。大型机使用专用的处理器指令集、操作系统和应用软件，运算速度也相当快，可达几千万次～几亿次/秒，字长一般为64位，有比较完善的指令系统，外设配置齐全，软件丰富，主要用于计算中心和计算机网络中。

3. 小型机

小型机是指采用8到32颗处理器，性能和价格介于PC服务器和大型主机之间的一种高性能64位计算机。小型机跟普通的服务器（也就是常说的PC-SERVER）是有很大差别的，最重要的一点就是小型机的高RAS（Reliability、Availability、Serviceability高可靠性、高可用性、高服务性）特性。

4. 工作站

工作站是一种高档的微型计算机，以个人计算机和分布式网络计算为基础，通常配有高分辨率的大屏幕显示器及容量很大的内存储器和外部存储器，是一种主要面向专业应用领域，具备强大的数据运算与图形、图像处理能力，为满足工程设计、动画制作、科学研究、软件开发、金融管理、信息服务、模拟仿真等专业领域而设计开发的高性能计算机。工作站根据软、硬件平台的不同，一般分为基于RISC(精简指令系统)架构的UNIX系统工作站和基于Windows、Intel的PC工作站；根据体积和便携性，工作站还可分为台式工作站和移动工作站。

5. 微型机

微型计算机俗称电脑，出现于20世纪70年代后期，它采用微处理器、半导体存储器和控制芯片等器件组装成计算机系统，特点是体积小、灵活性大、价格便宜、使用方便，当前的个人计算机(PC机，Personal Computer，见图1-1-3)就是指的这种微型机，PC机已经成为当前使用的主流机型。微型计算机系统可以简单的定义为：在微型计算机硬件系统的基础上配置必要的外部设备和软件构成的实体。

图1-1-3 个人电脑

随着计算机技术的发展，现今的微型机与工作站乃至与小型机之间的界限已不明显，当前的微型机的性能甚至超过前几年的小型机。

1.1.3 计算机的发展趋势

计算机在社会各领域中的广泛应用，无论是在硬件还是软件方面都不断地推出新产品，方便了我们的学习和工作，促进了人类社会的发展和科学技术的不断进步，同时也推动了计算机技术的迅速发展。总体来说，计算机未来的发展趋势是向着功能巨型化、体积微型化、资源网络化和处理智能化等4个方向发展。

1. 功能巨型化

巨型化不是指计算机的体积越来越大，而是指其运算速度越来越快，存储容量越来越大，功能越来越强化和完善。巨型计算机运算能力一般在每秒百亿次以上、内存容量在几百兆字节以上，主要用于天文、气象、地质和核反应、航天飞机、卫星轨道计算机等尖端科学技术领域和军事国防系统的研究开发。我国自行研制的巨型机“银河三号”已达到每秒百亿次

的水平，而曙光2000二型超级计算机其尖峰运算数值已达千亿次，“天河一号”（见图1-1-4）是我国首台千万亿次超级计算机，2010年11月14日，国际TOP500组织在网站上公布了最新全球超级计算机前500强排行榜，“天河一号”雄居第一。

图1-1-4 我国自主研制的“天河一号”

2. 体积微型化

微型化是指利用微电子技术和超大规模集成电路技术，把计算机的体积进一步缩小，价格进一步降低。20世纪70年代以来，由于大规模和超大规模集成电路的飞速发展，微处理器芯片连续更新换代，微型计算机连年降价，加上丰富的软件和外部设备，操作简单，使微型计算机很快普及到社会各个领域，并走进了千家万户。

随着微电子技术的进一步发展，微型计算机将发展得更加迅速，各种笔记本电脑和平板电脑(PAD)的大量面市，是计算机微型化的一个标志。

3. 资源网络化

单台计算机的硬件和软件配置一般较低，其功能也有限。因此，要求巨型机和大型机的硬件及软件资源及所管理的信息资源，更多的计算机所共享，以便充分利用资源，这就促使计算机向网络化发展。计算机网络是计算机技术和通信技术相结合的产物，它用通信线路把不同地域的多台计算机进行连接，以便实现信息交流和资源共享，使计算机的功能增强。

目前各国都在开发三网合一的系统工程，即将计算机网、电信网、有线电视网合为一体。通过网络能更好的传送数据、文本资料、声音、图形和图像，用户可随时随地在全世界范围拔打可视电话或收看任意国家的电视和电影。

国际互联网即因特网(Internet)，是目前世界上规模最大、用户最多、资源最丰富几乎遍及全球的“网络”，它的出现使整个地球变为地球村成为了可能。

4. 处理智能化

随着人们对计算机要求的不断提高，现代计算机已经突破了“计算”的基本含义，人们希望计算机会学习、能思考、会推理,具备处理与理解文字和图像、声音、语言的能力,并且有对话的能力,使人机能够用自然语言直接对话。

智能化发展就是要求计算机能模拟人的感觉和思维能力,也是新一代计算机要实现的目标。实际上,目前计算机的智能化完全是依照人们事先编制好的程序在运行。智能化的研究领域很多,其中最有代表性的领域是专家系统和机器人,目前已研制出的机器人可以代替人从事危险环境的劳动。智能化发展仍是现在及未来主要的研究方向。

展望未来,计算机的发展必然要经历更多新的突破。从目前的发展趋势来看,未来的计算机将是微电子技术、光学技术、超导技术和电子仿生技术相互结合的产物。第一台超高速全光数字计算机,已由欧盟的英国、法国、德国、意大利和比利时等国的70多名科学家和工程师合作研制成功,光子计算机的运算速度比电子计算机快1000倍。在不久的将来,超导计算机、神经网络计算机等全新的计算机也会诞生,届时计算机将发展到一个更高、更先进的水平。

1.1.4 信息化时代

随着农业时代和工业时代的衰落,人类社会正在向信息时代过渡,社会形态也由工业社会发展到信息社会。信息社会与农业社会和工业社会最大的区别,就是不再以体能和机械能为主,而是以智能为主。信息时代是人类社会发展进步到一定程度所产生的一个全新的阶段。

到20世纪50年代,随着计算机的出现和发展,信息对整个社会的影响逐步提高到一个绝对重要的地位。信息量、信息传播的速度、信息处理的速度以及应用信息的程度等都以几何级数的方式在增长,人类社会进入了信息时代。在这个新阶段里,人类生存的一切领域,在政治、商业,甚至个人生活中,都以信息的获取、加工、传递和分配为基础。

1. 信息技术的发展

人类自古以来就在利用信息资源,只是利用的能力和水平很低而已。随着人类对世界的认知和控制能力的提高,人们对信息的利用程度不断提高,信息技术也逐渐发展成熟。信息技术的发展过程经历了语言的产生,文字的出现和使用,印刷术的发明和使用,电报、电话、广播、电视的发明和使用,以及计算机技术的发明和利用五次重大变革,可以分为古代信息技术、近代信息技术和现代信息技术三个阶段。

(1) 古代信息技术发展阶段

人类社会的早期,人们只能利用大自然给予的器官及功能来进行信息的简单处理。随着社会的演变和人类的进化,产生了语言,进而使信息的表达和传输效率大大提高。语言的出现,可以说是人类独有的交流信息的最初步骤,也是人类成为社会人的最基本条件。

信息处理手段的第一次飞跃应当说是文字的产生与使用,包括纸张的产生与印刷术的进步。文字的出现,克服了人脑容易遗忘的缺陷,为人类提供一种独立于个别人的头脑之外的、可靠稳定的、不受时间与空间限制的、共同的信息存储形式,在信息的存储方面有了重大的突破,用现代信息处理的术语来说,相当于有了永久的外存储器。这与只靠语言来传播和继承知识与信息的时代相比,无疑是一个极大的进步。

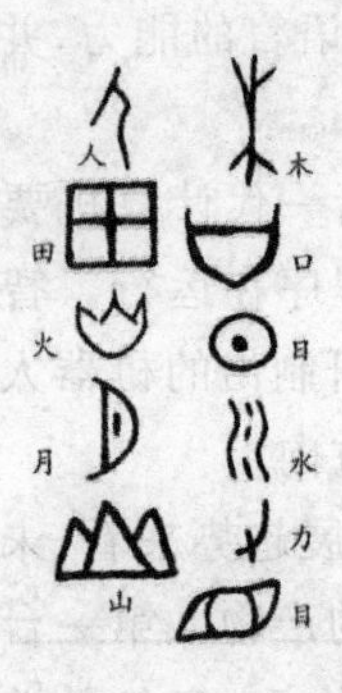

图 1-1-5　象形文字

图 1-1-6　印刷术

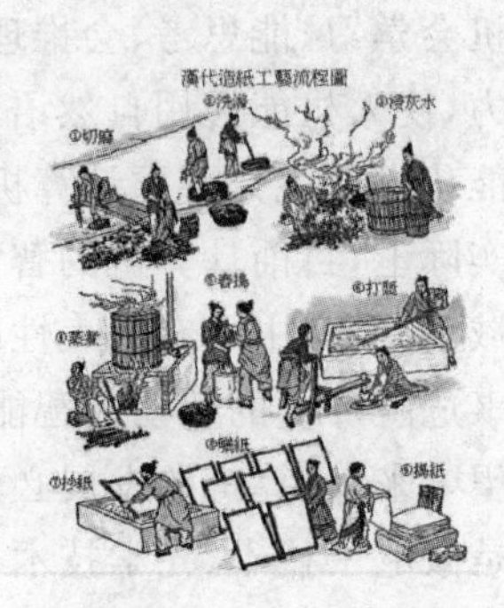

图 1-1-7　造纸术

由于这个进步，人类能够有效地积累经验，形成对自然界以及人类自身的知识的理解，同时推进了人类社会迅速发展和进步。至此，人类才摆脱了缓慢发展、无法积累经验成果的史前时期，在相对比较短的几千年的时间内（与上百万年的史前时期相比），推动了古代社会的发展。与此同时，在信息的存储、加工、传递和显示方面，也有了相应的进步与发展。

古代信息技术是以文字记录为主要的信息存储方式，以书信传递为主要的信息传递方法，信息的采集、整理、传递都是在人工条件下实现的，因此，信息活动范围小、效率低、可靠性也差。

(2) 近代信息技术发展阶段

18 世纪 60 年代，第一次工业革命给社会各方面带来了翻天覆地的变化，机械作业代替了传统的手工劳作，在信息处理方面，工业革命的思想与技术同样产生了一系列成果。例如，帕斯卡发明的机械计算机，这种设备可以在一定程度上帮助人们从事大量数据的累加、乘、除等运算。以其为原形发展起来的手摇计算机直到上世纪 60 年代初还在许多地方使用。

到 19 世纪中叶，随着电报、电话、广播和电视的发明，电磁波的发现，为信息技术的发展带来了第四次重大变革，使得通信领域产生了根本性的巨大变革，这些技术与设备使人类在信息处理方面有了进一步的提高。1844 年 5 月，美国人莫尔斯（Morse）在国会大厦作了“用导线传递消息”的实验，通过电报机，将电报信息传输到 64 公里外的巴尔的摩城，开启了人类通信的新时代。1864 年，英国物理学家麦克斯韦（Maxwell）预言了电磁波的存在，说明了电磁波与光具有相同的性质，并且两者都是以光速传播的。1875 年，美国青年贝尔（Bell）发明了世界上第一台电话机，并于 1878 年在相距 300 公里的波士顿和纽约之间进行了首次长途通话实验，获得成功。1920 年美国无线电专家康拉德在匹兹堡建立了世界上第一家商业无线电广播电台，从此广播事业在世界各地蓬勃发展，收音机成为人们了解时事新闻的方便途径。1933 年，法国人克拉维尔建立了英法之间的第一条商用微波无线电线路，推动了无线电技术的进一步发展。

1925 年美国无线电公司研制出第一部实用的传真机以后，传真技术不断革新。传真通信与其他的通信方式相比，具有更多的优势：传真不需要对信息进行逐字处理，因而可以从根本上消灭人为差错，另外传输图像和文字的效果也比普通电报机好。1927 年，英国广播公司开始播放贝尔德实现的圆盘电视节目；1939 年，美国推出全电子电视，1953 年首次开播了彩色电视节目。1964年，随着世界上第一颗同步卫星顺利升空，使得跨洋通信和电视转播成为可能。

图 1-1-8 电报机

图 1-1-9 电话

图 1-1-10 圆盘电视

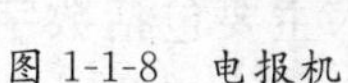

近代信息技术发展阶段是以电为主题的信息传输技术，它大大提高了信息传递的速度和传播的距离。电通信是利用电波作为信息的载体，将电信号传输到远方，依据电波传输介质不同，可以分为“有线电波”和“无线电波”两类。有线电波指电波沿着通信线路传输，无线电波是电波借助空间介质传播的方式。利用电通信，使得信息传递速度更快，距离更远，效率更高，信息量更大，人类的信息活动也因此步入了全新的阶段。

(3) 现代信息技术发展阶段

20世纪中期，社会进入“信息爆炸”时代，信息活动的强度和范围不断扩大，社会信息量达到前所未有的高度，因此，在信息处理方面也进入了一个全新的时期，我们可称之为信息处理的现代阶段，其主要标志就是电子计算机的发明使用。

所谓现代信息技术，就是指在这几十年内迅速发展起来并迅速普及的一系列技术，诸如计算机技术、微电子技术、集成电路技术、通信技术等，这些技术构成了现代信息处理的基础。现代信息技术的核心是电子计算机和现代通信技术。电子计算机作为信息处理的设备，不论在信息量的存储方面，还是在信息处理加工速度方面都有长足的发展。

现代通信技术主要包括数字通信、卫星通信、微波通信、光纤通信等。通信技术的普及应用，是现代社会的一个显著标志。通信技术的迅速发展大大加快了信息传递的速度，使地球上任何地点之间的信息传递速度缩短到几分钟之内甚至更短，加上价格的大幅度下降，通信能力的大大加强，多媒体信息(数字、声音、图形、图像)的传输，使社会生活发生了极其深刻的变化。

除了以上最主要的技术外，现代信息技术还包括了现代办公设备、轻印刷设备、缩微技术、遥测技术等方面的内容，它们同样对提高人类信息处理水平发挥了巨大的作用。

2. 现代信息技术的内容

现代信息技术主要包括了信息的获取、传输、处理、控制和存储几个方面。

(1) 信息获取技术

获取信息是进行信息传输、处理、存储的基础。获取信息的方法主要有两种：一种是通过本身的感觉器官直接获取外部信息，比如利用人的听觉、视觉、嗅觉和触觉等感知信息，这是人类获取信息的主要途径；另一种是从记载的资料获取间接的信息，这种方法是建立在其他人信息积累的基础之上。但是，通过感觉器官获取信息有很大的局限性，因为很多信息是

人体的器官无法直接感受的，所以，人们研制和发明了很多用来获取信息的仪器仪表和传感器，利用这些工具，人们可以获得更多的信息。直接获取信息的方法主要有问卷调查法和实验法，间接获取信息的方法主要有文献检索法和网络检索法。传感技术是信息获取技术的核心。

(2) 信息传输技术

信息传输技术主要指信息如何在空间进行传递，其核心技术即通信技术。

通信技术是将信息通过某种传输介质在通信方之间传递，以便让更多人接收到信息，从而发挥信息应有的作用。在古代，人们发明了使用信鸽、驿站、烽火台等传递信息，到近代，出现了电报、电话、电视、广播等新的传递信息的技术，现代通信技术主要包括数字通信、卫星通信、微波通信、光纤通信等高新技术，大大缩短了通信时间，而且实现了信息的快速、准确、有效传递。

(3) 信息处理技术

信息处理就是对获取的原始信息进行识别和加工，从而生产价值含量高、方便利用的信息，是一个去伪存真、去粗取精、由表及里的过程。

计算机产生之前，人类进行信息处理基本采用手工的方式，这种方式效率较低，而且容易发生错误，因而降低了信息的准确性。计算机问世以来，作为信息处理的基本工具，不但提高了处理信息的效率，而且有效的降低了出错率，提高了信息的准确性，同时，利用计算机存储信息也变得更方便，信息处理进入自动化时代。计算机技术是信息处理的核心技术。

(4) 信息控制技术

在信息活动中，对信息进行有效的控制，是传递和利用信息的前提，信息控制技术就是利用信息传递和信息反馈来实现对目标系统进行控制的技术，如导弹控制系统技术等。信息反馈控制是指将系统输出的信息返送到输入端，与输入信息进行比较，并利用两者的偏差进行控制的一个过程。反馈控制的实质其实是用过去的情况指导现在和将来。

目前人们把通信技术、计算机技术和控制技术合称为3C(Communication，Computer，Control)技术，3C技术是信息技术的主体。

(5) 信息存储技术

信息存储技术指的是如何采用有效的手段或方法记录并保存信息。信息存储技术的发展随着时代的变迁也在不断的进步，在远古时代，人们存储信息的主要方法是通过做记号记录并存储信息，比如结绳记事；随着文字的出现和印刷术的发明，人们开始利用纸张存储信息，有效地延长了信息的存储时间；到近代以后，电技术的发展推动信息存储技术的进步，出现诸如录音(钢丝录音、磁带录音)、唱片、照相、录像等信息存储方式；计算机出现后，滋生了新的存储方式，如磁性存储介质(磁盘)、电子信息存贮介质(光盘)、光学存储介质(内存、U盘)等已渗入你我的生活，得到广泛的应用；未来，人们会探索储存密度更大、存储状态更稳定的信息载体，如生物存储——用DNA存储信息。

3. 信息技术的应用

当前，信息技术在社会各行各业中得到了广泛的应用，说人类生活在一个“信息爆炸”的时代一点都不为过，信息技术对人们的学习、工作和生活产生了巨大影响，正在逐渐改变我

们传统的学习、工作和生活方式。

(1) 信息技术在学习和工作中的应用

信息技术在教育领域的应用,改变了传统的教育方式。多媒体课件可以使教学声情并茂、化繁为简、化难为易,在有限的时间内,大大提高了教学的效率,增加了课堂信息容量,从而优化了课堂教学。

随着网络的普及,很多院校都建立了自己的校园网络并接入了因特网(Internet),使得学生在学校里随时可以上网查找资料、与其他人交流,有的院校还开通了网络课堂,使得老师和学生可以通过网络交流,进行答疑或开展其他活动。网络化校园推动了教学方式的改革,提高了教学效率。网络化校园不仅对提高教学效果有帮助,而且给学生管理、教务工作、招生就业等日常工作也带来了极大方便,提高了工作效率,促使学校管理向着数字化、网络化的方向发展。

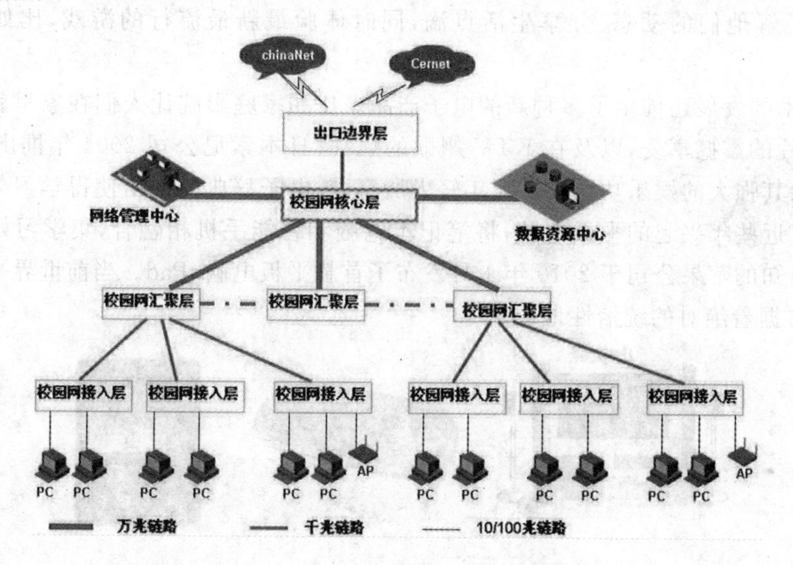

图 1-1-11 校园网构建方案示例

(2) 信息技术在生活中的应用

信息技术在生活中的应用也很广泛,人们的生活习惯和生活方式也因此发生了改变。比如网络购物的兴起,只要开通网上支付功能,我们不需要出门,在家里点点鼠标就可以在网上购买任何想要的东西。这种方式大大节省了时间成本,越来越受到人们的喜爱。

信息技术的发展给人们的通信也提供了更多的承载信息类型,出现了各式各样的功能神奇、样式新颖的产品,手机的功能越来越多,如手机影音、手机拍照、手机上网、手机支付等。随着 3G 网络(3rd Generation,第三代移动通信技术)的推广,使手机能够在全球范围内更好地实现无线漫游,并处理图像、音乐、视频流等多种媒体形式,提供包括网页浏览、电话会议、电子商务等多种信息服务,3G 与 2G 的主要区别是在传输声音和数据的速度上的提升。国内的主要的运营商包括中国移动、中国联通和中国电信。另外,可视电话、声控电话以及自动翻译电话也已经开始使用。

网络技术的进步使得现在越来越多的家庭都可以加入因特网。电子邮件服务(E-Mail)可以快速的将邮件送往世界各个角落,替代了传统书信的作用;网络电话(IP 电话)也因其

图 1-1-12　3G 时代来临

低廉的资费和清晰的话质被越来越多人接受；网上聊天、玩游戏、听歌等娱乐功能更是拥有广阔的用户群；文件检索和资料搜寻更是可以让人们快速得到需要的第一手资料；“织围脖”(微博)成为现在的一种时尚，微博的流行使得用户可以实现即时分享信息，最早也是最著名的微博是美国的 twitter；社交网站的兴起使得我们可以随时随地与朋友、同学、同事和家人保持联系，了解他们的动态、分享生活点滴，同时体验最新最流行的游戏，比如国内的开心网。

信息技术的发展还催生了多种新的电子产品。比如家庭影院让人们在家里就可以体验电影院看大片的震撼享受，以及在 KTV 飙歌的疯狂；日本索尼公司 2004 年推出的 PSP 掌上游戏机，以其强大的娱乐功能被广大年轻人所喜爱；电子辞典的推出使得学习外语变得更加方便；还有近些年兴起的平板电脑，将笔记本电脑和智能手机相融合，集学习娱乐功能于一体，大家熟知的苹果公司于 2010 年 1 月发布了首款平板电脑 iPad。当前世界平板电脑市场中，iPad 占据着绝对的统治性地位。

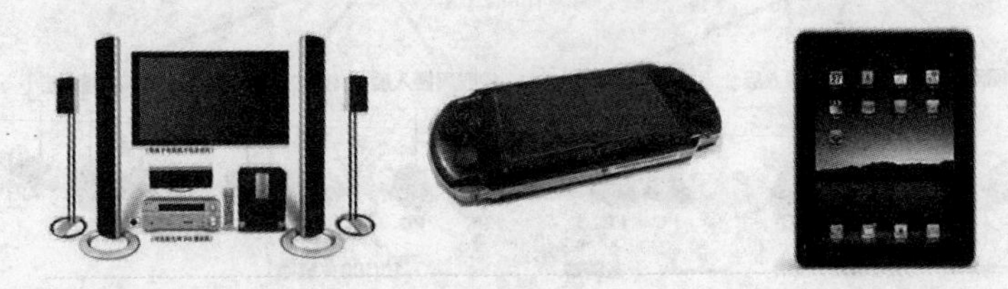

图 1-1-13　新型电子产品

从 20 世纪 90 年代后期开始，融合了计算机、信息与通信、消费类电子三大领域的信息家电开始广泛地深入家庭生活，它具有视听、信息处理、双向网络通讯等功能，由嵌入式处理器、相关支撑硬件(如显示卡、存储介质、IC 卡或信用卡的读取设备)、嵌入式操作系统以及应用层的软件包组成。广义上来说，信息家电包括所有能够通过网络系统交互信息的家电产品，如 PC、机顶盒、HPC、DVD、超级 VCD、无线数据通信设备、视频游戏设备、WEBTV 等。目前，音频、视频和通讯设备是信息家电的主要组成部分。从长远看，电冰箱、洗衣机、微波炉等也将会发展成为信息家电，并构成智能家电的组成部分。

(3) 信息技术在工作中的应用

信息技术在日常工作中也扮演着重要的角色，比较典型的应用比如办公自动化(Office Automation，简称 OA)和电子商务(Electronic Commerce)等等，简化了工作程序，大大地提升了工作效率。

办公自动化是将现代化办公和计算机、网络结合起来的一种新型的办公方式，可以优化现有的管理组织结构，调整管理体制，在提高效率的基础上，增加协同办公能力，强化决策的

一致性，最后实现提高决策效能的目的。具体表现有：通过计算机处理和存储各种文档；利用诸如复印机、传真机等设备复制、传递文档；采用计算机网络技术传递文档等等。办公自动化的发展方向应该是数字化办公。所谓数字化办公即几乎所有的办公业务都在网络环境下实现，从技术发展角度来看，特别是互连网技术的发展，安全技术的发展和软件理论的发展，实现数字化办公是可能的。

电子商务通常是指在全球各地广泛的商业贸易活动中，在因特网开放的网络环境下，基于浏览器/服务器应用方式，买卖双方不谋面地进行各种商贸活动，实现消费者的网上购物、商户之间的网上交易和在线电子支付以及各种商务活动、交易活动、金融活动和相关的综合服务活动的一种新型的商业运营模式。电子商务是以商务活动为主体，以计算机网络为基础，以电子化方式为手段，在法律许可范围内所进行的商务活动过程，是运用数字信息技术，对企业的各项活动进行持续优化的过程。广义上指使用各种电子工具从事商务或活动。狭义上指利用 Internet 从事商务或活动。电子商务具有如下基本特征：普遍性、方便性、整体性、安全性和协调性等。

4. 信息安全、法律与道德

(1) 信息安全知识

信息安全是指信息网络的硬件、软件及其系统中的数据受到保护，不受偶然的或者恶意的原因而遭到破坏、更改、泄露，确保系统连续可靠正常地运行，信息服务不中断。信息安全的实质就是要保护信息系统或信息网络中的信息资源免受各种类型的威胁、干扰和破坏，即保证信息的安全性。根据国际标准化组织的定义，信息安全的含义主要是指信息的完整性、可用性、保密性和可靠性。

信息安全隐患的原因主要有：网络通信协议不安全；计算机病毒的入侵；黑客的攻击；操作系统和应用软件的安全漏洞；防火墙自身的安全漏洞。造成信息破坏、更改或泄漏的方式有主动攻击和被动攻击，主动攻击包含攻击者访问他所需信息的故意行为，被动攻击主要指收集信息而不是进行访问。

最常见的对信息安全造成巨大威胁的是计算机病毒。病毒是人为编制或者在计算机程序中插入破坏计算机功能或毁坏数据，影响计算机使用，并能自我复制的一组计算机指令或程序代码。病毒的主要危害表现为占用系统资源与破坏数据信息，它具有传染性、隐蔽性、潜伏性、可激发性和破坏性等特点。计算机病毒按其危害和破坏情况，可分为良性病毒和恶性病毒；按其寄生方式分为引导型病毒、文件病毒和复合型病毒；按连接的方式分为源码型病毒、入侵性病毒、操作系统型病毒和外壳型病毒。宏病毒是一种寄存在文档或模板的宏中的计算机病毒，一旦打开这样的文档，其中的宏就会被执行，宏病毒就会被激活，转移到计算机上。蠕虫病毒也是一种常见的计算机病毒，它是利用网络进行复制和传播，传染途径主要是通过网络和电子邮件。比如 2007 年流行的“熊猫烧香”就是一种感染型的蠕虫病毒，中毒后所有的 exe 文件都变成熊猫烧香的图标，电脑奇慢，资源耗尽，图 1-1-14 是计算机中此毒后样子。木马是利用计算机程序漏洞侵入后窃取文件的伪装程序，它是一种具有隐藏性的、自发性的可被用来进行恶意行为的程序，多不会直接对电脑产生危害，而是以控制为主。例如盗号木马专门盗取用户的账号和密码信息。

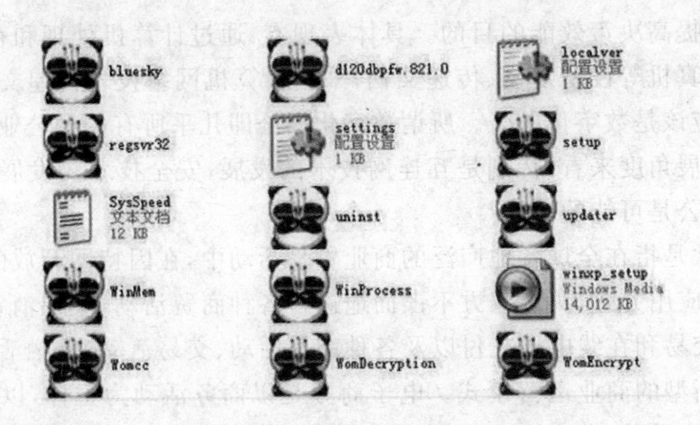

图 1-1-14 计算机中熊猫烧香病毒

病毒对计算机系统构成了威胁，但只要我们培养良好的预防病毒意识，并充分发挥杀毒软件的防护能力，完全可以将大部分病毒拒之门外。

(2) 信息使用过程中的法律和道德问题

在信息技术日新月异发展的今天，人们在享受着信息技术带来的便利与好处的同时，也面临着许多问题，比如计算机犯罪行为，信息垃圾泛滥现象，在网络上传播不良信息和虚假信息等等。为了营造一个良好、健康的网络环境，保障信息安全，需要我们大家的共同努力才能实现。

为了维护信息安全，我们应该加强网络道德和修养，自觉遵守网络道德规范。具体来说要做到一下几点：①未经许可，不得进入他人计算机信息网络或者使用计算机信息网络资源；②未经许可，不得对计算机信息网络功能进行删除、修改或增加；③未经许可，不得对计算机网络中存储、处理或传输的数据和应用程序进行修改；④不得故意制造、传播计算机病毒等破坏性的程序；⑤不做危害计算机网络安全的其它行为。除此之外，还应制止不良行为和违法行为的发生，大家共同保证计算机系统和信息网络能安全、可靠、正常的运行。

另外，随着信息安全问题日益突出，各国也纷纷制定了相关法律法规来保护计算机系统、网络、信息的安全性，维护国家、公司和个人的正当合法权益。下表列举了我国制定的一些和计算机相关的法律法规。

表 1-1-1 我国制定的和计算机相关的法律法规

发布时间	发布部门	文件名称	相关内容
1991 年	国务院	《计算机软件保护条例》	保护计算机知识产权
1994 年	国务院	《中华人民共和国计算机信息系统安全保护条例》	定义计算机病毒，保护信息系统安全
1997 年	人大常委会	《中华人民共和国刑法》	增加了计算机犯罪的罪名
2000 年	人大常委会	《全国人大常委会关于维护互联网安全的决定》	规范互联网用户行为，维护网络安全
2002 年	信息产业部	《中国互联网络域名管理办法》	域名的注册和管理

1.2　信息基础

在现代信息技术中，计算机是信息存储和处理的主要工具，任何信息必须转换成二进制形式的数据后，计算机才能进行存储、处理和传输。在本节中将学习二进制计数制，以及如何在计算机内表示各类信息（文字、图形、声音等），也就是对信息的编码。

1.2.1　进位计数制

1. 数制概念

将一些数字符号按顺序排列成数位，并遵照某种从低位到高位的进位方式计数来表示数值的方法，我们称之为进位计数制，或者说，数制就是使用若干数码符号和一定的进位规则来表示数值的方法。比如说我们日常生活中使用最多的就是十进制计数法，在运算时按照“逢十进一”的规则进行计数。而在计算机内部，采用的是二进制计数的方法。

我们可以从以下四个要素去理解数制的概念：

数码：某种数制包含的数字符号。比如十进制中的数码有0、1、2、3、4、5、6、7、8、9十个符号，二进制的数码只有0和1两个符号。

基数：数制中包含的数码个数。所以，十进制的基数是10，二进制的基数是2。

位权：某种进制的各位数码所代表的数值在数中所处位置，它对应一个常数，我们把该常数称为“位权”；位权的大小等于以基数为底，数码所处位置的序号为指数的整数次幂。序号的排列方法是以小数点为基准，整数部分自右向左（自低位向高位）依次为0，1，2……递增排列；小数部分自左向右依次为－1，－2，－3……，递减排列。比如十进制中，整数部分位权（从低位到高位）分别为：10^0，10^1，10^2，10^3 等等，也就是我们通常说的个、十、百、千的由来。

运算规则：包括进位规则和借位规则，比如十进制可归纳为“逢十进一”和“借一当十”，二进制可归纳为“逢二进一”和“借一当二”，并可以推广：任意N进制的运算规则为“逢N进一”和“借一当N”。

常用的计数制有十进制、二进制、八进制和十六进制。二进制是计算机内数据的表示方法，十进制是人类最常用的计数法，八进制和十六进制是人为了在表示二进制时更简洁方便而采用的两种计数方法。下表中对常见的几种计数制的特点进行了比较。

表 1-2-1　常用进位计数制的特点比较

进位计数制	二进制	八进制	十进制	十六进制
基本符号	0,1	0～7	0～9	0～9,A,B,C,D,E,F
基数	2	8	10	16
位权	2^n	8^n	10^n	16^n
进位规则	逢二进一	逢八进一	逢十进一	逢十六进一
表示形式	B	O	D	H

＊注 1:n 为数码符号所处位置的序号。

＊注 2:十六进制计数制基数为 16,也就是必须有 16 个基本符号,除了我们熟悉的 0～9 外,又用字母 A～F 来表示另外 6 个符号,这 6 个字母表示的数值大小分别与十进制中的 10～15 对应。

依上表,比如数值 10110111B,字母 B 代表这是二进制数据,该数各位的位权(从高位到低位)分别是:2^7、2^6、2^5、2^4、2^3、2^2、2^1、2^0。

为什么在计算机中要采用二进制,而不使用人们熟悉的十进制呢？主要原因有以下一些:①技术上容易实现,计算机是由逻辑电路组成,逻辑电路通常只有两个状态,如晶体管的饱和与截止,电压的高低,开关的接通与断开,两种状态正好可以用“0”和“1”表示;②运算简便,两个二进制数和、积运算组合各有三种,运算规则简单,有利于简化计算机内部结构,提高运算速度;③适合逻辑运算,二进制的两个数码“0”和“1”,正好对应逻辑运算中的“真”和“假”;④工作可靠,二进制只有两个数码,在传输和处理过程中不易出错,因而电路更加可靠;⑤二进制和十进制数容易相互转换。

2. 数制之间的转换

同一数值数据使用不同计数制表示时也不尽相同,表 2 举例说明这个问题:

表 1-2-2 相同数值在不同计数制下的表示方法

数值	二进制表示	八进制表示	十进制表示	十六进制表示
100	1100100	144	100	64

下面来学习这几种常用的计数制之间相互转换的方法。

(1) 十进制转换成其他进制

十进制数据转换成其他进制的数据,比如二进制、八进制、十六进制等等,转换方法大同小异。先以十进制转换成二进制为例做介绍(在学习中我们只介绍整数部分的转换方法,下面提到的转换方法都是对整数部分而言)。

十进制转换为二进制的方法概括起来就是“除二取余”。具体就是:用要转换的十进制数除以 2,得到一个商和余数,记下余数,然后再用得到的商除以 2,一直除下去,直到商为 0 时结束,这样得到的一系列余数就是二进制数的各位数码,最先得到的余数为二进制数的最低位,最后得到的余数为二进制数的最高位,按这样的次序将余数排列起来就是对应的二进制数。

例 1: 十进制数 167 等值的二进制是多少？计算过程见右图:

```
2|167      余数
 2|83……    1
  2|41……   1
   2|20……  1
    2|10…… 0
     2|5…… 0
     2|2…… 1
     2|1…… 0
       0…… 1
```

图 1-2-1 十进制转换二进制示例

直到商为 0 时,停止计算,将得到的一些列余数按箭头指向排列就是等值的二进制数,所以,167D＝10100111B。这就是十进制到二进制的转换方法。这个方法可以推广成十进制到任意进制的转换方法。比如十进制到八进制,即“除八取余”;十进制到十六进制,即“除十六取余”;更广泛的说,十进制到 N 进制的转换,方法为“除 N 取余”。

大家可自己做一下十进制到八进制或者十进制到十六进制的转换。

(2) 其他进制转换成十进制

在介绍数制的概念时,我们提到过“位权”,即各位数码所代表的数值在数中所处的位置,对于任意一种进制表示的数值,我们都可以利用

“按权展开法”将其换一种形式表述。对于任意 n 位整数 m 位小数的 R 进制数（$a_{n-1}\cdots a_2a_1a_0.a_{-1}\cdots a_{-m}$，其中 a_i 代表 R 进制中的基本数码符号，我们将 $a_{n-1}\cdots a_2a_1a_0\cdot a_{-1}\cdots a_{-m}$ 简写为 A），可以写成如下形式：

$$A=a_{n-1}\times R^{n-1}+\cdots+a_2\times R^2+a_1\times R^1+a_0\times R^0+a_{-1}\times R^{-1}+\cdots+a_{-m}\times R^{-m}$$

这个公式即按权展开法，用每一位上的数码乘以该位的位权，然后对这些积求和。例如十进制数 123 按权展开后为：$123=1\times10^2+2\times10^1+3\times10^0$。对于按权展开的公式，如果做进一步的运算，即可得到等值的十进制数。

从其他进制的数据转换成十进制数只需使用“按权展开法”先将其展开成公式，然后再做进一步计算就可得到计算结果，下面举例说明。

例 2： 11010101.01B、1523O 和 A3CH 转换成十进制分别是多少？

$11010101.01B=1\times2^7+1\times2^6+0\times2^5+1\times2^4+0\times2^3+1\times2^2+0\times2^1+1\times2^0+0\times2^{-1}+1\times2^{-2}=128+64+0+16+0+4+0+1+0+0.25=213.25D$

$1523O=1\times8^3+5\times8^2+2\times8^1+3\times8^0=512+320+16+3=851D$

$A3CH=A\times16^2+3\times16^1+C\times16^0=10\times256+3\times16+12\times1=2560+48+12=2620D$

在第三个 A3CH 转换的时候，按权展开后，公式中包含字母符号“A”和“C”，那么在接下来做进一步运算时，将字母符号“A”和“C”替换成其等值的十进制数做运算即可。

(3) 二进制和八进制相互转换

这两种数值之间相互转换的方法很简单，先看二进制与八进制相互转换，因为 81=23，一位八进制和三位二进制表示的数据范围相同，两者有如下表的对应关系。

表 1-2-3 八进制和二进制数值对应表

八进制数	二进制数
0	000
1	001
2	010
3	011
4	100
5	101
6	
7	111

二进制转换成八进制的具体方法为：首先对二进制数据进行分组，从小数点开始，向左整数部分三位一组，最高位不足三位用 0 补齐三位，小数点向右也是三位一组，最低位不足三位也用 0 补齐，分组完毕后，参考表 1-2-3，将每三位二进制转换成一位八进制，然后按顺序排列即可，为了方便记忆，我们可以把这种方法简称为“三合一”。

例 3： 将二进制数 1001110111101.0111 转换成等值八进制数，转换过程如图 1-2-2 所示。

将二进制数据三位分组，在图中高位和低位斜体的 0 是后补的，以凑足三位，分组完成

后，然后把每三位换成一位等值的八进制数码，最后按照同样的次序将得到八进制数码排列得到转换结果。因此，1001110111101.0111B＝11675.34O。

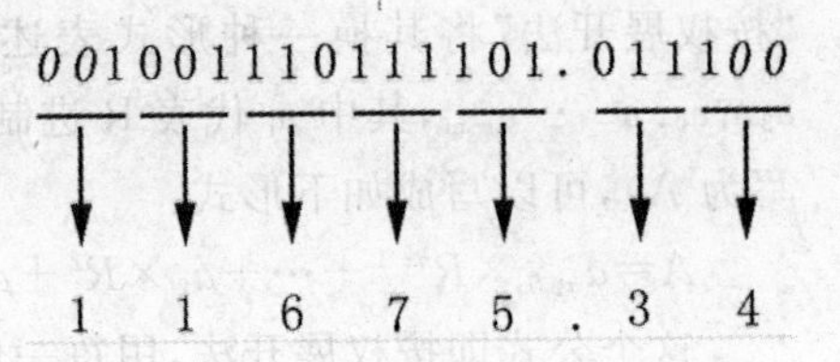

图 1-2-2　二进制转换八进制示例

八进制转换成二进制的方法为：参考表 1-2-3，将八进制的每一位分成三位，将最高位和最低位的 0 去掉后，按原顺序排列即可，简称为“一变三”。

例 4： 将八进制 2735.14 转换成等值二进制数，转换过程如图 1-2-3 所示。

将八进制每位数码转换成三位等值的二进制数，然后按照同样的顺序排列得到的二进制数，并将整数部分最高位和小数部分最低位的 0 删除，因此，2735.14O＝10111011101.0011B。

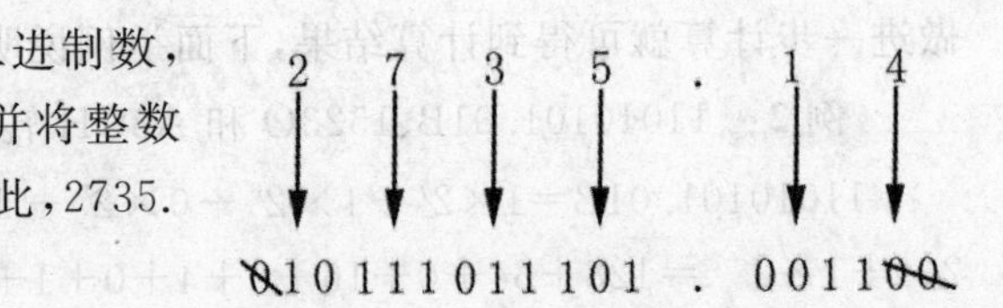

图 1-2-3　八进制转换二进制示例

(4) 二进制和十六进制相互转换

二进制和十六进制相互转换的方法与二进制和八进制的转换类似，因为 161＝24，所以可用 1 位十六进制对应 4 位二进制，对应关系如表 1-2-4。

表 1-2-4　十六进制和二进制数值对应表

十六进制数	二进制数	十六进制数	二进制数
0	0000	8	1000
1	0001	9	1001
2	0010	A	1010
3	0011	B	1011
4	0100	C	1100
5	0101	D	1101
6	0110	E	1110
7	0111	F	1111

二进制转换成十六进制的方法为：首先对二进制数据进行分组，从小数点开始，向左整数部分四位一组，最高位不足四位用 0 补齐四位，小数点向右也是四位一组，最低位不足四位也用 0 补齐，分组完毕后，参考表 1-2-4，将每四位二进制转换成一位十六进制，然后按顺序排列即可，简称为“四合一”。

十六进制转换成二进制的方法为：参考表 1-2-4 将十六进制的每一位分成四位，将最高位和最低位的 0 去掉后，按原顺序排列即可，简称为“一变四”。这里不再举例演示。

(5) 八进制和十六进制相互转换

八进制和十六进制转换时，方法很简单，就是借助二进制中转一下，比如八进制到十六进制的转换，可以先从八进制转换为二进制，再从二进制转换为十六进制；十六进制到八进制的转换，可以先从十六进制转换为二进制，再从二进制转换为八进制。

1.2.2　编码的概念

我们知道了在计算机内信息是以二进制的形式进行存储和处理的，上一节中介绍了数

值类信息在计算机内的表示方式，其实信息还包括其他的类型，比如文字、图形、声音、视频等，为了能处理这些非数值信息，就需要对它们进行编码。当然，编码在计算机内部也是表现为二进制形式，但对它们的解释和理解是不同的。

1. 字符编码

目前，在计算机内用的最广泛的字符编码是由美国国家标准局制定的ASCII码（American Standard Code for Information Interchange，美国标准信息交换码），1967年，这一编码被国际标准化组织（ISO）确定为国际标准字符编码，ASCII码是对英文字母、数字、标点符号等组成的字符集的一种编码方案。ASCII码有7位ASCII码和8位ASCII码两种，7位ASCII码称为标准ASCII码，8位ASCII码称为扩充ASCII码。

标准ASCII码使用7位二进制数进行编码，可以表示128（$=2^7$）个不同的字符。由于存储器的基本单位是字节，因此在计算机内仍以一个字节存放1个ASCII编码，将该字节的最高位置为0，一般用作校验位，用剩余7位表示编码。在下表中列出的就是标准的ASCII码表。其中95个字符可以显示，包括大小写英文字母、数字、运算符号、标点符号等。大写英文字母的编码值为65～90，小写英文字母的编码值为97～122，数字0～9的编码值为48～57。另外33个字符是不可显示的，它们代表控制码，编码值为0～31和127，例如回车符（CR），编码值为13。

低四位	高三位							
	000	001	010	011	100	101	110	111
0000	NUL	DLE	SP	0	@	P	、	p
0001	SOH	DC1	!	1	A	Q	a	q
0010	STX	DC2	"	2	B	R	b	r
0011	ETX	DC3	#	3	C	S	c	s
0100	EOT	DC4	$	4	D	T	d	t
0101	ENQ	NAK	%	5	E	U	e	u
0110	ACK	SYN	&	6	F	V	f	v
0111	BEL	ETB	,	7	G	W	g	w
1000	BS	CAN	(	8	H	X	h	x
1001	HT	EM	)	9	I	Y	i	y
1010	LF	SUB	*	:	J	Z	j	z
1011	VT	ESC	+	;	K	[	k	{
1100	FF	FS	,	<	L	\	l	|
1101	CR	GS	-	=	M	]	m	}
1110	SO	RS	.	>	N	↑	n	~
1111	SI	US	/	?	O	↓	o	DEL

图1-2-4 标准ASCII码表

2. 汉字编码

汉字编码要比英文字母复杂很多，如果用一个字节编码的话，最多只能表示256（＝28）个汉字，但因为汉字数量庞大，构造复杂，我国公布的《通信用汉字字符集（基本码）及其交换码标准》（GB2312-80）中共收录了汉字6763个，各种字母符号682个，合计7445个。这些汉

字根据其常用程度又分为一级汉字、二级汉字。一级常用汉字 3755 个,以拼音为序,二级汉字 3008 个,以偏旁部首为序。所以考虑使用两个字节进行汉字编码,这样一共可以有 65536 个编码,足够汉字编码的使用。

为了有效的处理汉字和解决汉字的输入、输出问题,现在有多种汉字编码方案,常见的有以下一些:汉字国标码、区位码、汉字内码、汉字输入码和汉字字型码等。

汉字国标码是为了解决各系统之间进行汉字信息交换的需要而制定的标准,因此也叫汉字交换码。国标码编码使用两个字节进行编码,其中每个字节的最高位恒为 0。比如汉字"我"的国标码是$(01001110\quad 01010010)_2$,十六进制表示为$(4E52)_{16}$。

区位码使用十进制编码,将 GB2312-80 国标字符集构成一个二维平面,分成 94 行,94 列,行号称为区号,列号称为位号,区号和位号都从 1 开始。这样,每一个汉字或符号在区位码表中都对应唯一的位置编码。每个汉字的区号和位号分别加上 32(20H)后,所得到的相应二进制代码即该汉字的国标码。比如汉字"我"的区位码为 4650,国标码在 46 和 50 的基础上分别加 32,结果为 7882,转换成十六进制为$(4E52)_{16}$。

汉字内码是在计算机内存储和处理汉字时使用的编码,实际上就是国标码在计算机中实际存储的形式。如果直接用国标码的二进制数存储汉字,可能会出现如下问题,比如有两个字节 40H50H,怎样确定这是代表一个汉字还是两个 ASCII 码?为了避免产生这种二义性,汉字内码在计算机存储时将国标码两个字节的最高位分别置为 1(即两个字节分别加上 80H),这样就不会产生二义性问题,可以很好的区分汉字和西文字符。比如汉字"我"的内码为其国标码两个字节最高位分别置 1,为$(11001110\quad 11010010)_2$,转换成十六进制为$(CED2)_{16}$。

汉字输入码是指将汉字输入计算机所采用的编码方案。汉字输入通常也是依靠键盘实现的,现在的计算机键盘不具备直接输入汉字的功能,必须另外设计汉字输入码来实现。当下汉字输入的方案很多,主要分为数字编码、字音编码和字形编码。下表对这三种编码进行比较。

表 1-2-5　汉字输入码比较

编码方案	编码依据	特点	应用
数字编码	数字	无重码、便于转化为内码、难记忆	电报码、区位码
字音编码	拼音	重码多、简单易学	微软拼音、智能 ABC、搜狗等
字形编码	字形	重码少、有一定规则	五笔字型码、郑码等

汉字字型码是汉字的输出形式,是指如何将计算机内用二进制数(汉字内码)表示的汉字换成汉字原有的形式显示或打印。事实上,在计算机内还有一个汉字库,存放着汉字的字形码,当要输出汉字的时候,首先要到汉字库中找到它的字形,然后才能输出到屏幕或者打印机。

汉字库主要分为"点阵"字库和"矢量"字库。目前计算机中用的比较多的是点阵字库,这种字库将一个方块划分成许多小方格,组成一个点阵,每一个小方格就是点阵中的点,然后给每一个点赋值,取值只有 0 和 1 两个,用来显示汉字字形的点取值都为 1,与汉字字形无关的点取值都为 0,这样每个汉字的字形就可以用一串十六进制数来表示。根据汉字输出的精度要求，有不同的点阵密度，例如16×16点阵、24×24点阵、32×32点阵、48×48点阵等，汉字点阵信息占用的存储空间较大，例如，一个16×16点阵的汉字字形要占用32(=16×16÷8)个字节；一个24×24点阵的汉字字形要占用72(=24×24÷8)个字节；所以点阵密度越大，虽然汉字输出精度很高，但是占用的存储空间相应也越大。图1-2-5是一个16×16点阵字形。

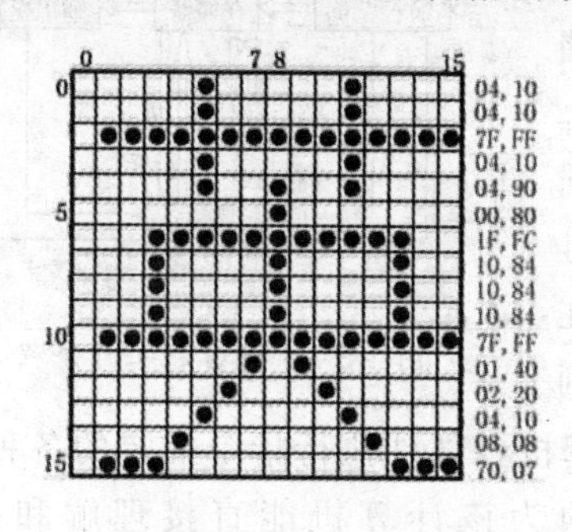

图1-2-5　16×16点阵字形

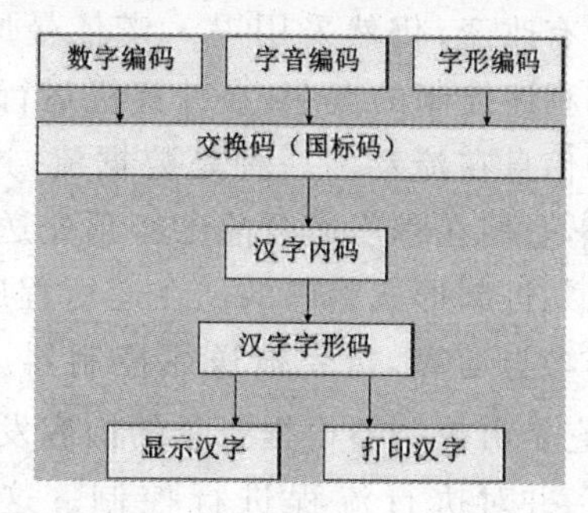

图1-2-6　汉字处理过程示意图

计算机处理汉字包括汉字的输入、处理和输出三个方面，在每个阶段采用相应的编码方式，图1-2-6简单说明了在汉字处理的过程及对应的编码方式。

3. 多媒体信息编码

多媒体数据，如图像、视频、音频等，与外文字符和汉字符号的表示方式是完全不同的。图像的表示主要有位图编码和矢量编码两种表示方式。音频往往用波形文件、MIDI音乐文件或压缩音频文件方式来表示。视频由一系列“帧”组成，每个帧实际上是一幅静止的图像，然而需要连续播放才会变成动画（一般每秒钟要连续显示30帧左右）。

1.3 计算机硬件系统

计算机的普及给我们的学习、工作和生活带来了极大的便利，作为一种基本的工具，我们不仅要会使用计算机，还应该了解它的基本结构和工作原理等一些相关的知识，这样才能更好地应用计算机。计算机自产生以来，为了追求更快的运行速度，提高计算机的处理能力，计算机的系统结构不断地调整变化。

计算机系统包括硬件系统和软件系统两大部分。硬件是组成计算机的各种物理设备和总线，也就是我们看得见、摸得着的实际物理设备；软件是在硬件上运行的程序和相应文档。计算机系统具有接收和存储信息、按程序快速计算和判断并输出处理结果等功能。

1.3.1 计算机基本结构

1. 计算机基本构造和工作原理

世界上第一台计算机是基于冯·诺依曼原理设计的，其基本思想是存储程序与程序控制，具体为：电子计算机至少由运算器、控制器、存储器、输入设备和输出设备五大部件组成；

计算机内部的数据和指令均以二进制存放在存储器中；用户编制的程序和数据应存放在内存储器中，计算机能按人的意图(即人编制的程序)，自动地高速地从存储器中逐条取出指令和相应的数据，完成运算并输出结果。

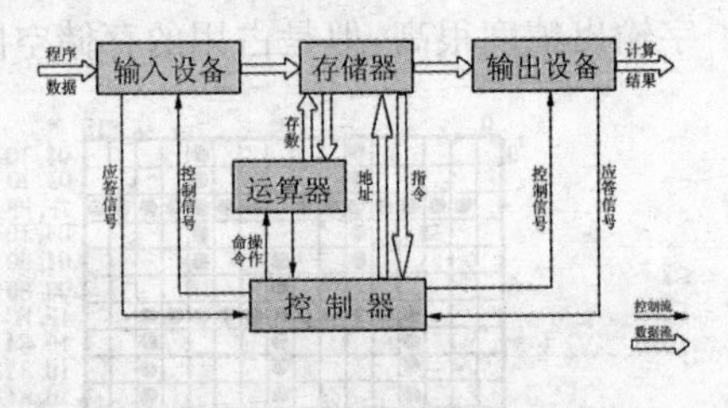

图 1-3-1 计算机工作流程

到目前为止，尽管计算机发展了四代，其基本工作原理没有改变，仍然采用冯·诺依曼原理。根据存储程序和程序控制的概念，在计算机运行过程中，实际上有两种信息在流动。一种是数据流，这包括原始数据和指令，它们在程序运行前已经预先送至主存中，而且都是以二进制形式编码的。在运行程序时数据被送往运算器参与运算，指令被送往控制器。另一种是控制信号，它是由控制器根据指令的内容发出的，指挥计算机各部件执行指令规定的各种操作或运算，并对执行流程进行控制。这里的指令必须为该计算机能直接理解和执行。图 1-3-1是计算机工作流程图，显示了各部件如何协同工作，完成指定任务。

2. 计算机指令与指令系统

指令是计算机指挥硬件完成某个基本操作的命令，每条指令可完成一个独立的操作，一条指令就是计算机机器语言的一个语句，是一系列二进制代码，是程序设计的最小语言单位。

一条指令通常由操作码和地址码组成，操作码指定了要进行什么操作，而地址码给出了操作数或操作数的地址，操作数可以有一个也可以有两个。例如：MOV AX，CX；完成将 CX 中的数据送入 AX 中的操作。

指令系统是指一台计算机所能执行的全部指令的集合，它描述了计算机内全部的控制信息和“逻辑判断”能力，指令系统决定了一台计算机硬件的主要性能和基本功能，不同计算机的指令系统包含的指令种类和数目也不同。指令系统实际上是计算机系统软、硬件界面，是代表一台计算机性能的重要因素，不但直接影响到机器的硬件结构，而且也影响到系统软件，影响机器的适用范围。指令系统按功能可分为：数据传送指令；算数运算指令；逻辑指令与移位指令；串操作指令；控制转移指令和处理机控制指令。

计算机的工作过程其实就是程序运行的过程，也就是指令的执行过程(见图 1-3-2)，一条指令可以分成三个基本操作：① 取出指令，从程序所在的“地址”取出要执行的“指令”送到控制器内部的指令寄存器暂存；② 分析指令，把保存在指令寄存器中的“指令”送到指令译码器进行译码，译出该指令对应的操作控制信号；③ 执行指令，将控制信号作用于各相关部件，完成指令规定的操作，与此同时形成下一条指令地址，目的是为执行下一条指令作好准备，周而复始直到所有指令全部执行。指令执行中确定操作数地址的过程称为寻址，常用的寻址方式有：直接寻址、间接寻址、立即寻址、变址寻址和相对寻址。

3. 微型机总线和接口

(1) 总线

总线(Bus)是计算机各种功能部件之间传输信息的公共通信干线，它能分时地发送和接收各部件的信息，是计算机系统结构的重要组成部分。采用总线结构便于部件和设备的扩

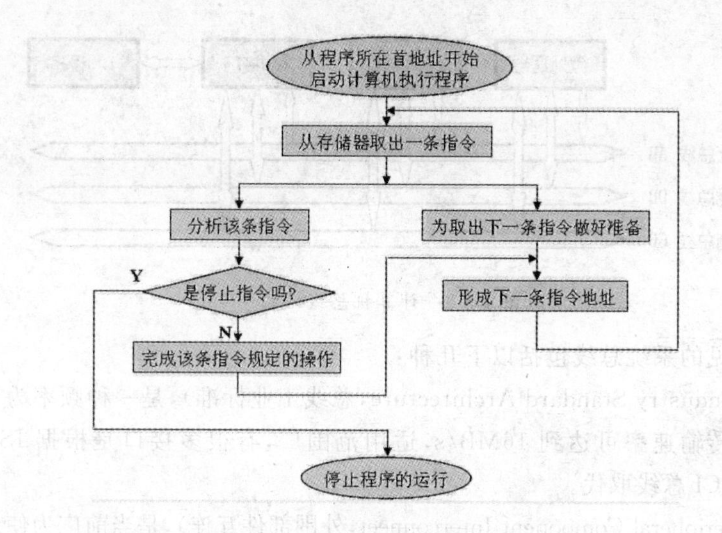

图 1-3-2　计算机程序运行过程

充,尤其是制定了统一的总线标准则更有利于不同设备实现互连。

计算机总线结构给系统的设计、生产、使用和维护都带来很大方便,概括起来有以下几个方面:① 便于采用模块结构设计方法,简化了系统设计;② 标准总线可以得到多个厂商的广泛支持,便于生产与之兼容的硬件和软件;③ 模块结构便于系统的扩充和升级;④ 便于故障诊断和维修,同时降低了成本。

PC 机从诞生以来就采用了总线结构方式,先进的总线技术对于解决系统瓶颈,提高整个微机系统的性能有着重要的影响,总线结构方式是衡量微机性能的重要指标。微机中总线一般有内部总线、系统总线和外部总线。内部总线是 CPU 内各部件连接的总线;系统总线是微机中连接主板和扩展插卡的总线;外部总线则是微机与外部设备之间的总线。

系统总线,即通常意义上说的总线,按照其对应的功能又可分为数据总线(DB,Data Bus)、地址总线(AB,Address Bus)和控制总线(CB,Control Bus)。数据总线用于传输数据信息,双向传送,既可以把 CPU 的数据传送到存储器和 I/O 接口,也可以将数据从其他部件传送到 CPU,数据总线的位数是微机的一个重要指标,通常和微机的字长一致;地址总线用来传输地址信息,单向传送,只能从 CPU 向外部存储器或 I/O 接口传送地址,地址总线的位数决定了 CPU 可直接寻址的内存空间大小,一般来说,若地址总线为 n 位,则可寻址空间为 2n 字节;控制总线用来传输各种控制信号和时序信号,双向传送,具体由具体控制信号决定,比如“读/写信号”就是由处理器送往存储器的,而“总线请求信号”则是外设反馈给 CPU 的,控制总线的位数要根据系统的控制需要确定。

决定总线性能的主要技术指标包括:① 总线带宽,指单位时间内总线上的数据传送量,单位是 MB/s,即每秒处理多少兆字节,也叫总线传输速率;② 总线位宽,指总线能同时传送的二进制数据的位数,单位为 bit,总线位宽越宽,每秒钟数据传输率越大,总线带宽越宽;③ 总线工作频率,单位为 MHz,工作频率越高,总线工作速度越快,带宽越宽。三者之间有如下关系:总线带宽＝总线工作频率×总线位宽/8。

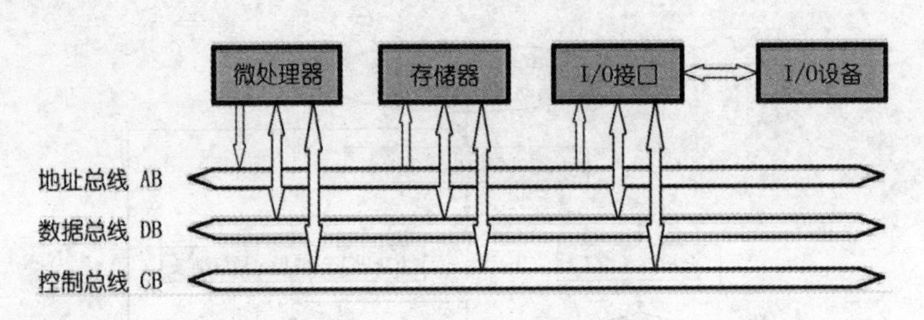

图 1-3-3 计算机总线结构

计算机内常见的系统总线包括以下几种：

ISA 总线：(Industry Standard Architecture，总线工业标准)，是一种频率为 8MHz、宽度为 16 位的总线，传输速率可达到 16MB/s，适用范围广，有很多接口是根据 ISA 标准生产的，现已基本被 PCI 总线取代。

PCI 总线：(Peripheral Component Interconnect，外围部件互连)，是当前广为使用的、高性能的 32 位/64 位总线，具有即插即用的功能，频率为 33MHz，宽度 32 位的 PCI 总线，其传输速率可达到 133MB/s，而频率为 66MHz，宽度为 64 位的 PCI 总线传输速率可达 528MB/s。

AGP 总线：(Accelerated Graphics Port，即加速图形端口)，它是一种为了提高视频带宽而设计的总线规范，是电脑主板上的一种高速点对点传输通道，是一种显卡专用接口，从 PCI 标准上建立起来的，现在基本被 PCI-E 所取代。

PCI-E 总线：是一种芯片之间的互连技术以及一种板卡扩展的接口技术，它是基于高速串行技术发展而来的一种新型的总线结构。

(2) 接口

接口(Interface)是 CPU 与 I/O 设备的连接部件(电路)，它在 CPU 与 I/O 设备之间起着信息转换和匹配的作用。也就是说，接口电路是处理 CPU 与外部设备之间数据交换的缓冲器，接口电路通过总线与 CPU 相连。由于计算机的应用越来越广泛，要求与计算机接口的外围设备越来越多，信息的类型也越来越复杂。微机接口本身已不是一些逻辑电路的简单组合，而是采用硬件与软件相结合的方法，因而接口技术是硬件和软件的综合技术。

微机接口一般如下功能：数据缓冲功能；接收和执行 CPU 命令的功能；信号转换功能；设备选择功能；中断管理功能；数据宽度变换的功能；可编程功能等。目前常见的接口类型：有并口(也有称之为 IEEE1284，图 1-3-4)、串口(也有称之为 RS-232 接口，图 1-3-5)和 USB 接口(图 1-3-6)。

并行接口：各位数据都是并行传送的，它通常是以字节(8 位)或(16 位)为单位进行数据传输，其特点是传输速度快，但当传输距离较远、位数又多时，就导致通信线路复杂且成本提高，标准并口的数据传输率为 1Mbps。在计算机中最常用的并行接口是通常所说的 LPT 接口，一般用来连接打印机或扫描仪，现在已不常见。

串行接口：是采用串行通信协议的扩展接口，数据传输时按位传输，其特点是通信线路简单，只要一对传输线就可以实现双向通信，并可以利用电话线，从而大大降低了成本，适于远距离通信，但传输速度较慢，数据传输率是 115kbps～230kbps。在计算机中最常用的并行接口是通常所说的 COM 接口，串口一般用来连接鼠标和外置 Modem 以及老式摄像头和写字板等设备，目前部分新主板已开始取消该接口。

USB接口：USB接口是现在最为流行的接口，最大可以支持127个外设，并且可以独立供电，其应用非常广泛。USB接口可以从主板上获得500mA的电流，支持热拔插，真正做到了即插即用。一个USB接口可同时支持高速和低速USB外设的访问，由一条四芯电缆连接，其中两条是正负电源，另外两条是数据传输线。高速外设的传输速率为12Mbps，低速外设的传输速率为1.5Mbps。此外，USB2.0标准最高传输速率可达480Mbps。USB3.0已经开始出现在最新主板中，将在不久后被推广。

图 1-3-4 并行接口

图 1-3-5 串行接口

图 1-3-6 USB接口

1.3.2 计算机系统的硬件组成

本小节中以个人PC中的台式机为例介绍一下计算机的硬件构成，与一般计算机一样，个人PC在结构上也分为运算器、控制器、存储器、输入设备和输出设备五大部件，在硬件上采用模块化方式生产，它以微处理器（即CPU）为核心，通过在主板上插接必要的其他部件，采用"总线"结构连接各部件来组成计算机硬件系统的。

从外观上看，台式机主要有以下部分构成：主机（机箱）、显示器、鼠标和键盘等，根据用户的需求还可以连接其他外部设备，诸如打印机、扫描仪、音箱、摄像头、游戏操纵杆等。其中机箱主要用于安装和保护电脑中的核心硬件，包括CPU、主板、内存、硬盘、显卡、声卡、网卡、光盘驱动器以及各类总线等。下面逐一介绍这些硬件：

1. 主板

主板（mainboard）安装在机箱内，是微机最基本的也是最重要的部件之一。主板一般为矩形电路板（见图1-3-3），上面集成了计算机的主要电路系统，一般有BIOS芯片、I/O控制芯片、键盘和面板控制开关接口、指示灯插接件、扩充插槽、主板及插卡的直流电源供电接插件等元件。主板上大都有6～15个扩展插槽，供PC机外围设备的控制卡（适配器）插接。主板在整个微机系统中扮演着举足轻重的角色。可以说，主板的类型和档次决定着整个微机系统的类型和档次，主板的性能影响着整个微机系统的性能。

主板的工作原理：在电路板下面，是错落有致的电路布线；在上面，则为棱角分明的各个部件如插槽、芯片、电阻、电容等。当主机加电时，电流会在瞬间通过CPU、南北桥芯片、内存插槽、AGP插槽、PCI插槽、IDE接口以及主板边缘的串口、并口、PS/2接口等。随后，主板会根据BIOS（基本输入输出系统）来识别硬件，并进入操作系统发挥出支撑系统平台工作的功能。

电脑的主板对电脑的性能来说，影响是很重大的。曾经有人将主板比喻成建筑物的地基，其质量决定了建筑物坚固耐用与否；也有人形象地将主板比作高架桥，其好坏关系着交

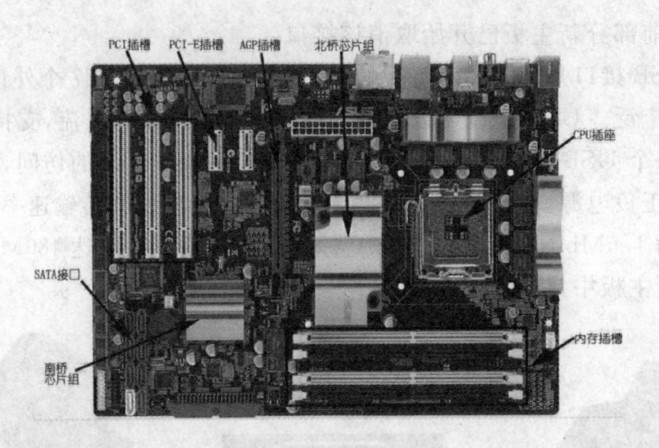

图 1-3-7　主板结构图

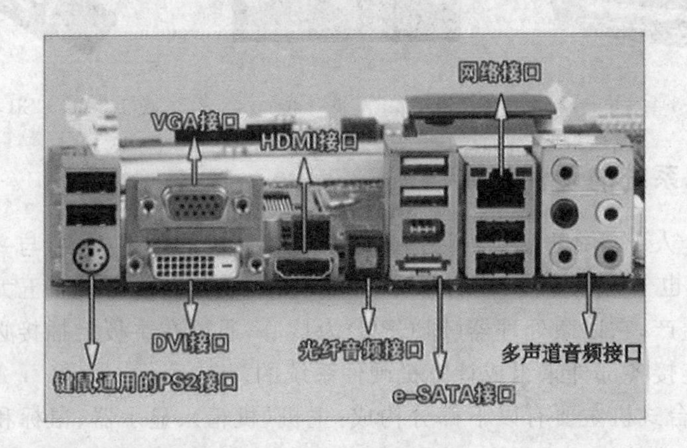

图 1-3-8　主板主要接口

通的畅通力与流速。选购主板时一般从以下几个方面考虑：① 工作稳定，兼容性好，功能完善，扩充力强；② 使用方便，可以在 BIOS 中对尽量多参数进行调整；③ 厂商有更新及时、内容丰富的网站，维修方便快捷；④ 价格相对便宜，即性价比高。

2. CPU

CPU 全称中央处理器(Central Processing Unit)，是整个电脑最核心的部件，由运算器、控制器以及一些寄存器、高速缓存及实现它们之间联系的数据、控制及状态的总线构成，其功能主要是解释计算机指令以及处理计算机软件中的数据。目前，主要的 CPU 生产商有 Intel 和 AMD 两家。

图 1-3-9　CPU 芯片

CPU 的核心部分是运算器与控制器。运算器主要完成各种算术运算和逻辑运算。控制器从存储器读入指令，并对输入的指令进行分析，然后控制和指挥计算机的各个部件完成相关的任务。计算机运行时，运算器的操作和操作种类由控制器决定。

衡量 CPU 的性能主要从以下几方面考虑：

主频：指 CPU 每秒发出的脉冲数，单位是兆赫(MHz)或千兆赫(GHz)，用来表示 CPU 的运算、处理数据的速度。CPU 的主频＝外频×倍频系数。主频和实际的运算速度存在一定的关系，CPU 的运算速度还要看 CPU 的流水线、总线等等各方面的性能指标。

字长：指 CPU 每次数据处理的数据长度，它是由寄存器的容量和数据总线的位数决定。

指令系统：CPU 依靠指令来自计算和控制系统，每款 CPU 在设计时就规定了一系列与其硬件电路相配合的指令系统。指令的强弱也是 CPU 的重要指标，指令集是提高微处理器效率的最有效工具之一。

缓存：指在 CPU 内设置的可以用以进行高速数据交换的存储器，由于实际工作时，短时间内 CPU 往往需要重复读取同样的数据块，因此，计算机把最常用的数据从硬盘调入缓存，这样做可以减少计算机访问硬盘的次数，从而提升计算机处理速度，等数据处理完成后，再将数据送回到硬盘等存储器中永久存储。较大的缓存容量可以有效地提升 CPU 内部读取数据的命中率，不用再到内存或者硬盘上寻找，因此提高了系统性能。但从 CPU 芯片面积和成本的因素来考虑，缓存容量一般都很小。根据缓存的处理速度可以将缓存分为一级缓存、二级缓存和三级缓存等。

3. 存储器

存储器(Memory)是计算机系统中的记忆设备，用来存放程序和数据。计算机中全部信息，包括输入的原始数据、计算机程序、中间运行结果和最终运行结果都保存在存储器中。有了存储器，计算机才有记忆功能，才能保证正常工作。微机存储器可分为主存储器(内存)和辅助存储器(外存)，内存指主板上的存储部件，用来存放当前正在执行的数据和程序，但仅用于暂时存放程序和数据，关闭电源或断电，数据会丢失，外存通常是磁性介质或光盘等，能长期保存信息。另外，为了方便数据携带，还有一些移动存储设备，比如移动硬盘、U 盘等。

(1) 存储器之内存

内存(Memory)也叫主存，是计算机内最重要的硬件之一，其作用是用于暂时存放 CPU 中的运算数据，以及与硬盘等外部存储器交换的数据。只要计算机在运行中，CPU 就会把需要运算的数据调到内存中进行运算，当运算完成后 CPU 再将结果传送出来，内存的运行也决定了计算机的稳定运行。

内存一般采用半导体存储单元，从能否写入的角度看，内存分为随机存储器(RAM，Random Access Memory)和只读存储器(ROM，Read Only Memory)两大类。RAM 可以实现高速存取，读取时间相等，且与地址无关，但断电时，存于其中的数据就会丢失。ROM 存取速度较 RAM 低，断电后信息不丢失，但是只能读不能写入数据，利用这一特性，通常将操作系统的基本输入输出程序部分固化在其中，以便机器通电后立刻能执行其中的程序。PC 机主板上的 ROMBIOS 就是一种含有这种基本输入输出程序的 ROM 芯片。我们常说的内存主要指 RAM。

衡量内存性能主要从两个方面考虑：主频和容量。内存主频和 CPU 主频一样，习惯上被用来表示内存的速度，它代表着该内存所能达到的最高工作频率。内存主频是以 MHz(兆赫)为单位来计量的。目前较为主流的内存频率是 1333MHz 或者更高的 DDR3(Double Data Rage RAM)内存。内存厂商预计在 2012 年，DDR4 时代将开启，频率提升至 2133MHz

或者更高。内存容量是指内存的存储数据的能力，一般来说，内存容量越大越有利于系统的运行。现在，随着存储技术的发展，内存容量达到了 GB 级别，单条内存条容量可以达到 4GB 甚至更高。

图 1-3-10　DDR3 内存条

(2) 存储器之硬盘存储

硬盘(HDD，Hard Disk Drive)是计算机主要的存储媒介之一，由一个或者多个铝制或者玻璃制的碟片组成，这些碟片外覆盖有铁磁性材料。绝大多数硬盘都是固定硬盘，被永久性地密封固定在硬盘驱动器中。

图 1-3-11　硬盘内部结构图

磁头是硬盘中最昂贵的部件，也是硬盘技术中最重要和最关键的一环。当磁盘旋转时，磁头若保持在一个位置上，则每个磁头都会在磁盘表面划出一个圆形轨迹，这些圆形轨迹就叫做磁道。磁盘上的每个磁道被等分为若干个弧段，这些弧段便是磁盘的扇区，每个扇区可以存放 512 个字节的信息，磁盘驱动器在向磁盘读取和写入数据时，要以扇区为单位。硬盘通常由重叠的一组盘片构成，每个盘面都被划分为数目相等的磁道，并从外缘的“0”开始编号，具有相同编号的磁道形成一个圆柱，称之为磁盘的柱面。磁盘的柱面数与一个盘单面上的磁道数是相等的。无论是双盘面还是单盘面，由于每个盘面都有自己的磁头，因此，盘面数等于总的磁头数。所谓硬盘的 CHS，即 Cylinder(柱面)、Head(磁头)、Sector(扇区)，只要知道了硬盘的 CHS 的数目，即可确定硬盘的容量：硬盘的容量＝柱面数×磁头数×扇区数×512B。

衡量硬盘性能的主要参数有如下一些：

容量：作为计算机系统的数据存储器，容量是硬盘最主要的参数。硬盘的容量以兆字节(MB)或千兆字节(GB)为单位。硬盘的容量指标还包括硬盘的单碟容量。所谓单碟容量是指硬盘单片盘片的容量，单碟容量越大，单位成本越低，平均访问时间也越短。

转速(Rotational Speed)：指硬盘内电机主轴的旋转速度，也就是硬盘盘片在一分钟内所能完成的最大转数。硬盘的转速越快，硬盘寻找文件的速度也就越快，相对的硬盘的传输速度也就得到了提高。硬盘转速用“转/每分钟(RPM)”表示。家用的普通硬盘的转速一般有 5400RPM、7200RPM 几种。较高的转速可缩短硬盘的平均寻道时间和实际读写时间，但随着硬盘转速的不断提高也带来了温度升高、电机主轴磨损加大、工作噪音增大等负面影响。

平均访问时间(Average Access Time)：指磁头从起始位置到达目标磁道位置，并且从目标磁道上找到要读写的数据扇区所需的时间。平均访问时间体现了硬盘的读写速度，它包括了硬盘的寻道时间和等待时间。

传输速率(Data Transfer Rate)：硬盘的数据传输率是指硬盘读写数据的速度，单位为兆字节每秒(MB/s)。硬盘数据传输率又包括了内部数据传输率和外部数据传输率。使用SATA(Serial ATA)口的硬盘又叫串口硬盘,是未来PC机硬盘的趋势。SATA硬盘在很大程度上提高了数据传输的可靠性,还具有结构简单、支持热插拔的优点。

(3) 存储器之光盘存储

光盘(CD,Compact Disc)是不同于磁性载体的光学存储介质,用聚焦的氢离子激光束处理记录介质的方法存储和再生信息。常见的光盘有以下几种类型:

CD-DA(CD-Digital Audio):用来存储数位音效的光盘,以音轨方式存储声音资料。CR-ROM兼容此规格音乐片的能力。

CD-ROM(CD-Read Only Memory):只读光盘。这是最常见、最广泛的一种光盘,通常用于存储数字化资料,不能在光盘上添加或删除任何信息。单碟容量大约650MB。

CD-R(CD-Recordable):可刻录盘片,可以多次将文件刻录到CD-R中,但是无法从光盘中删除文件,因为每次刻录都是永久性的。

CD-RW(CD-Rewritable):可刻录盘片,可多次将文件刻录的CD-RW中,也可以从光盘上删除不需要的文件,一张光盘大约可以进行1000次左右的重复擦写。价格要高于CD-R。

DVD(Digital Versatile Disk):数字通用光盘,是CD/VCD的后继产品,通常用来播放标准电视机清晰度的电影、高质量的音乐与作大容量存储数据用途。DVD存储方式主要有两种,即单面存储和双面存储,而且每一面还可以存储两层资料,其主要的存储方式有:单面单层(DVD-5)的存储容量为4.7GB、单面双层(DVD-9)的存储容量为8.5GB、双面单层(DVD-10)的存储容量为9.4GB、双面双层(DVD-18)的存储容量为17GB四种物理结构。DVD光盘也可分为DVD-ROM、DVD-R、DVD-RAM和DVD-RW等类型。

BD(Blu-ray Disc,蓝光光盘):是DVD之后的新一代光盘格式之一,主要用于存储高品质的影音以及高容量的数据存储,蓝光光碟的命名是由于其采用波长405纳米(nm)的蓝色激光光束来进行读写操作(DVD采用650纳米波长的红光读写器,CD则是采用780纳米波长)。一个单层的蓝光光碟的容量为25GB,足够烧录一个长达4小时的高解析影片。双层可达到50GB,而容量为100GB或200GB的,分别是4层及8层。

光盘驱动器就是我们平常所说的光驱,是一种读取光盘信息的设备。因为光盘存储容量大,价格便宜,保存时间长,适宜保存大量的数据,如声音、图像、动画、视频信息、电影等多媒体信息,是多媒体电脑不可缺少的硬件配置。

衡量光驱性能的主要技术指标:数据传输率(Data Transfer Rate),也就是倍速,它是衡量光驱性能的最基本指标。平均寻道时间(Average Access Time),是指激光头从原来位置移到新位置并开始读取数据所花费的平均时间,显然,平均寻道时间越短,光驱的性能就越好。CPU占用时间(CPU Loading),是指光驱在维持一定的转速和数据传输率时所占用CPU的时间,它也是衡量光驱性能好坏的一个重要指标。

图1-3-12　DVD刻录光驱

(4) 存储器之移动存储

移动存储是随着信息技术发展而产生的一种新型存储方式,通过便携式的数据存储装

置存储数据，具有体积小、容量大、携带方便等特点，如今已经得到广泛应用。现在一些电子产品都具备了存储功能，比如手机、数码相机、MP3 和 MP4 播放器等等，移动存储主要包括移动硬盘、U 盘和闪存卡三类。

移动硬盘：属于大容量的移动存储设备，其容量可达到几百 GB 或者几 TB，移动硬盘多采用 USB、IEEE1394、eSATA 等传输速度较快的接口，以较快的速度与系统进行数据传输。移动硬盘具有容量大、体积小、传输速度快，即插即用、使用方便、高可靠性等特点。

U 盘：全称“USB 闪存盘”，是一种 USB 接口的无需物理驱动器的微型高容量移动存储设备，可通过 USB 接口与电脑连接，实现即插即用。U 盘可用于存放各类资料，主要特点是小巧便于携带、存储容量大、价格便宜、性能可靠；盘中没有任何机械装置、抗震性能极强；具有防潮防磁、耐高低温等特性，安全可靠性很好。在使用的时候，不要在 U 盘的指示灯闪的飞快时拔出 U 盘，因为这时 U 盘正在读写数据，中途拔出可能会造成硬件、数据的损坏。

闪存卡(Flash Card)：是利用闪存(Flash Memory)技术达到存储电子信息的存储器，一般应用在数码相机，掌上电脑，MP3 等小型数码产品中作为存储介质，样子小巧如一张卡片，称之为闪存卡。根据不同的生产厂商和不同的应用，闪存卡大概有 Smart Media(SM 卡)、Compact Flash(CF 卡)、Multi Media Card(MMC 卡)、Secure Digital(SD 卡)、Memory Stick(记忆棒)、XD-Picture Card(XD 卡)和微硬盘(MICRODRIVE)。这些闪存卡虽然外观、规格不同，但是技术原理都是相同的。

对于移动存储设备来说，由于现阶段缺少针对移动存储介质的有效管理措施，致使其感染病毒、重要信息丢失、信息泄密等威胁严重困扰着信息安全，因此在使用时，要注意安全性。

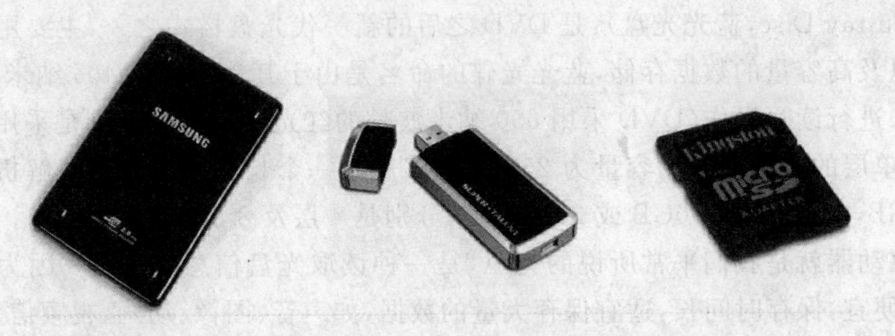

图 1-3-13　主要的移动存储设备(移动硬盘，U 盘，SD 卡)

(5) 存储器的存储层次

前边介绍了几种不同类型的存储设备。衡量存储器性能的主要指标是：速度、容量和价格(即每位价格)。如何以合理的价格、设计容量和速度满足计算机系统需求的存储器系统，是计算机体系结构设计中的关键问题。

有效的解决方案就是采用多种存储技术，形成存储器的层次结构，当前计算机多数都采用了如下图所示的层次式存储结构，目的是为了兼顾存储容量和存储速度。在图中，以处理器为中心，计算机系统的存储依次为寄存器、高速缓存(Cache)、主存储器、磁盘缓存、磁盘和可移动存储介质等 7 个层次。距离处理器越近的存储工作速度越高，容量越小。其中，寄存器、高速缓存、主存储器为操作系统存储管理的管辖范围，磁盘和可移动存储介质属于操作系统设备管理的管辖范围。在这种层次存储结构中，CPU 访问时采用由近及远的访问策

略，在所有的层次中都找不到数据，那么就出现错误。

4. 显卡

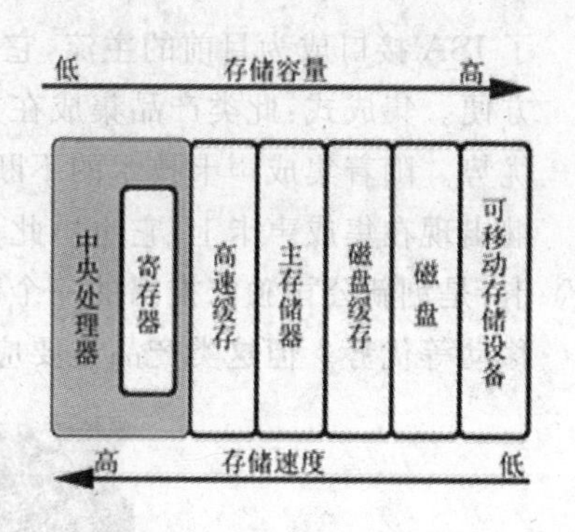

图 1-3-14 计算机存储层次结构

显卡全称显示接口卡（Video card，Graphics card），是个人电脑最基本组成部分之一。显卡的用途是将计算机系统所需要的显示信息进行转换驱动，并向显示器提供行扫描信号，控制显示器的正确显示，是连接显示器和个人电脑主板的重要元件，是“人机对话”的重要设备之一。显卡作为电脑主机里的一个重要组成部分，承担输出显示图形的任务，对于从事专业图形设计的人来说显卡非常重要。显卡图形芯片供应商主要包括 AMD(ATI)和 nVIDIA(英伟达)两家。

图 1-3-15 主要显卡供应商及其产品

显卡分为集成显卡、独立显卡和核心显卡。集成显卡是将显示芯片、显存及其相关电路都做在主板上，与主板融为一体；集成显卡的显示芯片有单独的，但大部分都集成在主板的北桥芯片中。独立显卡是指将显示芯片、显存及其相关电路单独做在一块电路板上，自成一体而作为一块独立的板卡存在，它需占用主板的扩展插槽（ISA、PCI、AGP 或 PCI-E）。核心显卡是 Intel 新一代图形处理核心，它将图形核心与处理核心进行整合，构成一颗完整的处理器。这种设计上的整合大大缩减了处理核心、图形核心、内存及内存控制器间的数据周转时间，有效提升处理效能并大幅降低芯片组整体功耗。核心显卡可支持 DX10、SM4.0、OpenGL2.0、以及全高清 FullHDMPEG2/H.264/VC-1 格式解码等技术，即将加入的性能动态调节更可大幅提升核心显卡的处理能力，令其完全满足于普通用户的需求，目前价格较昂贵。

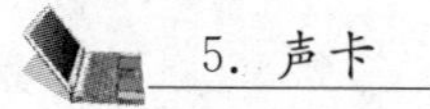

5. 声卡

声卡（Sound Card）也叫音频卡，是多媒体技术中最基本的组成部分。声卡的基本功能是把来自话筒、磁带、光盘的原始声音信号加以转换，输出到耳机、扬声器、扩音机、录音机等声响设备，或通过音乐设备数字接口（MIDI）使乐器发出美妙的声音。

声卡发展至今，主要分为板卡式、集成式和外置式三种接口类型，以适用不同用户的需求（如图 1-3-16）。板卡式：卡式产品是现今市场上的中坚力量，早期的板卡式产品多为 ISA 接口，由于此接口总线带宽较低、功能单一、占用系统资源过多，目前已被淘汰；PCI 则取代

了ISA接口成为目前的主流，它们拥有更好的性能及兼容性，支持即插即用，安装使用都很方便。集成式：此类产品集成在主板上，具有不占用PCI接口、成本更为低廉、兼容性更好等优势。随着集成声卡技术的不断进步，PCI声卡具有的多声道、低CPU占有率等优势也相继出现在集成声卡上，它也由此占据了主导地位，占据了声卡市场的大半壁江山。外置式声卡：是创新公司独家推出的一个新兴事物，它通过USB接口与PC连接，具有使用方便、便于移动等优势。但这类产品主要应用于特殊环境，如连接笔记本实现更好的音质等。

图 1-3-16　集成声卡和独立声卡

6. 网卡

网卡(adapter)是连接计算机与外界局域网，工作在数据链路层的网路组件，不仅能实现与局域网传输介质之间的物理连接和电信号匹配，还涉及帧的发送与接收、帧的封装与拆封、介质访问控制、数据的编码与解码以及数据缓存的功能等。现在网卡大多集成到主板中。

随着无线网络技术的进步，出现了无线网卡。无线网卡是终端无线网络的设备，是无线局域网的无线覆盖下通过无线连接网络进行上网使用的无线终端设备。无线网卡的工作原理是微波射频技术，通过无线传输，有无线接入点发出信号，用无线网卡接受和发送数据。

无线网卡按照接口不同可以分为三种：一种是台式机专用的PCI接口无线网卡；一种是笔记本电脑专用的PCMCIA接口网卡；一种是USB无线网卡，这种网卡不管是台式机用户还是笔记本用户，只要安装了驱动程序，都可以使用，如图1-3-17。

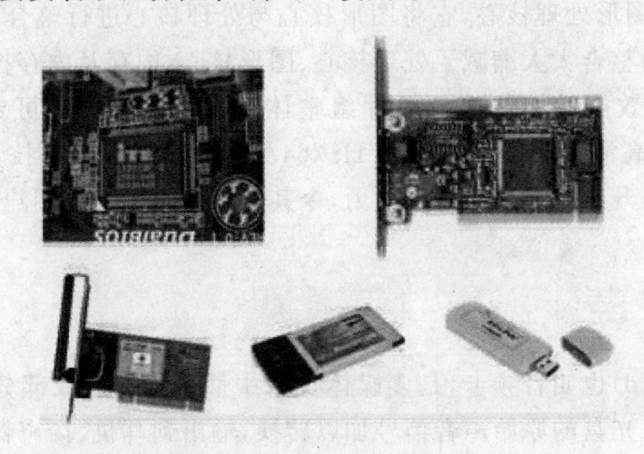

图 1-3-17　各种类型网卡

7. 显示器

显示器是计算机主要的输出设备。输出设备(Output Device)是计算机的终端设备，用

于接收计算机数据的输出显示、打印、声音、控制外围设备操作等，也是把各种计算结果数据或信息以数字、字符、图像、声音等形式表示出来。

显示器可以分为CRT、LCD、LED等多种。CRT显示器是一种使用阴极摄像管的显示器，CRT显示器的特点是可视角度大、无坏点、色度均匀、响应时间短等特点，缺点是体积大重量大，LCD显示器即液晶显示器，具有机身薄、省电、低辐射、画面柔和等特点，缺点是色彩不够鲜艳。LCD显示器是目前的主流显示器，尺寸有17英寸，19英寸，21英寸，24英寸等，LCD显示器的尺寸是指液晶面板的对角线尺寸。

图 1-3-18　CRT显示器和LCD显示器

8. 键盘和鼠标

键盘和鼠标是最常见的输入设备。输入设备(Input Device)是人或外部与计算机进行交互的一种装置，用于把原始数据和处理这些数的程序输入到计算机中，是计算机与用户或其他设备通信的桥梁。

键盘广泛应用于微型计算机和各种终端设备上。计算机操作者通过键盘向计算机输入各种指令、数据，指挥计算机的工作。计算机的运行情况输出到显示器，操作者可以很方便地利用键盘和显示器与计算机对话，对程序进行修改、编辑，控制和观察计算机的运行。

鼠标是一种计算机输入设备的简称，分有线和无线两种。也是计算机显示系统纵横坐标定位的指示器，鼠标的使用是为了使计算机的操作更加简便，来代替键盘那繁琐的指令。

鼠标按接口类型可分为串行鼠标、PS/2鼠标、总线鼠标、USB鼠标(多为光电鼠标)四种；按其工作原理及其内部结构的不同可以分为机械式，光机式和光电式；按照与计算机连接的方式不同可以分为有线鼠标和无线鼠标。

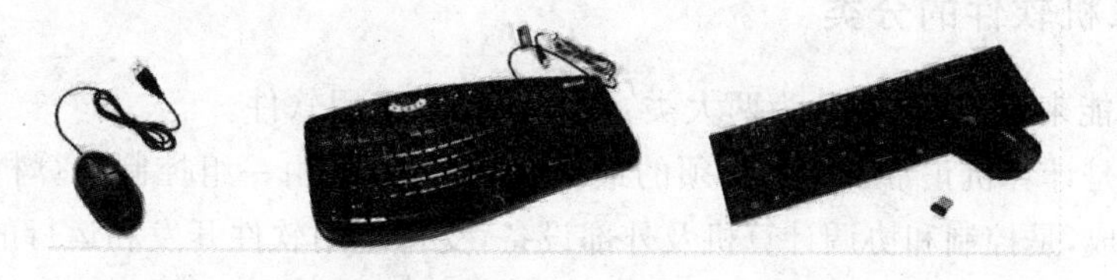

图 1-3-19　键盘和鼠标

9. 其它输入设备和输出设备

除了键盘、鼠标和显示器外，其它常见的输入设备有摄像头、扫描仪、光笔、手写输入板、游戏杆、语音输入装置等，常见的输出设备有打印机、绘图仪、影像输出系统、语音输出系统、磁记录设备等。下面简单介绍一下扫描仪和打印机这两种设备。

扫描仪(scanner)是一种数字化输入设备，可以把图片、文字等内容输入到计算机内部

供计算机处理。扫描仪分为笔试扫描仪、便携式扫描仪和滚筒式扫描仪等。主要的性能指标包括：①分辨率，单位是 PPI(Pixels Per Inch)，表示每英寸像素点的数目，一般数值越大性能越好；②灰度级，表示图像的亮度层次，级数越多，层次越丰富；③色彩数，表示彩色扫描仪所能产生的颜色范围，色彩数越多扫描的图像越鲜艳真实；④扫描速度，主要取决于扫描仪接口的传输速率；⑤扫描幅面，表示扫描图稿尺寸的大小。

打印机(printer)用于将计算机处理结果打印在相关介质上。衡量打印机好坏的指标有：打印分辨率和打印速度。打印分辨率决定了打印的清晰程度，单位也是每英寸像素点的数目，打印速度体现了打印机的工作效率。打印机按其工作原理可分为击打式和非击打式两类；按照工作方式可为针式打印机、喷墨打印机和激光打印机三类，针式打印机通过打印机和纸张的物理接触来打印字符图形，而后两种是通过喷射墨粉来印刷字符图形的。

近些年兴起了影印一体机，集打印、扫描、复印等功能于一体，是数码速印机的一种，有的机器还包括传真功能，其影像是通过油墨形成的，而不像复印机是通过碳粉形成的。

图 1-3-20 扫描仪和打印机

1.4 计算机软件系统

软件系统是计算机的重要组成部分，只有硬件的计算机我们称之为裸机，安装了软件的计算机才能够供用户使用，完成用户指定的操作。所谓软件是指为方便使用计算机和提高使用效率而组织的程序以及用于开发、使用和维护的有关文档。计算机软件系统可分为系统软件和应用软件两大类。本小节中将介绍计算机软件系统的组成。

1.4.1 计算机软件的分类

从软件功能来看，将软件分为两大类：系统软件和应用软件。

系统软件是计算机正常工作所必须的最基本的软件，它由一组控制计算机系统并管理其资源的程序组成，是控制和协调计算机及外部设备，支持应用软件开发和运行的系统。主要功能是调度、监控和维护计算机系统；负责管理计算机系统中各种独立的硬件，使得它们可以协调工作。实际上，系统软件可以看作用户与计算机的接口，使得计算机使用者和其他软件将计算机当作一个整体而不需要顾及到底层每个硬件是如何工作的。系统软件主要包括操作系统、程序设计语言、语言处理程序、数据库管理程序以及其他系统辅助处理程序等。(图 1-4-1)

应用软件是为满足用户不同领域、不同问题的应用需求而专门设计的程序系统，应用软件运行在系统软件之上，通过系统软件指挥计算机硬件完成其功能。应用软件可以细分的种类很多，如工具软件、游戏软件、管理软件等都属于应用软件类。应用软件是为了某种特定的用途而被开发的软件，它可以使一个特定的程序，比如图像浏览器。也可以是一组功能联系紧密、可以相互协作的程序的集合，比如微软的Office软件。

如果按照软件权益如何处置来进行分类，可以分为商品软件、共享软件(share ware)和自由软件(free ware)。

商品软件的含义不言自明，用户需要付费才能得到其使用权。它除了受版权保护之外，通常还受到软件许可证的保护。软件许可证是一种法律合同，它确定了用户对软件的使用方式，扩大了版权法给予用户的权利。例如，版权法规定将一个软件复制到其他机器去使用是非法的，但是软件许可证允许用户购买一份软件而同时安装在本单位的若干台计算机上使用，或者允许所安装的一份软件同时被若干个用户使用。

图 1-4-1 计算机系统层次结构

共享软件是一种"买前免费试用"的具有版权的软件，它通常允许用户试用一段时间，也允许用户进行拷贝和散发(但不可修改后散发)，但过了试用期若还想继续使用，就得交一笔注册费，成为注册用户才行。这是一种为了节约市场营销费用的有效的软件销售策略。

自由软件的创始人是理查德·斯塔尔曼(Richard Stallman)，于上世纪80年代启动了开发"类UNIX系统"的自由软件工程，创建了自由软件基金会，倡导自由软件的非版权原则。该原则是：用户可共享自由软件，允许随意拷贝、修改其源代码，允许销售和自由传播，但是，对软件源代码的任何修改都必须向所有用户公开，还必须允许此后的用户享有进一步拷贝和修改的自由。自由软件有利于软件共享和技术创新，它的出现成就了TCP/IP协议、Apache服务器软件和Linux操作系统等一大批软件精品的产生。

1. 操作系统

(1) 操作系统的定义

操作系统(Operating System，OS)是系统软件中最重要、最基本的软件，是系统软件的核心，直接运行在计算机硬件上，是用户和计算机的接口。它负责管理、监控和维护计算机系统的全部软件资源和硬件资源，合理地组织计算机各部分协调工作。常用的操作系统有：DOS、UNIX、Linux、Windows和Mac OS等。

DOS操作系统(Disk Operating System)：一个基于磁盘管理的操作系统。与我们现在使用的操作系统最大的区别在于，它是命令行形式的，靠输入命令来进行人机对话，并通过命令的形式把指令传给计算机，让计算机实现操作的。DOS系统属于单用户、单任务操作系统。DOS又分为PC-DOS和MS-DOS两种，两者功能相差不大。

UNIX操作系统：是运行在小型机和高档微机上的操作系统，属于多用户、多任务分时处理操作系统，支持多种处理器架构，其中XENIX是Unix的微机版本。

Linux操作系统：Linux是一种自由和开放源码的类Unix操作系统。目前存在着许多不同的Linux，但它们都使用了Linux内核。Linux是Windows操作系统强有力的竞争对手。

Windows 操作系统:是美国 Microsoft 公司开发的单用户、多任务、图形界面的操作系统。经过十几年的发展,已从 Windows 3.1 发展到目前的 Windows NT、Windows 2000、Windows XP、Windows vista、Windows 7 和 Windows 8,它是当前微机中广泛使用的操作系统之一。

Mac OS 系统是苹果机专用系统,是基于 Unix 内核的图形化操作系统,一般情况下在普通 PC 上无法安装的操作系统。

(2) 操作系统的功能

操作系统的功能包括处理器管理、作业管理、存储器管理、设备管理和文件管理。其主要研究内容包括:操作系统的结构、进程(任务)调度、同步机制、死锁防止、内存分配、设备分配、并行机制、容错和恢复机制等。

操作系统是计算机发展中的产物,它的主要目的有两个:一是方便用户使用计算机,是用户和计算机的接口,比如用户键入一条简单的命令就能自动完成复杂的功能,这就是操作系统帮助的结果;二是统一管理计算机系统的全部资源,合理组织计算机工作流程,以便充分、合理地发挥计算机的效率。操作系统通常应包括下列五大功能模块:

① 处理器管理

按照一定的策略从多个作业中选取一个,并为之分配处理器供其运行,对系统中各个处理器的状态进行登记,还要登记各个作业对处理器的要求,通过一个优化算法实现最佳调度,把所有的处理器分配给各个用户作业使用。当多个程序同时运行时,解决处理器(CPU)时间的分配问题。最终目的是提高处理器的利用率。

② 作业管理

也可以叫做进程管理,对作业执行的全过程进行管理和控制,我们把完成某个独立任务的程序及其所需的数据称为一个作业。作业管理的目的是为完成用户提交的作业提供一个运行环境,并对所有进入系统的作业进行调度和控制,尽可能高效地利用整个系统的资源。

③ 存储器管理

为各个程序及其使用的数据分配存储空间,并保证它们互不干扰。内存管理模块对内存的管理是使用一种优化算法对内存管理进行优化处理,以提高内存的利用率。这就是操作系统的内存管理功能。

④ 设备管理

设备管理模块的任务是当用户要求某种设备时,应尽快分配给用户所要求的设备,对外部设备的中断请求,设备管理模块要给以响应并处理。这就是操作系统的外部设备管理功能。

⑤ 文件管理

文件管理的范围包括文件目录、文件组织、文件操作和文件保护。主要负责文件的存储、检索、共享和保护,为用户提供文件操作的方便。

除了上述五大功能外,操作系统还应该向用户提供方便友好的人机交互界面。操作系统是用户和计算机的接口,通过操作系统,用户可以在计算机上完成各种操作,因此方便友好的交互界面是计算机发展的需要,也是用户使用计算机的需求。操作系统从诞生发展到现在，在人机交互方面，也是越来越方便人们的使用，从早期的文字窗口的字符串命令操作界面，到后来的菜单式界面，又从文字窗口操作界面到图形窗口操作界面。

(3) 操作系统的分类

按系统功能的不同可分为：批处理操作系统、分时处理操作系统和实时处理操作系统；按计算机配置的不同可分为：大型机操作系统、小型机操作系统、微型机操作系统、多媒体操作系统、网络操作系统和分布式操作系统；按用户数量的不同可分为：单用户操作系统和多用户操作系统；按任务数量的不同可分为：单任务操作系统和多任务操作系统。

① 批处理操作系统

批处理(Batch Processing)指用户将一批作业提交给操作系统后直到获得结果，不能对计算机进行干预，完全由操作系统控制它们自动运行，这种采用批量处理作业技术的操作系统称为批处理操作系统。批处理操作系统的工作方式是：用户将作业提交给系统，系统将许多用户的作业组成一批作业输入到计算机中，在系统中形成一个自动转接的连续的作业流，然后启动操作系统，系统自动、依次执行每个作业，最后将操作结果返回给用户。批处理操作系统的优点是提高了系统资源的利用率和作业吞吐量，缺点是用户一旦提交作业后无法再进行修改，作业周转时间长，用户使用不便。

② 分时操作系统

分时(Time Sharing)操作系统是在一台主机连接了若干个终端，每个终端对应一个用户。用户交互式地向系统提出命令请求，系统采用时间片轮转方式处理服务请求，并通过交互方式在终端上向用户显示结果。分时操作系统将系统资源(尤其是 CPU 时间)划分成若干个片段，称为时间片。操作系统以时间片为单位，轮流为每个终端用户服务，每个用户轮流使用一个时间片而使每个用户并不感到有别的用户存在。

分时系统具有多路性、交互性、"独占"性和及时性的特点。多路性指同时有多个用户使用一台计算机，宏观上看是多个人同时使用一个 CPU，微观上是多个人在不同时刻轮流使用 CPU；交互性是指用户根据系统响应结果进一步提出新请求(用户可直接干预每一步操作)；"独占"性是指用户感觉不到计算机为其他人服务，就像整个系统为他所独有；及时性指系统对用户提出的请求及时响应。

常见的通用操作系统是分时系统与批处理系统的结合，原则是：分时优先，批处理在后。"前台"响应需频繁交互的作业，如终端的要求；"后台"处理时间性要求不强的作业。

③ 实时操作系统

实时(Real Time)操作系统是指当外界事件或数据产生时，能够接受并以最快的速度进行处理，处理结果能在规定的时间之内来控制生产过程或对处理系统做出快速的响应，并能控制所有实时任务协调一致运行的操作系统。实时操作系统要追求的目标是：对外部请求在严格时间范围内做出反应，有高可靠性和完整性。

实时操作系统的特征包括：高精度计时系统，因为计时精度是影响实时性的一个重要方面；多级中断机制，因为实时操作系统经常要处理多种外部事件或请求，根据任务的紧迫程度，有的必须立刻做出反应，有的则可以稍微延后处理，所以多级中断机制可以确保对紧迫程度较高的实时事件进行及时的响应和处理；实时调度机制，实时操作系统要及时调度运行实时任务，因为涉及两个进程间的切换，所以合理的调度机制可以确保进程切换在"安全切

换"的时间点上进行,因此合理的调度策略和算法是必须的。

④ 嵌入式操作系统

嵌入式(Embedded)操作系统是运行在嵌入式系统环境中,有计算机功能但又不称之为计算机的设备或器材。简单地说,嵌入式系统集应用软件与硬件于一体,具有软件代码小、高度自动化、响应速度快等特点,特别适合于要求实时和多任务的体系。嵌入式系统几乎包括了生活中的所有电器,如掌上 PDA、移动计算设备、电视机顶盒、数字电视等设备。

嵌入式系统不同于一般的计算机处理系统,它不具备像硬盘那样大容量的存储介质,而大多使用 EPROM、EEPROM 或闪存(Flash Memory)作为存储介质。软件部分包括操作系统软件(要求实时和多任务操作)和应用程序编程。应用程序控制着系统的运作和行为,而操作系统控制着应用程序编程与硬件的交互作用。

⑤ 网络操作系统

网络(Netware)操作系统是基于计算机网络的,是向网络计算机提供服务的特殊操作系统,它在计算机系统下工作,但是具有网络操作所需的能力。网络操作系统除了应具有通常操作系统应具有的处理机管理、存储器管理、设备管理和文件管理功能外,还应具有以下两大功能:提供高效可靠的网络通信能力;提供多种网络服务功能,如远程登陆功能、文件转输服务功能、电子邮件服务功能、远程打印服务功能等。

典型的网络操作系统包括:UNIX 操作系统、Linux 操作系统、Netware 操作系统以及 Windows NT 操作系统等。

⑥ 分布式操作系统

大量的计算机通过网络连结在一起,可以获得极高的运算能力及广泛的数据共享。这种系统被称作分布式系统(Distributed System)。分布式系统的特征有:共享的虚拟工作空间;伪实体的行为真实感;支持实时交互,共享时钟;多个用户以多种方式相互通信;资源信息共享以及允许用户自然操作环境中对象。

2. 应用软件

应用软件(application software)属于系统软件,处于计算机系统的最外层,直接面向用户。应用软件是为满足用户不同领域、不同问题的应用需求而提供的软件,是使用各种程序设计语言编制的应用程序的集合,应用软件涉及范围很广,基本上覆盖了各行各业。应用软件可以拓宽计算机系统的应用领域,放大硬件的功能。

从服务对象的角度看,应用软件可以分为通用软件和专用软件两大类。

通用软件,这类软件一般是为解决某一类问题而设计的,这类问题是大多数计算机用户都会碰到的。通用软件根据应用范围不同可以分为若干类,例如文字处理软件、电子表格软件、演示文稿软件、图形图像软件、媒体播放软件、网络通信软件、翻译软件、游戏软件等等(表 1-4-1)。通用软件在计算机的普及进程中,起到了很大的作用。

专用软件,这类软件通常是为满足特定用户需求而专门设计开发的软件。比如学校教务管理系统、酒店客房管理系统、银行监控系统等等,这类软件专业性强,设计和开发成本相对较高,只有特定用户按需购买,因此价格一般比通用软件要贵。

表 1-4-1　通用软件的主要类别和功能

类别	功能	代表软件
文字处理软件	文字编辑、处理、排版	WPS, Word, Acrobat
电子表格软件	数据处理,制表绘图	Excel
演示文稿软件	幻灯片制作与播放	PowerPoint
图形图像软件	图像处理,平面设计	AutoCAD, Photoshop, CorelDraw
媒体播放软件	播放视频和音频文件	暴风影音,千千静听
网络通信软件	电子邮件,聊天工具,IP 电话	Outlook Express, MSN, QQ, Skype
翻译软件	电子词典,翻译工具	金山词霸,有道翻译
游戏软件	游戏和娱乐	益智游戏,大型网络游戏

目前得到广泛使用的应用软件,一般具有以下共同点:它们能替代现实世界已有的其他工具,而且使用起来更方便有效;它们能完成工具很难完成甚至不可能完成的任务,扩展了人们的能力。

由于应用软件是在系统软件的基础上开发和运行的,而系统软件又有多种,如果每种应用软件都要提供能在不同系统上运行的版本,将导致开发成本大大增加。目前有一类称为“中间件”(middleware)的软件,它们作为应用软件与各种系统软件之间使用的标准化编程接口和协议,可以起承上启下的作用,使应用软件的开发相对独立于计算机硬件和操作系统,并能在不同的系统上运行,实现相同的应用功能。

1.4.2　计算机语言与程序

系统软件中除了最基本最重要的操作系统以外,还包括了程序设计语言、语言处理程序以及其他的系统辅助处理程序等,它们和操作系统一起管理计算机资源,控制和协调计算机及外部设备,是系统软件不可缺少的组成部分。

1. 程序设计语言

计算机程序是用来完成某项特定工作的指令集合,程序设计语言就是用来专门编制相关的程序,以完成对应的操作。程序设计语言的发展经历了机器语言、汇编语言和高级语言三个阶段。

机器语言:以二进制代码表示指令集合,指令是由 0 和 1 组成的一串代码,能够被计算机直接识别并执行。使用计算机语言编制程序的优点是占用内存少,执行速度快;缺点是不易记忆和阅读,编程和查错较困难。

汇编语言:面向机器的程序设计语言,用助记符和符号地址表示机器指令中的操作码和操作地址,也叫符号语言。使用汇编语言编写的程序不能被计算机直接识别,必须使用汇编程序翻译成机器语言才能由计算机执行。汇编语言比机器语言易于读写、调试和修改,同时具有机器语言全部优点。但在编写复杂程序时,相对高级语言代码量较大,而且汇编语言依赖于具体的处理器体系结构,不能通用,因此不能直接在不同处理器体系结构之间移植。

高级语言:由于汇编语言依赖于硬件体系,且助记符量大难记,于是人们又发明了更加易用的所谓高级语言,其语句的表达接近人们常用的自然语言(英语)和数学语言,一条语句不是完成单一的机器指令操作,而是完成多项操作。高级语言分面向过程和对象的两类,面向过程的高级

语言包括:FORTRAN、COBOL、Pascal、C语言等,面向对象的高级语言有:VB、C++、Java等。

高级语言与计算机的硬件结构及指令系统无关,它有更强的表达能力,可方便地表示数据的运算和程序的控制结构,能更好地描述各种算法,而且容易学习掌握。但高级语言编译生成的程序代码一般比用汇编程序语言设计的程序代码要长,执行的速度也慢。

使用高级语言编写程序的好处包括:高级语言接近算法语言,易学、易掌握;高级语言为程序员提供了结构化程序设计的环境和工具,使得设计出来的程序可读性好,可维护性强,可靠性高;高级语言与具体的计算机硬件关系不大,因而所写出来的程序可移植性好,重用率高。

2. 语言处理程序

计算机智能够识别二进制代码,因此使用汇编语言或高级语言编写的程序(称为源程序)无法被计算机直接识别和执行,必须将源程序通过语言处理程序解释或者编译成为与其对应的机器指令程序(称为目标程序)才能由计算机执行。

汇编程序将用汇编语言编写的程序(源程序)翻译成机器语言程序(目标程序),这一翻译过程称为汇编。下面是汇编程序功能示意图(图 1-4-2):

图 1-4-2　汇编程序功能示意图

高级语言处理程序(也叫翻译程序)本身是一组程序,不同的高级语言都有与其对应的翻译程序。翻译的方法有"解释"(图 1-4-3)和"编译"(图 1-4-4)两种。早期的 BASIC 源程序的执行都采用解释的翻译方式,通过调用机器配备的 BASIC"解释程序",在运行 BASIC 源程序时,逐条把 BASIC 的源程序语句进行解释和执行,解释一句,执行一句,不会保留目标程序代码,也不产生可执行文件。这种方式速度较慢,每次运行都要经过"解释",边解释边执行。编译的翻译方式通过调用相应语言的编译程序,把源程序翻译成目标程序(以.obj 为扩展名),然后再用连接程序,把目标程序与库文件相连接形成可执行文件。尽管编译的过程复杂一些,但它形成的可执行文件(以.exe 为扩展名),可以反复执行,速度较快。大多数高级语言都是采用编译的方法将源程序翻译成目标程序进而再由计算机执行。

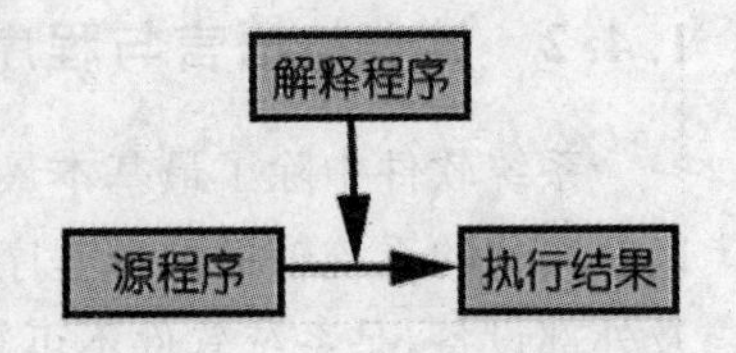

图 1-4-3　解释方式翻译程序

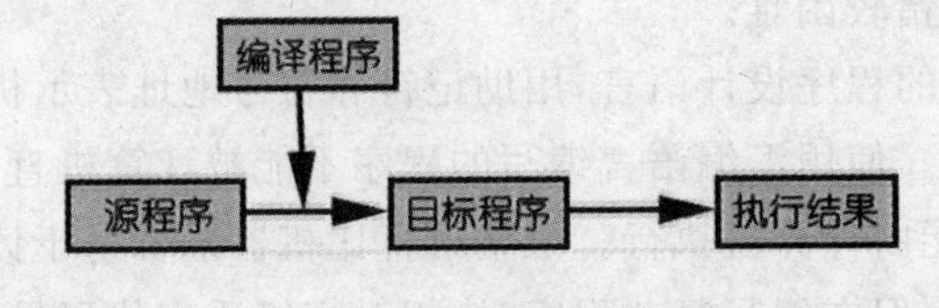

图 1-4-4　编译方式翻译程序

3. 数据库管理程序

数据库是指按照一定联系存储的数据集合,可为多种应用共享。数据库系统主要由数据库(DB)、数据库管理系统(DBMS)以及相应的应用程序组成。数据库管理系统(Data

Base Management System，DBMS）则是能够对数据库进行加工、管理的系统软件。其主要功能是建立、维护、使用数据库及对库中数据进行各种操作。数据库系统不但能够存放大量的数据，更重要的是能自动迅速地对数据进行检索、修改、统计、排序等操作，以得到所需的信息。这一点是传统的文件系统无法做到的。

数据库技术是计算机技术中发展最快、应用最广的一个分支。可以说，在今后的计算机应用开发中大都离不开数据库。因此，了解数据库技术尤其是微机环境下的数据库应用是非常必要的。目前微机系统常用的单机数据库管理系统有：Access、FoxBASE、Visual FoxPro 等，适用于网络环境的大型数据库管理系统有：Sybase、Oracle、SQL Server 等。

4. 设备驱动程序

各类连接到计算机上的硬件或外部设备，都必须安装对应的驱动程序后才能被计算机识别并正常使用。设备驱动程序是使计算机和外部设备通信的一类特殊程序，可以看作是硬件的接口，操作系统只有通过这个接口，才能控制硬件设备的工作。如果少了驱动程序，那么硬件便不能正常运行。

从理论上讲，所有的硬件设备都需要安装相应的驱动程序才能正常工作。不过 CPU、内存、主板、软驱、键盘、显示器等设备安装后就可以被 BIOS 和操作系统直接支持，不再需要安装驱动程序，从这个角度来说，BIOS 也是一种驱动程序。而对于其他的硬件或外部设备，例如网卡、声卡、显卡、打印机等等却必须要安装驱动程序，否则便无法正常工作。

另外，不同版本的操作系统对硬件设备的支持也是不同的，一般情况下版本越高所支持的硬件设备也越多，例如 Windows 7，装好系统后基本的硬件都能识别出来，无需额外再安装驱动程序。

本章的内容主要有两个方面，一方面是信息技术的相关知识，包括信息技术的发展过程，信息化时代的特点，现代信息技术内容，以及信息活动中信息安全的问题；另一方面是计算机相关的知识，包括计算机的诞生和发展过程，计算机系统的基本构造和工作原理，计算机硬件系统的组成，以及计算机软件系统的构成等。

本章内容介绍的是信息技术和计算机技术的基本知识，希望通过学习，能让大家对这两种技术有初步的了解，为今后的学习打下基础。

练习题

一、单选题（请将正确答案填在指定的答题栏内，否则不得分）

题号	1	2	3	4	5	6	7	8	9	10
答案										
题号	11	12	13	14	15	16	17	18	19	20
答案										

1. 世界上第一台电子计算机是(　　)。

A. ENIAC　　B. EDVAC　　C. EDSAC　　D. UNIVAC

2. 至今数字电子计算机的体系结构还是以程序存储为主要特征,这种结构被称为(　　)体系结构。

A. 艾伦·图灵　　B. 罗伯特·诺依斯

C. 比尔·盖茨　　D. 冯·诺依曼

3. 计算机问世至今已经历了四代,四代的分类主要是按照(　　)。

A. 规模　　B. 功能　　C. 元器件　　D. 性能

4. 信息处理进入现代信息技术发展阶段的标志是(　　)。

A. 信息爆炸现象的产生　　B. 电子计算机的发明

C. 互联网的出现　　D. 电话的普及

5. 作为电信与信息服务的发展趋势,人们通常所说的“三网融合”主要是指(　　)融合形成的宽带通信网络。

A. 有线网、无线网、互联网　　B. 局域网、广域网、因特网

C. 电话网、电视网、计算机网络　　D. 2G、3G、4G 移动通信网络

6. 以下有关二进制的论述中,错误的是(　　)。

A. 二进制只有两位数

B. 二进制只有“0”和“1”两个数码

C. 二进制运算规则是逢二进一

D. 二进制数中右起第十位的 1 相当于 2 的 9 次方

7. 十进制数 89 转换成十六进制数是(　　)。

A. 56H　　B. 57H　　C. 59H　　D. 79H

8. 二进制整数中右起第 10 位上的 1 相当于 2 的(　　)次方。

A. 7　　B. 8　　C. 9　　D. 10

9. 信息安全主要包括两种含义(　　)和计算机设备安全。

A. 文件安全　　B. 网络安全　　C. 数据安全　　D. 权限安全

10. 计算机的存储器呈现出一种层次结构,硬盘属于(　　)。

A. 主存　　B. 辅存　　C. 高速缓存　　D. 内存

11. 计算机断电或重新启动后,(　　)中的信息将会丢失。

A. 光盘　　B. RAM　　C. ROM　　D. 硬盘

12. 按 USB 2.0 标准,USB 的传输速率可以达到(　　)Mbps。

A. 56　　B. 240　　C. 256　　D. 480

13. 计算机硬件能直接识别和执行的程序设计语言是(　　)。

A. 汇编语言　　B. 机器语言　　C. 高级语言　　D. 符号语言

14. 计算机系统的内部总线,主要可分为(　　)、数据总线和地址总线。

A. DMA 总线　　B. 控制总线　　C. PCI 总线　　D. RS-232

15. 一般说来,计算机中内存储器比硬盘(　　)。

A. 读写速度快　　B. 读写速度慢　　C. 保持数据时间长　　D. 存储容量大

16. 计算机病毒主要是造成对(　　)的破坏。
    A. 磁盘　　B. 主机　　C. 光盘驱动器　　D. 程序和数据
17. 计算机系统主要由两大部分组成,它们是(　　)。
    A. 硬件和软禁　　B. 系统软件和应用软件
    C. 主机和外部设备　　D. CPU 和存储器
18. 微型计算机中,使用 Cache 提高了计算机运行速度,主要是因为(　　)。
    A. Cache 增大了内存容量　　B. Cache 扩大了硬盘的容量
    C. Cache 缩短了 CPU 的等待时间　　D. Cache 可以存放程序和数据
19. 当计算机系统处理一个汉字时,正确的说法是(　　)。
    A. 该汉字采用 ASCII 码进行存储
    B. 该汉字占用 1 个字节存储空间
    C. 该汉字在不同的输入方法中具有相同的输入码
    D. 使用该汉字的输出码进行显示和打印
20. 下列四种操作系统中,以及时响应外部事件为主要目标的操作系统是(　　)。
    A. 批处理操作系统　　B. 实时操作系统
    C. 分时操作系统　　D. 网络操作系统

二、填空题

1. 计算机病毒是人为编制的一种具有破坏性、传染性、隐蔽性等特性的________。
2. 物质、能源和________是人类社会赖以生存、发展的三大重要资源。
3. 世界上第一代的数字电子计算机所采用的电子器件是________。
4. 目前 CPU 主要由运算器和________两大部件构成的。
5. 在微型计算机中,信息的基本存储单位是字节,每个字节内含________个二进制位。
6. 存储容量 1GB,可存储________M 个字节。
7. 汉字以 24×24 点阵形式在屏幕上单色显示时,每个汉字占用________字节。
8. 汇编语言是利用________表达机器指令,它比机器语言容易读写。
9. 计算机软件分为系统软件和应用软件。打印机驱动程序属于________软件。
10. 用于控制和管理系统资源,方便用户使用计算机的系统软件是________。
11. CPU 与存储器之间在速度的匹配方面存在着矛盾,一般采用多级存储系统层次结构来解决或缓和矛盾。按速度的快慢排列,它们是高速缓存、内存、________。
12. 光盘按其读写功能可分为只读光盘、一次写多次读光盘和________光盘。
13. 在计算机的外部设备中,除外部存储器:软盘、硬盘、光盘和磁带机等外,最常用的输入设备有键盘、________。
14. 常用的打印机有击打式(针式)打印机、________打印机、喷墨打印机和热敏打印机等。
15. 绘图仪是输出设备,扫描仪是________设备。

第2章　操作系统 Windows 7

本章提要

操作系统在计算机系统中占据着非常重要的地位，是一种核心的系统软件。它不仅是硬件与所有其他软件之间的接口，而且只有在操作系统的指挥控制下，各种计算机资源才能被分配给用户使用。也只有在操作系统的支撑下，其他系统软件如各类应用软件（如 QQ）、程序库和运行支持环境才得以取得运行条件。没有操作系统，任何应用软件都无法运行。

本章将首先介绍操作系统的基本概念，然后从实用的角度重点介绍目前非常流行的 Windows 7 操作系统的基本操作。

本章基于前期学习的基础，淡化对有关名词、概念的要求；加强对实际操作技能的培养，采用示例教学，将软件功能融入示例之中，在学习解决具体问题时掌握有关的命令和操作方法。

学习目标

- 了解操作系统的定义和功能；
- 掌握 Windows 7 的基本操作和桌面的管理；
- 掌握 Windows 7 的管理文件资源的使用方法；
- 掌握 Windows 7 的系统管理。

2.1 Windows 7 基础

无论是日常生活还是在工作过程中，所有的计算机使用者都是通过操作系统来使用计算机工作环境，然后进一步组织管理文档（文件）和按要求安装运行应用程序来完成特定的任务。尽管微软（Microsoft）公司在 2007 年推出了最新的视窗操作系统 Windows vista，由于其对内存等资源的消耗较大，对应用程序的要求较高，很多老版本的应用程序无法安装，在一定程度上似乎存在“曲高和寡”的局面。当前，由于 Windows 7 具有界面友好、多媒体功能强大、网络功能更好、直接支持众多的新型硬件、安全性能提高、帐户管理和使用方便、具有极高的安全性和稳定性的特点，而广受青睐。本章将以 Windows 7 操作系统为操作背景，来引导学习计算机上的文件管理、程序管理和其他应用。

2.1.1　操作系统的概念和功能

1. 操作系统概念

操作系统是对计算机系统资源进行直接控制和管理，协调计算机的各种动作，为用户提供便于操作的人—机界面，存在于计算机软件系统最底层核心位置的程序的集合。

2. 操作系统的功能

(1) 处理机管理

处理机管理主要有两项工作：一是处理中断事件，二是处理机调度。正是由于操作系统对处理器的管理策略不同，其提供的作业处理方式也就不同，例如，批处理方式、分时处理方式、实时处理方式。

(2) 进程管理

进程管理主要是对处理器进行管理。CPU 是计算机系统中最宝贵的硬件资源。为了提高 CPU 的利用率，操作系统采用了多道程序技术。当一个程序因等待某一条件而不能运行下去时，就把处理器占用权转交给另一个可运行程序。或者，当出现了一个比当前运行的程序更重要的可运行的程序时，后者应能抢占 CPU。为了描述多道程序的并发执行，就要引入进程的概念。通过进程管理协调多道程序之间的关系，解决对处理器实施分配调度策略、进行分配和进行回收等问题，以使 CPU 资源得到最充分的利用。正是由于操作系统对处理器管理策略的不同，其提供的作业处理方式也就不同，从而呈现在用户面前的就是具有不同性质的操作系统，例如批处理方式、分时处理方式和实时处理方式等。

(3) 存储管理

存储管理主要管理内存资源。随着存储芯片的集成度不断地提高、价格不断地下降，一般而言，内存整体的价格已经不再昂贵了。不过受 CPU 寻址能力以及物理安装空间的限制，单台机器的内存容量也还是有一定限度的。当多个程序共享有限的内存资源时，会有一些问题需要解决，比如，如何为它们分配内存空间，同时，使用户存放在内存中的程序和数据彼此隔离、互不侵扰，又能保证在一定条件下共享等问题，都是存储管理的范围。当内存不够用时，存储管理必须解决内存的扩充问题，即将内存和外存结合起来管理，为用户提供一个容量比实际内存大得多的虚拟存储器。操作系统的这一部分功能与硬件存储器的组织结构密切相关。

(4) 文件管理

系统中的信息资源（如程序和数据）是以文件的形式存放在外存储器（如磁盘、光盘和磁带）上的，需要时再把它们装入内存。文件管理的任务是有效地支持文件的存储、检索和修改等操作，解决文件的共享、保密和保护问题，以使用户方便、安全地访问文件。操作系统一般都提供很强的文件系统。

(5) 作业管理

操作系统应该向用户提供使用它自己的手段，这就是操作系统的作业管理功能。按照用户观点，操作系统是用户与计算机系统之间的接口。因此，作业管理的任务是为用户提供一个使用系统的良好环境，使用户能有效地组织自己的工作流程，并使整个系统能高效地运行。

(6) 设备管理

操作系统应该向用户提供设备管理。设备管理是指对计算机系统中所有输入输出设备(外部设备)的管理。设备管理不仅涵盖了进行实际 I/O 操作的设备,还涵盖了诸如设备控制器、通道等输入输出支持设备。

2.1.2 Windows 7 的由来

操作系统发展很快,更新换代也很频繁,Windows 7 这一版本只是计算机操作系统发展过程中的一个版本,下面对 Windows 的版本号进行整理,具体情况见表 2-1-1 所示:

表 2-1-1 Windows 的版本号对照表

基于 DOS 的 Windows 版本	核心版本号	基于 NT 的 Windows 版本	核心版本号
Windows 1	1.0	Windows NT 3.5	3.50
Windows 2	2.0	Windows NT 3.51	3.51
Windows 3	3.0	Windows NT 4	4.0
Windows 95	4.0	Windows 2000	5.0
Windows 98	4.0.1998	Windows XP	5.1
Windows 98 SE	4.0.2222	Windows Vista	6.0
Windows Me	4.90.3000	Windows 7	6.1

通过上表可以看出,Windows 7 操作系统的核心版本号是 6.1,下面通过 CMD 命令来验证操作系统的核心版本号,具体的步骤如下:

步骤 1:打开【开始菜单】,如图 2-1-1 所示;

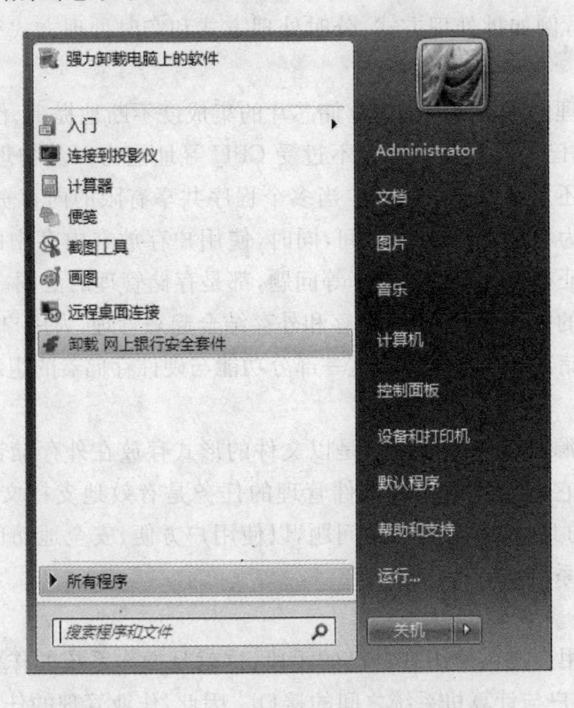

图 2-1-1 开始菜单

步骤 2:在【开始菜单】中选择【运行】,弹出运行对话框,在对话框中输入“cmd”,如图 2-1-2 所示;

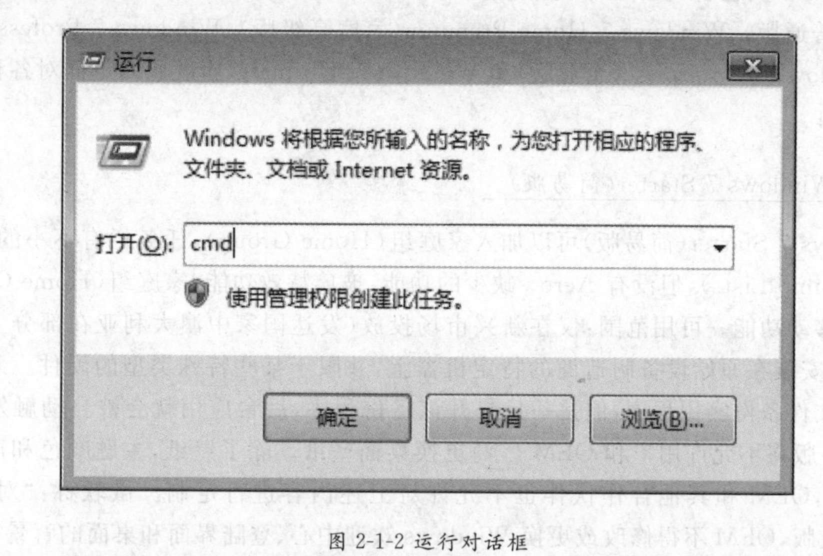

图 2-1-2 运行对话框

步骤 3:单击确定后,将打开命令行窗口,如图 2-1-3 所示。

图 2-1-3 命令行窗口

通过上图中第一行可以清楚地看出该计算机的操作系统核心版本号为 6.1.7600。

2.1.3 Windows 7 版本简介

Windows 7 是由微软公司开发的操作系统。Windows 7 可供家庭及商业工作环境、笔记本电脑、平板电脑、多媒体中心等使用。微软 2009 年 10 月 22 日于美国、23 日于中国正式发布 Windows 7,2011 年 2 月 22 日发布 Windows 7 SP1。Windows 7 同时也发布了服务器版本——Windows Server 2008 R2。同 2008 年 1 月发布的 Windows Server 2008 相比,Windows Server 2008 R2 继续提升了虚拟化、系统管理弹性、网络存取方式,以及信息安全

等领域的应用，其中有不少功能需搭配 Windows 7。

Windows 7 共包含六种版本，分别是 Windows 7 Starter(简易版)、Windows 7 Home Basic(家庭普通版)、Windows 7 Home Premium(家庭高级版)、Windows 7 Professional(专业版)、Windows 7 Enterprise(企业版)和 Windows 7 Ultimate(旗舰版)，下面对各种版本进行简单介绍：

1. Windows 7 Starter(简易版)

Windows 7 Starter(简易版)可以加入家庭组(Home Group)，任务栏有不小的变化，有跳转菜单(Jump Lists)，但没有 Aero。缺少的功能：玻璃特效功能；家庭组(Home Group)创建；完整的移动功能。可用范围：仅在新兴市场投放(发达国家中澳大利亚在部分上网本中有预装)，仅安装在原始设备制造商的特定机器上，并限于某些特殊类型的硬件。忽略后台应用，比如文件备份实用程序，但是一旦打开该备份程序，后台应用就会被自动触发。Windows 7 简易版将不允许用户和 OEM 厂商更换桌面壁纸。除了壁纸，主题颜色和声音方案也不得更改，OEM 和其他合作伙伴也不允许对上述内容进行定制。微软称："对于 Windows 7 初级版，OEM 不得修改或更换 Windows 欢迎中心、登陆界面和桌面的背景。"

2. Windows 7 Home Basic(家庭普通版)

Windows 7 Home Basic 主要新特性有无限应用程序、增强视觉体验(没有完整的 Aero 效果)、高级网络支持(ad-hoc 无线网络和互联网连接支持 ICS)、移动中心(Mobility Center)。缺少的功能：玻璃特效功能；实时缩略图预览、Internet 连接共享，不支持应用主题。可用范围：仅在新兴市场投放(不包括发达国家)。大部分笔记本电脑或品牌电脑上预装此版本。

3. Windows 7 Home Premium(家庭高级版)

Windows 7 Home Premium 有 Aero Glass 高级界面、高级窗口导航、改进的媒体格式支持、媒体中心和媒体流增强(包括 Play To)、多点触摸、更好的手写识别等。包含功能：玻璃特效、多点触控功能、多媒体功能、组建家庭网络组。可用范围：全球。

4. Windows 7 Professional(专业版)

Windows 7 Professional 替代 Vista 下的商业版，支持加入管理网络(Domain Join)、高级网络备份等数据保护功能、位置感知打印技术(可在家庭或办公网络上自动选择合适的打印机)等。包含功能：加强网络的功能(比如域加入)、高级备份功能、位置感知打印、脱机文件夹、移动中心(Mobility Center)、演示模式(Presentation Mode)。可用范围：全球。

5. Windows 7 Enterprise(企业版)

Windows 7 Enterprise 提供一系列企业级增强功能：Bit Locker，内置和外置驱动器数据保护；App Locker，锁定非授权软件运行；Direct Access，无缝连接基于 Windows Server 2008 R2 的企业网络；Branch Cache，Windows Server 2008 R2 网络缓存等等。包含功能：

Branch 缓存；Direct Access；Bit Locker；App Locker；Virtualization Enhancements（增强虚拟化）；Management（管理）；Compatibility and Deployment（兼容性和部署）；VHD 引导支持。可用范围：仅批量许可。

6. Windows 7 Ultimate（旗舰版）

拥有 Windows 7 Home Premium 和 Windows 7 Professional 的全部功能，当然硬件要求也是最高的。包含功能：以上版本的所有功能。可用范围：全球。

2.1.4 Windows 7 的安装

1. Windows 7 的硬件要求

Windows 7 是新一代的操作系统，功能更完善，但是对硬件的要求也提高了，为了保证 Windows 7 操作系统的正常运行，计算机的硬件需要满足一定的要求，硬件的最低配置和推进配置如表 2-1-2 所示：

表 2-1-2 Windows 7 操作系统的硬件配置表

设备名称	最低配置的基本要求	推荐配置的基本要求
CPU	主频 1GHz 及以上	64 位双核以上等级的处理器 windows 7 包括 32 位及 64 位两种版本，如果您希望安装 64 位版本，则需要支持 64 位运算的 CPU 的支持。
内存	1GB 及以上	内存 2G 以上（3G 更佳）
硬盘	20GB 以上可用空间	硬盘 500GB
显卡	集成显卡，显存 64MB 以上	显卡 支持 DirectX 10/Shader Model 4.0 以上级别的独立显卡
其他设备	DVD－R/RW 驱动器或者 U 盘等其他存储介质	DVD－R/RW 驱动器或者 U 盘等其他存储介质

2. Windows 7 操作系统的安装流程

达到 Windows 7 的硬件配置要求之后，计算机的使用者就可以根据自己的实际要求选择安装 Windows 7 操作系统的版本了，Windows 7 操作系统与其它版本的操作系统的安装过程大体相似，但是也有不同之处，下面简单介绍安装 Windows 7 操作系统的流程：

步骤 1：启动计算机（先打开显示器，再打开主机）后，在进入系统之前按【Del】键，进入 BIOS 设置的主界面（不同型号计算机的 BIOS 主界面都不同，这里不做图解），进入主界面以后将第一启动项设置为 DVD-ROM（如果是从光盘安装）；

步骤 2：设置完以后，保存设置，将操作系统光盘放入光盘驱动器中；

步骤 3：计算机将重新启动，并按照 BIOS 中的设置从光盘启动，当屏幕出现“Press any key boot from CD and DVD…”时，按任意键，开始加载光盘中的文件；

步骤 4：载入系统文件需要几分钟，加载完文件后进入 Windows 7 的安装主界面，按照界面中的提示选择就可以，需要选择的有安装语言、时间、货币格式以及键盘和输入方法等；

步骤 5：系统安装完之后会自动重新启动，第一次运行 Windows 7 系统，还会要求激活，

按照系统提示完成之后，就可以看见 Windows 7 的桌面了。

2.1.5 Windows 7 的启动与退出

1. Windows 7 的启动

当用户在计算机中安装好 Windows 7 操作系统后，启动计算机的同时就会随之启动 Windows 7 系统，计算机启动的过程如下：

步骤 1：首先启动计算机的显示器，然后打开主机上的电源，计算机就会自动启动并开始自行检测；

步骤 2：自检通过以后，紧接着出现欢迎界面，根据使用者创建的用户数不同，界面也分为单用户登陆和多用户登陆两种，如图 2-1-4 和图 2-1-5 所示；

图 2-1-4 单用户登陆界面

图 2-1-5 多用户登陆界面

步骤3:输入登陆密码(如果没有设置就不用输入),然后按【Enter】键或者单击文本框右侧的【登陆】按钮,即可以加载个人设置,经过几秒后即可看到Windows 7的桌面。

2. Windows 7的退出

退出Windows 7可以通过关机、休眠、注销等操作来实现,下面分别介绍:

(1) 关机

计算机的关机有正常关机和非正常关机两种情况。

① 正常关机

在使用完计算机后,都需要退出Windows 7系统并关闭计算机,正确的关机的步骤如下:

步骤1:单击【开始】按钮,从弹出的开始菜单(如图2-1-6所示)中单击关机按钮,随后系统自动保存相关信息;

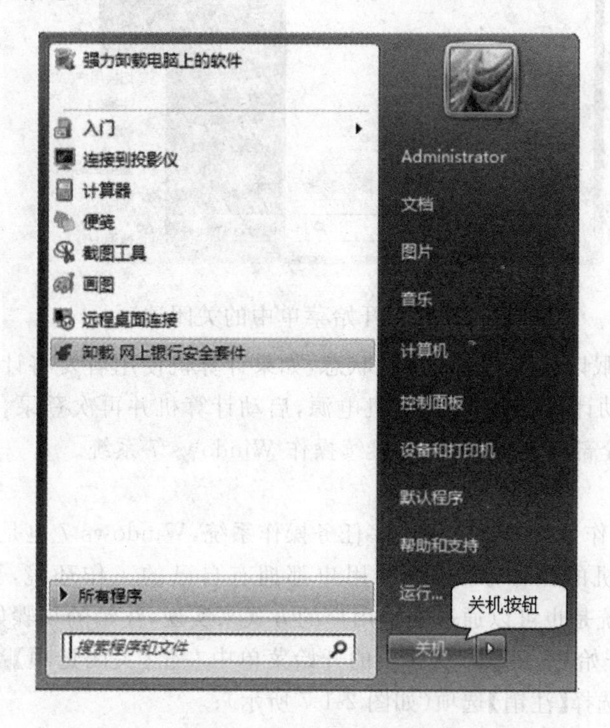

图2-1-6 开始菜单中的【关机】按钮

步骤2:系统退出后,主机的电源将自动关闭,指示灯熄灭,这时计算机就安全地关闭了,此时使用者可以关闭显示器,切断电源。

② 非正常关机

有时关机会出现非正常关机,用户在使用计算机的时候会出现"死机"、"蓝屏"、"花屏"等情况,这时是不能够通过【开始】菜单来关闭计算机,这时就需要按住主机的电源按钮5秒钟来关机,等关闭计算机之后再动手关闭显示器的电源开关。

(2) 休眠

休眠是退出Windows 7操作系统另一个渠道,休眠并没有关闭计算机,而是进入低能耗

状态，让计算机进入休眠状态的步骤如下：

步骤 1：单击【开始】按钮，从弹出的开始菜单中左击【关闭选项】按钮，然后从弹出的关闭选项列表中选择【休眠】选项（如图 2-1-7 所示）；

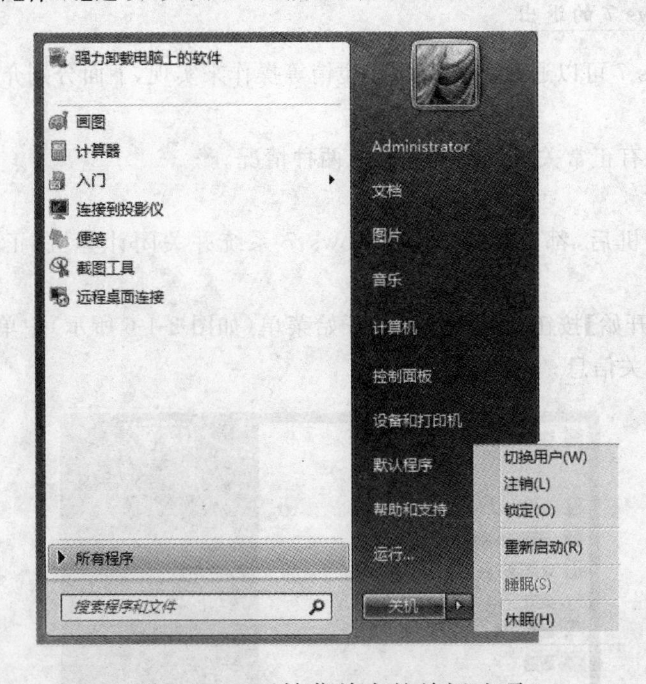

图 2-1-7　开始菜单中的关闭选项

步骤 2：左击休眠以后即可进入休眠状态，如果计算机使用者要将计算机从休眠状态中唤醒则必须重新启动计算机，打开计算机电源，启动计算机并再次登录，而且可以发现休眠前的工作状态已经全部恢复，用户可以继续操作 Windows 7 系统。

(3) 注销

目前，大部分操作系统都是多用户多任务操作系统，Windows 7 也是一个允许多个用户共同使用一台计算机的操作系统，每个用户都拥有自己的工作环境，当前用户需要退出 Windows 7 操作系统是也可以通过注销用户的方式来实现，注销的步骤如下：

步骤 1：单击【开始】按钮，从弹出的开始菜单中左击【关闭选项】按钮，然后从弹出的关闭选项列表中选择【注销】选项（如图 2-1-7 所示）；

步骤 2：此时系统马上关闭当前用户的所有程序和窗口，并开始注销 Windows 7 操作系统；

步骤 3：稍后转到 Windows 7 操作系统的登录界面。

在【关闭选项】列表中还有【切换用户】，通过【切换用户】选项也可以退出 Windows 7 操作系统回到用户登录界面，与【注销】相似，但是【注销】后计算机将关闭所有程序，计算机处于没有任何程序运行的状态，并等待用户登录。【切换用户】可以保留当前用户的程序的同时迅速切换到其它用户。

2.2　Windows 7 基本操作及桌面管理

当 Windows 7 操作系统启动之后，首先看到的是桌面背景、桌面图标和任务栏三部分，用户使用计算机的各种操作都是在桌面上进行的。

2.2.1　桌面及操作

启动 Windows 7 后，显示器的整个屏幕区域称为桌面，是 Windows 用户与计算机交互的工作窗口，如图 2-2-1 所示。

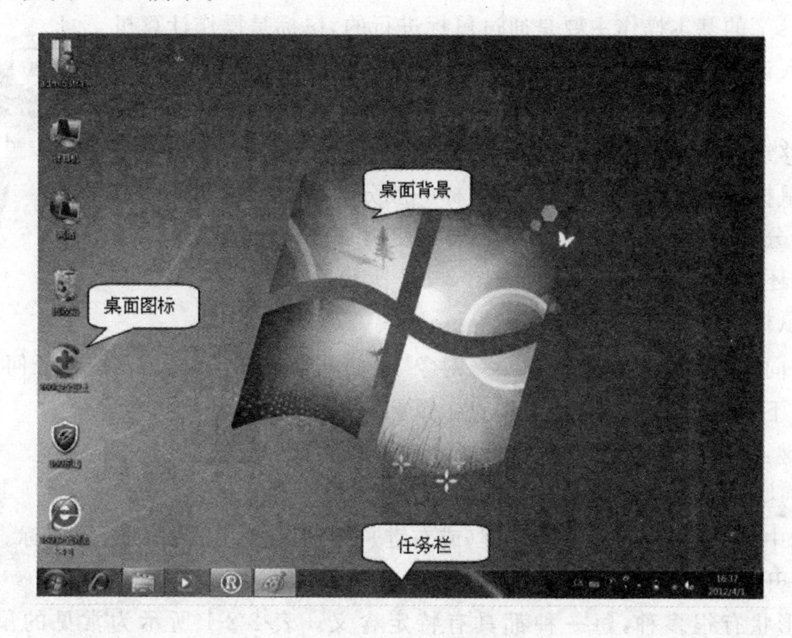

图 2-2-1　Windows 7 桌面

1. 桌面背景

桌面背景是指 Windows 7 桌面的背景图案，也称为桌布或者墙纸，用户可以根据自己的爱好更改桌面的背景图案，设置桌面背景的具体步骤见本章第四节。

2. 桌面图标

桌面上有许多图标，其中一些是 Windows 的系统图标，其他的图标则是使用者根据需要添加的。系统图标的功能如下：

代表一种资源管理，通过它可以访问计算机机中的所有的资源，如硬盘、软盘、光盘、U 盘、文件及文件夹等。

当用户使用应用程序（如画图、记事本等）建立文档时，如果不指定保存位置，则文档就自动将其保存在【我的文档】中。【我的文档】与【My Documents】文件夹相对应，一般存放

在 C:盘中。利用此图标可以快速访问并管理用户建立的文档。

当某些文件不再需要了，就可以将它们删除。【回收站】就是扔“垃圾”的地方，用来暂时存放被删除的文件。

Windows 系统自带的互联网浏览器，简称 IE。通过它可以访问互联网上的大量信息。在后面的章节将会讲述互联网的相关知识。

如果电脑连在一个局域网中，那么通过此图标可以访问网内的其他计算机，实现资源共享。

3. 鼠标操作

Windows 7 的基本操作主要是通过鼠标进行的，鼠标是操作计算机最常用的输入设备之一，学习计算机的基本操作，首先要熟练掌握鼠标的基本操作。

当我们移动鼠标时，屏幕上会有一个小的图形在跟着移动，这个小的图形称为鼠标指针，简称指针。目前鼠标一般分为两键鼠标和三键鼠标；两键鼠标分为左键和右键（目前已经很少使用）；三键鼠标除了左键和右键之外，还有一个在中部的滚轮如图 2-2-2 所示。

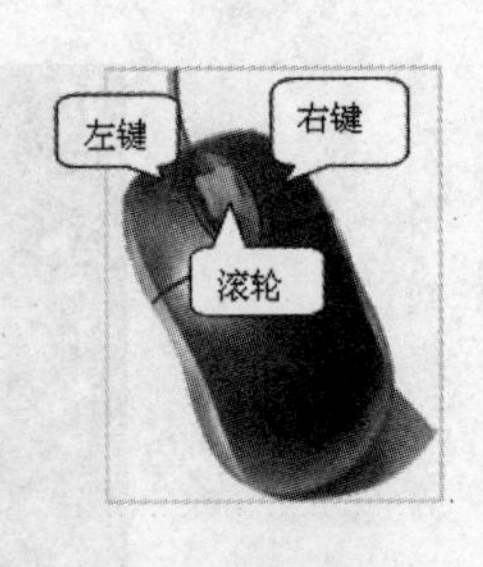

图 2-2-2　三键鼠标

常用的鼠标操作主要有：

移动/指向/定位：把鼠标移动到某一对象上，使其指向操作对象，不按下任何鼠标按钮。

单击：按下鼠标左键，立即松开，即点击鼠标左键一次。

单击右键：按下鼠标右键，立即松开，即点击鼠标右键一次。

双击：快速地、连续地进行两次单击鼠标左键。

拖动：选中某一对象，按住鼠标左键（或右键），移动鼠标，在另一处释放鼠标。

释放：松开鼠标按键。

鼠标的形状有很多种，每一种都具有特定含义。表 2-2-1 所示为常见的鼠标形状及说明。

表 2-2-1　鼠标形状及说明

鼠标形状	说明	鼠标形状	说明
	正常状态		沿对角线调整
	后台运行		移动
	忙		文本选择
	垂直调整		不可用
	水平调整		帮助选择
	精确选择		手写
	候选		链接选择

4. 窗口操作

在 Windows 中，有三种基本类型的窗口，分别是程序窗口，文件夹窗口，对话框窗口。

窗口一般由控制按钮区、地址栏、搜索栏、菜单栏、工具栏、导航窗格、工作区、细节窗格和状态栏等组成，如图 2-2-3 所示。

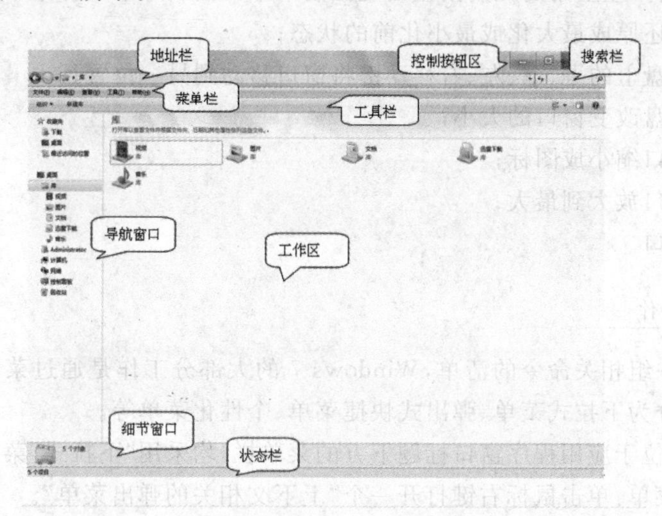

图 2-2-3 【我的电脑】窗口

窗口的基本操作包括多窗口排列、窗口的移动、窗口的最大化、最小化和恢复、调整窗口的大小等。

(1) 窗口的移动

将鼠标指向窗口标题栏，并拖动鼠标到指定位置。

(2) 窗口的最大化、最小化和恢复

窗口最大化与还原：窗口的最大化有两种方法，一种是用鼠标单击窗口中的最大化按钮 ，另一种是双击窗口的标题栏，则窗口将放大到充满整个屏幕空间，最大化按钮将变成还原按钮 。单击还原按钮则窗口将恢复原来的大小。

窗口最小化与还原：用鼠标单击窗口中的最小化按钮 ，则窗口将缩小为图标，成为任务栏中的一个按钮。要将图标还原成窗口，则只需单击该图标按钮即可。

(3) 窗口大小的改变

当窗口不是最大时，可以改变窗口的宽度和高度。

改变窗口的宽度：将鼠标指向窗口的左边或右边，当鼠标变成双箭头“ ”后，将鼠标拖动到所需位置。

改变窗口的高度：将鼠标指向窗口的上边或下边，当鼠标变成双箭头“ ”后，将鼠标拖动到所需位置。

同时改变窗口的宽度和高度：将鼠标指向窗口的任意一个角，当鼠标变成倾斜双箭头“ ”后，将鼠标拖动到所需位置。

(4) 窗口内容的滚动

小步滚动窗口内容：单击滚动箭头；

大步滚动窗口内容：单击滚动箭头和滚动框之间的区域；

滚动窗口内容到指定位置：拖动滚动框到指定位置。

(5) 控制菜单

用鼠标单击窗口左上角的控制按钮出现控制菜单。控制菜单中各命令的意义：

还原：将窗口还原成最大化或最小化前的状态；

移动：使用键盘上的上、下、左、右移动键将窗口移动到另一位置；

大小：使用键盘改变窗口的大小；

最小化：将窗口缩小成图标；

最大化：将窗口放大到最大；

关闭：关闭窗口。

5. 菜单操作

菜单是提供一组相关命令的清单，Windows 7 的大部分工作是通过菜单中的命令来完成的。菜单大致分为下拉式菜单、弹出式快捷菜单、个性化菜单等。

下拉式菜单：位于应用程序窗口标题下方的菜单栏，均采用“下拉式”菜单方式。

弹出式快捷菜单：单击鼠标右键打开一个“上下文相关的弹出菜单”。

个性化菜单：通过隐藏用户最近未使用的项目或菜单命令项，而只保留一些常用程序和菜单命令项。

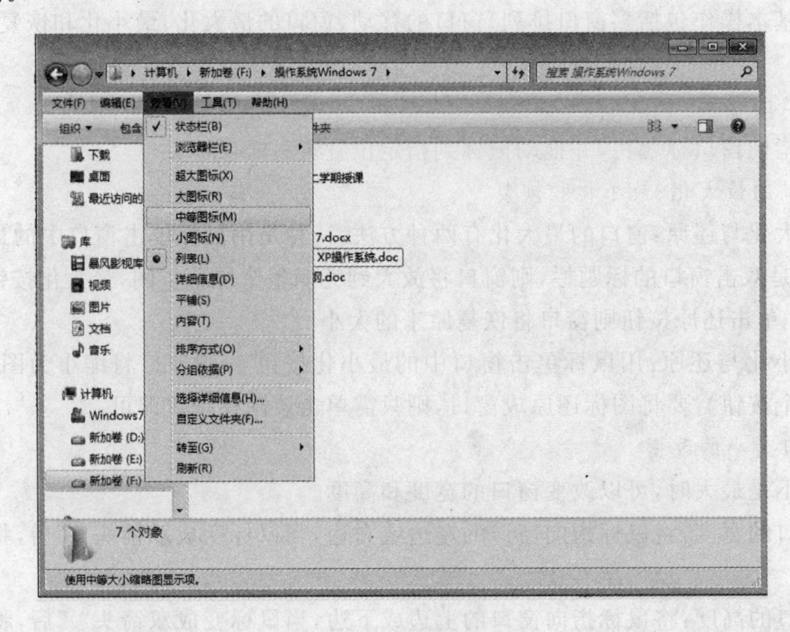

图 2-2-4 【查看】菜单

在图 2-2-4 所示菜单中，Windows 7 使用了许多特殊标记，这些特殊标记都具有特定的含义。常见的标记有：

“…”，则表示选择该命令时会弹出对话框，需要用户提供进一步的信息。

“√”，则表示该项命令正在起作用，此时如果再次选择该命令，将删去这个标记，且该命令不再起作用。

如果命令名后有顶点向右的实心三角符号，则表示选择该命令后会弹出下一级的菜单选项。

如果命令名的右边还有一个键符或组合键符，则该键符表示快捷键。使用快捷键可以直接执行相应的命令。

(1) 菜单的打开

方法一：将鼠标指针移到菜单栏上所需的菜单名上，单击菜单名即可打开菜单。

方法二：按下<Alt>+"菜单名后面括号内的带下划线的字母"同样可打开菜单。

(2) 菜单的关闭

单击菜单名或菜单以外的任何地方即可关闭菜单。

6. 对话框操作

对话框是人机交互的基本手段，是一种特殊窗口。对话框不能最小化、最大化、一般不能改变它的大小。在 Windows 系统中，对话框分成两种类型，即模式对话框和非模式对话框。

(1) 模式对话框

所谓模式对话框，是指当该种类型的对话框打开时，主程序窗口被禁止，只有关闭对话框，才能处理主窗口。

(2) 非模式对话框

和模式对话框不同，非模式对话框是指那些即使在对话框被显示时仍可处理主窗口的对话框。对话框的元素有：标题栏，选项卡、文本框，命令按钮，单选框，多选框，列表框，组合框。对话框的基本操作有移动对话框和关闭对话框。

7. 日期/时间设置

单击桌面右下角时间，弹出一个窗口，在窗口中单击【更改日期和时间属性】即打开【日期和时间属性】对话框，如图 2-2-5 所示。

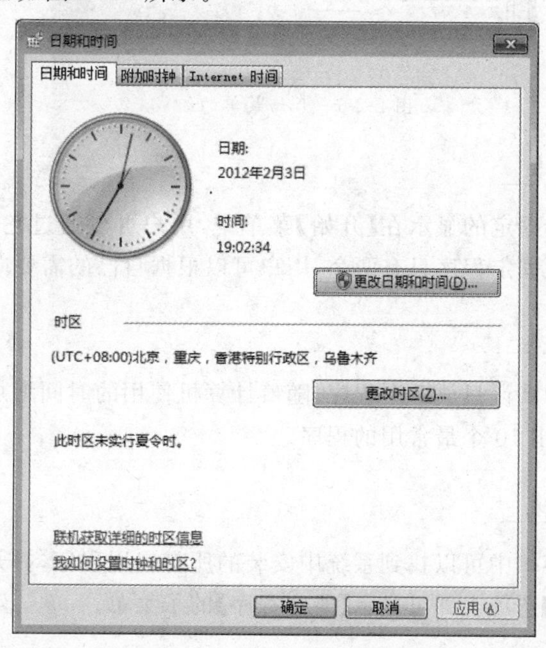

图 2-2-5　日期与时间属性对话框

在【时间和日期】选项卡下，可以修改年份、月份、日期、时间。修改后单击【确定】按钮即可。单击【时区】选项卡，可以打开【时区】对话框，在该对话框中的下拉列表中可以选择时区。

2.2.2 开始菜单

开始菜单是 Windows 7 系统中最常用的组件之一，是启动程序的捷径通道。开始菜单几乎包含了计算机中所有的应用程序。Windows 7 的开始菜单是由【固定程序】列表、【常用程序】列表、【所有程序】列表、【启动】菜单、【搜索】框和【关闭选项】按钮区组成，如图 2-2-6 所示。

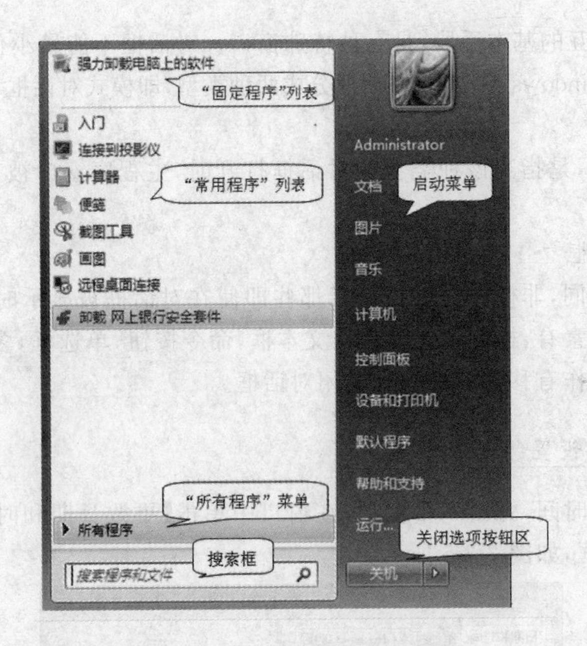

图 2-2-6　开始菜单的组成

1. 固定程序列表

该列表中的程序会固定的显示在【开始】菜单中，用户可以通过它快速的打开其中的应用程序。此菜单中默认固定程序只有两个，用户可以根据自己的需要向该列表中添加。

2. 常用程序列表

在常用程序列表中默认只放 7 个程序，随着计算机使用的时间增加，一些程序使用的频繁度高，在该列表会列出 10 个最常用的程序。

3. 所有程序列表

用户在所有程序菜单中可以找到系统中安装的所有应用程序，打开【开始】菜单，将鼠标指针移动到【所有程序】选项上即可显示【所有程序】的子菜单。

4.【启动】菜单

在【启动】菜单中列出了几个特殊的链接，如【文档】、【图片】、【音乐】以及【计算机】等等，使启动菜单便可以快速地打开其中的链接。

5.【搜索】框

单用户找不到需要的文件或文件夹时，就需要使用 Windows 7 提供的搜索功能。

6.【关闭选项】按钮区

在【关闭选项】按钮区中包含了关闭按钮 关机 和【关闭选项】按钮▶，单击【关闭选项】按钮▶，即可弹出【关闭选项】列表。

2.2.3　任务栏

任务栏是桌面最下方的水平长条，它主要由【开始】按钮、程序按钮区、通知区域和【显示桌面】按钮 4 部分组成，如图 2-2-7 所示。

图 2-2-7　任务栏

1. 程序按钮区

程序按钮区主要放置的是已打开窗口的最小化后的图标按钮，单击这些图标就可以在不同窗口之间切换。用户还可以根据使用者的需要通过拖曳操作重新排列任务栏上的程序按钮。

如果用户的计算机硬件支持 Aero 特效并且打开了该功能，则当鼠标指针指向程序按钮区中的程序按钮时，会在上方显示窗口的缩略图，如图 2-2-8 所示。

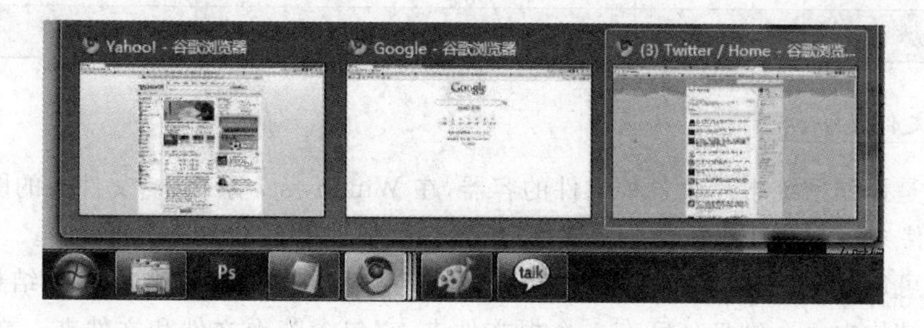

图 2-2-8　窗口显示的缩略图

2. 通知区域

通知区域位于任务栏的右侧，除了系统时钟、音量、网络和操作控制中心等一组系列图标按钮之外，还包括一下正在运行的程序图标按钮，例如 QQ 图标。

3.【显示桌面】按钮

【显示桌面】按钮▌位于任务栏的最右侧，作用是可以快速的显示桌面。单击该按钮可以将所有打开的窗口最小化到程序按钮区中，如果想恢复显示打开的窗口，只需要再次单击【显示桌面】按钮▌即可。

2.3 Windows 7 文件夹及文件管理

2.3.1 文件夹及文件简介

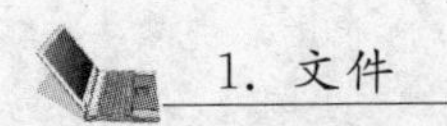

1. 文件

文件是计算机中各种数据信息的集合，如文档、图片、歌曲以及程序等等都代表着计算机中的一个文件。一般来说用户可以根据文件名来识别这个文件的类型，每个文件都由文件的图标和文件名组成，文件名又包括文件的名称和扩展名组成，文件的名称和扩展名之间要用"."分割开来，如图 2-3-1 所示。

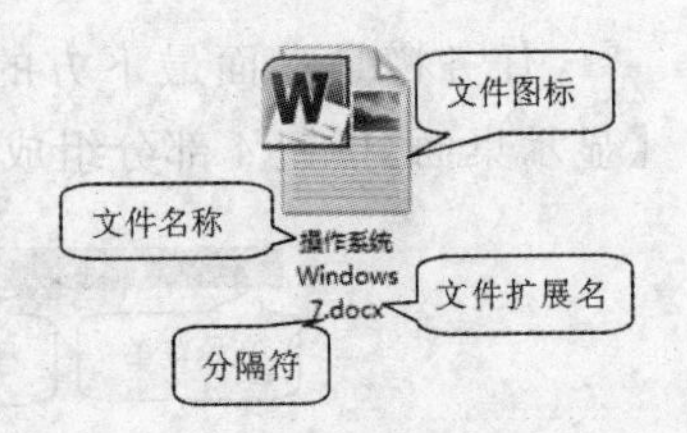

图 2-3-1　Word 文件图标

不同类型的文件，主要不同是扩展名，了解一下常见的文件的图标和扩展名对于熟悉文件的管理和操作都有极大的帮助。表 2-3-1 中介绍了常见文件对应的图标和扩展名。

表 2-3-1　常见的文件对应的图标和扩展名

文件类型	文件图标	扩展名	文件类型	文件图标	扩展名
文本文件		.txt	可执行文件		.exe
Word 文档文件		.docx	注册表文件		.reg
Excel 表格文件		.xlsx	网页文件		.html
图像压缩文件		.jpeg	压缩文件		.rar

2. 文件夹

文件夹是操作系统中存放各种文件的容器，在 Windows 7 系统中，文件夹的图标为▌。

(1) 文件夹的存放原则

文件夹可以存放程序、文档以及快捷方式等等各种文件，一般采用层次结构（树形结构），在这种结构中每个磁盘分区有一个根文件夹，它包含若干文件和文件夹。文件夹中不但可以包含文件，还可以包含子文件夹，这样依次类推，就形成了多级文件夹结构，既可以帮助用户将不同类型和功能的文件分类存储，又方便文件的查找。用户可以使用文件夹分门别类的存放和管理计算机中的文件，如资料、图片、歌曲以及电影等文件，为文件的共享和保护提供了方便。

在同一文件夹中不能存放相同名称的文件或文件夹，例如文件夹中不能同时存放两个

“abc.txt”的文本文件，同样也不能同时出现两个“abc”的子文件夹。但是可以在不同的文件夹中出现相同名称的文件或文件夹。

一般情况下，每个文件夹都会对应一个磁盘分区中，文件夹路径则用于指出文件夹在磁盘存放的位置，例如字体文件夹的存放路径为“计算机\Windows7(C:)\Windows\Fonts”，如图 2-3-2 所示。

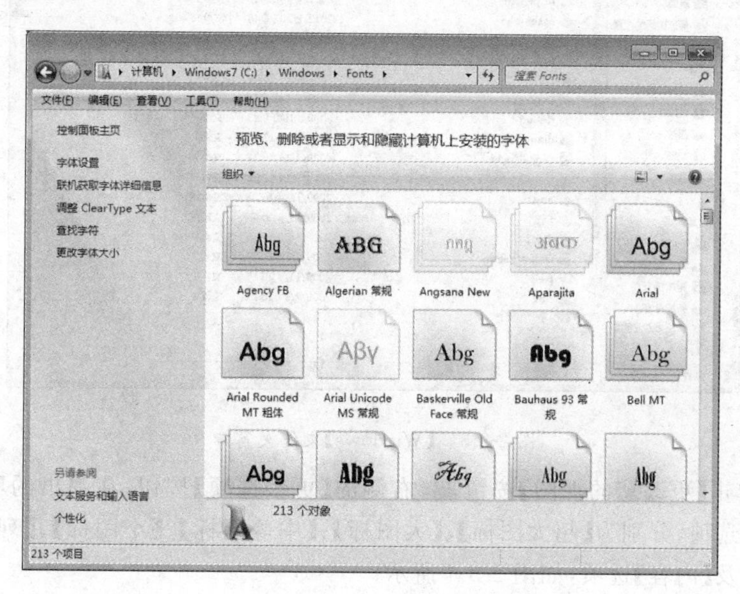

图 2-3-2 字体文件夹的路径

(2) 文件夹的种类

根据文件夹的性质可以将其分为标准文件夹和特殊文件夹。

标准文件夹就是用户平常使用的用于存放文件和文件夹的容器，当打开标准文件夹时，它会以窗口的形式出现在屏幕上；当关闭时，则会收缩为一个文件夹图标。用户还可以对文件夹中的对象进行移动、复制和删除等操作。

特殊文件夹是 Windows 系统所支持的另一种文件夹格式，它不会与磁盘上的某个目录相对应，特殊文件夹是应用程序，例如“控制面板”、“打印机”和“网络”等。特殊文件夹不能用于存放文件和文件夹，但却可以查看和操作其中内容。

2.3.2 操作文件及文件夹

1. 设置文件和文件夹的显示和查看

在 Windows 7 系统中，用户可以通过改变文件或文件夹的多种显示方式来查看文件或文件夹，从而了解文件或文件夹的属性和内容。

(1) 设置文件和文件夹的显示方式

这里以设置【Windows】文件夹的显示方式为例，具体步骤如下：

步骤 1：打开【Windows】文件夹，在弹出的【Windows】文件夹窗口中的工具栏上单击【更改您的视图】按钮即可在不同的显示方式之间切换，如图 2-3-3 所示；

图 2-3-3 【Windows】文件夹窗口

步骤 2：单击【更改您的视图】按钮 右侧的【更多选项】按钮，在弹出的下来列表中会列出 8 个视图选项，分别为【超大图标】、【大图标】、【中等图标】、【小图标】、【列表】、【详细信息】、【平铺】以及【内容】选项，如图 2-3-4 所示；

步骤 3：按住鼠标左键拖动列表中的小滑块，也可以使用滑块所在的选项进行切换。

(2) 查看文件和文件夹属性和内容

通过查看文件和文件夹属性，可以获得它们的类型、位置、大小以及创建时间等信息，下面介绍文件和文件夹的查看方式。以“操作系统 Windows 7”为例介绍具体步骤；

步骤 1：在要查看属性的文件，如【操作系统 Windows 7】上单击鼠标右键，从弹出的快捷菜单中选择【属性】菜单项，如图 2-3-5 所示；

步骤 2：弹出【操作系统 Windows 7 属性】对话框，如图 2-3-6 所示。

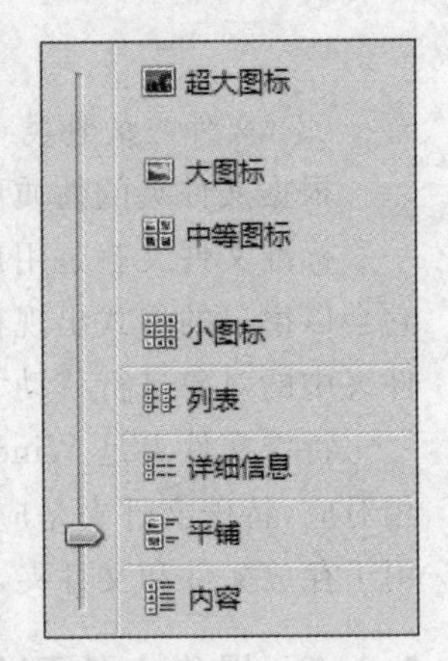

图 2-3-4 视图选项列表

查看文件或文件夹的内容可以通过双击打开文件或文件夹，但是只有系统中安装了相应的应用程序才可以打开查看内容。有一部分文件双击打开并不能查看其内容，还需要要运行相应的程序，如.exe、.com 等文件。

2. 文件和文件夹的基本操作

(1) 新建文件或文件夹

为了存储不同的文件信息和分类管理不同的文件，用户需要新建文件和文件夹。新建文件的方法有两个途径：一个是利用右键快捷菜单新建，另一个是在应用程序中新建文件；

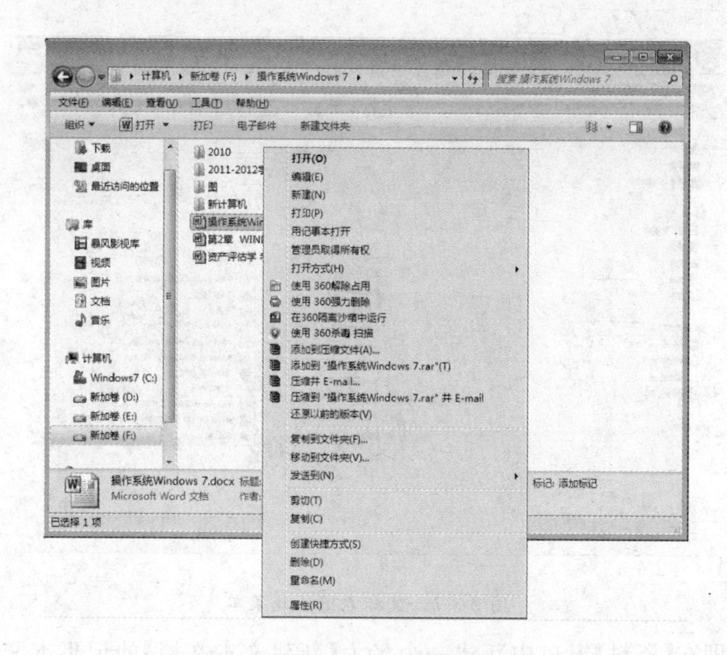

图 2-3-5 右击文件的快捷菜单

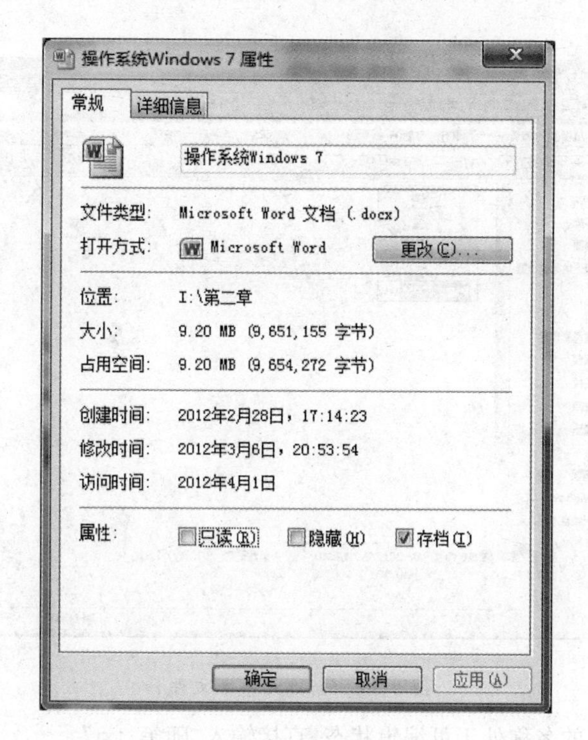

图 2-3-6 文件属性的对话框

下面以新建一个"随笔.txt"的文本文件为例，具体步骤如下：

步骤1：打开用于存放新建文件的文件夹，例如打开"资料"文件夹，然后在窗口的空白处单击鼠标右键，从弹出的快捷菜单中选择【新建】|【文本文档】菜单项，如图 2-3-7 所示；

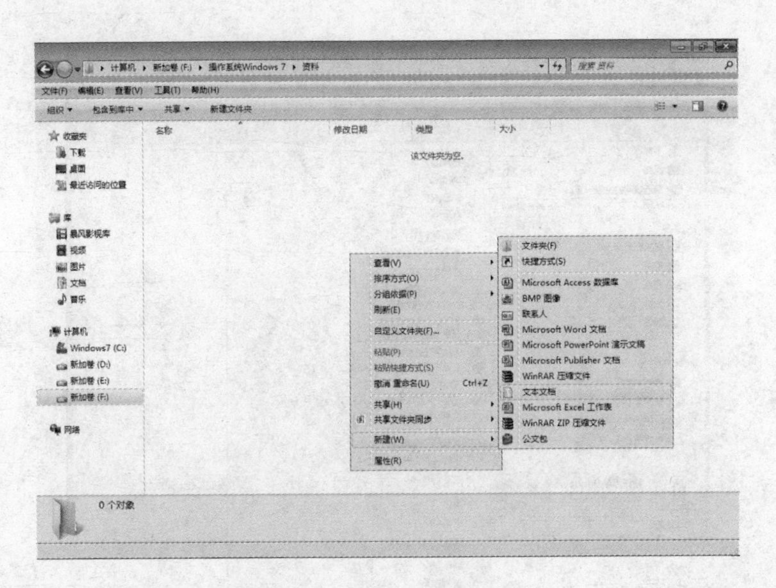

图 2-3-7 鼠标右键快捷菜单

步骤 2:随即在【资料】窗口中新建一个名为【新建文本文档】的记事本文件,如图 2-3-8 所示;

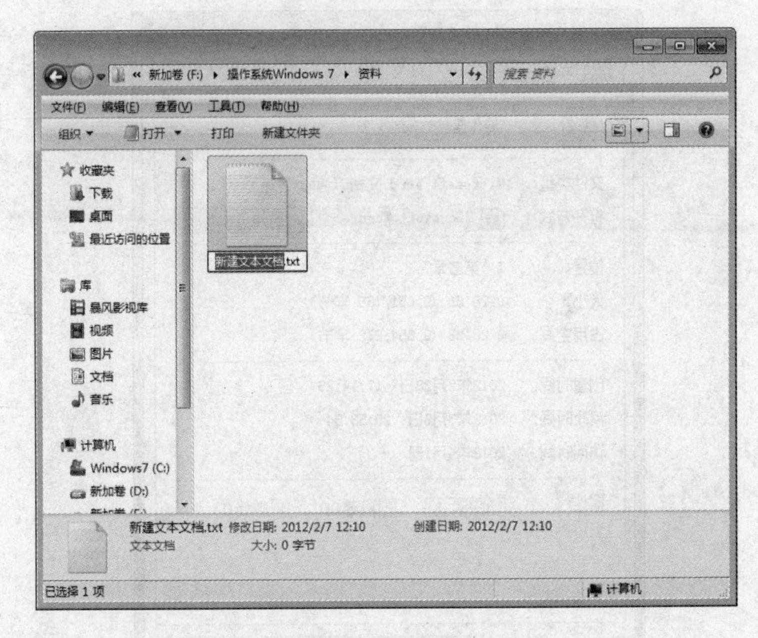

图 2-3-8 新建记事本文件

步骤 3:此时文件的名称处于可编辑状态,直接输入“随笔. txt”。

上面采用的是右键快捷菜单的方法,下面同样以新建“随笔. txt”为例,利用在应用程序中新建文件,具体步骤如下:

步骤 1:因为“随笔. txt”文件为记事本文件,因此应该运行记事本应用程序。【开始】菜单|【所有程序】|【附件】|【记事本】菜单项,如图 2-3-9 所示;

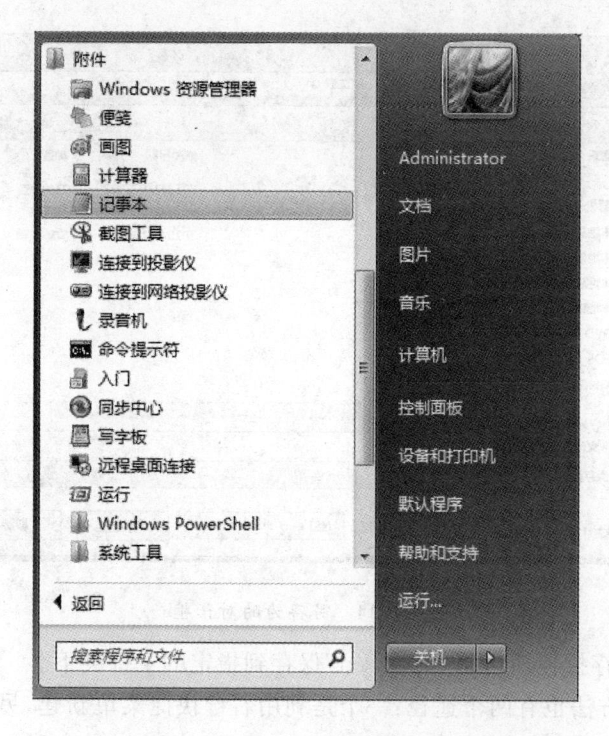

图 2-3-9　开始菜单中记事本菜单项

步骤 2：随即会运行记事本程序，并弹出【无标题-记事本】窗口，然后选择【文件】|【保存】菜单项，如图 2-3-10 所示；

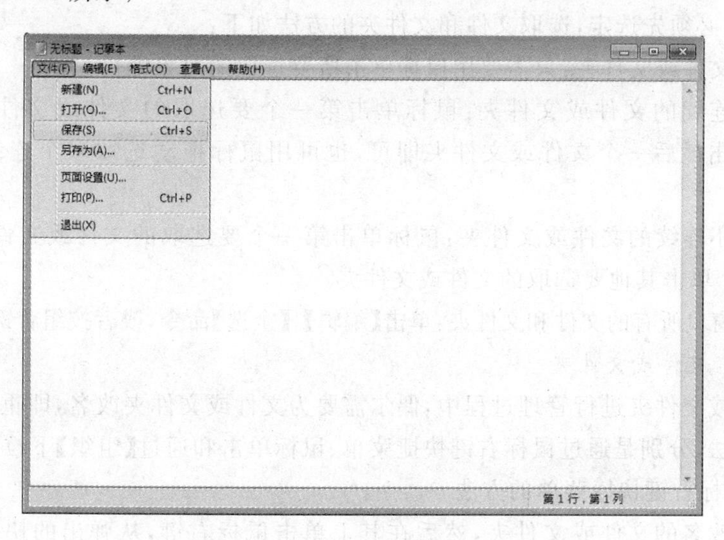

图 2-3-10　记事本的窗口

步骤 3：随即弹出【另存为】对话框，从中选择文件保存的位置，然后在【文件名】下拉列表文本框中输入新建文件的名称，如图 2-3-11 所示；

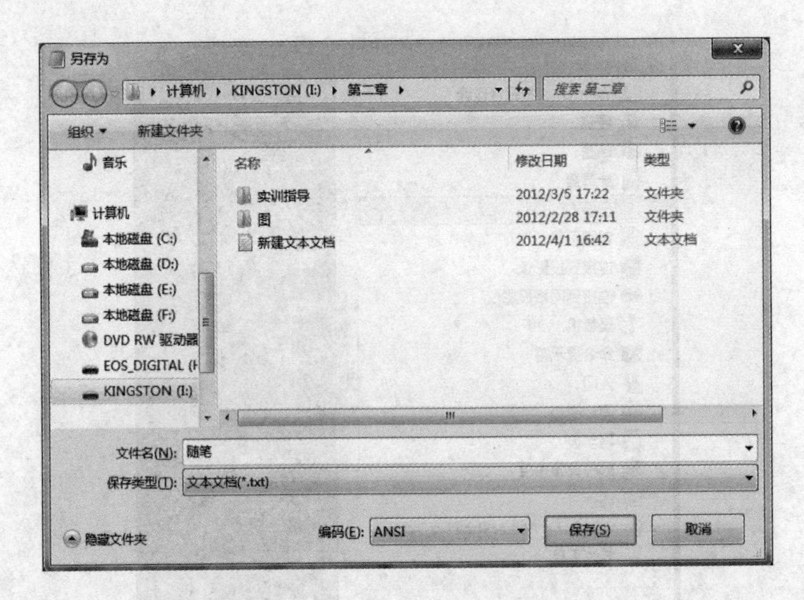

图 2-3-11　另存为的对话框

步骤 4：单击保存按钮即可将"随笔. txt"保存到指定的文件夹下。

新建文件夹的方法也有两个途径：一个是利用右键快捷菜单新建，另一个是通过工具栏上的命令按钮，和新建文件很相似，这里不赘述了。

(2) 选取文件和文件夹

Windows 的操作特点是先选定操作对象，再执行操作命令。因此，用户在对文件和文件夹进行操作前，必须先选定，选取文件和文件夹的方法如下：

选取单个文件或文件夹：只需要用鼠标单击所要选取的对象即可。

选取多个连续的文件或文件夹：鼠标单击第一个要选取的文件或文件夹，然后按住<Shift>键单击最后一个文件或文件夹即可，也可用鼠标拖动选取多个连续的文件或文件夹。

选取多个不连续的文件或文件夹：鼠标单击第一个要选取的文件或文件夹，然后按住<Ctrl>键逐个单击其他要选取的文件或文件夹。

选取当前窗口所有的文件和文件夹：单击【编辑】|【全选】命令，或者按组合键<Ctrl>+A。

(3) 重命名文件或文件夹

在对文件或文件夹进行管理过程中，偶尔需要为文件或文件夹改名，即重命名操作。重命名有三种方法，分别是通过鼠标右键快捷菜单、鼠标单击和通过【组织】下拉列表。

① 通过鼠标右键快捷菜单的方法

选择需要改名的文件或文件夹，然后在其上单击鼠标右键，从弹出的快捷菜单中选择【重命名】菜单项。此时所选文件或文件夹的名称处于可编辑状态，直接输入新文件或文件夹的名称，然后在窗口空白区域单击鼠标左键即可。

② 鼠标单击的方法

选择需要改名的文件或文件夹，然后再单击所选文件或文件夹的文件名即可使文件名处于可编辑状态，此时直接输入新文件或文件夹的名称即可，如图 2-3-12 所示。

图 2-3-12　鼠标单击过程

③ 通过【组织】下拉列表的方法

选择需要改名的文件或文件夹，然后单击窗口工具栏上的 组织 按钮，从弹出的下拉列表中选择【重命名】选项，如图 2-3-13 所示。此时直接输入新文件或文件夹的名称，然后在窗口空白区域单击鼠标左键即可。

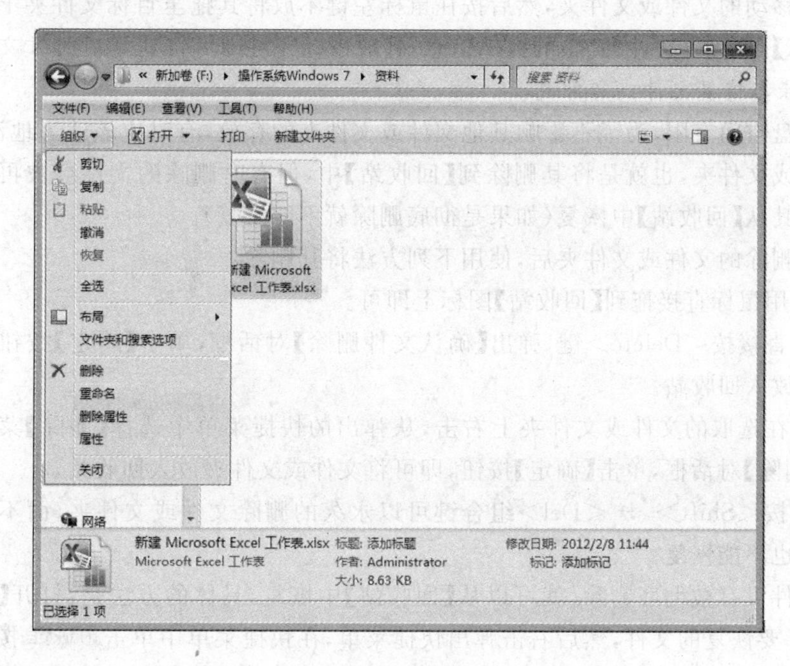

图 2-3-13【组织】菜单

（4）复制与移动文件或文件夹

复制文件或文件夹是指在不删除原文件或文件夹的前提下，在另一位置存放其副本。移动文件或文件夹是指将文件或文件夹从磁盘的一个位置转移到另一个位置，同时原位置的文件或文件夹被删除。

① 复制文件或文件夹可以通过如下方法实现文件或文件夹的复制操作

方法 1：使用右键快捷菜单

选择要复制的文件或文件夹，然后右击弹出快捷菜单，在快捷菜单中选择【复制】菜单项，也可以使用组合键＜Ctrl＞＋C；打开要存放副本的磁盘分区或文件夹窗口，然后在窗口空白区域单击鼠标右键，从弹出的快捷菜单中选择【粘贴】菜单项即可将复制的文件或文件夹粘贴到该窗口，也可以使用组合键＜Ctrl＞＋V。

方法 2：鼠标拖动法

首先选中要复制的文件，然后按住＜Ctrl＞键的同时，按住鼠标左键不放将其拖至目标文件夹上，此时将出现【复制到 X】(X 代表文件夹名)的提示信息，释放鼠标左键即可将其复制到 X 文件夹中。

② 移动文件或文件夹可以通过如下方法实现文件或文件夹的移动操作

方法 1：使用【剪切】和【粘贴】命令

选择要移动的文件或文件夹，然后右击弹出快捷菜单，在快捷菜单中选择【剪切】菜单项，也可以使用组合键＜Ctrl＞＋X；打开要存放副本的磁盘分区或文件夹窗口，然后在窗口空白区域单击鼠标右键，从弹出的快捷菜单中选择【粘贴】菜单项即可将复制的文件或文件夹粘贴到该窗口，也可以使用组合键＜Ctrl＞＋V。

方法 2：鼠标拖动法

选择要移动的文件或文件夹，然后按住鼠标左键不放将其拖至目标文件夹上，此时将出现【移动到 X】(X 代表文件夹名)的提示信息，释放鼠标左键即可将其复制到 X 文件夹中。

(5) 删除与恢复文件或文件夹

由于磁盘空间有限，为了不影响其他文件或文件夹的存放，有时应该适当地清理系统中无用的文件或文件夹，也就是将其删除到【回收站】中，但有时删除的文件会被再次用到，此时也可以将其从【回收站】中恢复(如果是彻底删除就不能恢复)。

选择要删除的文件或文件夹后，使用下列方法将其删除：

方法 1：用鼠标直接拖到【回收站】图标上即可。

方法 2：直接按＜Delete＞键，弹出【确认文件删除】对话框，单击【确定】按钮，即可将文件或文件夹放入回收站。

方法 3：在选取的文件或文件夹上右击，从弹出的快捷菜单中选择【删除】菜单项，弹出【确认文件删除】对话框，单击【确定】按钮，即可将文件或文件夹放入回收站。

方法 4：按＜Shift＞ ＋ ＜Del＞组合键可以永久的删除文件或文件夹，而不放人【回收站】中，文件也不能恢复。

如果文件没有被彻底删除，就可以从【回收站】中恢复，具体的方法是：打开【回收站】窗口，从中选择要恢复的文件，然后右击弹出快捷菜单，在快捷菜单中单击还原此项目按钮，则该文件从回收站中消失，出现在原来的位置。

(6) 查找文件或文件夹

计算机磁盘中存放的文件越来越多，如果存放的位置记得不是太清楚，找起来就非常困难。不过通过 Windows 7 系统自带的搜索功能，就可以很轻松地找到需要的文件或文件夹。

① 通过【开始】菜单中的【搜索】框

用户可以通过【开始】菜单中的【搜索】框来查找存储在计算机中的文件、文件夹、程序和电子邮件等。单击【开始】按钮，在弹出的【开始】菜单中的【搜索】文本框中输入想要查找的内容，例如，想要查找最近访问过的与“Windows 7”相关的文件，即可在【搜索】文本框中输入“Windows 7”，此时在【开始】菜单上方将显示出所有符合条件的信息，如图 2-3-14 所示。

② 使用窗口中的【搜索】框

如果用户大概知道要查找的文件或文件夹位于某个特定的文件夹或库中，就可以使用【搜索】文本框进行搜索。【搜索】文本框位于每个磁盘分区或文件夹窗口的顶部，它将根据

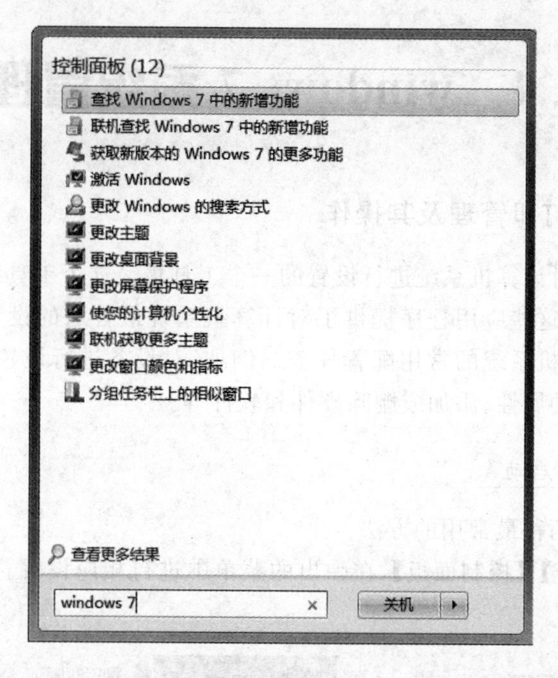

图 2-3-14　【开始】菜单中的【搜索】框

输入的内容搜索当前的窗口。

例如要在【Windows7(C:)】中查找关于“Windows 7”的相关资料，具体步骤如下：

步骤 1：打开【Windows7(C:)】窗口；

步骤 2：在窗口顶部的【搜索 文档】文本框中输入要查找的内容，这里输入“Windows 7”，输入完毕将自动对窗口进行搜索，可以看到在窗口下方列出了所有文件名中含有“Windows 7”信息的文件或文件夹，如图 2-3-15 所示。

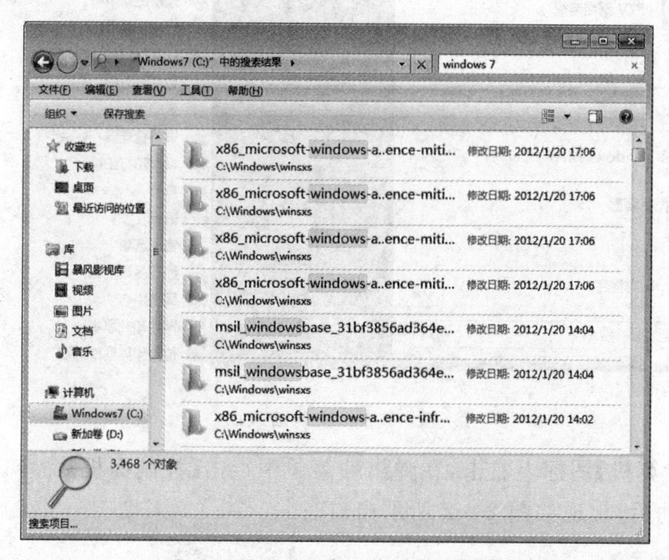

图 2-3-15　使用窗口中的【搜索】框

2.4 windows 7 系统管理

2.4.1 控制面板、打印管理及其操作

控制面板是用来对计算机系统进行设置的一个工具集。这个工具集包含许多独立的工具或称之为应用程序，这些应用程序提供了对计算机系统最普通的设置方法。利用这些应用程序，可以完成计算机系统的常用配置任务。例如，对设备进行设置与管理、调整系统的环境参数默认值和各种属性、添加或删除硬件和软件等。

1. 控制面板的启动

启动控制面板有两种最常用的方法：

方法1：单击【开始】|【控制面板】，在弹出的菜单中进行相应设置。控制面板启动后，出现如图2-4-1所示窗口。

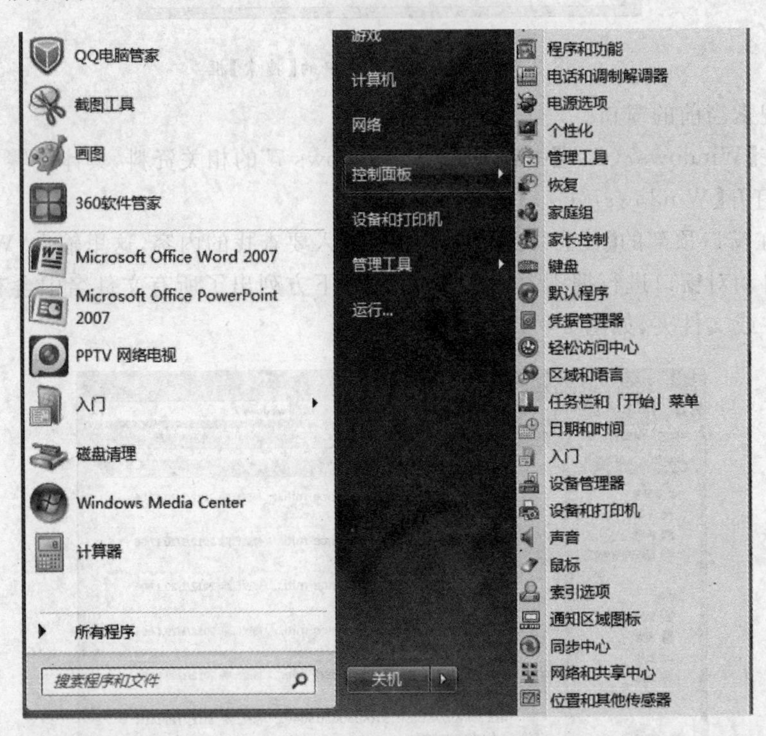

图2-4-1 控制面板

方法2：在【计算机】图标上右击，在弹出的菜单中点击【控制面板】命令。

控制面板启动后，出现如图2-4-2所示窗口。

2. 设置【显示】

更改显示设置，是为了便于用户更容易阅读屏幕上的内容。

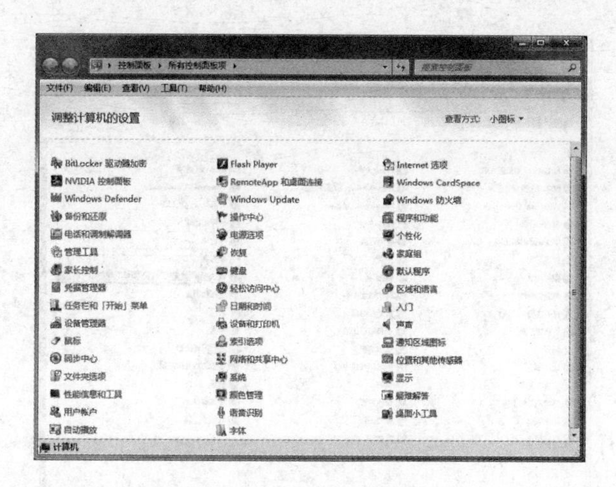

图 2-4-2 【控制面板】窗口

在【控制面板】窗口中单击【显示】图标，或单击【开始】|【控制面板】，在弹出的菜单中单击【显示】图标，打开【显示】窗口，如图 2-4-3 所示。在该窗口中，可以对其分辨率、颜色、亮度等进行设置。

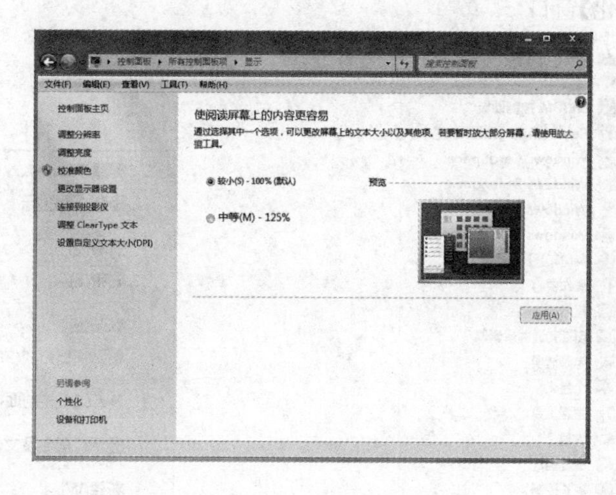

图 2-4-3 【显示】窗口

3. 个性化设置

Windows 7 操作系统拥有更华丽的主题界面特效，用户可以根据个人的习惯对此计算机进行图片、颜色和声音的设置。

【个性化】窗口打开的三种方法：

方法 1：在【控制面板】窗口中单击【个性化】图标，如图 2-4-4 所示，即可打开【个性化】窗口。

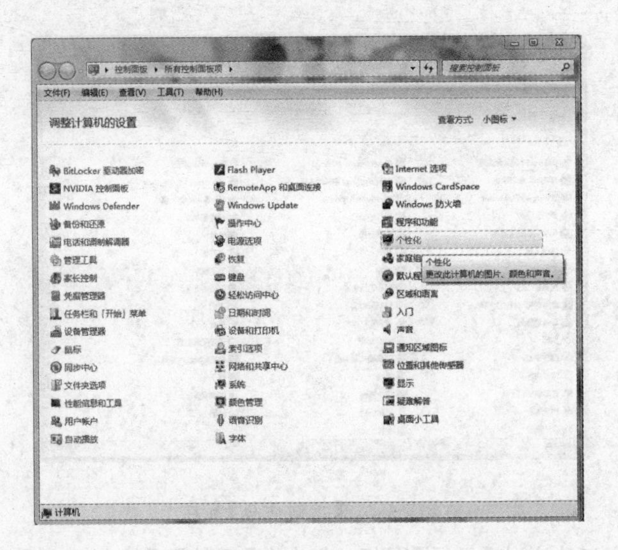

图 2-4-4　个性化图标

方法 2：单击【开始】菜单中的【控制面板】，在弹出的菜单中单击【个性化】图标，如图 2-4-5 所示，即可打开【个性化】窗口。

图 2-4-5　开始-个性化

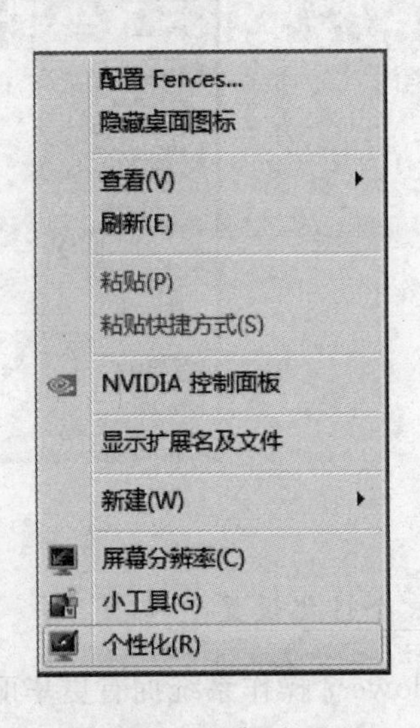

图 2-4-6　右击-个性化

方法 3：在桌面空白处单击鼠标右键，在弹出的菜单中选择【个性化】，如图 2-4-6 所示，即可打开【个性化】窗口。

(1) 设置桌面背景

打开【个性化】窗口，即可对桌面主题进行设置。桌面上所有可以看见的元素和声音统称为 Windows 桌面主题，改变桌面主题即可得到另一种桌面外观。

在【更改计算机上的视觉效果和声音】下面的组合框中，列出了许多桌面主题，只要在某个主题上单击鼠标左键，即可选中该主题。

如果用户不喜欢长时间的使用同一个桌面背景，那么可以适时地进行更换，将自己喜欢的图片设置为桌面背景，具体操作步骤如下：

步骤1：打开【个性化】窗口。首先右击桌面，在弹出的快捷菜单中单击【个性化】命令，即可打开【个性化】窗口，如图2-4-7所示；

图2-4-7 【个性化】窗口

步骤2：打开【桌面背景】窗口。打开【个性化】窗口后，单击【桌面背景】文字链接，如图2-4-8所示，即可打开【桌面背景】窗口；

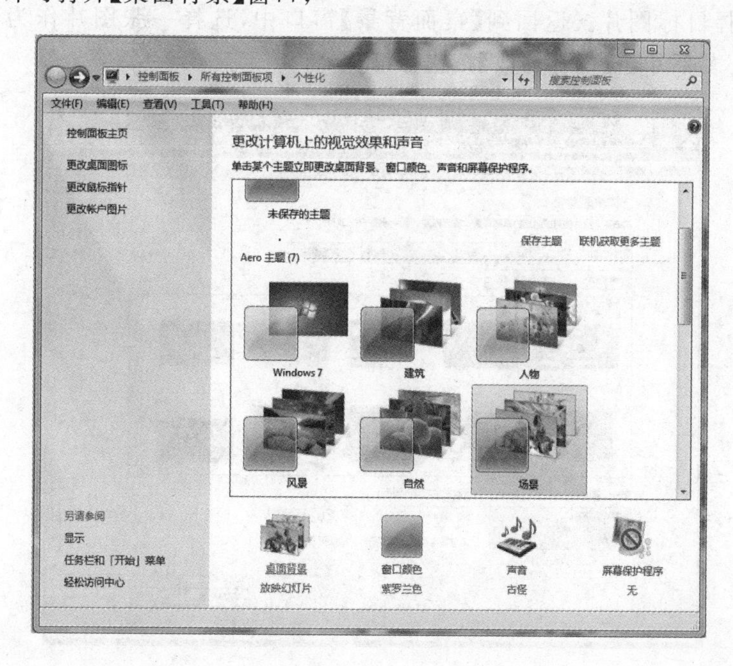

图2-4-8 桌面背景

步骤 3:选择桌面背景图片。在弹出的【桌面背景】窗口中,用户可以选择一张系统提供的图片作为桌面背景。设置完毕后,单击【保存修改】按钮即可;

步骤 4:打开【浏览文件夹】对话框,选择目标图片的路径。如果用户需要设置自定义桌面背景,可在步骤 3 中单击【浏览】按钮,如图 2-4-9 所示。在弹出的【浏览文件夹】对话框中选择目标图片的路径,然后单击【确定】按钮;

图 2-4-9 【浏览】按钮

步骤 5:选择目标图片。返回到【桌面背景】窗口中,选择一张图片作为桌面背景,如图 2-4-10所示。然后单击【保存修改】按钮即可;

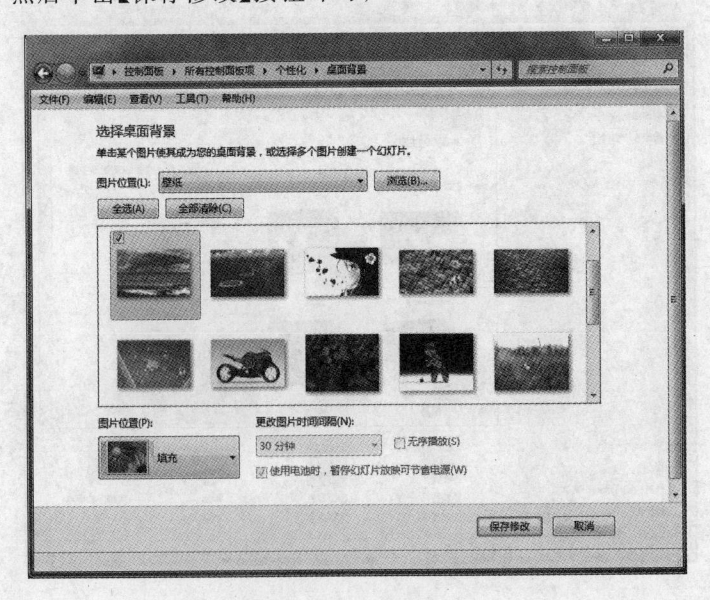

图 2-4-10 背景设置

步骤 6:返回桌面,桌面背景已应用成设置的图片,最终效果如图 2-4-11 所示。

图 2-4-11　最终图效

(2) 设置屏幕保护程序

如果用户长时间不对计算机进行任何操作,使屏幕显示同一个画面,就会使屏幕受到破坏,从而缩短屏幕的使用寿命。为防止出现这样的情况,Windows 系统中提供了屏幕保护程序。当屏幕上某图像在一段时间内没有改变时,屏幕保护程序就会自动启动。具体步骤如下:

步骤 1:打开【个性化】窗口。首先右击桌面,在弹出的快捷菜单中单击【个性化】命令,即可打开【个性化】窗口;

步骤 2:打开【屏幕保护程序】窗口。打开【个性化】窗口后,单击【屏幕保护程序】文字链接,如图 2-4-12 所示,即可打开【屏幕保护程序】窗口;

图 2-4-12　"屏保"程序

步骤3:选择【屏幕保护程序】样式。在弹出的【屏幕保护程序设置】对话框中,用户可在【屏幕保护程序】下拉列表中选择所需的选项,这里单击【彩带】选项,如图2-4-13所示;

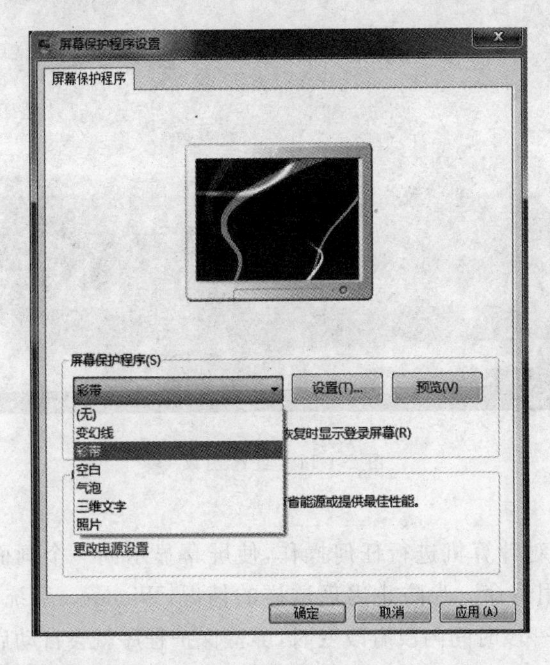

图2-4-13 【彩带】

步骤4:设置等待时间及恢复时显示登录屏幕。接着在【等待】文本框中输入在鼠标和键盘无操作情况下等待进入屏幕保护程序的时间,例如输入3,勾选【恢复时显示登录屏幕】复选框,即可在恢复操作时显示登录的屏幕。设置完毕后,单击【确定】按钮即可,如图2-4-14所示。

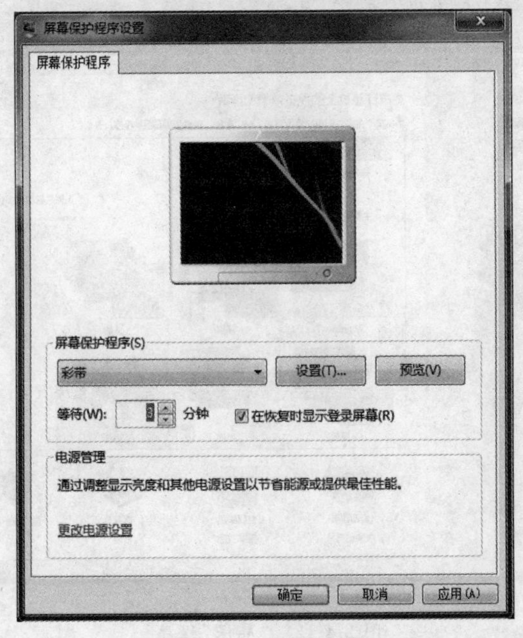

图2-4-14 时间设置

(3) 设置显示器分辨率

分辨率就是屏幕图像的精密度，指显示器所能显示的像素的多少。由于屏幕上的点、线和面都是由像素组成的，显示器可显示的像素越多，画面就越细，同样屏幕区域内能显示的信息也就越多，因此分辨率是一个非常重要的性能指标。具体步骤如下：

步骤 1：打开【显示】窗口。首先打开【个性化】窗口，然后单击窗口左下方的【显示】文字链接，如图 2-4-15 所示，即可打开【显示】窗口；

图 2-4-15　【显示】链接

步骤 2：打开【屏幕分辨率】窗口。在打开的【显示】窗口中单击左侧的【调整分辨率】文字链接，如图 2-4-16 所示，即可打开【屏幕分辨率】窗口；

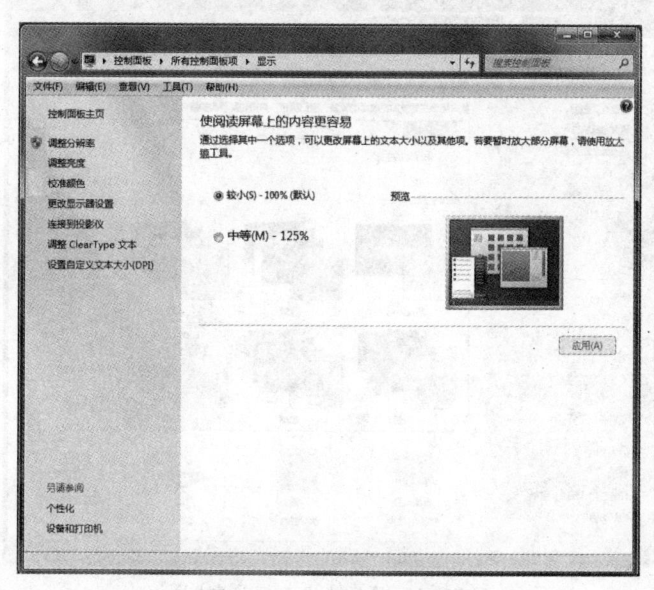

图 2-4-16　【分辨率】链接

步骤3:设置分辨率并保留显示设置。打开【屏幕分辨率】窗口后,单击【分辨率】右侧的按钮,在弹出的下拉菜单中单击或者拖动滑块设定屏幕显示分辨率。设置完毕后,单击【确定】按钮进行保存。接着弹出【显示设置】对话框,单击【保留更改】按钮,即可保留刚才设置的屏幕分辨率,如图2-4-17所示。用户通过单击【还原】按钮可以取消刚才的设置。

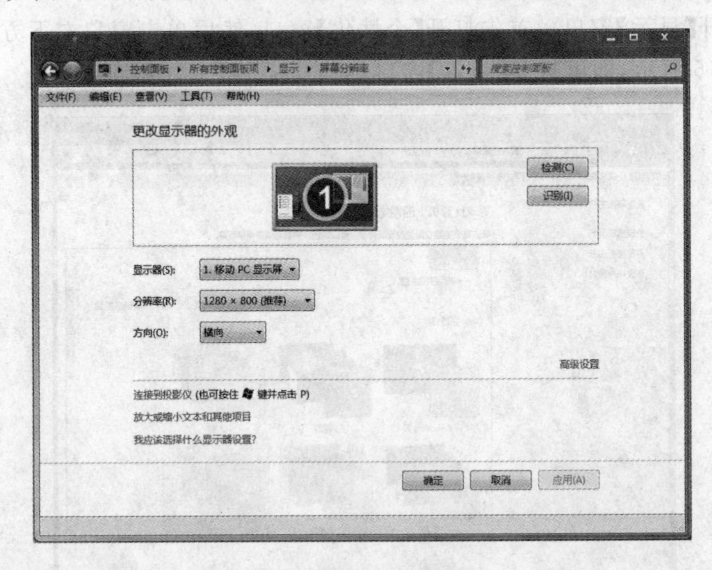

图2-4-17 【分辨率】设置

(4) 设置桌面图标

用户还可以对桌面图标进行更改,具体步骤如下:

步骤1:打开【更改桌面图标】窗口。首先打开【个性化】窗口,然后单击窗口左侧的【更改桌面图标】文字链接,如图2-4-18所示,即可打开【桌面图标设置】对话框;

图2-4-18 【更改桌面图标】链接

步骤 2:在中间的图标组合框里选择要进行更改的图标,再点击【更改图标】按钮,弹出【更改图标】对话框。这里点击【Administ…】图标,如图 2-4-19 所示;

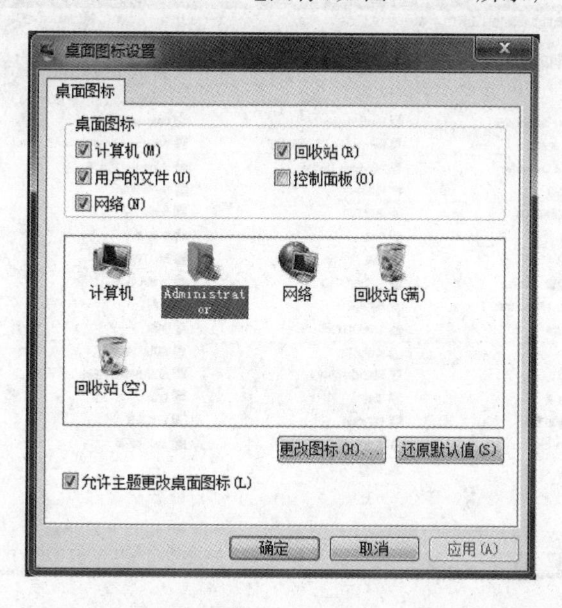

图 2-4-19 选择图标

步骤 3:在打开的【更改图标】对话框中,【从以下列表中选择一个图标】内选择其中一个图标,点击【确定】按钮。如图 2-4-20 所示;

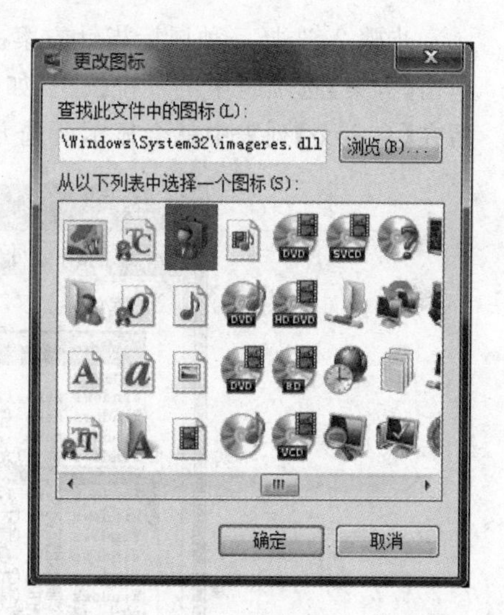

图 2-4-20 选择更换图标

步骤 4:返回到桌面,即可看到更改之后的图标效果。

(5)设置鼠标

现在绝大多数用户在使用电脑的过程中都离不开鼠标,小小的鼠标是连接用户与电脑的桥梁。

① 更改鼠标指针外观

鼠标指针(即光标)的外观不是一成不变的,可以根据自己的爱好进行个性化设置,具体操作步骤如下:

步骤 1:打开【鼠标属性】对话框。首先打开【控制面板】窗口,然后单击【鼠标】文字链接,如图 2-4-21 所示,即可打开【鼠标属性】对话框;

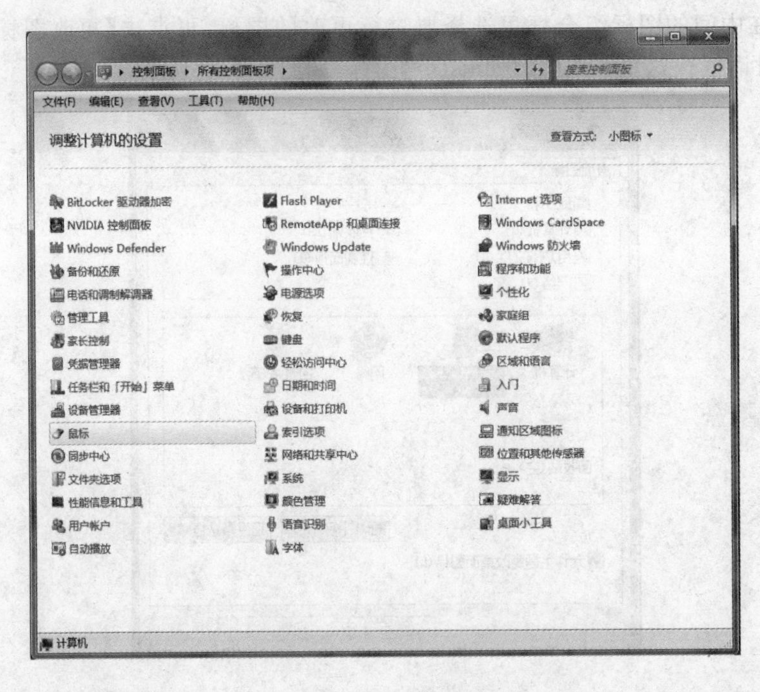

图 2-4-21 【鼠标】设置

步骤 2:选择一种鼠标指针方案。在弹出的【鼠标 属性】对话框中切换到【指针】选项卡，单击【方案】选项组中的下拉按钮，如图 2-4-22 所示，从弹出的列表中选择一种指针方案。之后在【自定义】列表中就会显示所选方案中各种事件所对应鼠标指针外观；

图 2-4-22 选择鼠标类型

步骤 3：打开【浏览】对话框。如果对所选方案中的某个指针不太满意，那么可以选中该指针，然后单击【浏览】按钮，如图 2-4-23 所示，即可打开【浏览】对话框；

图 2-4-23　选择更多的鼠标类型

步骤 4：选择一个指针样式。在打开的【浏览】对话框中选择一个指针样式替换原来的指针，然后单击【打开】按钮，如图 2-4-24 所示；

图 2-4-24　选择样式

步骤5:显示所选指针的外观样式。这时会发现刚才那个鼠标指针外观已替换成所选的外观样式;

步骤6:保存自定义的指针方案。单击【鼠标属性】对话框中的【方案】选项组里的【另存为】按钮,如图2-4-25所示。在弹出的【保存方案】对话框中输入一个新名称,然后单击【确定】按钮将其保存。最后返回到【鼠标属性】对话框,单击【确定】按钮即可。

图2-4-25 存储样式

② 更改鼠标指针移动速度

在使用鼠标操作电脑时,如果觉得鼠标指针移动起来不灵活,这时可以更改鼠标指针的移动速度,具体操作步骤如下:

打开【鼠标 属性】对话框,并切换到【指针选项】选项卡,用鼠标左键按住【移动】选项组的【选择指针移动速度】滑杆上的滑块不放,向左或向右拖动,便可更改鼠标指针的移动速度,如图2-4-26所示。设置完毕后,单击【确定】按钮即可。

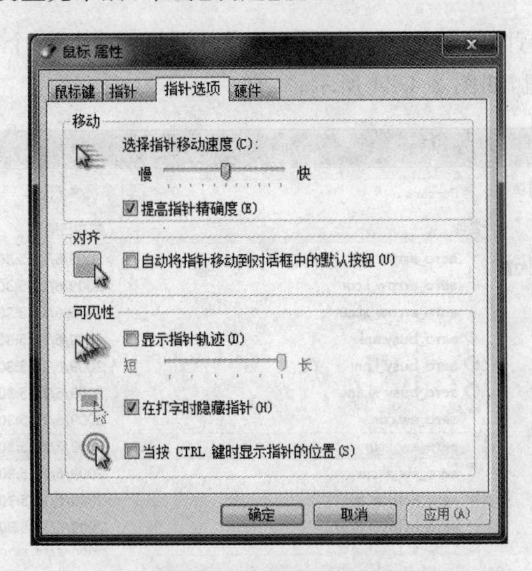

图2-4-26 设置指针速度

③ 更改鼠标滑轮滚动一个齿格的行数

在浏览文档或网页时,经常会通过滚动鼠标滑轮的方法进行页面浏览。在Windows7系统中同样可以更改鼠标滑轮滚动一个齿格所移动的行数,具体操作方法如下:

首先打开【鼠标 属性】对话框,并切换到【滑轮】选项卡,根据需要在【垂直滚动】和【水平滚动】选项组中更改一次滚动的行数。设置完毕后,单击【确定】按钮即可。

若想滑轮一次滚动一个屏幕，可选中【垂直滚动】选项组中的【一次滚动一个屏幕】按钮。

④ 互换鼠标左右键功能

如果有用户比较习惯左手使用鼠标，那么可以在 Windows7 系统中互换鼠标左右键功能，这样鼠标的左键具备了原来右键的功能，鼠标的右键具备了原来左键的功能，具体操作方法如下：

打开【鼠标属性】对话框，并切换到【鼠标键】选项卡，在【鼠标键配置】选项组中勾选【切换主要和次要的按钮】复选框，如图 2-4-27 所示，然后单击确定按钮即可。

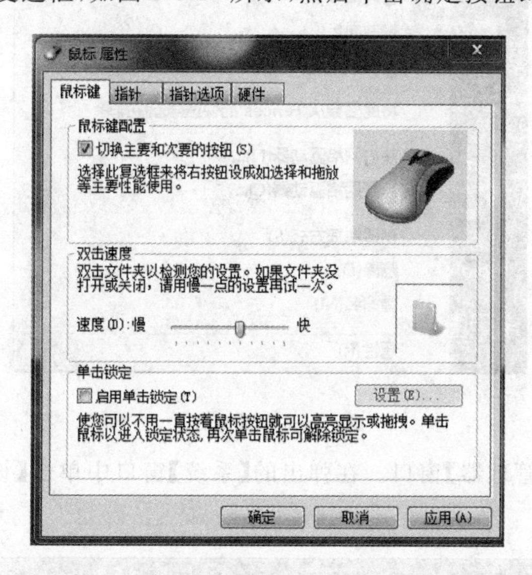

图 2-4-27　鼠标主次设置

(6) 设置键盘

键盘是用户进行文字输入的主要设备，要想灵活地使用键盘，就需要对键盘进行个性化设置，如更改键盘的扫描率及文本键入时的闪烁频率等。

4. 添加与管理硬件

在熟悉了 Windows 7 的一般操作后，管理硬件设备就是用户需要解决的新问题。通过对计算机中的硬件进行设置和管理才能更好地发挥各项硬件的性能。

(1) 认识 Windows 7 硬件

硬件是计算机系统中所有实体部件和设备的统称，其基本功能是接受计算机程序，并在程序的控制下完成数据的输入、数据的处理和结果的输出等任务。硬件通常是指计算机当中的机箱、主板、硬盘、显卡和光驱等设备，以及一些即插即用的硬件设备，例如 U 盘、移动硬盘等。

① 硬件驱动程序

驱动程序的全称为“设备驱动程序”，是一种可以使计算机和设备通信的特殊程序，相当于硬件和系统之间的桥梁。驱动程序可以说是硬件的接口，操作系统只有通过这个接口，才能控制硬件设备的工作，假如某设备的驱动程序未能正确安装，便不能正常工作。

从理论上讲，所有的硬件设备都需要安装相应的驱动程序才能正常工作。下面，我们通过【设备管理器】来认识一下驱动程序的基本信息。

步骤 1：打开【系统】窗口。右击桌面上的【计算机】图标，在弹出的快捷菜单中单击【属性】命令，如图 2-4-28 所示；

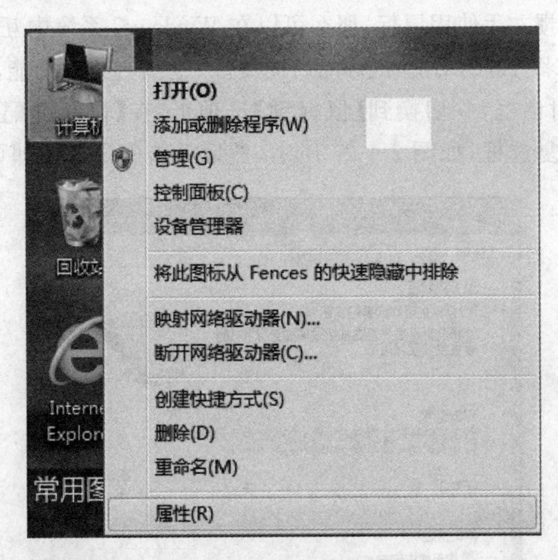

图 2-4-28 【属性】

步骤 2：打开【设备管理器】窗口。在弹出的【系统】窗口中单击【设备管理器】文字链接，如图 2-4-29 所示；

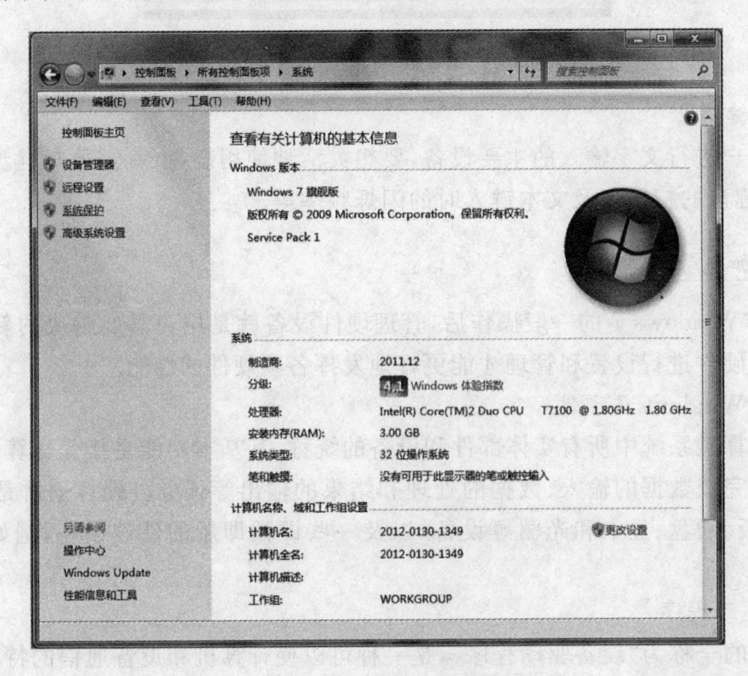

图 2-4-29 【设备管理器】链接

步骤3:打开【属性】对话框。在弹出的【设备管理器】窗口中单击设备前的展开按钮可以将其展开,然后选择相应设备并右击,在弹出的快捷菜单中单击【属性】命令,如图2-4-30所示;

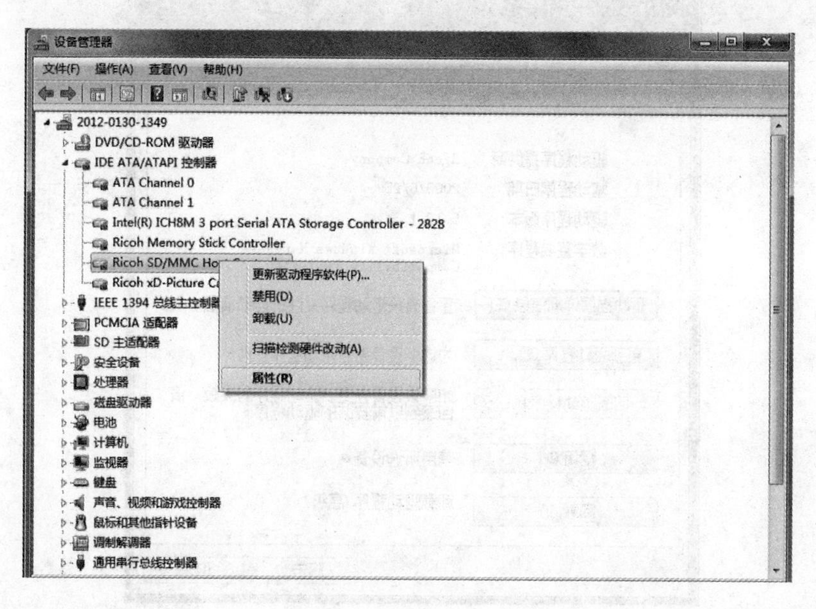

图2-4-30 查看属性(1)

步骤4:查看硬件属性。在弹出的【属性】对话框中,用户即可查看关于设备的属性信息,如图2-4-31所示;

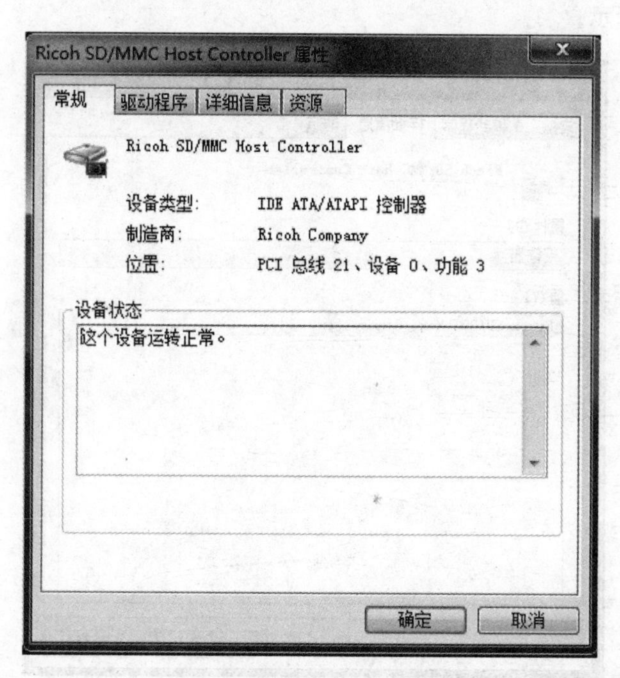

图2-4-31 查看属性(2)

步骤 5:查看硬件驱动程序。切换至【驱动程序】选项卡下,用户可以查看驱动程序的基本信息,如图 2-4-32 所示;

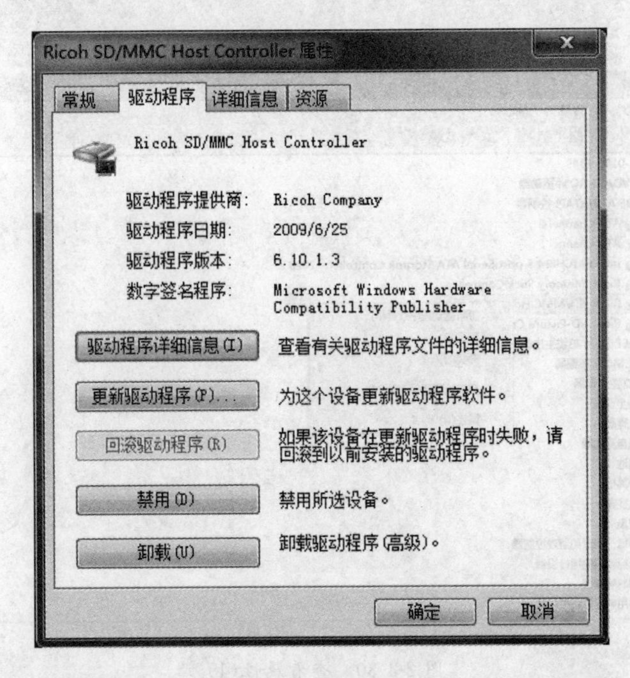

图 2-4-32 驱动程序

步骤 6:查看硬件详细信息。切换至【详细信息】选项卡下,用户可以查看该硬件的详细信息,如图 2-4-33 所示;

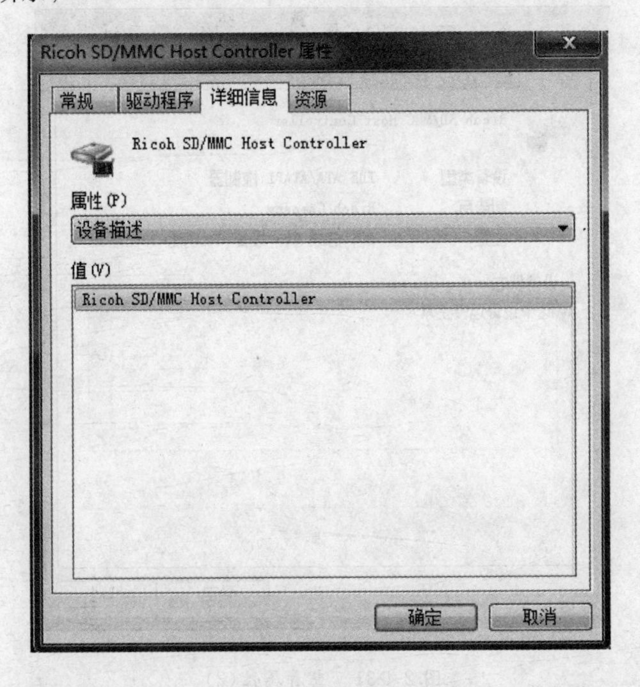

图 2-4-33 详细信息

步骤7：查看硬件资源。切换至【资源】选项卡下，用户即可查看该硬件的资源设置情况。最后单击【确定】按钮退出【属性】对话框，如图2-4-34所示；

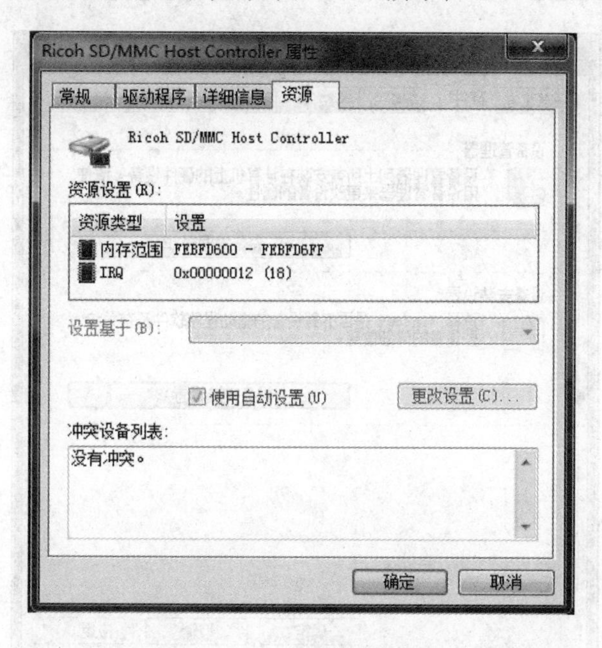

图2-4-34　查看资源

② 驱动程序设置

驱动程序的设置方法如下：

步骤1：打开【系统属性】对话框。在【计算机】图标上右击，并在弹出的菜单中选择【属性】命令，弹出【系统】窗口，在此窗口左侧单击【系统保护】文字链接，如图2-4-35所示；

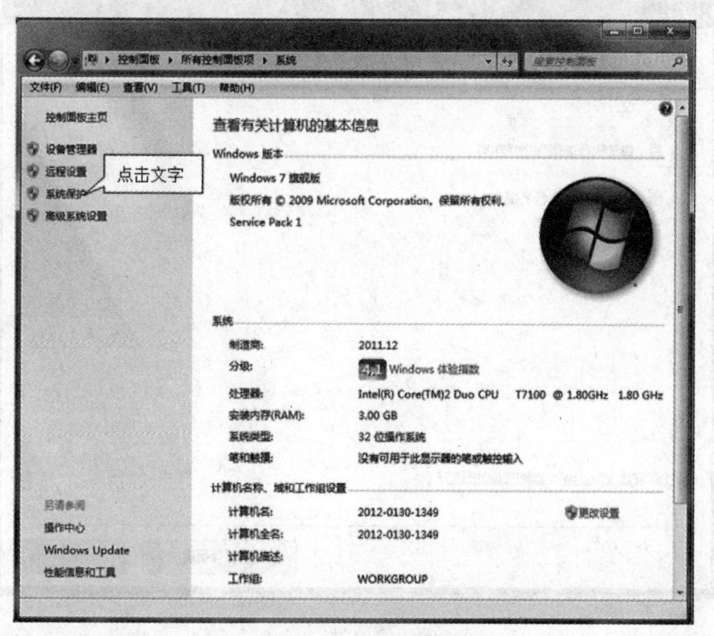

图2-4-35　【系统保护】链接

步骤 2:打开【设备安装设置】对话框。在弹出的【系统属性】对话框中切换至【硬件】选项卡下,在【设备安装设置】选项组中单击【设备安装设置】按钮,如图 2-4-36 所示;

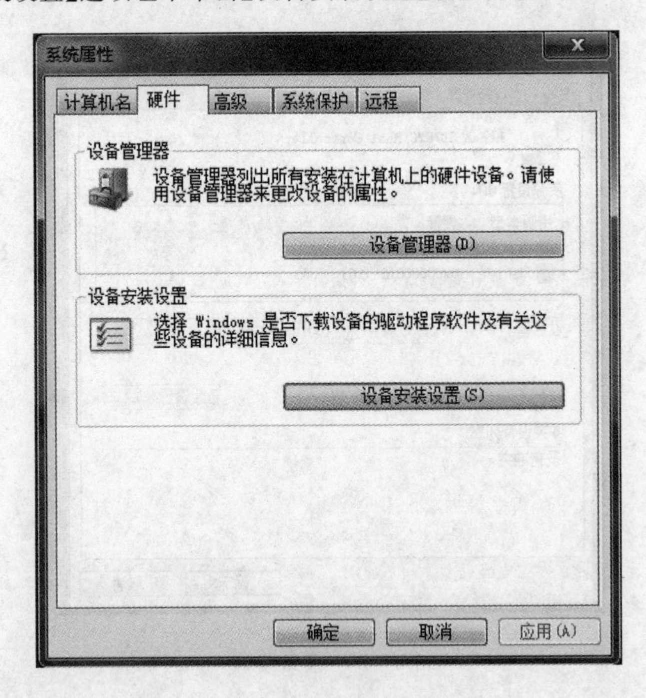

图 2-4-36　设备安装设置

步骤 3:设置驱动程序。弹出【设备安装设置】对话框,用户可以设置驱动程序查找的方式,最后单击【保存更改】按钮即可,如图 2-4-37 所示;

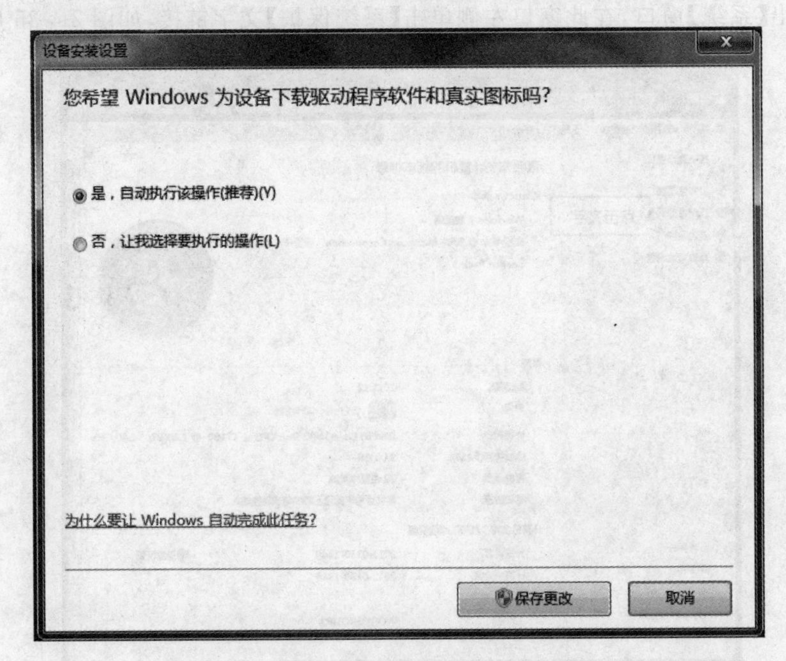

图 2-4-37　保存设置

(2) 添加新硬件设备

在计算机上安装的硬件设备包括即插即用设备和非即插即用设备。对应即插即用设备,Windows7 系统能自动识别,可以自动检测到新的设备并安装需要的驱动程序。

对于非即插即用设备,就需要手动来添加其驱动程序。它们在连接到主机后,系统通常提示未能成功安装设备驱动程序,此时用户需要手动引导系统安装驱动程序。

(3) 管理硬件设备

在 Windows 操作系统中,设备管理器是管理计算机硬件设备的工具,用户可以借助设备管理器查看计算机中所安装的硬件设备、设置设备属性、安装或更新驱动程序、停用或卸载设备。

如果用户需要启用或者禁用某个硬件设备,那么可以使用下面的方法。具体步骤如下:

步骤 1:禁用硬件设备。在【设备管理器】窗口中右击需要禁用的设备,在弹出的快捷菜单中单击【禁用】命令,如图 2-4-38 所示。这时在弹出的对话框中确认后单击【是】按钮;

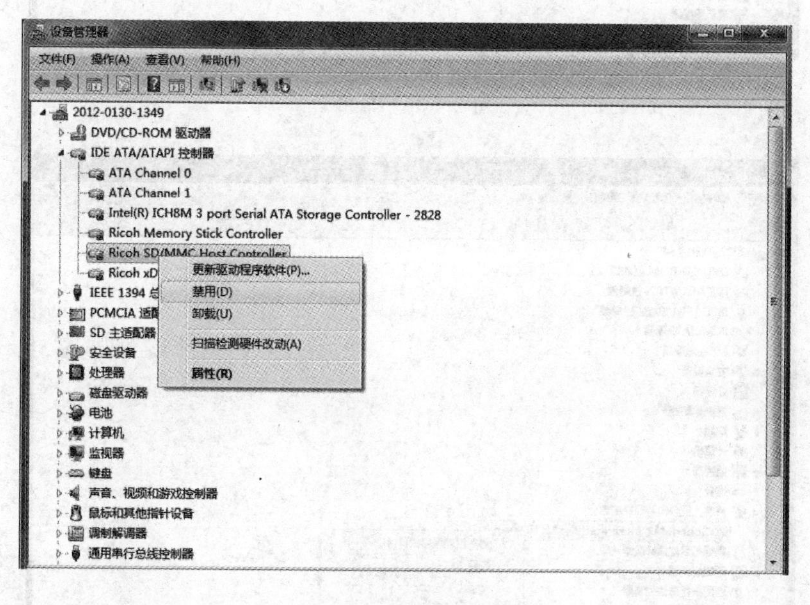

图 2-4-38 设置【禁用】

步骤 2:在【设备管理器】窗口中,可以看到刚才被禁用的设备上有个向下的图标 ,表示该设备被禁用,如图 2-4-39 所示;

步骤 3:启用硬件设备。如果想再次使用该设备,同样是右击需要启用的硬件设备,在弹出的快捷菜单中单击【启用】命令,该设备则被启用,如图 2-4-40 所示。

(4) 更新和卸载驱动程序

为了增强硬件的兼容性及其性能,硬件制造商会不断为硬件推出新的驱动程序。因此在安装了硬件设备之后,可以将其驱动程序更新到最新版本以使设备获得更好的性能。而对于长时间不用的硬件设备,建议用户卸载其驱动程序,这样可以节省磁盘空间。

① 更新驱动程序

具体步骤如下:

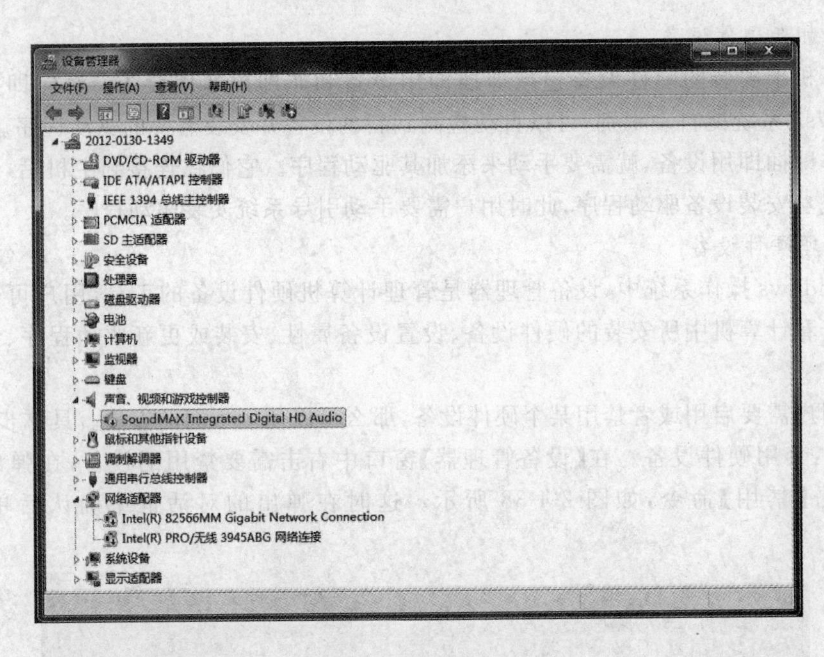

图 2-4-39 禁用

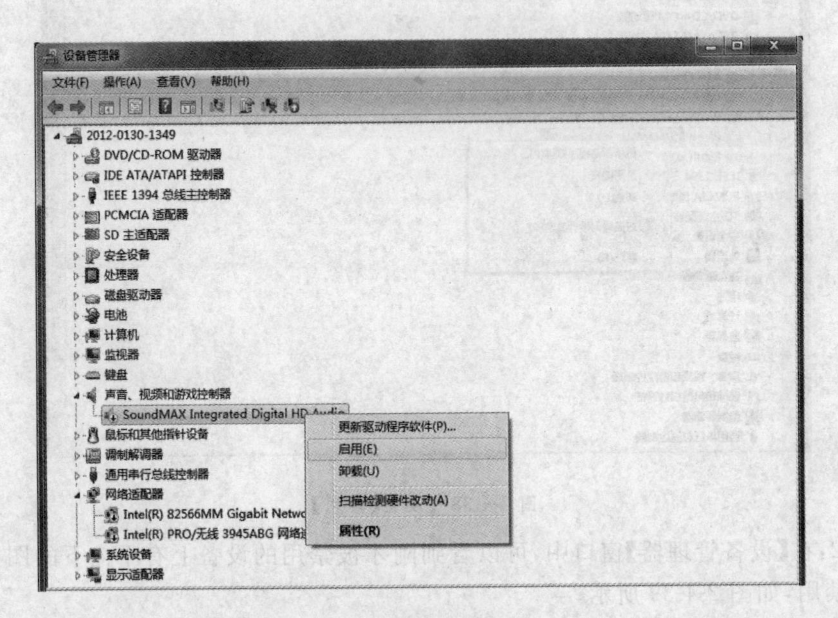

图 2-4-40 启用

步骤 1：在【设备管理器】窗口中右击需要更新驱动程序的设备，在弹出的快捷菜单中单击【更新驱动程序软件】命令，如图 2-4-41 所示；

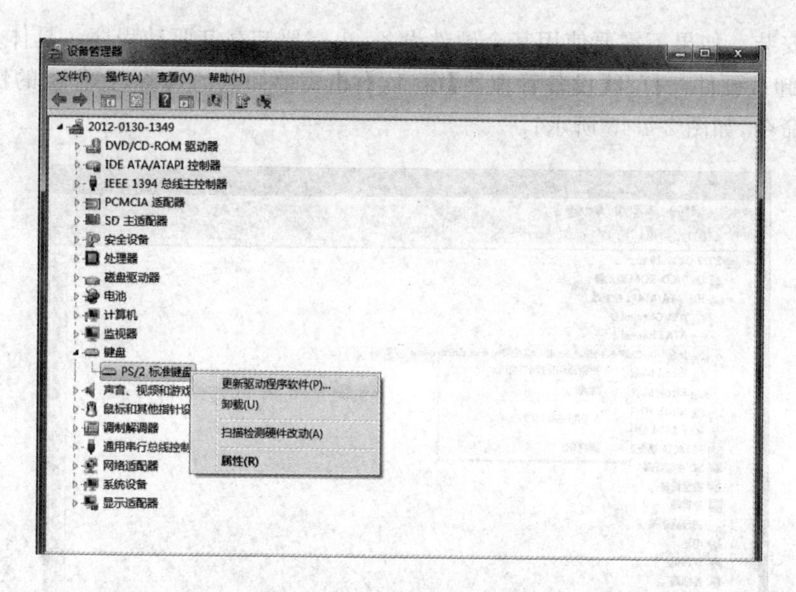

图 2-4-41 选择更新驱动程序

步骤 2:在弹出的【更新驱动程序软件】对话框中提供了【自动搜索更新驱动程序软件】和【浏览计算机以查找驱动程序软件】两种方式,在此单击【自动搜索更新驱动程序软件】选项,如图 2-4-42 所示;

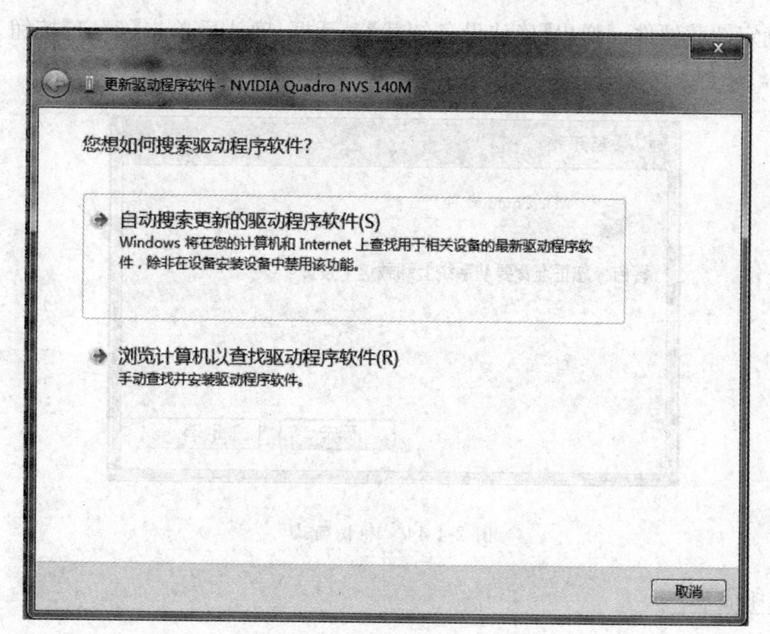

图 2-4-42 选择更新方式

步骤 3:安装驱动程序软件。接着系统会自动搜索该设备的驱动程序并对其进行安装;

步骤 4:显示安装成功。接着会显示驱动程序软件已经安装成功,然后单击【关闭】按钮即可。

② 卸载驱动程序

为了避免出现一些兼容性问题,建议用户在更新驱动程序前,最好先把老版本的驱动程

序卸载后再安装。如果不需要使用某个硬件设备，也需要卸载其驱动程序。具体步骤如下：

步骤 1：卸载硬件。打开【设备管理器】窗口，右击需要卸载的设备，在弹出的快捷菜单中单击【卸载】命令，如图 2-4-43 所示；

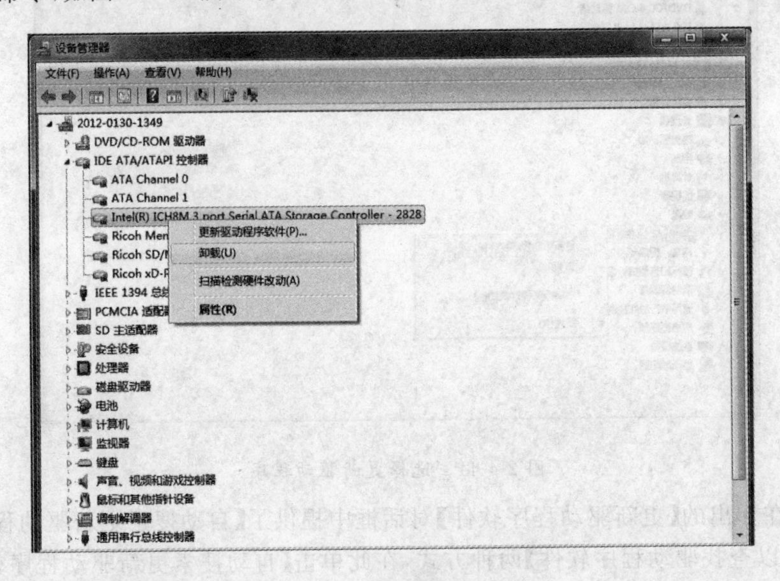

图 2-4-43　卸载

步骤 2：确定卸载硬件。弹出【确认设备卸载】对话框，确认后单击【确定】按钮，如图 2-4-44 所示；

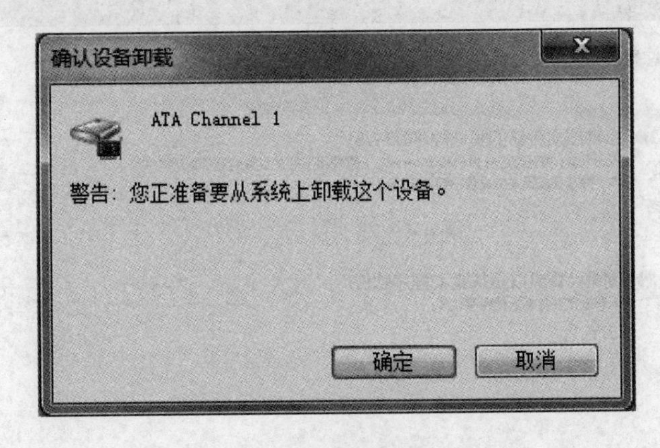

图 2-4-44　卸载确认

5. 打印管理

打印机是常用的输出设备之一，它可以将文档和图片等电子内容输出为印刷形式。用户可以使用打印机打印文件和表格，甚至打印图片和照片等。

当用户将打印机安装好以后，就可以使用它来打印文件了。打印文件类型的不同往往会有不同的打印设置。下面以打印 Word 文档为例介绍打印机的使用方法。具体方法如下：

步骤 1：打开要打印的 Word 文档，单击【Office】按钮，然后从弹出的下拉菜单中选择

【打印】|【打印】菜单项，如图 2-4-45 所示；

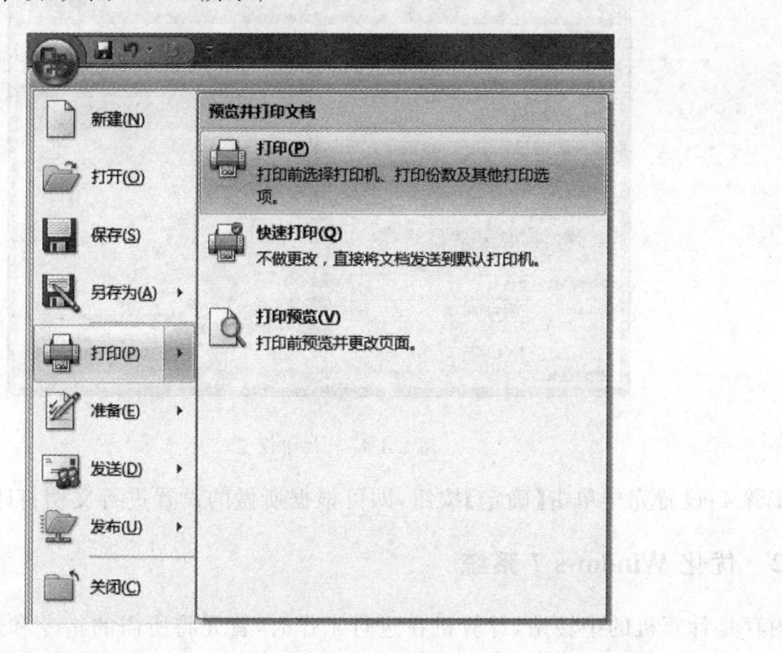

图 2-4-45　打印

步骤 2：弹出【打印】对话框，在【名称】下拉列表中选择要使用的打印机。在【页面范围】组合框中设置文档的打印页码，如图 2-4-46 所示；

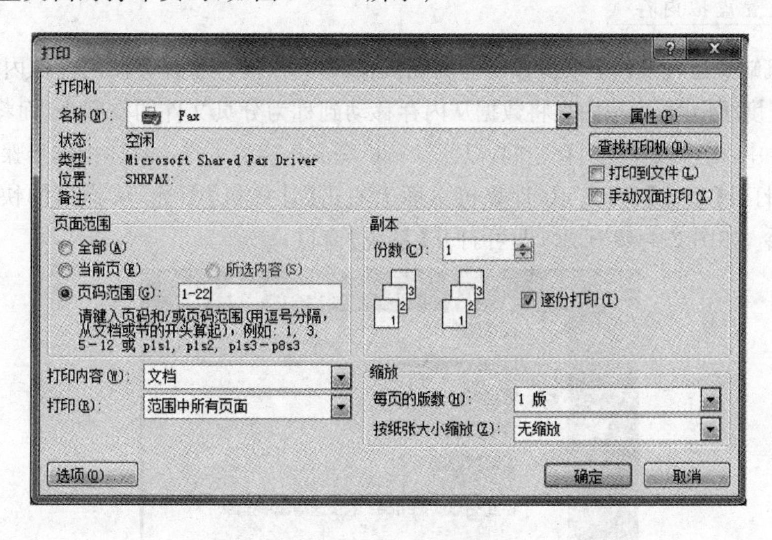

图 2-4-46　打印设置(1)

步骤 3：在【打印内容】下拉列表中选择相应的打印内容，在【打印】下拉列表中选择页面范围。在【份数】微调框中输入想要打印的份数，如图 2-4-47 所示；

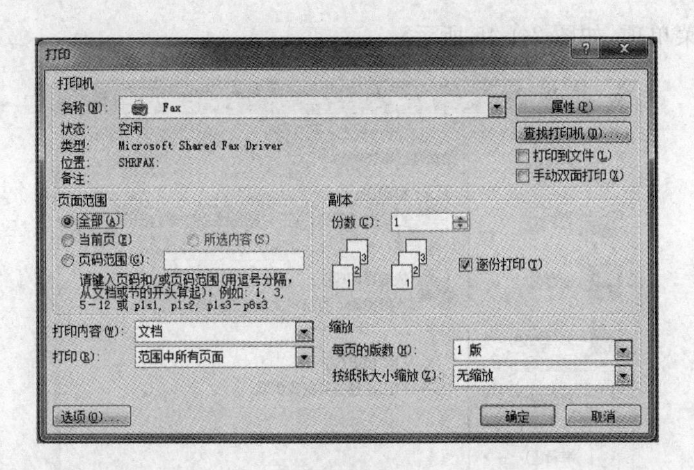

图 2-4-47 打印设置(2)

步骤 4:设置完毕单击【确定】按钮,即可根据所做的设置进行文档打印。

2.4.2 优化 Windows 7 系统

内存是计算机的中转站,计算机在进行工作时,首先将所需的指令和数据从外部存储器(如硬盘、移动硬盘、光盘等)调入内存中,CPU 再从内存中读取指令或数据进行运算,并将运算结果存入内存中。因此,内存的快慢直接关系着系统的运行速度。

1. 设置虚拟内存

当计算机缺少运行某程序或操作所需的随机存取内存,操作系统会使用虚拟内存进行替代。当内存运行速度缓慢时,虚拟内存将数据从内存移动到称为分页文件的空间中,而将数据移入与移出分页文件中,则可以释放内存空间,以便计算机完成相应的工作。具体操作步骤如下:

步骤 1:打开【系统】窗口。在计算机桌面上右击【计算机】图标,从弹出的快捷菜单中单击【属性】命令,如图 2-4-48 所示,即可打开【系统】窗口;

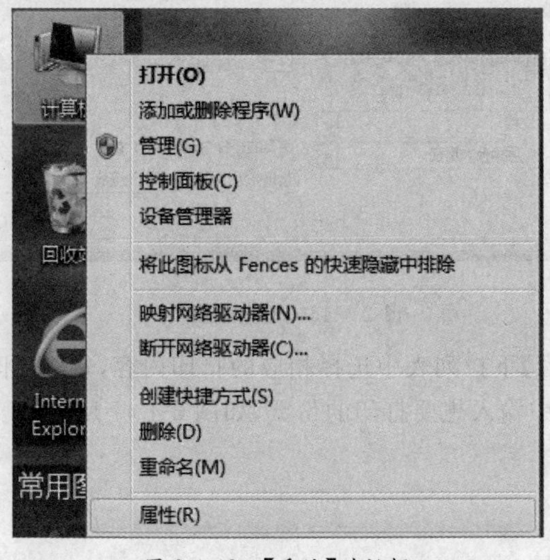

图 2-4-48 【系统】对话框

步骤 2：打开【系统属性】对话框。在打开的【系统】窗口中单击左侧导航窗格中的【高级系统设置】超链接，如图 2-4-49 所示，即可打开【系统属性】对话框；

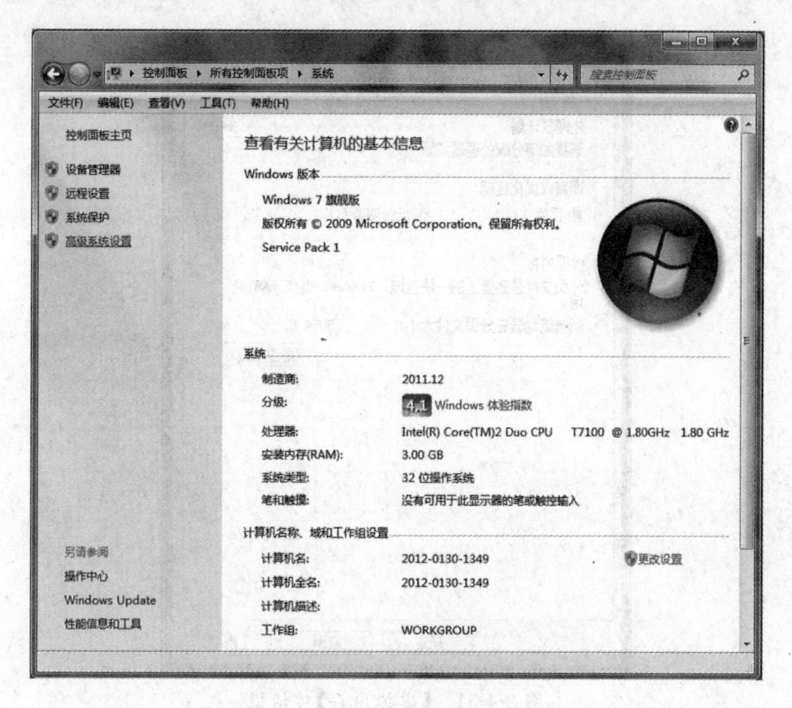

图 2-4-49 【高级系统设置】

步骤 3：打开【性能选项】对话框。在弹出的【系统属性】对话框中切换至【高级】选项卡，然后在【性能】选项组中单击【设置】按钮，如图 2-4-50 所示，即可打开【性能选项】对话框；

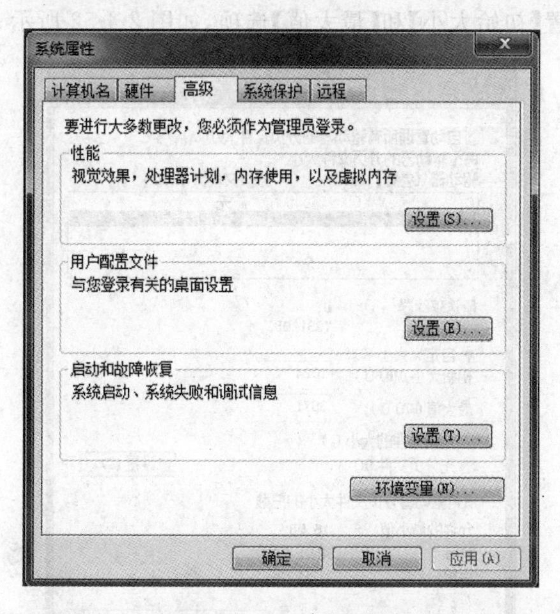

图 2-4-50 【性能选项】对话框

步骤 4:打开【虚拟内容】对话框。在弹出的【性能选项】对话框中切换至【高级】选项卡,然后单击【更改】按钮,如图 2-4-51 所示,即可打开【虚拟内容】对话框;

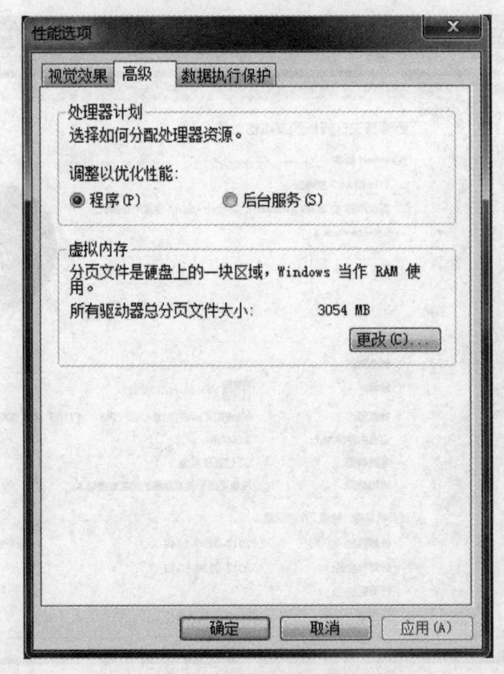

图 2-4-51 【虚拟内存】对话框

步骤 5:指定虚拟内存大小。在弹出的【虚拟内存】对话框中取消【自动管理所有驱动器的分页文件大小】复选框,然后在【驱动器[卷标]】列表框中选择磁盘分析,接着选中【自定义大小】单选按钮,并设置【初始大小】和【最大值】选项,如图 2-4-52 所示;

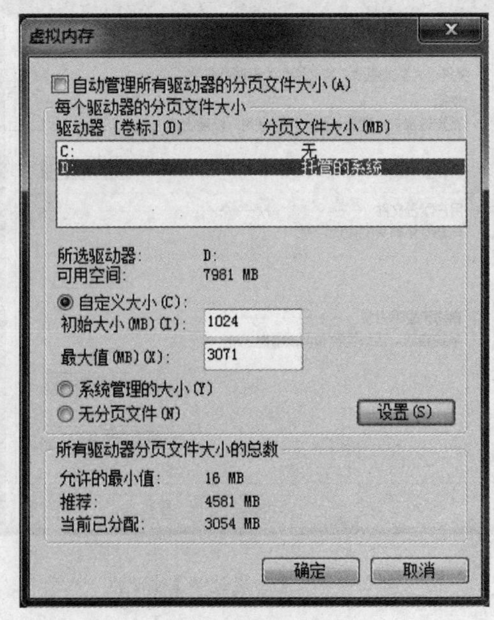

图 2-4-52 内存设置

步骤 6：查看设置的分页文件大小。在指定虚拟内存大小后，单击【设置】按钮，即可在【驱动器[卷标]】列表框中看到设置的分页文件大小，再单击【确定】按钮；

步骤 7：在弹出的【系统属性】对话框中单击【确定】按钮，重新启动计算机，使修改生效。

2. 使用第三方工具软件来管理内存

若用户对系统自带的内存管理功能不是很满意，可以使用专业的系统优化工具（例如超级兔子、Windows 优化大师等）来管理内存。

2.4.3　磁盘维护及系统还原

磁盘是计算机中用来存储数据的重要介质，任何不正常的关机或错误操作，都可能损坏磁盘，给用户带来一定的损失。对磁盘进行定期维护，有助于避免计算机瘫痪情况的发生，从而提高计算机的运行速度。

1. 检查磁盘

使用磁盘查错功能，可以及时的发现、修复磁盘错误，确保硬盘中不存在任何错误，还可以有效地解决某些计算机问题。具体操作步骤如下：

步骤 1：选择要检查的磁盘分区。在【计算机】窗口中右击要检查的分区磁盘，例如右击【本地磁盘(D:)】，从弹出的快捷菜单中单击【属性】命令，如图 2-4-53 所示；

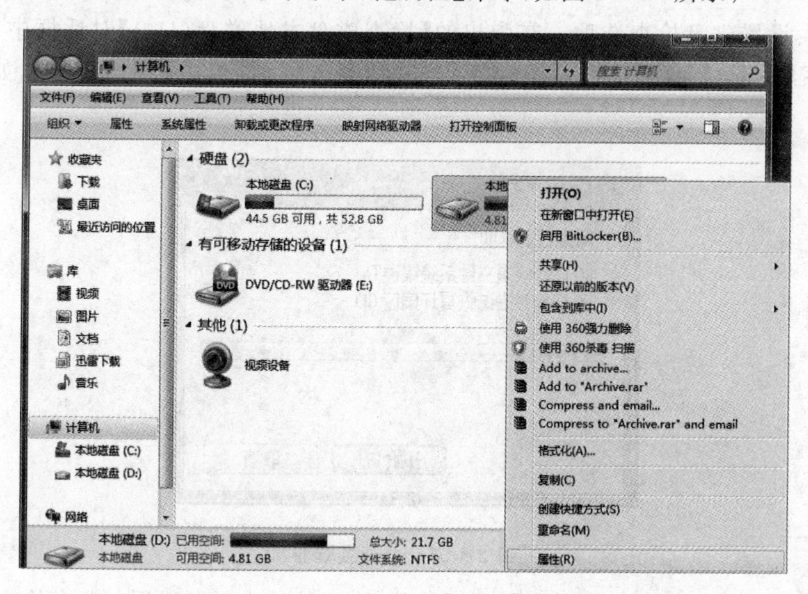

图 2-4-53　选择磁盘

步骤 2：执行磁盘查错功能。在弹出的【本地磁盘(D:)属性】对话框中切换至【工具】选项卡下，然后在【查错】选项组中单击【开始检查】按钮，如图 2-4-54 所示；

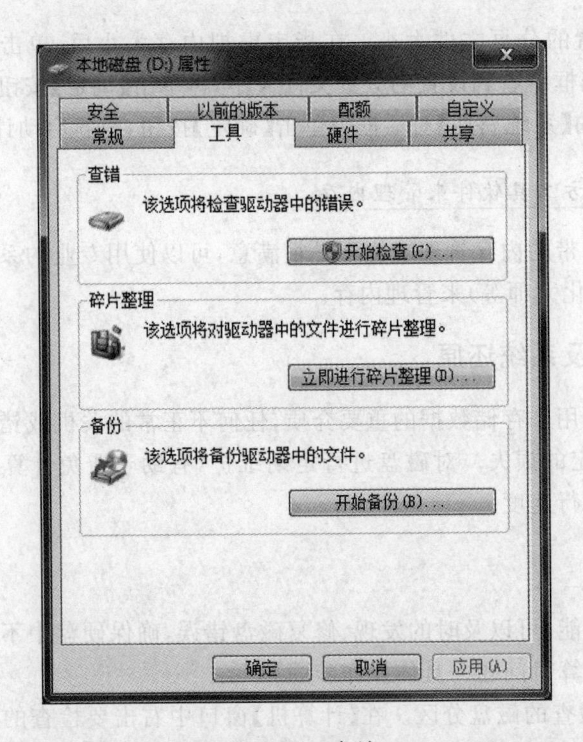

图 2-4-54　查错

步骤 3:设置磁盘检查选项。在弹出的【检查磁盘本地磁盘(D:)】对话框中勾选【自动修复文件系统错误】和【扫描并试图恢复坏扇区】复选框,再单击【开始】按钮,如图 2-4-55 所示;

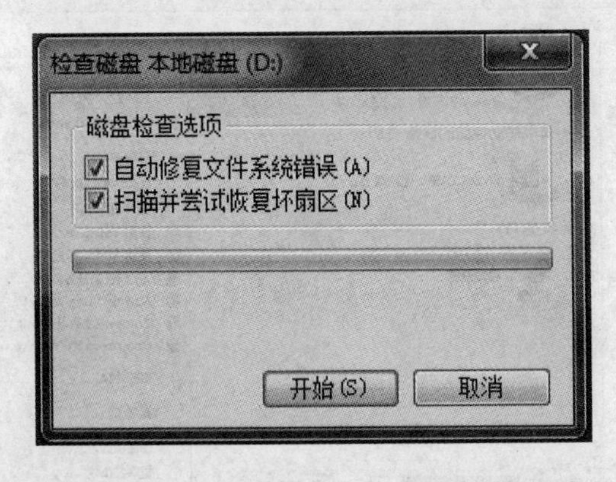

图 2-4-55　勾选复选框

步骤 4:开始检查磁盘。在单击【开始】按钮后,开始检查磁盘错误。磁盘检查完成后,则会弹出【正在检查磁盘本地磁盘(D:)】对话框,用户可以在对话框中查看检查的详细信息。

2. 磁盘清理

磁盘清理是一种用于删除计算机上不再需要的文件并释放硬盘空间的方便途径,具体操作步骤如下:

步骤 1:执行【磁盘清理】命令。在计算机桌面上单击【开始】|【所有程序】|【附件】|【系统工具】|【磁盘清理】命令,如图 2-4-56 所示;

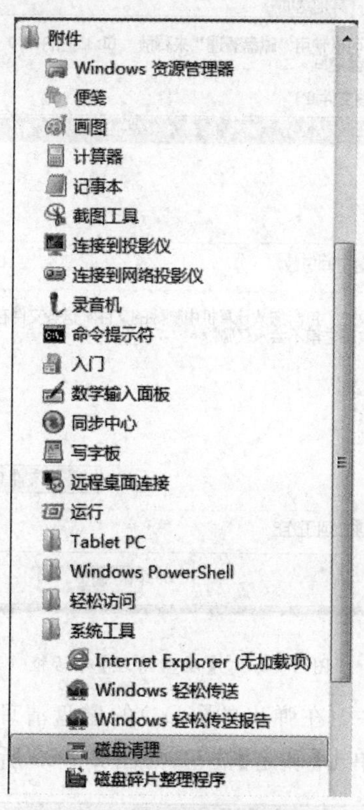

图 2-4-56　磁盘清理

步骤 2:选择要清理的磁盘分区。在弹出的【磁盘清理:驱动器选择】对话框的【驱动器】下拉列表中选择要清理的磁盘分区,在单击【确定】按钮,如图 2-4-57 所示;

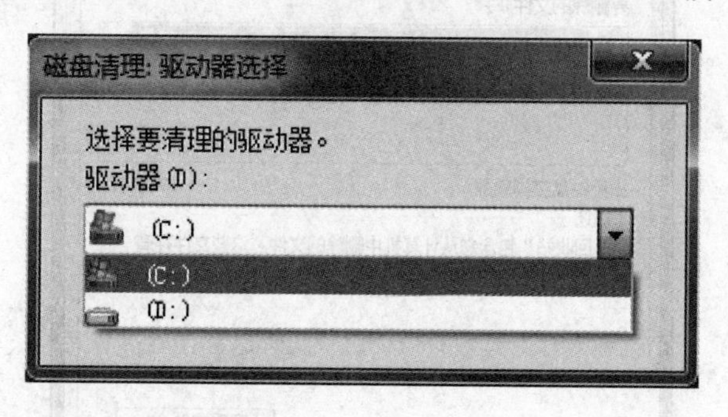

图 2-4-57　选择驱动器

步骤 3:计算可以释放的磁盘空间。在单击【确定】按钮后,系统开始计算磁盘可以释放的空间,并弹出【磁盘清理】对话框,如图 2-4-58 所示;

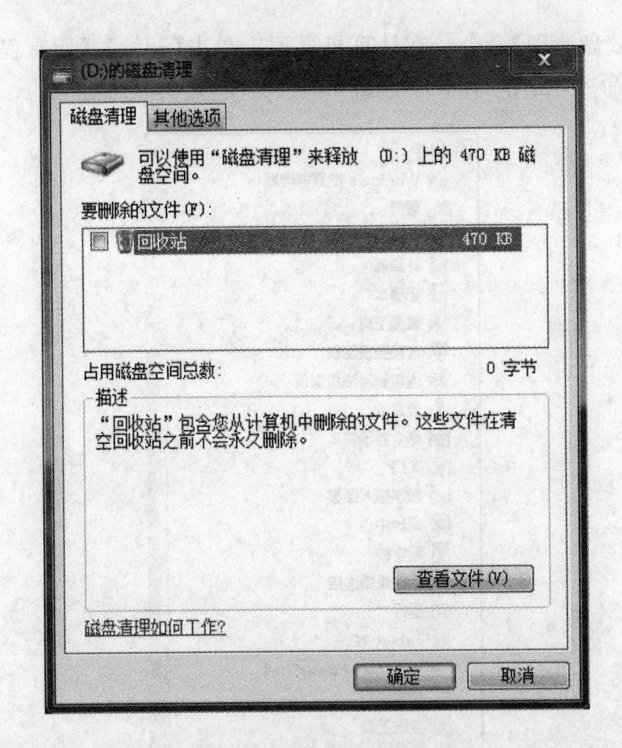

图 2-4-58 【磁盘清理】对话框

步骤 4:选择要清理的文件。在弹出的【(D:)的磁盘清理】对话框的【要删除的文件】列表框中勾选要删除的文件,再单击【确定】按钮,如图 2-4-59 所示;

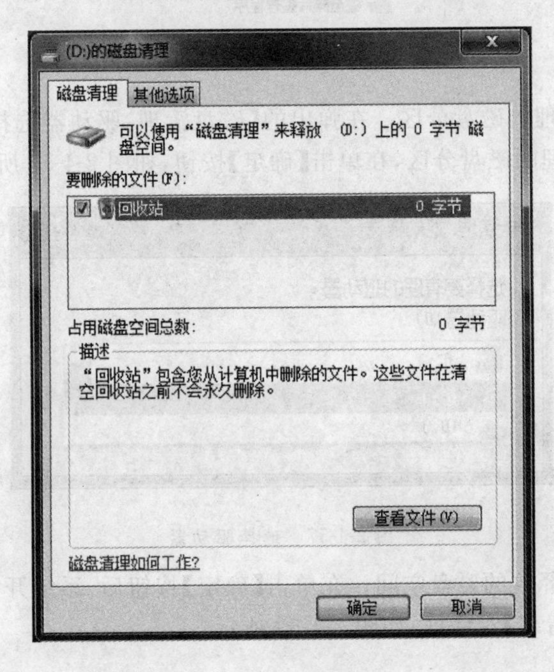

图 2-4-59 勾选要清理文件

步骤 5:确认删除垃圾文件。在弹出的【磁盘清理】对话框中单击【删除文件】按钮,确认

删除选中的文件，如图 2-4-60 所示；

图 2-4-60　确认【删除文件】

步骤 6：开始删除垃圾文件。在单击【删除文件】按钮后，系统开始清理选择的文件，并弹出进度对话框，如图 2-4-61 所示。

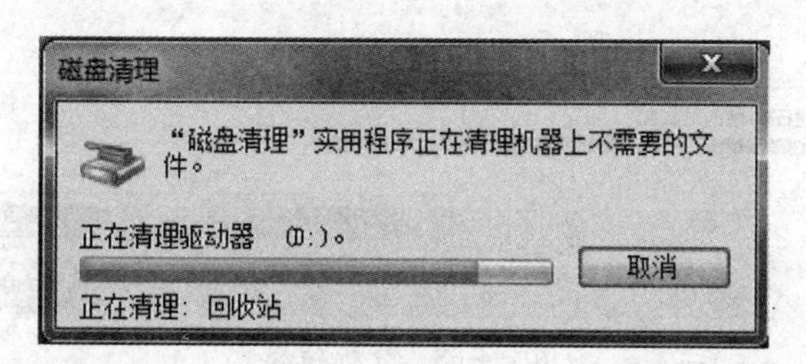

图 2-4-61　清理磁盘进度

3. 磁盘碎片整理

在使用磁盘的过程中，由于不断地添加、删除文件，磁盘中会形成一些存储位置不连续的文件——磁盘碎片，这些磁盘碎片会降低计算机速度。磁盘碎片整理程序可以重新排列碎片数据，以便磁盘和驱动器能够更有效地工作。具体操作步骤如下：

步骤 1：打开【磁盘碎片整理程序】对话框。在计算机桌面上单击【开始】|【所有程序】|【附件】|【系统工具】|【磁盘碎片整理程序】命令，如图 2-4-62 所示；

步骤 2：分析磁盘。在弹出的【磁盘碎片整理】对话框中，用户可以从列表中选择要整理的磁盘分区，再单击【分析磁盘】按钮分析是否需要对磁盘进行碎片整理。如图 2-4-63 所示；

图 2-4-62　磁盘碎片整理

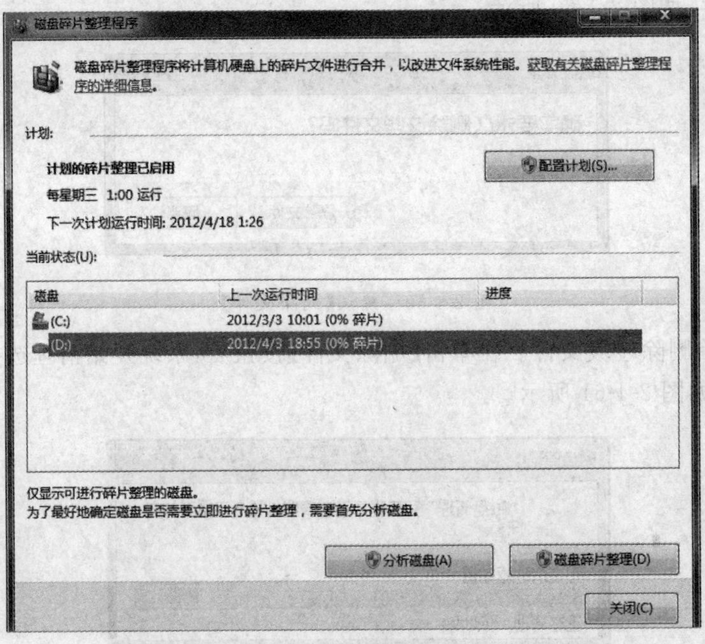

图 2-4-63　分析磁盘

步骤 3:开始分析选择的磁盘,并显示分析进度,如图 2-4-64 所示;

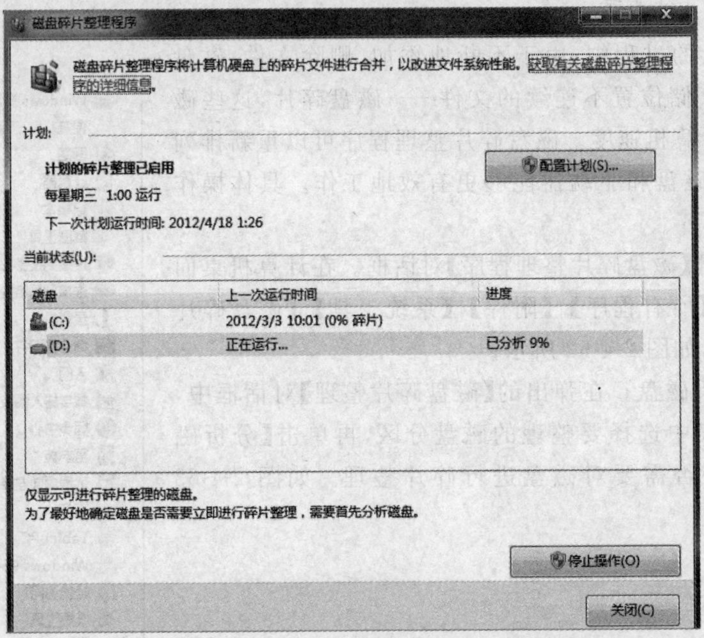

图 2-4-64　分析进度

步骤 4:分析完成后,分析结果如图 2-4-65 所示,用户可根据碎片所占百分比决定是否整理磁盘;

磁盘碎片整理程序
磁盘碎片整理程序将计算机硬盘上的碎片文件进行合并，以改进文件系统性能。获取有关磁盘碎片整理程序的详细信息。
计划:
计划的碎片整理已启用
配置计划(S)...
每星期三 1:00 运行
下一次计划运行时间: 2012/4/18 1:26
当前状态(U):
磁盘
上一次运行时间
进度
(C:)
2012/3/3 10:01 (0% 碎片)
(D:)
2012/4/13 13:40 (0% 碎片)
仅显示可进行碎片整理的磁盘。
为了最好地确定磁盘是否需要立即进行碎片整理，需要首先分析磁盘。
分析磁盘(A)
磁盘碎片整理(D)
关闭(C)

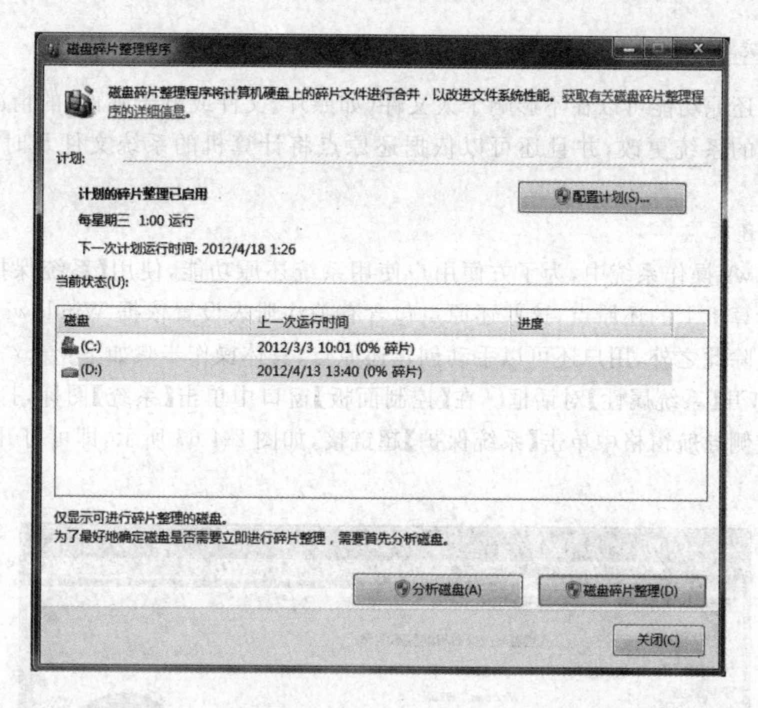

图 2-4-65　分析结果

步骤 5：若要整理磁盘，可以在选择磁盘分区后单击【立即进行碎片整理】按钮，开始整理磁盘中的碎片，并显示碎片整理进度。磁盘碎片整理完成后，单击【关闭】按钮，关闭对话框，如图 2-4-66 所示。

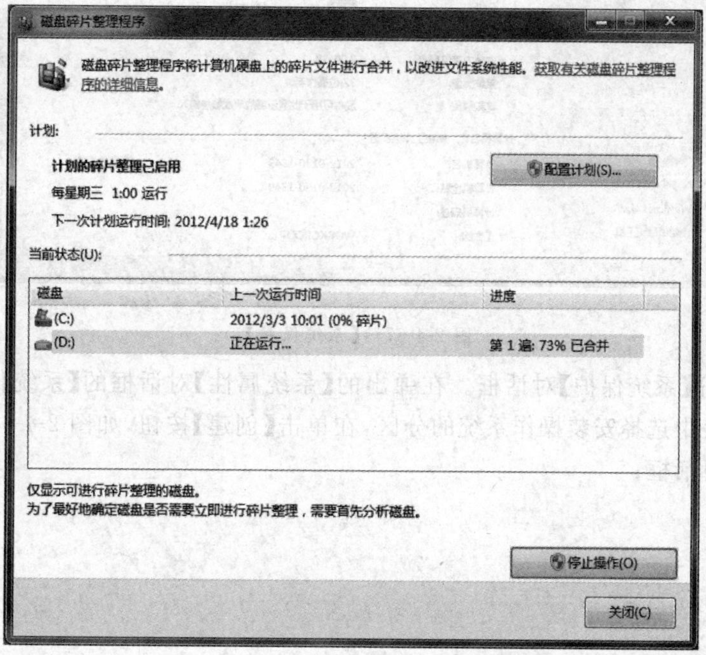

磁盘碎片整理程序
磁盘碎片整理程序将计算机硬盘上的碎片文件进行合并，以改进文件系统性能。获取有关磁盘碎片整理程序的详细信息。
计划:
计划的碎片整理已启用
配置计划(S)...
每星期三 1:00 运行
下一次计划运行时间: 2012/4/18 1:26
当前状态(U):
磁盘
上一次运行时间
进度
(C:)
2012/3/3 10:01 (0% 碎片)
(D:)
正在运行...
第 1 遍: 73% 已合并
仅显示可进行碎片整理的磁盘。
为了最好地确定磁盘是否需要立即进行碎片整理，需要首先分析磁盘。
停止操作(O)
关闭(C)

图 2-4-66　整理进度

4. 系统还原

使用系统还原功能可以在不影响个人文件(如照片、文件或电子邮件)的情况下,撤销对计算机所进行的系统更改,并且还可以依据还原点将计算机的系统文件及时还原到早期设置。

(1) 创建还原点

在 Windows 操作系统中,为了方便用户使用系统还原功能,使用【系统保护】功能定期创建和保存计算机上的还原点,这些还原点包含有关注册表设置依据 Windows 使用的其他程序信息等。除此之外,用户还可以手动创建还原点,具体操作步骤如下:

步骤 1:打开【系统属性】对话框。在【控制面板】窗口中单击【系统】图标,打开【系统】窗口。然后在左侧导航窗格中单击【系统保护】超链接,如图 2-4-67 所示,即可打开【系统属性】对话框;

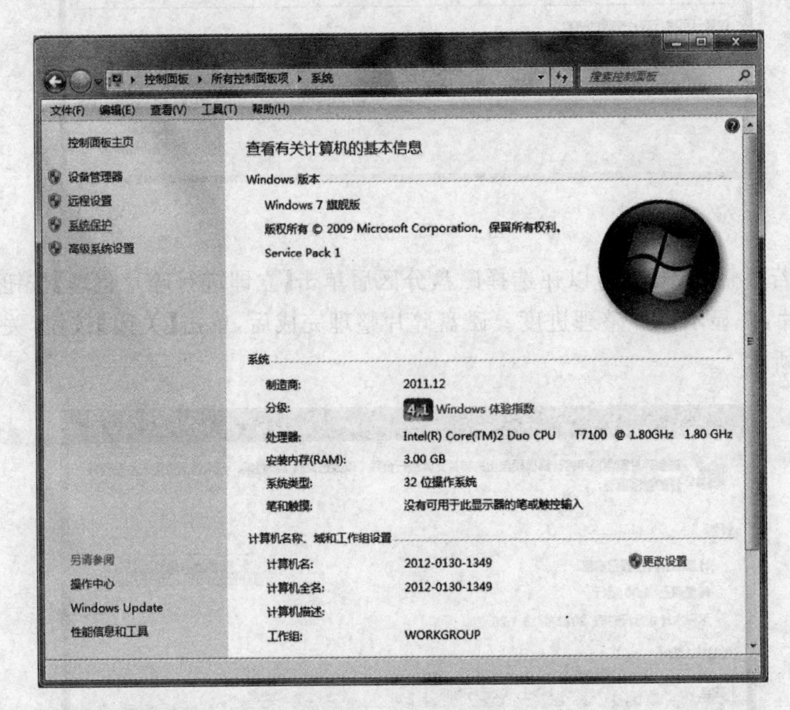

图 2-4-67 【系统保护】

步骤 2:打开【系统保护】对话框。在弹出的【系统属性】对话框的【系统保护】选项卡的【保护设置】列表中选择安装操作系统的分区,在单击【创建】按钮,如图 2-4-68 所示,即可打开【系统保护】对话框;

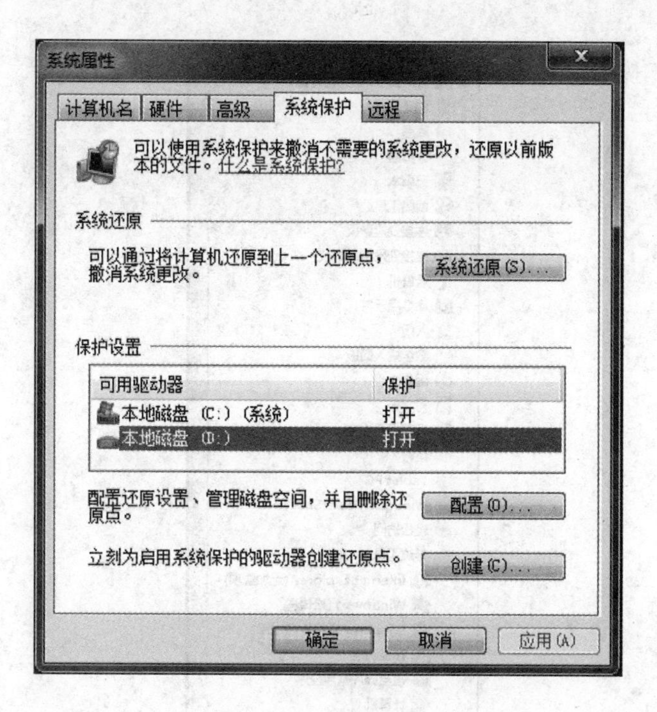

图 2-4-68　保护设置

步骤 3:创建还原点。在弹出的【系统保护】对话框中输入对还原点的描述,再单击【创建】按钮,如图 2-4-69 所示;

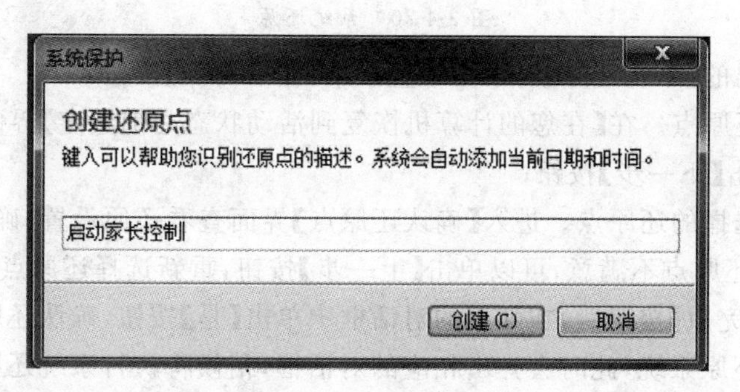

图 2-4-69　创建还原点

步骤 4:在单击【创建】按钮后,系统将开始创建还原点,并弹出相应的提示对话框;

步骤 5:还原点创建成功后,则会弹出提示界面,单击【关闭】按钮即可。

(2) 还原系统

在计算机的使用过程中,用户也许会遇到安装某个应用程序或驱动程序后,系统无法正常工作的情况,一般可以通过卸载程序或驱动程序来解决此问题。但是,如果卸载后并没有修复问题,用户可以尝试将计算机系统还原到安装程序之前的任意正常运行日期,具体操作步骤如下:

步骤 1:打开【系统还原】对话框。在计算机桌面上单击【开始】|【所有程序】|【附件】|【还原】命令,如图 2-4-70 所示;

图 2-4-70　系统还原

步骤 2：在弹出的【系统还原】对话框中直接单击【下一步】按钮；

步骤 3：选择还原点。在【在您的计算机恢复到活动状态之前选定】界面的列表框中选择所需还原点，再单击【下一步】按钮；

步骤 4：确认选择的还原点。进入【确认还原点】界面查看还原设置，确认无误后单击【完成】按钮。如果对还原点不满意，可以单击【上一步】按钮，重新选择还原点；

步骤 5：单击【完成】按钮后，在弹出的对话框中单击【是】按钮，确认还原系统；

步骤 6：准备还原系统，此时会弹出相应的对话框，稍候将执行系统还原操作；

步骤 7：在系统还原的过程中，将自动重启计算机，并提示正在还原系统；

步骤 8：系统还原完成后，则会弹出【系统还原】对话框，提示成功还原系统，此时单击【关闭】按钮即可。

（提示：若在步骤 3 中勾选“显示更多的还原点”复选框，将会在列表框中列出更多的还原点供用户选择。）

本章学习了 Windows 7 中的基本内容。通过本章的理论学习和上机实践，应该重点了解和掌握了以下内容：学会使用操作系统，了解操作系统的定义和功能；重点掌握 Windows 7 的各种操作、文件的管理和使用方法。

练习题

一、单项选择题(请将正确答案填在指定的答题栏内,否则不得分)

题号	1	2	3	4	5	6	7	8	9	10
答案										

1. 不属于操作系统的是(　　)。

A. Windows 7　　B. Linux　　C. Office　　D. DOS

2. 存储管理的管理对象是(　　)。

A. 处理机　　B. 内存　　C. 磁盘　　D. 设备

3. Windows 7 的文件夹系统采用的结构是(　　)。

A. 树型结构　　B. 层次结构

C. 网状结构　　D. 嵌套结构

4. 在文件管理中选择多个不连续的文件要使用(　　)键。

A. ＜Shift＞ + ＜Alt＞　　B. ＜Shift＞

C. ＜Shift＞+单击　　D. ＜Ctrl＞+单击

5. 在 Windows 7 下,当一个应用程序窗口被最小化后,该应用程序(　　)。

A. 终止运行　　B. 暂停运行

C. 继续在后台运行　　D. 继续在前台运行

6. 下列关于 Windows 7 文件名的说法中,不正确的是(　　)。

A. 可以用汉字　　B. 可用空格

C. 最长可达 255 个字符　　D. 可以用各种标点符号

7. Windows 7 窗口菜单命令后带有"…",表示(　　)。

A. 它有下级菜单　　B. 选择该命令可打开对话框

C. 文字太长,没有全部显示　　D. 暂时不可用

8. 在 Windows 7 的"回收站"中,存放的(　　)。

A. 只是硬盘上被删除的文件或文件夹

B. 只能是软盘上被删除的文件或文件夹

C. 可以是硬盘或 U 盘上被删除的文件或文件夹

D. 可以是所有外存储器上被删除的文件或文件夹

9. 在 Windows 7 中,在按下 Shift 键的同时执行删除某文件的操作是(　　)。

A. 将文件放入下一层文件夹　　B. 将文件直接删除

C. 将文件放入上一层文件夹　　D. 将文件放入回收站

10. Windows 7 提供了多种手段供用户在多个运行着的程序间切换。按(　　)组合键时,可在打开的各程序、窗口间进行循环切换。

A. ＜Alt＞ +＜ Ctrl＞　　B. ＜Alt＞ + ＜Tab＞

C. ＜Ctrl＞ + ＜Esc＞　　D. ＜Tab＞

二、填空题

1. 在 Windows 7 中,为了弹出【个性化】对话框,应用鼠标右键单击桌面空白处,然后在

弹出的快捷菜单中选择________命令。

2. 在 Windows 7 中，在【开始】菜单中运行________命令进入命令行窗口。

3. 用户当前正在使用的窗口为________窗口，而其他窗口为________窗口。

4. 在 Windows 7 的下拉式菜单显示约定中，浅灰色命令表示________；若命令后跟三角形符号(▶)，则该命令被选中后会出现________；若命令后跟"…"则该命令被选中后会出现________。

5. 在 Windows 中，如果要选取多个不连续文件，可以按住________键后，再单击相应文件。

三、判断题(对的打"√"，错误的打"×")

题号	1	2	3	4	5
答案					

1. Windows 7 是众多操作系统中的一种。
2. 操作系统版本号和核心版本号是一致的。
3. "控制面板"是用来对 Windows 7 本身或系统本身的设置进行控制的一个工具集。
4. 将当前窗口内容复制到剪贴板上，应按<Alt>+<Print Screen>键。
5. 在 Windows 7 中，日期和时间往往需要经常调整，但只能通过双击控制面板窗口中的日期和时间图标来进行。

四、简答题

1. 操作系统的概念。
2. 简单叙述操作系统的基本功能。

第3章 文字处理软件 Word 2010

本章提要

文字处理是计算机应用的一个重要方面。从日常工作中的论文、报告、书信、通知、电子报刊到各行各业的事务处理，文字处理无处不在。本章以微软公司开发的 Microsoft Office 2010 中的 Word 2010 为例介绍文字处理技术，学习掌握文档的建立、编辑、排版与打印等基本操作。Word 2010 继承了 Windows 友好的图形界面，可方便地进行文字、图形、图像和数据处理，是最常用的文档处理软件之一。Word 2010 是目前 Word 家族中的较新版本，在保留旧版本功能的基础上，改进和新增了许多功能，它以其强大的功能、严谨的设计、清新的风格、友好的界面和简单易学的使用方法，博得了使用者的一致好评。

学习目标

✲ 掌握文档的创建和保存；

✲ 熟练掌握 Word 文档的基本编辑和格式化；

✲ 掌握文档的页面设置、页眉/页脚的设置以及打印的方法；

✲ 掌握文档中对象的插入和编辑；

✲ 熟练运用 Word 文档中表格的创建与编辑功能。

3.1 基本操作

3.1.1 Word 2010 概述

1. Word 2010 中的新增功能

(1) 在任意设备上使用 Word

在 Word 2010 中，您可以根据需要在任意位置使用既熟悉又强大的 Word 功能。您可以从浏览器和移动电话查看、导航和编辑您的 Word 文档，而不会影响丰富的文档内容。

(2) 将最佳想法变成现实

Word 2010 为其功能特点(例如表格、页眉和页脚以及样式集)提供了引人注目的效果、新文本功能以及更简单的导航功能。

(3) 更轻松地工作

在 Word 2010 中,可通过自定义工作区将常用命令集中在一起。您还可以访问文档的早期版本,更轻松地处理使用其他语言的文本。

(4) 更好地进行协作

Word 2010 可帮助您更有效地与同事协作。Word 2010 还包括一些功能,使您的信息在您共享工作时更为安全,并使您的计算机免受不安全文件的威胁。

2. Word 2010 十大功能改进

(1) 改进的搜索与导航体验

在 Word 2010 中,可以更加迅速、轻松地查找所需的信息。利用改进的新【查找】体验,您可以在单个窗格中查看搜索结果的摘要,并单击以访问任何单独的结果。改进的导航窗格会提供文档的直观大纲,以便于您对所需的内容进行快速浏览、排序和查找。

(2) 与他人协同工作,而不必排队等候

Word 2010 重新定义了人们可针对某个文档协同工作的方式。利用共同创作功能,您可以在编辑论文的同时,与他人分享您的观点。您也可以查看正与您一起创作文档的他人的状态,并在不退出 Word 的情况下轻松发起会话。

(3) 几乎可从任何位置访问和共享文档

在线发布文档,然后通过任何一台计算机或您的 Windows 电话对文档进行访问、查看和编辑。借助 Word 2010,您可以从多个位置使用多种设备来尽情体会非凡的文档操作过程。

Microsoft Word Web App。当您离开办公室、出门在外或离开学校时,可利用 Web 浏览器来编辑文档,同时不影响您查看体验的质量。

Microsoft Word Mobile 2010。利用专门适合于您的 Windows 电话的移动版本的增强型 Word,保持更新并在必要时立即采取行动。

(4) 向文本添加视觉效果

利用 Word 2010,您可以像应用粗体和下划线那样,将诸如阴影、凹凸效果、发光、映像等格式效果轻松应用到文档文本中。可以对使用了可视化效果的文本执行拼写检查,并将文本效果添加到段落样式中。现在可将很多用于图像的相同效果同时用于文本和形状中,从而使您能够无缝地协调全部内容。

(5) 将文本转换为醒目的图表

Word 2010 为您提供用于使文档增加视觉效果的更多选项。从众多的附加 SmartArt 图形中进行选择,从而只需键入项目符号列表,即可构建精彩的图表。使用 SmartArt 可将基本的要点句文本转换为引人入胜的视觉画面,以更好地阐释您的观点。

(6) 为文档增加视觉冲击力

利用 Word 2010 中提供的新型图片编辑工具,可在不使用其他照片编辑软件的情况下,添加特殊的图片效果。您可以利用色彩饱和度和色温控件来轻松调整图片。还可以利用所提供的改进工具来更轻松、精确地对图像进行裁剪和更正，从而有助于您将一个简单的文档转化为一件艺术作品。

(7) 恢复已丢失的工作

在某个文档上工作片刻之后，您是否在未保存该文档的情况下意外地将其关闭？没关系。利用 Word 2010，您可以像打开任何文件那样轻松恢复最近所编辑文件的草稿版本，即使您从未保存过该文档也是如此。

(8) 跨越沟通障碍

Word 2010 有助于您使用不同语言进行有效地工作和交流。比以往更轻松地翻译某个单词、词组或文档。针对屏幕提示、帮助内容和显示，分别对语言进行不同的设置。利用英语文本到语音转换播放功能，为以英语为第二语言的用户提供额外的帮助。

(9) 将屏幕截图插入到文档

直接从 Word 2010 中捕获和插入屏幕截图，以快速、轻松地将视觉插图纳入到您的工作中。如果使用已启用 Tablet 的设备（如 Tablet PC 或 Wacom Tablet），则经过改进的工具使设置墨迹格式与设置形状格式一样轻松。

(10) 利用增强的用户体验完成更多工作

Word 2010 可简化功能的访问方式。新的 Microsoft Office Backstage™ 视图将替代传统的【文件】菜单，从而，您只需单击几次鼠标即可保存、共享、打印和发布文档。利用改进的功能区，可以更快速地访问常用命令，方法为：自定义选项卡或创建您自己的选项卡，从而使您的工作风格体现出您的个性化经验。

3. Word 2010 的启动和退出

(1)Word 2010 的启动

Word 2010 常用的启动方法包括以下 3 种。

方法 1：双击桌面已建立的 Word 2010 快捷方式图标。

方法 2：单击【开始】按钮，选择【程序】菜单中的 Microsoft Office Word 2010 项。

方法 3：通过【计算机】或【资源管理器】找到文件夹中的扩展名为.docx 的文档图标双击。

(2)Word 2010 的退出

方法 1：使用菜单退出

单击窗口左上角【文件】按钮，在弹出的列表中选择【退出】选项，即可退出 Word 2010。

方法 2：使用快捷菜单退出

右击任务栏中的 Word 文档图标，在弹出的快捷菜单中选择【关闭窗口】选项即可。

方法 3：单击 Word 2010 窗口右上角的【关闭】按钮 x 。

方法 4：右击标题栏，在弹出的快捷菜单中选择【关闭】命令。

在单个文档窗口下，以上几种方法均可退出 Word 2010，但如果当前打开多个 Word 文档窗口，方法 1 和其余三种方法是不同的，方法 1 将关闭所有已保存文档并退出 Word 2010，其余方法仅关闭当前活动文档窗口。

退出 Word 2010 时，如果正在编辑的文档没有保存，系统会弹出提醒用户保存的消息框，如图 3-1-1 所示。在对话框中选择【保存】，将保存当前文档并退出 Word；选择【不保存】，将直接退出 Word，不保存当前编辑的文档；选择【取消】选项，将取消刚才的退出操作，继续进行文档的编辑操作。

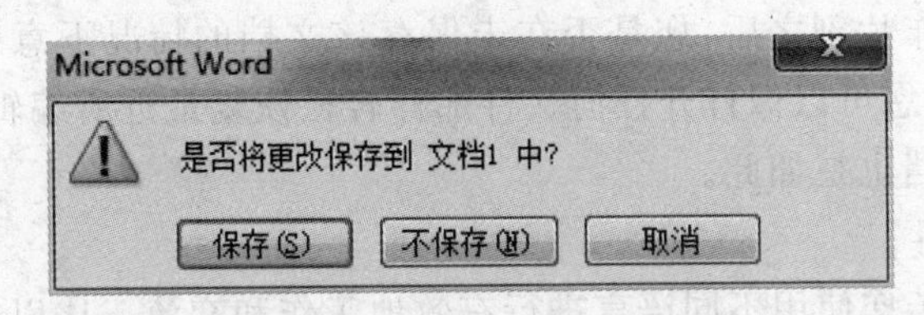

图 3-1-1　提示用户保存的消息框

4. Word 2010 应用程序窗口

启动 Word 2010 后，就进入其主界面。主要由文件标签、功能区、标题栏、状态栏及文档编辑区等部分组成。如图 3-1-2 所示：

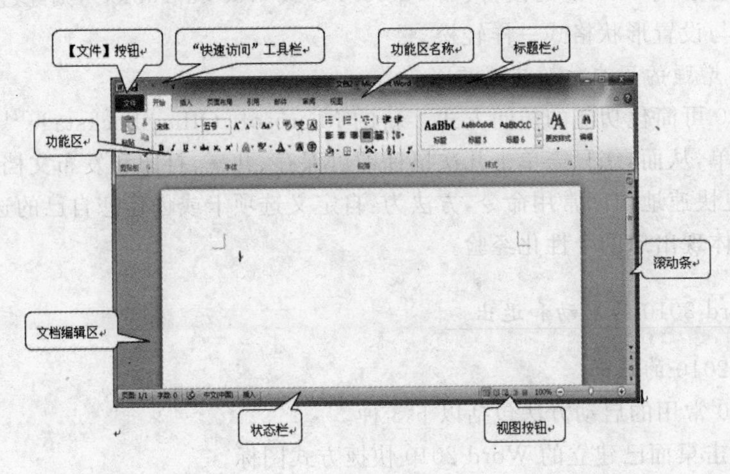

图 3-1-2　Word 2010 主界面

(1) 标题栏

标题栏位于窗口的顶端，用于显示当前正在运行的程序名及文件名等信息。如图 3-1-3 所示：

图 3-1-3　标题栏

标题栏最右端有 3 个按钮，分别用来控制窗口的最小化、最大化和关闭应用程序。标题栏位于窗口的最上方，它包含应用程序名、文档名和一些控制按钮。当窗口不是最大化时，用鼠标拖动标题栏，可以改变窗口在屏幕上的位置。双击标题栏可以使窗口在最大化与非

最大化窗口之间切换。

【最小化】按钮：位于标题栏右侧，单击此按钮可以将窗口最小化，变为一个小按钮显示在任务栏中。

【最大化】按钮和【还原】按钮：位于标题栏右侧，这两个按钮不可能同时出现。当窗口不是最大化时，可以看到【最大化】按钮，单击此按钮可以使窗口最大化，占满整个屏幕；当窗口是最大化时，可以看到【还原】按钮，单击此按钮可以使窗口恢复到原来的大小。

【关闭】按钮：位于标题栏最右侧，单击此按钮可以退出 Word 2010 应用程序。

(2)【文件】按钮

【文件】按钮是 Word 2010 替换了 Word 2007 的 Office 按钮，位于界面左上角，有点类似于 Windows 系统的【开始】按钮。单击【文件】按钮，将弹出【文件】菜单。菜单中包含了一些常见的命令，例如新建、打开、保存和选项等命令。如图 3-1-4 所示：

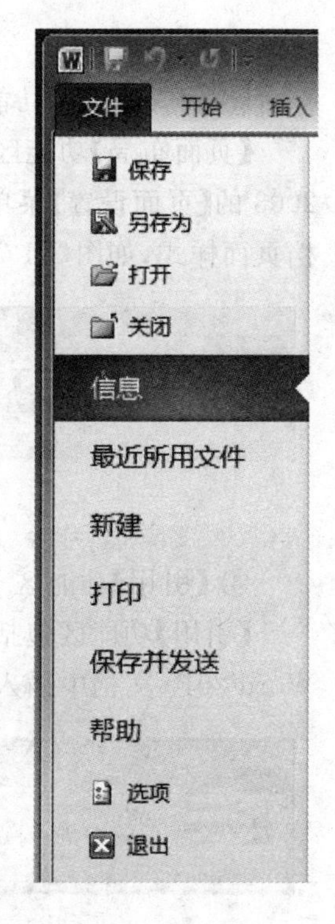

图 3-1-4 【文件】标签

(3) 功能区

在 Word 2010 中，取消了传统的菜单操作方式，而代之于各种功能区，窗口上方看起来像菜单的名称其实是功能区的名称。功能区是菜单和工具栏的主要替代控件，功能区有选项卡、组及命令三个基本组件。

选项卡：在顶部有若干个基本选项标签，每个选项标签代表一个活动区域。

组：每个选项卡都包含若干个组，这些组将相关项显示在一起。

命令：命令是指按钮，用于输入信息的框或菜单。

在默认状态下，功能区主要包含【开始】、【插入】、【页面布局】、【引用】、【邮件】、【审阅】和【视图】等基本选项标签。每个选项卡中有多个组构成，如【开始】选项卡中包含剪贴板、字体、段落、样式、编辑等多个组。选项卡上的任何项都是根据用户活动慎重选择的。例如，【开始】选项卡包含最常用的所有项，如【字体】组中有用于更改文本字体的命令【字体】、【字号】、【加粗】、【倾斜】等。

每个功能区所拥有的功能如下所述：

①【开始】功能区

【开始】功能区中包括剪贴板、字体、段落、样式和编辑五个组，对应 Word 2003 的【编辑】和【段落】菜单部分命令。该功能区主要用于帮助用户对 Word 2010 文档进行文字编辑和格式设置，是用户最常用的功能区，如图 3-1-5 所示：

图 3-1-5 【开始】功能区

② 【插入】功能区

【插入】功能区包括页、表格、插图、链接、页眉和页脚、文本和符号几个组，对应 Word 2003 中【插入】菜单的部分命令，主要用于在 Word 2010 文档中插入各种元素，如图 3-1-6 所示：

图 3-1-6 【插入】功能区

③ 【页面布局】功能区

【页面布局】功能区包括主题、页面设置、稿纸、页面背景、段落、排列几个组，对应 Word 2003 的【页面设置】菜单命令和【段落】菜单中的部分命令，用于帮助用户设置 Word 2010 文档页面样式，如图 3-1-7 所示：

图 3-1-7 【页面布局】功能区

④ 【引用】功能区

【引用】功能区包括目录、脚注、引文与书目、题注、索引和引文目录几个组，用于实现在 Word 2010 文档中插入目录等比较高级的功能，如图 3-1-8 所示：

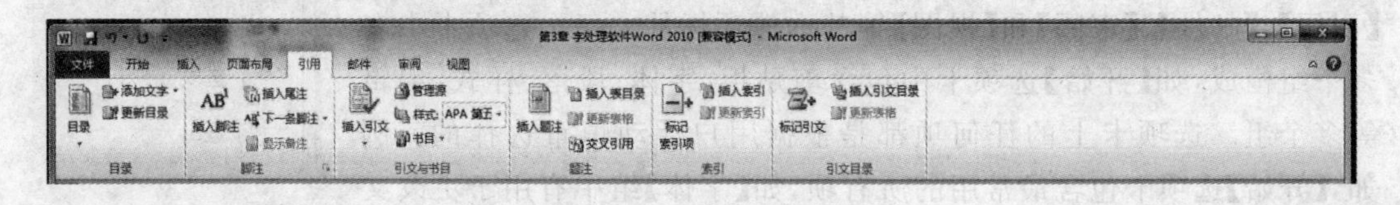

图 3-1-8 【引用】功能区

⑤ 【邮件】功能区

【邮件】功能区包括创建、开始邮件合并、编写和插入域、预览结果和完成几个组，该功能区的作用比较专一，专门用于在 Word 2010 文档中进行邮件合并方面的操作，如图 3-1-9 所示：

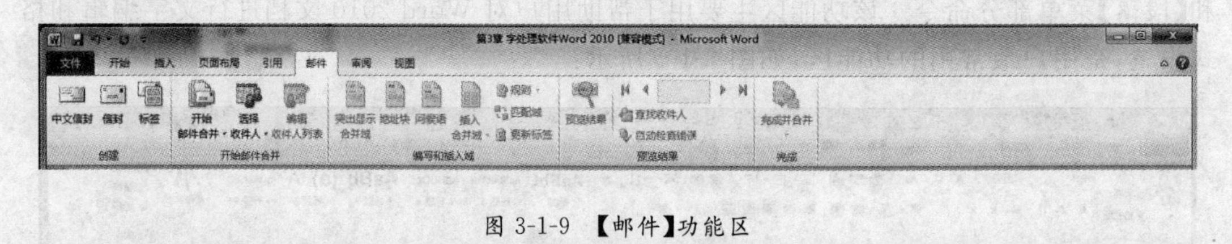

图 3-1-9 【邮件】功能区

⑥ 【审阅】功能区

【审阅】功能区包括校对、语言、中文简繁转换、批注、修订、更改、比较和保护几个组，主要用于对 Word 2010 文档进行校对和修订等操作,适用于多人协作处理 Word 2010 长文档,如图 3-1-10 所示:

图 3-1-10 【审阅】功能区

⑦【视图】功能区

【视图】功能区包括文档视图、显示、显示比例、窗口和宏几个组,主要用于帮助用户设置 Word 2010 操作窗口的视图类型,以方便操作,如图 3-1-11 所示:

图 3-1-11 【视图】功能区

⑧【加载项】功能区

【加载项】功能区包括菜单命令一个分组,加载项是可以为 Word 2010 安装的附加属性,如自定义的工具栏或其它命令扩展。【加载项】功能区可以在 Word 2010 中添加或删除加载项,如图 3-1-12 所示:

图 3-1-12 【加载项】功能区

功能区将 Word 2010 所有选项巧妙地集中在一起,以便用户查找。然而,有时用户并不需要查找选项,而只想拥有更多编辑空间工作,这时可双击活动选项卡,临时隐藏功能区。如果再次需要查找选项,只需双击活动选项卡,组就会重新出现。

(4) 文档编辑区

编辑区就是窗口中间的大块空白区域,是用户输入、编辑和排版文本的位置,是用户的工作区域。闪烁的"I"形光标即为插入点,可以接受键盘的输入。在编辑区中,可以输入文字、符号,插入图形、图片、艺术字,还可以编辑表格、图表等,编辑出图文并茂的文档。

① 标尺

包括水平标尺和垂直标尺两种,用来确定文档在纸张上的位置,也可以利用水平标尺上的缩进按钮进行段落缩进和边界调整,还可以利用标尺上的制表符来设置制表位。标尺的显示或隐藏可以选择【视图】标签|【显示】组|【标尺】复选命令来实现。

② 滚动条

滚动条分垂直滚动条和水平滚动条两种。用鼠标拖动滚动条可以快速定位文档在窗口中的位置。在垂直滚动条中还有拆分窗口、上翻、下翻、前一页、下一页、选择浏览对象 6 个按钮，拖动拆分窗口按钮，可以将窗口进行拆分，如图 3-1-13 所示：

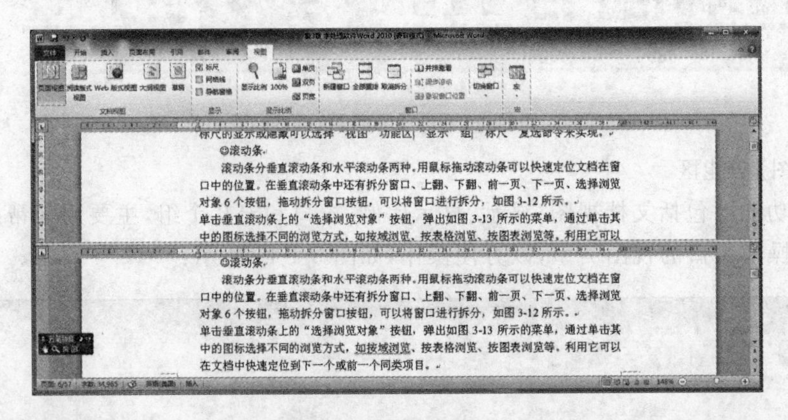

图 3-1-13　拆分后窗口

单击垂直滚动条上的【选择浏览对象】按钮，弹出如图 3-1-14所示的菜单，通过单击其中的图标选择不同的浏览方式，如按域浏览、按表格浏览、按图表浏览等。利用它可以在文档中快速定位到下一个或前一个同类项目。

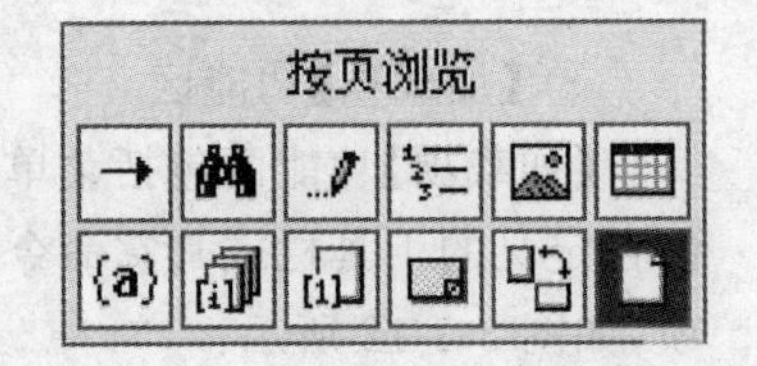

图 3-1-14　【选择浏览对象】菜单

(5) 状态栏

状态栏位于 Word 窗口的底部，用于显示当前窗口的状态，如当前的页号、节号、当前页及总页数、光标插入点位置、改写/插入状态、当前使用的语言等信息。

(6) 对话框启动器

在功能区各组名右下角有一个小对角箭头，称为对话框启动器。如果单击该箭头，用户会看到与该组相关的更多选项，通常以 Word 早期版本中的对话框形式出现。谈到早期版本，用户可能想知道是否可以获得与 Word 早期版本相同的外观。很遗憾，这是不能实现的。不过，只要稍微熟悉一下功能区，用户就会习惯各个选项的位置，然后发现它可以帮助你更轻松地完成任务，从而喜欢上它。

(7) 额外功能区

当在文档中插入一个图片时，会出现一个额外的【图片工具】功能区，其中显示用于处理图片的几组命令。额外选项卡只有在需要时才会出现。例如，要对刚刚插入的图片做进一步的处理，怎么找到所需命令呢？方法如下：

步骤 1：选择文档中已经插入的图片；

步骤 2：【图片工具】功能区将出现，单击【格式】；

步骤 3：此时会显示用于处理图片的组和命令，如图 3-1-15 所示；

步骤 4：在图片外单击，【图片工具】功能区将消失，其它组将重新出现。

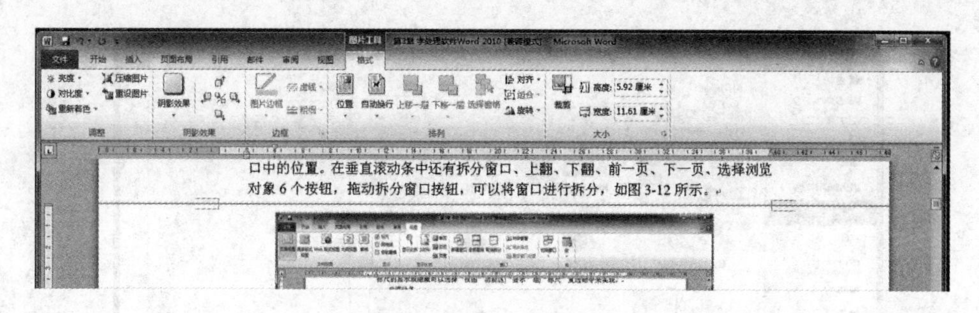

图 3-1-15 【图片工具】功能区

对于其他活动功能区域，例如表格、绘图、图示和图表，将根据需要显示相应的功能区。

(8) 浮动工具栏

有些命令非常有用，你希望无论在执行任何操作时都可以访问这些命令。如要快速设置一些文本的格式，但是你正在使用【页面布局】功能区，这时你可以单击【开始】中【格式】组，此外还有更快捷的方法：拖动鼠标选择文本，然后指向所选文本。

图 3-1-16 浮动工具栏

这时浮动工具栏将以淡出形式出现，如果指向工具栏，它的颜色会加深，从而选择其中的操作命令即可。如图 3-1-16 所示：本节介绍 Word 2010 文档的基础操作，是掌握好办公自动化操作的基础。Word 2010 创建的文档扩展名为.docx。

1. 文档的创建

启动 Word 2010 后，系统自动打开一个名为“文档 1”的空白文档，可以直接输入内容并进行编辑、设置和排版，文档的实际名称等保存时再根据用户的需要确定。

新建空白文档的主要方法包括以下 4 种：

方法 1：在 Word 2010 主界面，单击【文件】标签，在弹出的命令列表中，单击【新建】命令，如图 3-1-17 所示，左侧列表为【可用模板】类别，右侧显示出包含文档的具体信息，默认文档为：空白文档。单击【创建】按钮，便可创建新空白文档。

方法 2：使用快捷键＜Ctrl＞＋N，即可打开一个新的空白文档窗口。

方法 3：使用【快速访问】工具栏创建文档。单击【快速访问】工具栏右侧的快翻按钮，在展开的下拉列表中勾选【新建】，可将【新建】按钮添加到【快速访问】工具栏；然后可单击【新建】按钮创建新空白文档。

2. 文档的保存

文档建立或修改好后，需要将其保存到磁盘上。目前的存储设备很多，如硬盘、U 盘、移动硬盘等。由于文档的编辑工作在内存中进行，断电很容易使未保存的文档丢失，所以要养

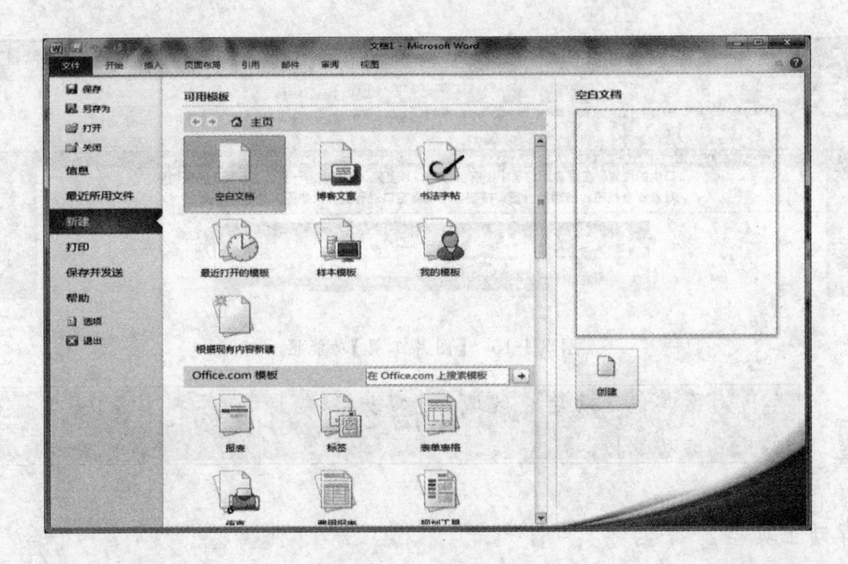

图 3-1-17　新建文档

成随时保存文档的好习惯。

(1) 保存

方法 1:单击【文件】按钮,在弹出的命令列表中选择【保存】命令。

方法 2:单击【快速访问】工具栏中单击▣按钮。

方法 3:使用<Ctrl >+ S 快捷键。

以上方法如果是保存新文档,将弹出【另存为】对话框,如图 3-1-18 所示。在对话框中设定保存的位置和文件名,然后单击对话框右下角的【保存】按钮。如果保存的是修改过的旧文档,将直接以原路径和文件名存盘,不再弹出【另存为】对话框。

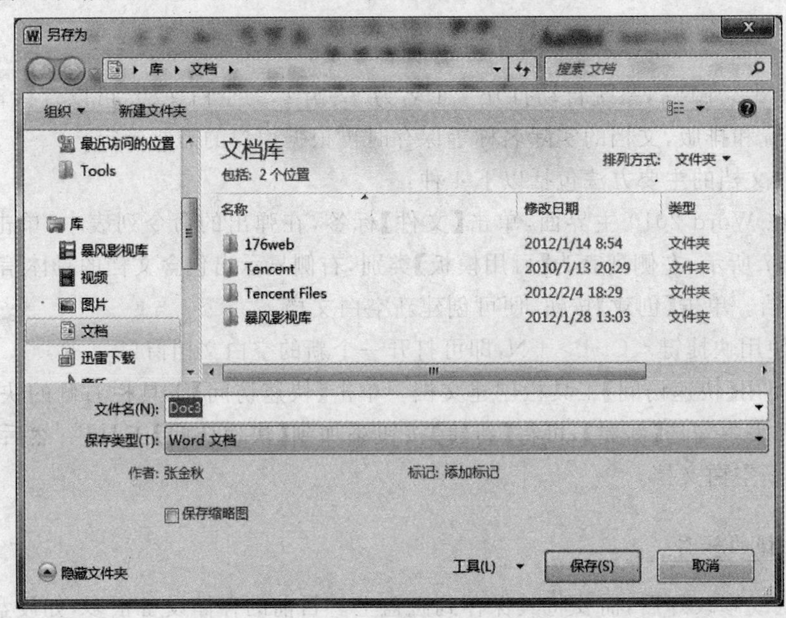

图 3-1-18　【另存为】对话框

（2）另存文档

Word 2010 允许将打开的文件保存到其他位置，而原来位置的文件不受影响。单击【文件】按钮，在弹出的命令列表中选择【另存为】命令，弹出【另存为】对话框，在此对话框中可重新设定保存的路径、保存类型及文件名。如图 3-1-19 所示。

如果编辑的文档是低版本的“Word97-2003 文档”，在打开【另存为】对话框时，在保存类型中，系统自动设置另存为“{Word97-2003 文档”，可保存一份与 Word97-2003 完全兼容的文档副本。

（3）自动保存

Word 2010 提供了一种定时自动保存文档的功能，可以根据设定的时间间隔定时自动保存文档。这样可以避免因“死机”或意外停电、意外关机等造成输入文档的损失。具体方法如下。

单击【文件】标签，在弹出的命令列表中，单击【选项】命令，弹出【Word 选项】对话框。如图 3-1-19 所示：

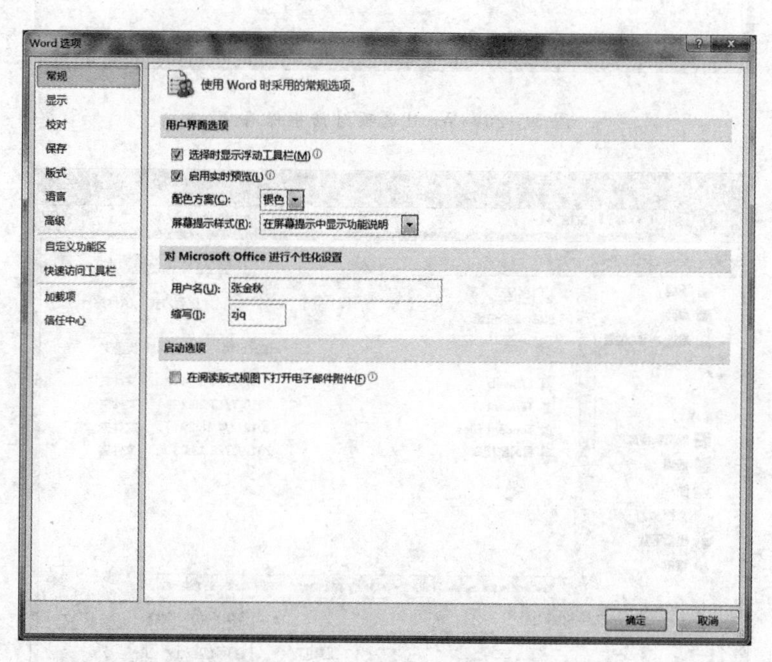

图 3-1-19　Word 选项对话框

在弹出的【Word 选项】对话框中，单击【保存】，如图 3-1-20 所示：

选中【保存自动恢复时间间隔】复选框，并设定自动保存时间间隔，时间间隔的范围为 1～120 分钟，默认为 10 分钟，这样就可以高枕无忧地编辑文档了。

3. 文档的打开

文档打开的方法有以下 3 种：

方法 1：单击【文件】按钮，在弹出的命令列表中，单击【打开】命令，弹出的【打开】对话框，如图 3-1-21 所示；在打开的对话框中找到所需文档双击即可。

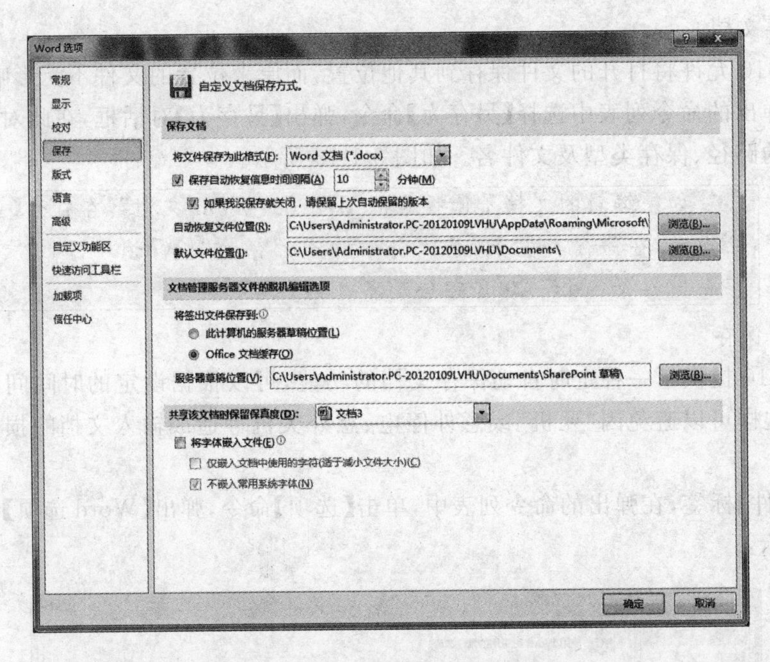

图 3-1-20　Word 选项对话框保存项

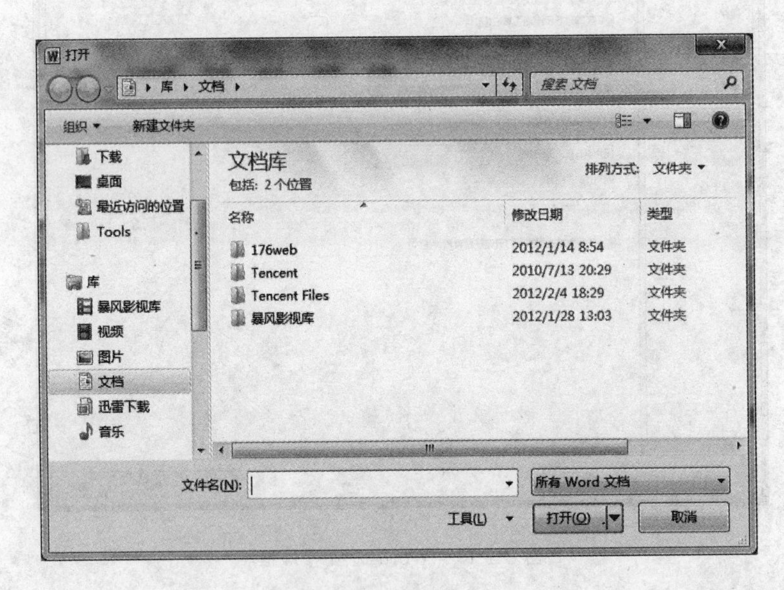

图 3-1-21　打开对话框

方法 2:输入快捷键<Ctrl> + O 命令,将直接打开【打开】对话框。在文件列表区域找到要打开的文档单击之后,再单击【打开】按钮也可完成文件的打开操作。

方法 3:在【资源管理器】窗口中双击需要打开的文档图标。

单击【文件】按钮,在弹出的命令列表中,单击【最近所有文件】命令,可直接在文件列表框中看到最近编辑过的文档;如图 3-1-22 所示;双击需要打开的文档即可完成文件的打开操作。

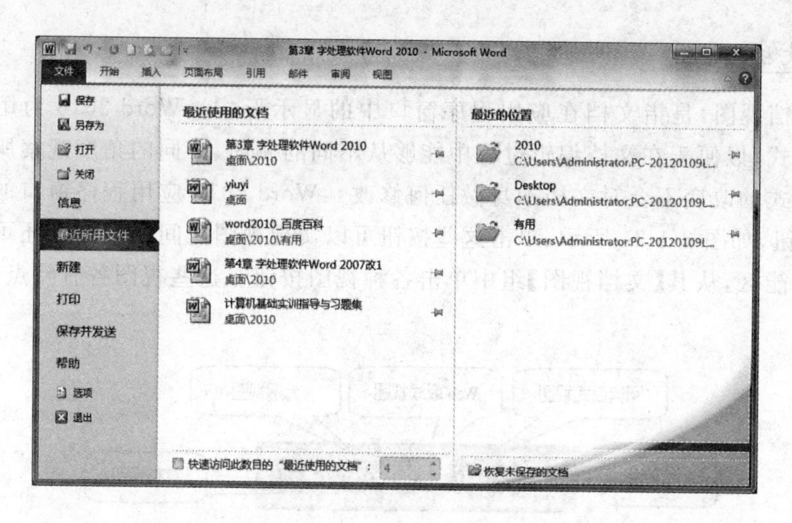

图 3-1-22　最近所用文件

4. 获取和使用帮助

如果在操作过程中遇到问题，可单击主界面右上角的按钮或按 F1 功能键，均可以显示【Word 帮助】窗口。在提示输入关键字的位置输入要查找内容的关键字，然后单击【开始搜索】按钮，即可查找到一系列相关内容主题，然后选择需要的主题内容，如图 3-1-23 所示。

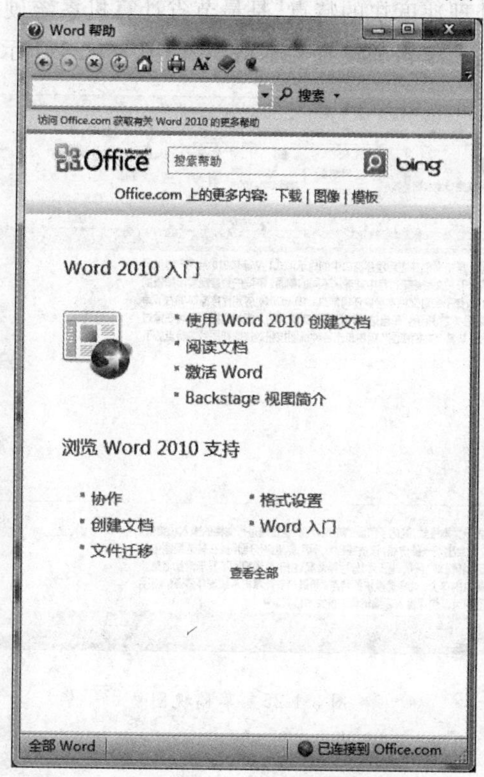

图 3-1-23　Word 帮助窗口

5. 文档的视图

所谓文档视图，是指文档在应用程序窗口中的显示形式。Word 2010 为用户提供了多种视图方式，以便于在文档编辑过程中能够从不同的侧面、不同的角度观察所编辑的文档。视图方式的改变不会对文档本身做任何修改。Word 2010 应用程序窗口的右下角有5个控制按钮，如图 3-1-24 所示，单击这些按钮可以实现视图之间的切换。还可在通过单击【视图】功能区，从其【文档视图】组中单击各种视图按钮。这些视图各有特点，下面分别进行介绍。

图 3-1-24 视图切换按钮

(1)【草稿视图】

【草稿视图】只显示文本格式，简化了页面的布局，可以便捷地进行文档的输入和编辑。当文档满一页时，就会出现一条虚线，该虚线称为分页线，也叫分面符。在【普通视图】中，不显示页边距、页眉和页脚、背景、图形和分栏等情况。由于【普通视图】不显示附加信息，因此具有占用计算机内存少、处理速度快的特点，是最节省计算机系统硬件资源的视图方式。在【草稿视图】中可以快速输入、编辑和设置文本格式，如图 3-1-25 所示。

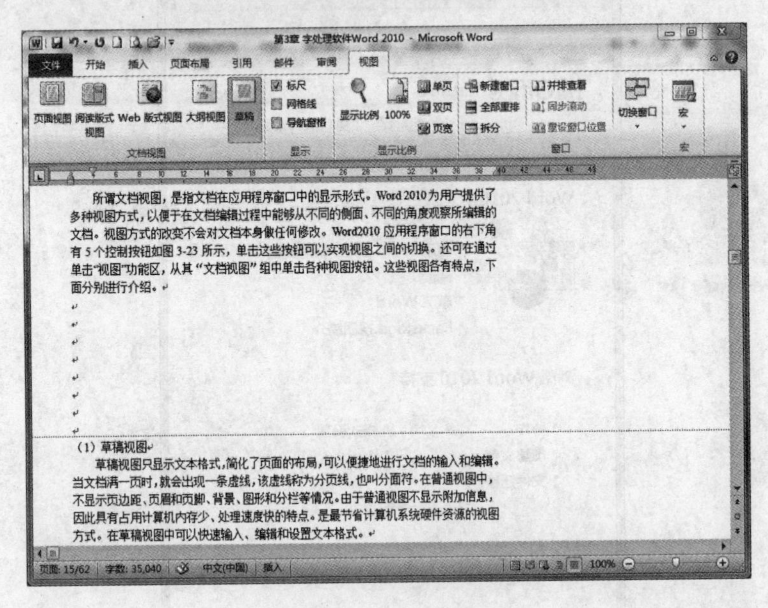

图 3-1-25 草稿视图

(2) Web 版式视图

【Web 版式视图】是以网页的形式显示 Word 2010 文档，可以创建能显示在屏幕上的 Web 页或文档，可看到背景和为适应窗口大小而自动换行显示的文本，且图形位置与在

Web浏览器中位置一致，即模拟该文档在Web浏览器上浏览的效果。【Web版式视图】适用于发送电子邮件和创建网页，如图3-1-26所示。

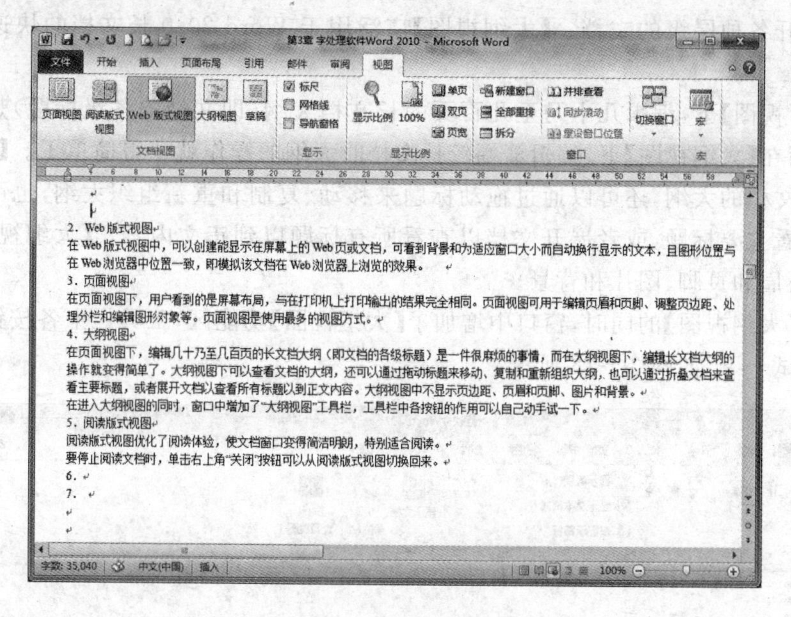

图3-1-26　Web版式视图

(3) 页面视图

【页面视图】可以显示Word 2010文档的打印结果外观，主要包括页眉、页脚、图形对象、分栏设置、页面边距等元素，是最接近打印结果的页面视图。在【页面视图】下，用户看到的是屏幕布局。【页面视图】可用于编辑页眉和页脚、调整页边距、处理分栏和编辑图形对象等。【页面视图】是使用最多的视图方式，如图3-1-27所示。

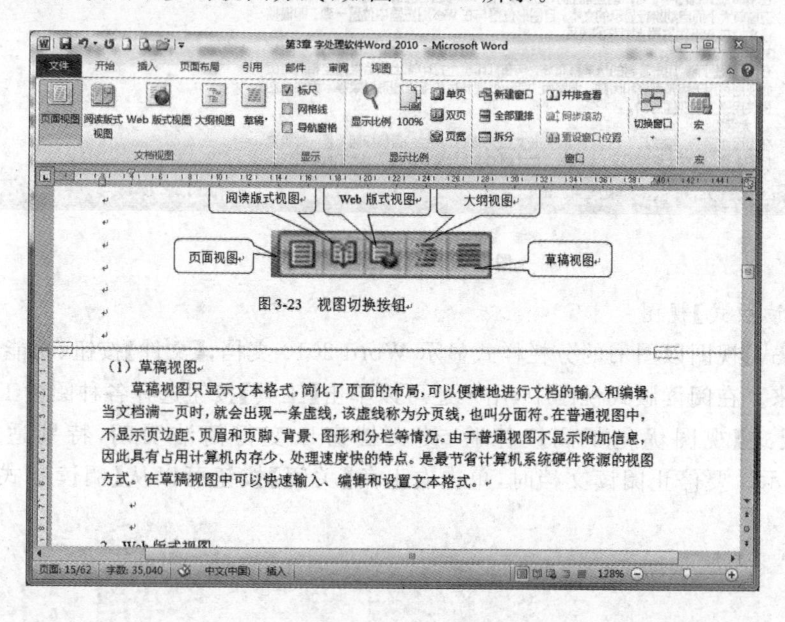

图3-1-27　页面视图

(4) 大纲视图

【大纲视图】主要用于设置 Word 2010 文档的设置和显示标题的层级结构，并可以方便地折叠和展开各种层级的文档。【大纲视图】广泛用于 Word 2010 长文档的快速浏览和设置中。

在【页面视图】下，编辑几十乃至几百页的长文档大纲(即文档的各级标题)是一件很麻烦的事情，而在【大纲视图】下，编辑篇幅较长文档时大纲的操作就变得简单了。【大纲视图】下可以查看文档的大纲，还可以通过拖动标题来移动、复制和重新组织大纲，也可以通过折叠文档来查看主要标题，或者展开文档以查看所有标题以到正文内容。【大纲视图】中不显示页边距、页眉和页脚、图片和背景。

在进入【大纲视图】的同时，窗口中增加了【大纲视图】功能区，工具栏中各按钮的作用可以自己动手试一下，如图 3-1-28 所示。

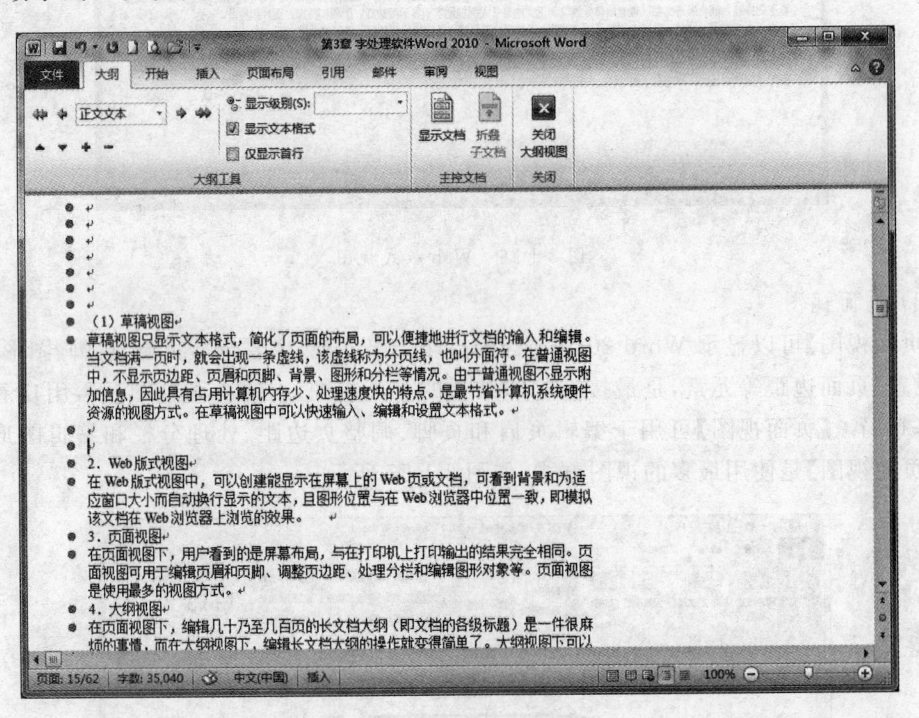

图 3-1-28 【大纲视图】

(5)【阅读版式】视图

【阅读版式】视图以图书的分栏样式显示 Word 2010 文档，【文件】按钮、功能区等窗口元素被隐藏起来。在阅读版式视图中，用户还可以单击【工具】按钮选择各种阅读工具。

【阅读版式】视图优化了阅读体验，使文档窗口变得简洁明朗，特别适合阅读，如图 3-1-29 所示。要停止阅读文档时，单击右上角【关闭】按钮可以从【阅读版式】视图切换回来。

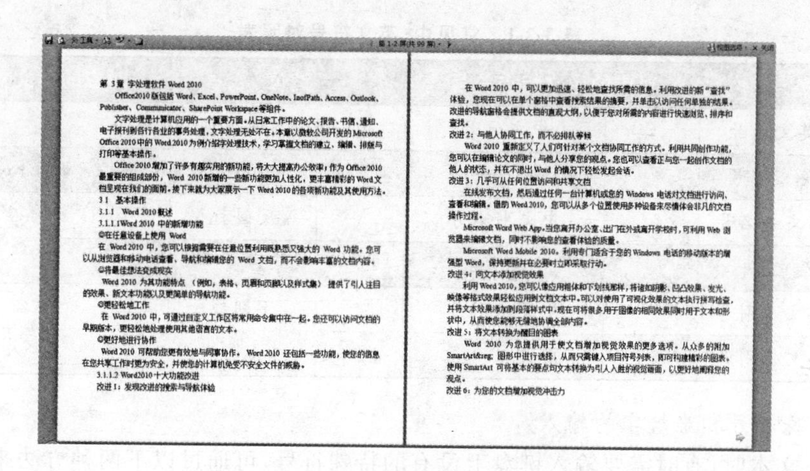
第 3 章 字处理软件 Word 2010

Office2010 版包括 Word、Excel、PowerPoint、OneNote、InofPath、Access、Outlook、Publisher、Communicator、SharePoint Workspace 等组件。

文字处理是计算机应用的一个重要方面。从日常工作中的论文、报告、书信、通知、电子报刊到各行各业的事务处理，文字处理无处不在。本章以微软公司开发的 Microsoft Office 2010 中的 Word 2010 为例介绍字处理技术，学习掌握文档的建立、编辑、排版与打印等基本操作。

Office 2010 增加了许多有趣实用的新功能，将大大提高办公效率；作为 Office 2010 最重要的组成部份，Word 2010 新增的一些新功能更加人性化，更丰富精彩的 Word 文档呈现在我们的面前。接下来就为大家展示一下 Word 2010 的各项新功能及其使用方法。

3.1　基本操作

3.1.1　Word 2010 概述

3.1.1.1Word 2010 中的新增功能

◎在任意设备上使用 Word

在 Word 2010 中，您可以根据需要在任意位置利用既熟悉又强大的 Word 功能。您可以从浏览器和移动电话查看、导航和编辑您的 Word 文档，而不会影响丰富的文档内容。

◎将最佳想法变成现实

Word 2010 为其功能特点（例如，表格、页眉和页脚以及样式集）提供了引人注目的效果、新文本功能以及更简单的导航功能。

◎更轻松地工作

在 Word 2010 中，可通过自定义工作区将常用命令集中在一起。您还可以访问文档的早期版本，更轻松地处理使用其他语言的文本。

◎更好地进行协作

Word 2010 可帮助您更有效地与同事协作。Word 2010 还包括一些功能，使您的信息在您共享工作时更为安全，并使您的计算机免受不安全文件的威胁。

3.1.1.2 Word2010 十大功能改进

改进 1：发现改进的搜索与导航体验

在 Word 2010 中，可以更加迅速、轻松地查找所需的信息。利用改进的新“查找”体验，您现在可以在单个窗格中查看搜索结果的摘要，并单击以访问任何单独的结果。改进的导航窗格会提供文档的直观大纲，以便于您对所需的内容进行快速浏览、排序和查找。

改进 2：与他人协同工作，而不必排队等候

Word 2010 重新定义了人们可针对某个文档协同工作的方式。利用共同创作功能，您可以在编辑论文的同时，与他人分享您的观点。您也可以查看正与您一起创作文档的他人的状态，并在不退出 Word 的情况下轻松发起会话。

改进 3：几乎可从任何位置访问和共享文档

在线发布文档，然后通过任何一台计算机或您的 Windows 电话对文档进行访问、查看和编辑。借助 Word 2010，您可以从多个位置使用多种设备来尽情体会非凡的文档操作过程。

Microsoft Word Web App。当您离开办公室、出门在外或离开学校时，可利用 Web 浏览器来编辑文档，同时不影响您的查看体验的质量。

Microsoft Word Mobile 2010。利用专门适合于您的 Windows 电话的移动版本的增强型 Word，保持更新并在必要时立即采取行动。

改进 4：向文本添加视觉效果

利用 Word 2010，您可以像应用粗体和下划线那样，将诸如阴影、凹凸效果、发光、映像等格式效果轻松应用到文档文本中。可以对使用了可视化效果的文本执行拼写检查，并将文本效果添加到段落样式中。现在可将很多用于图像的相同效果同时用于文本和形状中，从而使您能够无缝地协调全部内容。

改进 5：将文本转换为醒目的图表

Word 2010 为您提供用于使文档增加视觉效果的更多选项。从众多的附加 SmartArt® 图形中进行选择，从而只需键入项目符号列表，即可构建精彩的图表。使用 SmartArt 可将基本的要点句文本转换为引人入胜的视觉画面，以更好地阐释您的观点。

改进 6：为您的文档增加视觉冲击力

图 3-1-29 【阅读版式】视图

3.2　文字编辑和格式设置

3.2.1　输入与编辑文档

文档的输入窗口有一条闪烁的竖线，称为“插入点”，它指示文本的输入位置，在此输入需要的文本内容。文档的内容包括汉字、英文字符、标点符号和特殊符号等。

1. 输入文档

（1）选择合适的输入法

在输入文档之前应先选择合适的输入法。输入法的选择可以使用以下两种方法。

方法 1：通过鼠标单击任务栏右边的【输入法指示器】按钮进行选择。

方法 2：利用<Ctrl>+<Shift>组合键在安装的各种输入法之间进行切换。

（2）全角、半角字符的输入

对于英文来说，全角和半角有着很大的区别。例如，１、２、３、Ａ、Ｂ、Ｃ就是全角字符，而1、2、3、A、B、C就是半角字符，一个全角字符相当于两个半角字符。全角/半角的切换可使用以下两种方法来实现。

方法 1：鼠标单击输入法指示栏上的半角按钮◗和全角按钮●进行切换。

方法 2：使用<Shift> + <Space>组合键在全角/半角之间进行切换。

（3）键盘常见符号的输入

键盘常见符号的输入包括标点符号和其他符号的输入。中、英文标点符号是不同的，中、英文标点符号的切换可以使用以下两种方法来实现。

方法 1：使用<Ctrl>+“.”（句号）组合键切换。

方法 2：单击输入法指示栏上的按钮▪进行切换。

下面列举一些常见的中、英文符号所对应的键位，如表 3-2-1 所示。

表 3-2-1　常见中、英文符号对照表

键位		对应的中文标点符号		键位		对应的中文标点符号	
,	英文逗号	，	中文逗号	@	网络名词	·	间隔号
.	英文句号	。	中文句号	&	与	—	短划线
<>	英文书名号	《》	中文书名号	\	反斜杠	、	顿号
:	英文冒号	：	中文冒号	^	乘方符号	……	省略号
''	英文单引号	‘’	中文单引号	_	下划线	——	破折号
""	英文双引号	“”	中文双引号	$	美元符号	￥	人民币符号

(4) 特殊符号和难检字的输入

在输入文本时，有时需要输入键盘上没有的特殊符号，可通过以下两种方法来实现。

方法 1：选择【插入】|【符号】组，单击【插入符号】命令，选择常用符号，或单击【其他符号…】命令，打开【符号】对话框，选择需要的符号，如图 3-2-1 所示。

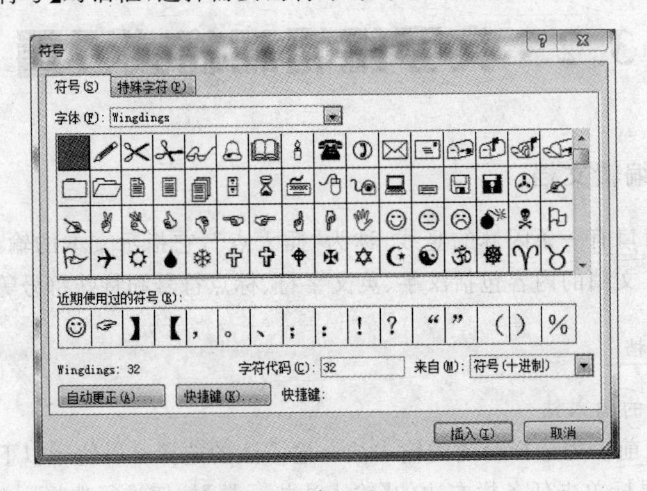

图 3-2-1　符号对话框

方法 2：使用软键盘。Windows 提供了 13 种软键盘，通过这些软键盘可以很方便地输入各种符号。用鼠标右击输入法指示栏上的软键盘按钮，弹出如图 3-2-2 所示的软键盘菜单，可以从中选择需要的符号项，软键盘显示该项的所有符号，如图 3-2-3 所示为数学符号。不需要软键盘时，可以单击输入法指示栏上的软键盘按钮，软键盘就隐藏起来了。

PC键盘	标点符号
希腊字母	数字序号
俄文字母	数学符号
注音符号	单位符号
拼　音	制表符
日文平假名	特殊符号
日文片假名	

中 极品五笔

图 3-2-2　软键盘菜单图

3-2-3　数学符号软件盘

(5) 插入点的定位

Word 2010 具有“即点即输”功能，即在空白页面的任意位置单击鼠标就将插入点定位于该处，同时 Word 2010 会自动在该点与页面的起始处之间插入回车符，使用方便快捷。但应注意的是，“即点即输”功能只有在 Web 版式视图和页面视图下才能使用。

文档的编辑过程中，插入点的定位有多种方法，常用的方法包括以下几种。

方法 1：利用鼠标定位：用鼠标在任意位置单击，可将插入点定位在该位置。

方法 2：使用键盘定位：使用键盘也可以方便地定位插入点，提高工作效率，方法如表 3-2-2 所示。

表 3-2-2　用键盘定位插入点

键盘命令	操作结果	键盘命令	操作结果
←	把插入点左移一个字符或汉字	Ctrl+←	把插入点左移一个单词
→	把插入点右移一个字符或汉字	Ctrl+→	把插入点右移一个单词
↑	把插入点上移一行	Ctrl+↑	把插入点移到当前段的开始处，如果插入点已位于段落的开始处，可以把插入点移到上一段的开始处
↓	把插入点下移一行	Ctrl+↓	把插入点移到下一段的开始处
Home	把插入点移到当前行的开始处	End	把插入点移到当前行的结尾处
PgUp	把插入点上移一屏	PgDn	把插入点下移一屏
Home	把插入点移到文档的开始处	End	把插入点移到文档的结尾处

方法 3：使用滚动条定位：可以用鼠标单击垂直滚动条或水平滚动条来快速移动文档的位置。滚动箭头、、、分别表示上移、下移、左移和右移，、分别表示上翻页和下翻一页，单击垂直滚动条间的浅灰色区域可以向上或向下滚动一屏。

方法 4：定位到特定的页、行或其他位置：如果要迅速将插入点定位到文档中的某一特定位置，可以使用【定位】命令，操作方法如下。

选择【开始】选项中【编辑】组，单击【查找】命令后下拉箭头，选择【转到】命令，或按＜Ctrl＞＋G 键，打开【查找和替换】对话框【定位】标签，如图 3-2-4 所示。在对话框的【定位目标】列表框中选择要定位的位置类型，例如，选择“行”，表示要定位到某一行，然后在右侧的编辑框内输入具体的数值，如 30。单击【定位】按钮，插入点将定位到指定的位置，如第 30 行。单击【关闭】按钮，关闭对话框。

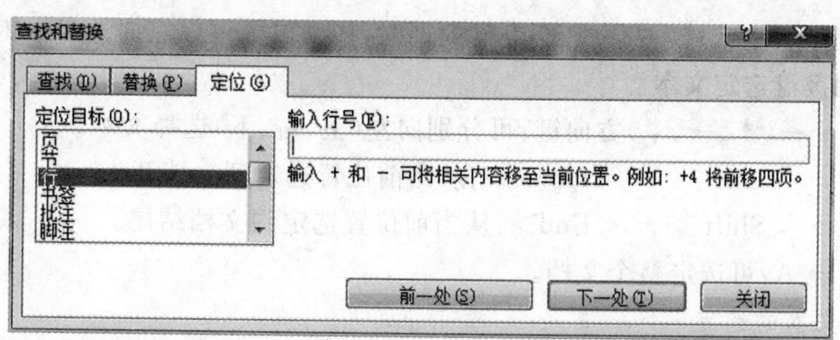

图 3-2-4　【查找和替换】对话框中的【定位】标签

(6) 录入状态

Word 2010 提供了两种录入状态，即【插入】和【改写】状态。【插入】状态是指输入的文本将插入到当前光标所在的位置，光标后的文字将按顺序后移。【改写】状态是指输入的文本将把光标后的文字按顺序覆盖掉。【插入】和【改写】状态的切换可以通过以下方法实现。

方法 1：键盘上的<Insert>键，可以在两种方式间切换。

方法 2：双击状态栏上的【改写】标记，可以在两种方式间切换。

2. 编辑文档

文档输入完成后，用户还需要对它进行修改、删除等操作，下面就介绍以下有关文档编辑的方法。

(1)选定文本

编辑文档时，若要对文档的某一区域进行某种操作，必须先选定该区域，这就是所谓的“先选后做”原则，被选定的内容呈反显状态。选定文本的方法有多种，可大致分为以下两类。

方法 1：用鼠标选定文本。

☞ 较短文本区域的选定：将鼠标放在待选定文本区域的开始处，拖动鼠标至待选定文本区域的结尾处，释放鼠标即可。这种方法适合选定较短的、不跨页的文本。

☞ 较长文本区域的选定：先在待选文本区域的开始处单击鼠标，按住<Shift>键，然后在待选文本区域的结尾处单击鼠标即可。这种方法适合较长的、跨页的文本，使用起来既准确又方便。

☞ 在选择栏中进行选择：将鼠标放在编辑窗口的左边缘，鼠标变成右斜状，此时即进入选择栏。在选择栏内选择文本区域的方法如表 3-2-3 所示。

表 3-2-3　用鼠标选定文本

操作	选择
在某行选择栏处单击鼠标	可选择该行
在选择栏内拖动鼠标	可选择多行文本
在某段选择栏处双击鼠标(或在该段文本内任意位置三击鼠标)	可选择一段
按住<Ctrl>键并用鼠标单击选择栏(或在选择栏内三击鼠标)	可选整个文档

☞ 选定矩形文本区域：按住<Alt>键的同时，拖动鼠标可以纵向选定一矩形文本块。

方法 2：用键盘选定文本。

<Shift>+←(↑、→、↓)方向键：可分别向左(上、右、下)选择文本。

<Ctrl> + <Shift> + <Home>：从当前位置选定到文档开头。

<Ctrl> + <Shift >+ <End>：从当前位置选定到文档结尾。

<Ctrl> + A：可选定整个文档。

(2) 取消文本的选定

取消文本的选定常用以下两种方法。

方法 1：在文档窗口内的文本中任意位置单击鼠标。

方法 2：按任意一个方向键。

(3) 删除文本

方法如下：

☺ 按＜BackSpace＞键，向前删除光标前的字符。

☺ 按＜Delete＞键，向后删除光标后的字符。

☺ 按＜Ctrl ＞＋＜BackSpace＞键，向前删除一个英文单词或汉语词组。

☺ 按＜Ctrl ＞＋＜ Delete＞键，向后删除一个英文单词或汉语词组。

☺ 如果要删除大块文本，也可以采用以下两种方法：选定文本后，按＜Delete＞键或＜BackSpace＞键删除。选定文本后，单击常用工具栏中的【剪切】按钮或右击鼠标从快捷菜单中选择【剪切】命令；还可以使用＜Ctrl ＞＋ X 组合键删除。

(4) 移动文本

在编辑文档的过程中，经常需要将整块文本移动到合适的位置，移动文本的方法主要包括以下 3 种。

方法 1：使用鼠标左键拖动文本。

步骤 1：鼠标指针指向选定的文本，鼠标指针变成向左的箭头，按住鼠标左键，鼠标指针尾部出现虚线方框，指针前出现一条竖直虚线；

步骤 2：拖动鼠标到目标位置，即虚线指向的位置，释放鼠标左键即可。

方法 2：用鼠标右键拖动文本。

步骤 1：选定要移动的文本；

步骤 2：鼠标指针指向选定的文本，鼠标指针变成向左的箭头，按住鼠标右键，鼠标指针尾部出现虚线方框，指针前出现一条竖直虚线；

步骤 3：拖动鼠标到目标位置，释放开鼠标右键，弹出如图 3-2-5 所示的快捷菜单，可以选择【移动到此位置】命令。

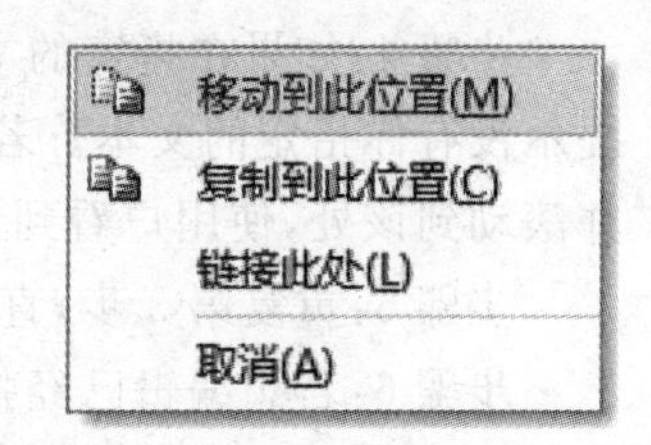

图 3-2-5 用鼠标右键移动(复制)文本的快捷菜单

方法 3：使用剪贴板移动文本。

步骤 1：选定要移动的文本；

步骤 2：选择【开始】选项卡的【剪切】命令，或使用＜Ctrl＞＋X 组合键，将选定的文本移动到剪切板上；

步骤 3：此时可单击，【开始】选项卡中【剪贴板】后的，打开【剪贴板】任务窗格。在任务窗格中最多可显示 24 个已复制的内容；

步骤 4：确定待移动的目标位置，选择【开始】|【粘贴】命令，或使用＜Ctrl＞＋V 组合键，或单击【剪贴板】任务窗格中的具体项目，从剪贴板复制文本到目标位置。

(5) 复制文本

在编辑文档的过程中，经常需要将整块文本复制到其他位置，复制文本的方法主要包括以下 3 种：

方法 1：使用鼠标左键拖放复制文本，在按住＜Ctrl＞键的同时，拖动鼠标左键，能实现文本复制。

方法 2：使用鼠标右键拖放复制文本，右键拖动文本，在弹出如图 3-2-5 所示的快捷菜

单,可以选择【复制到此位置】选项。

方法 3:使用剪贴板复制文本。

步骤 1:选定要复制的文本;

步骤 2:选择【开始】|【复制】命令,或使用<Ctrl>+C 组合键,将选定的文本复制到剪贴板上;

步骤 3:将鼠标指针定位到目标位置,选择【编辑】|【粘贴】命令,或使用<Ctrl>+V 组合键,或单击【剪贴板】具体项目,从剪贴板复制文本到目标位置。

【复制】操作是将选定的内容复制到剪贴板中,【剪切】操作是将选定的内容移动到剪贴板中,而用户的【粘贴】操作是将内容从剪贴板复制到目标位置,这种【粘贴】操作可重复执行。

(6) 查找与替换

在编辑文档的过程中,如果需要大量检查或修改文档中特定的字符串,可以使用【开始】选项卡【编辑】组中的【查找】和【替换】命令。如图 3-2-6 所示:

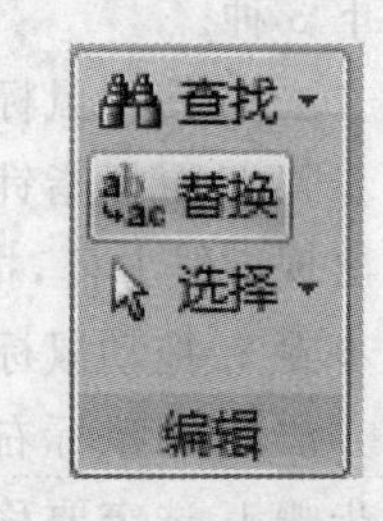

图 3-2-6 【编辑】组命令

① 查找文本

如果要在文档中查找"文化"一词,操作步骤如下:

步骤 1:选择【编辑】|【查找】命令,打开如图 3-2-7 所示的对话框;

步骤 2:在【查找内容】文本框中输入"文化";

步骤 3:单击【查找下一处】按钮,开始查找;

步骤 4:如果在指定的文档范围内或整个文档内没有指定的文字,则系统将弹出消息框提示没有你指定的文本。若有指定的文本,则 Word 选定插入点后第一次出现的查找内容,并滚动到该处,使用户看到该文本;

步骤 5:重复第 3 步,直至到达选定范围或文档的末尾才结束;

步骤 6:若想编辑已经找到的文本,可选择对话框中的【取消】按钮,将查找对话框关闭。编辑完成后,如想继续搜索,可按<Shift>+F4 键继续搜索。或再次选择【编辑】|【查找】命令,打开【查找】对话框,然后单击【查找下一处】按钮。

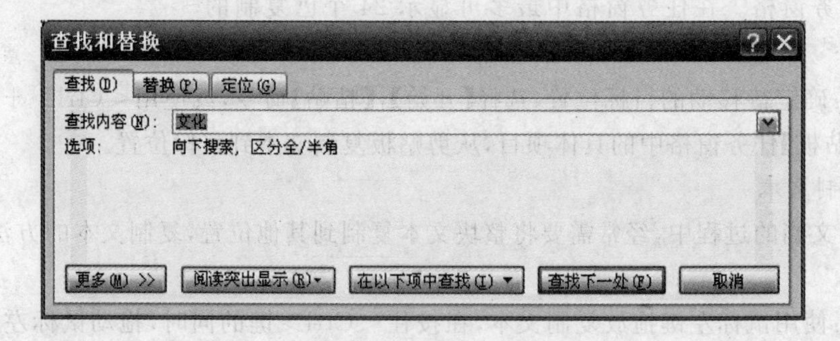

图 3-2-7 【查找和替换】对话框的【查找】选项卡

② 替换文本

替换文本是指将查找到的指定文字用其他的文字或不同的格式替代。例如，将文档中所有的"文化"一词改成"文明"，操作步骤如下：

步骤1：选择【编辑】|【替换】命令，弹出如图3-2-8对话框；

步骤2：在对话框的【查找内容】文本框中输入要查找的文本，如"文化"；

步骤3：在【替换为】文本框中输入替代字符，如"文明"；

步骤4：单击【查找下一处】按钮开始搜索；

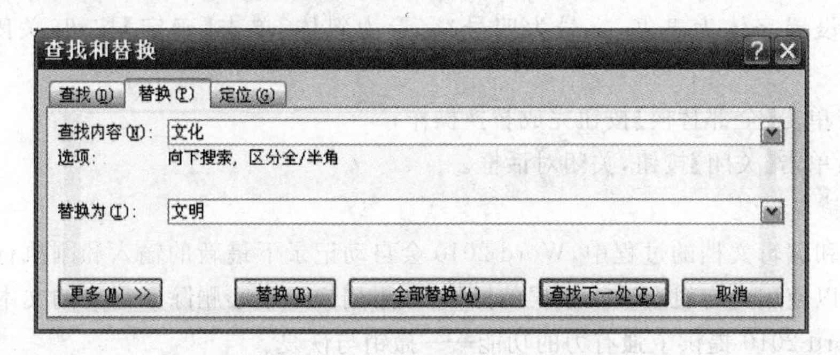

图3-2-8 【查找和替换】对话框中【替换】选项卡

步骤5：当找到指定的文本后，若想替换指定的文本则单击【替换】按钮；若不想替换，则单击【查找下一处】按钮继续搜索。如果想一次完成所有的替换操作，可直接单击【全部替换】按钮。

③ 使用高级查找和替换功能

单击【查找和替换】对话框中的【更多】按钮，弹出如图3-2-9所示的对话框。【更多】按钮变成【更少】按钮。

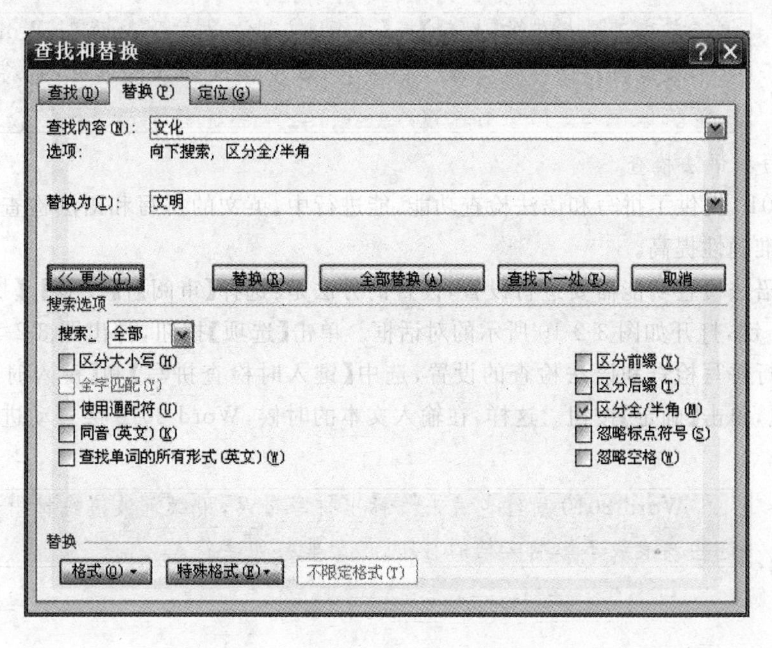

图3-2-9 【查找和替换】的高级设置

在该对话框中可以指定查找时的匹配方式及匹配格式。

例如将文档中所有的"文化"一词替换为"文明"，且所有"文明"一词的格式为隶书、四号、斜体字，操作步骤如下：

步骤1：选择【编辑】|【替换】命令；

步骤2：在【查找内容】文本框中输入"文化"；

步骤3：在【替换为】文本框中输入"文明"；

步骤4：单击【更多】按钮，再单击【格式】按钮，从菜单中选择【字体】命令，打开替换【字体】对话框，设置字体为隶书，字号为四号、字形为斜体，单击【确定】按钮，关闭【字体】对话框；

步骤5：单击【全部替换】按钮完成替换操作；

步骤6：单击【关闭】按钮，关闭对话框。

(7) 撤销与恢复

在输入和编辑文档的过程中，Word 2010会自动记录下最新的输入和刚执行过的命令。这种存储可以使用户有机会改正错误的操作，如果用户不小心删除了需要的文本，也不要紧张，因为Word 2010提供了强有力的功能——撤销与恢复。

① 撤销

如果用户后悔了刚才的操作，可使用Word的撤销功能来达到恢复的效果。单击【快速访问】工具栏中的【撤销键入】按钮，也可以使用<Ctrl>+Z快捷键。

② 恢复

经过撤销操作之后，【撤销】按钮右边的【恢复】按钮将被置亮。恢复是对撤销的否定，如果认为不应该撤销刚才的操作，可通过以下方法来恢复。单击常用工具栏中的【恢复键入】按钮；使用<Ctrl>+Y组合键。

单击工具栏中的【撤销】或【恢复】按钮右边的下拉箭头，Word 2010将显示最近执行的可恢复操作的列表，恢复某项操作的同时，也将恢复列表中该项操作之上的所有操作。

(8) 拼写和语法检查

Word 2010提供了拼写和语法检查功能，能进行中、英文的拼写和语法检查，使单词、词语和语法的准确性提高。

拼写和语法检查功能需要进行设置，设置的方法是：选择【审阅】|【校对】|【拼写和语法】命令或按F7键，打开如图3-2-10所示的对话框。单击【选项】按钮，弹出图3-2-11所示对话框。分别进行拼写检查和语法检查的设置，选中【键入时检查拼写】和【键入时标记语法错误】的复选框，单击【确定】按钮。这样，在输入文本的时候，Word 2010会自动进行拼写和语法的检查。

Word 2010用红色波浪线标出拼写错误，用绿色波浪线标出语法错误，这些波浪线不影响文档的打印，属于非打印字符。

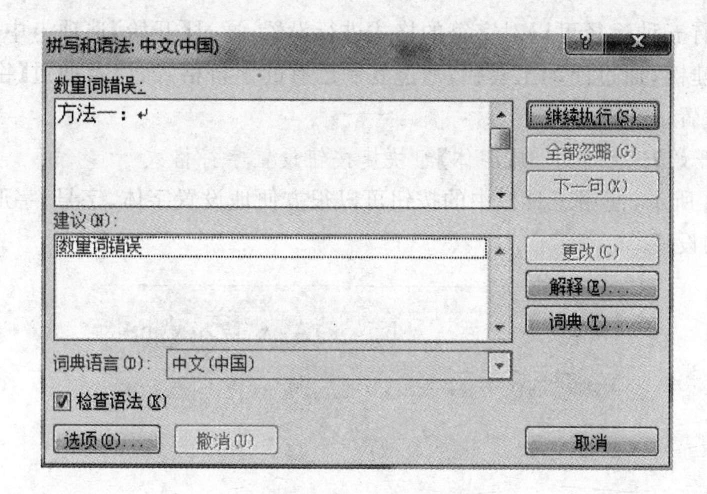

图 3-2-10 【拼写和语法】对话框

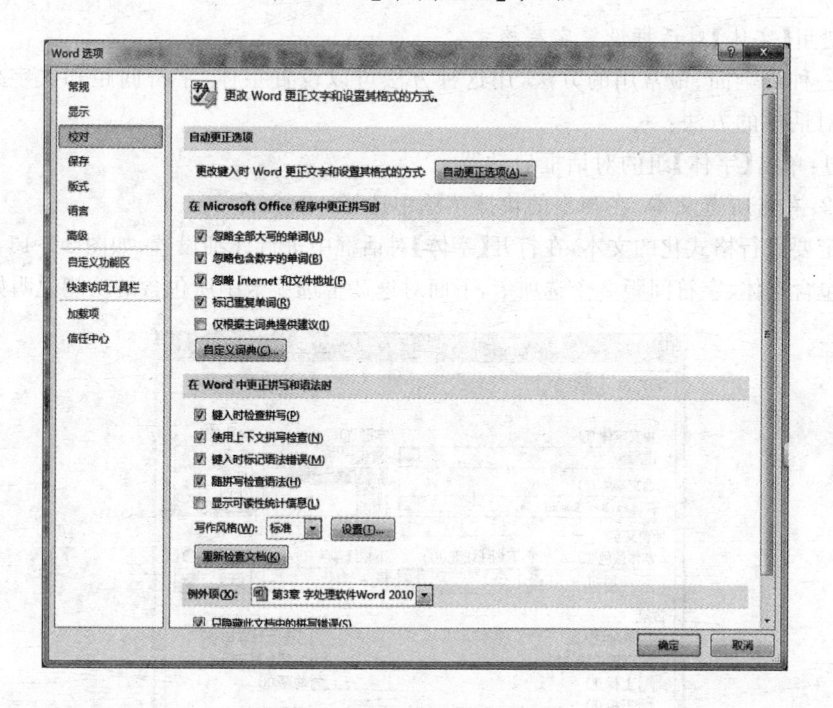

图 3-2-11Word 选项【校对】标签

3.2.2 文档的格式化与排版

当文档编辑完成之后,其内容就基本确定了,接下来的任务就是对文档进行格式化。因为不同内容的文档一般应具有不同的布局和显示方式,这样才能使得文档页面美观、重点突出、层次清晰、可读性强。文档的格式化主要包括字符的格式化和段落的格式化。

1. 设置字符格式

字符的格式化主要是指对文本进行字体、字号、字形、颜色、下划线以及特殊效果等的设置。

一般说来,有五种途径可以对字符的格式进行设置:通过【开始】选项卡中的【字体】组快捷按钮,通过快捷键,通过浮动工具栏,通过复制已有的字符格式,以及通过【字体】对话框进行详细全面的设置。

(1) 使用【开始】选项卡中的【字体】组快捷按钮设置字符格式

如图 3-2-12 所示,使用工具栏中的按钮可以很方便地设置字体、字号、字形、字符缩放以及字符颜色等的设置。

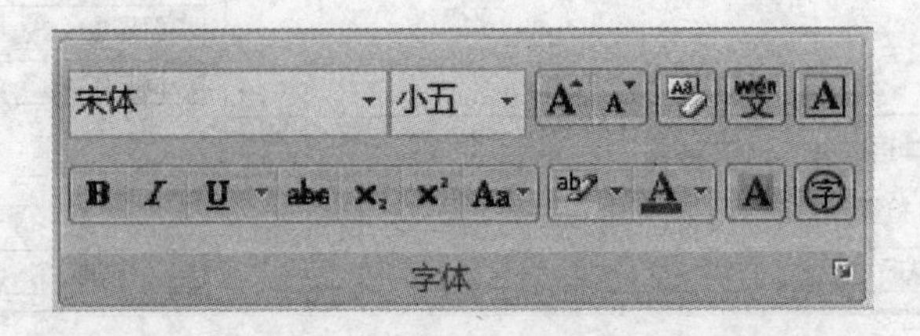

图 3-2-12 【字体】组按钮

(2) 使用【字体】对话框设置字符格式

这是一种最全面、最常用的方法,用这种方法可以设置字体、字符间距和文字效果。有两种打开对话框的方法:

方法 1:单击【字体】组的对话框启动器。

方法 2:右击所选文本,在弹出的快捷菜单中选择 字体(F)... 命令。

先选定要进行格式化的文本,在打开【字体】对话框中进行详细设置,如图 3-2-13 所示。该对话框中包含字体、字符间距 2 个选项卡,下面对这 2 个选项卡中所包含的功能说明如下:

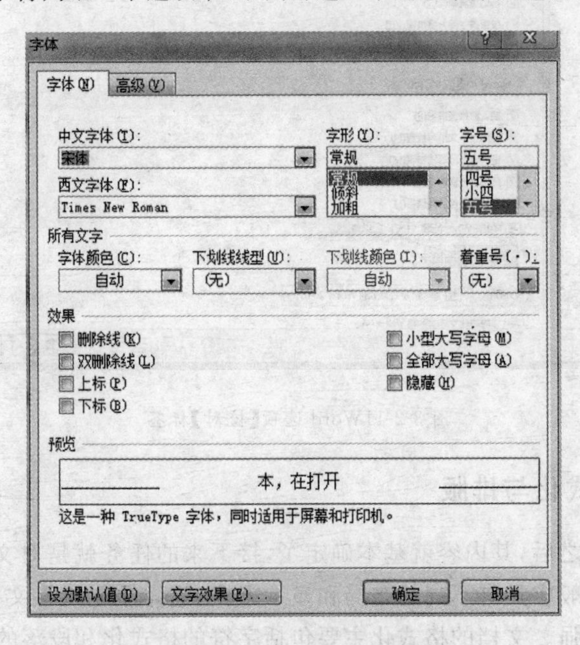

图 3-2-13 【字体】对话框

①【字体】选项卡

【中(英)文字体】组合框:用于选择或输入要使用的字体的名称。

【字形】组合框:用于选择或输入要使用字体的风格名称,包括常规、加粗、倾斜和加粗倾斜。

【字号】组合框:用于选择和输入要使用字号的大小。字号大小有两种方式表示,分别用“号”和“磅”为单位。以“号”为单位的字号,初号字最大,八号字最小。以“磅”为单位的字体,72 磅最大,5 磅最小。若要将字符设置为比初号和 72 磅更大的特大字,可以直接在【字号】框中输入数值,如 400,然后按<Enter>键。这样就得到了字号为 400 磅的特大字。注意,文字的磅值最大为 1638 磅。

【下划线】列表框:用于确定是否要为字符添加下划线,还可以选择不同类型的下划线。

【颜色】列表框:用于选择是否为字符加上颜色。【自动】选项是您在系统控制面板的【颜色】对话框中设置的窗口文本颜色。

【着重号】列表框:用于确定是否要为字符加着重号,所谓着重号,即在字符下加“·”,如“着重号”。

【删除线】复选框:设定是否为字符加上一条贯穿选定文字符线。如“删除线”。

【上标】和【下标】复选框:可以缩小字体大小,然后把选定的文字升高到基准线之上或降低到基准线之下。如“A3”、“A3”。

【预览】显示框:在指定字体格式应用于文本之前,显示格式编排的效果。

【默认】按钮:该按钮可将在【字体】选项卡和【字符间距】选项卡内设置的选项作为基于当前模板的文档和所有新文档的默认值,即更改 normal 模板的默认设置。

②【高级】选项卡

在【字体】对话框中单击【高级】选项卡,打开如图 3-2-14 所示的对话框。

若要增加字符间距,可选择【间距】列表框中的【加宽】列表项;反之,选择【紧缩】列表项。该对话框内的【缩放】组合框主要用于设置一个水平扩展或压缩的比例,这个比例值是相对于当前行的字符间距来说的。利用对话框内的【位置】列表框,可以设置一行中的字符相对于标准位置的高低。

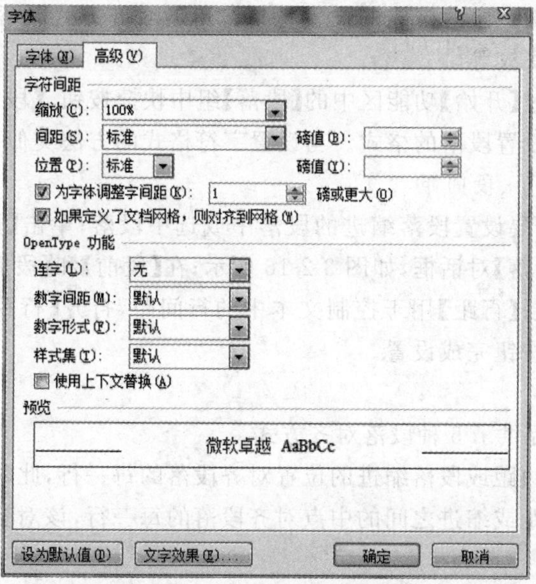

图 3-2-14　【字体】对话框的【字符间距】选项卡

(3) 使用浮动工具栏进行字符格式设置

选中需要编辑的文本，这时浮动工具栏将出现在所选文本的尾部，如图 3-2-15 所示，即可进行字符格式的设置。

图 3-2-15　浮动工具栏

(4) 使用格式刷设置字符格式

使用格式刷设置字符格式的步骤如下：

步骤 1：选中已经设置好格式的文本；

步骤 2：单击【开始】选项的【剪贴板】组中的格式刷快捷按钮；

步骤 3：当鼠标指针变成格式刷形状时，在要设置格式的文本处开始拖动鼠标，这样鼠标经过的所有字符与之前所选文本具有相同的格式。

如果是选中字符后用格式刷，则是复制套用被选中的字符格式；如果被选中的字符有不同的格式，则套用第一个字符的格式；如果不选中任何字符而只是将插入点置于某段落中，则复制套用该段落的段落格式（样式）。双击格式刷图标，可以连续使用，单击时只可以使用一次。【格式刷】仅能够对文字的格式（包括字体及段落设置）进行复制，不能复制文字本身。

(5) 使用快捷键设置字符格式

不同的设置对应不同的快捷键，应使哪个快捷键可通过工具栏的按钮提示来掌握。注意，并非每个设置都有快捷键。例如，按<Ctrl>+B 键可以使被选中的字符加粗，按<Ctrl>+I 键可以使被选中的字符倾斜。

2. 设置段落格式

段落就是以段落标记结尾的文字、图形、对象的集合体，也就是两次回车键之间的所有内容，包括段后的回车键。段落格式的设置包括段落的对齐方式、段落的缩进、段落的行距和间距、段落的边框和底纹等。

一般说来，可以通过【开始】功能区中的【段落】组中快捷按钮、【段落】对话框、标尺、快捷键、格式刷 5 种方法来设置段落的格式。与设置字符格式的方法类似。

(1) 设置段落的行距、段间距

将插入点移动到需要设置段落缩进的段落中或选中段落；单击【开始】选项卡【段落】组对话框启动器，打开【段落】对话框，如图 3-2-16 所示；在【段前】和【段后】框中，可以直接输入或选择需要的段间距值；【行距】用于控制文本中的行间距，打开【行距】列表框，从中选择所需的行距；单击【确定】按钮完成设置。

(2) 设置段落对齐

① Word 2010 中提供了 5 种段落对齐方式

左对齐：在左侧页边距或段落缩进的位置对齐段落的每一行，此时右边可以参差不齐。

居中：在左右页边距或缩进之间的中点对齐段落的每一行，该对齐方式常用于标题的格式编排。

右对齐：在右侧页边距或段落缩进的位置对齐段落的每一行，而左边可以参差不齐。

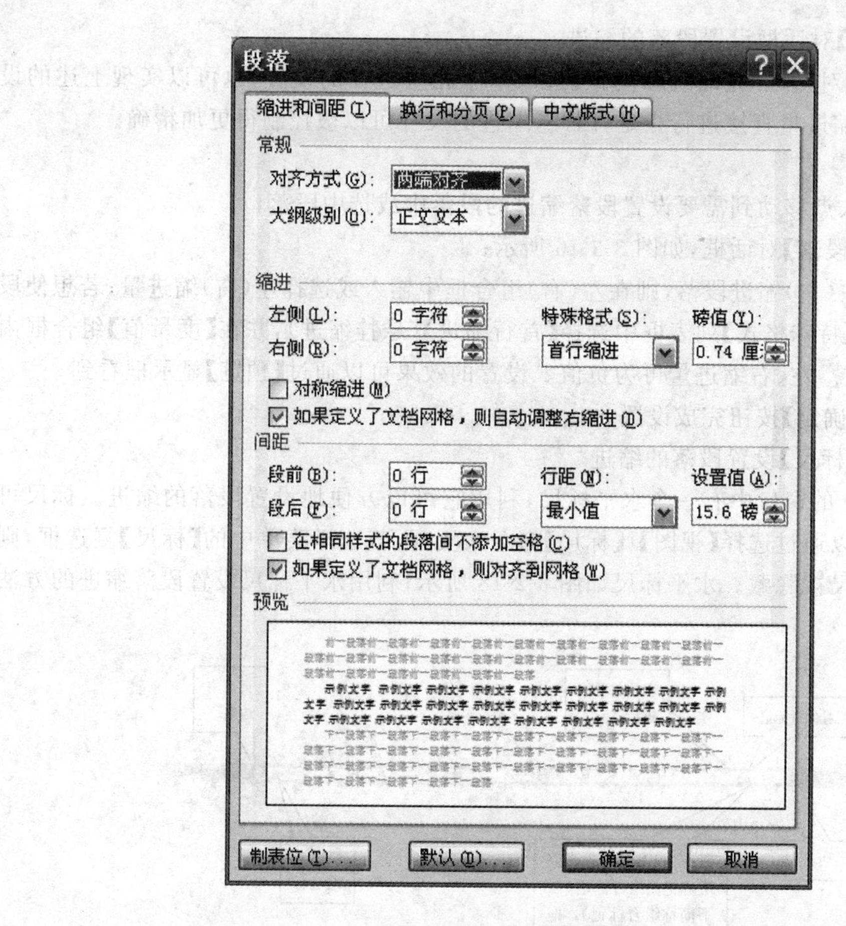

图 3-2-16　【段落】对话框

两端对齐:调整字距使文本和左页边距或缩进的位置都对齐,这将产生左右均匀的文本块。但最后一行是左对齐的。

分散对齐:在左右页边距或段落缩进的位置对齐段落的每一行,文本左右两边均对齐,而当段落的最后一行不满一行时,将拉开字符间距使该行字符均匀分布。

② 设置段落对齐的方法

设置段落对齐的方法是,先将插入点移动到需要设置段落缩进的段落中或选中段落,然后任选以下列两种方法之一。在【段落】对话框中的【对齐方式】列表框中选择一种对齐方式。也可以利用【段落】组快捷按钮来设置,如图 3-2-17 所示;单击某个按钮,使其呈按下状态,即可设置一种对齐方式。

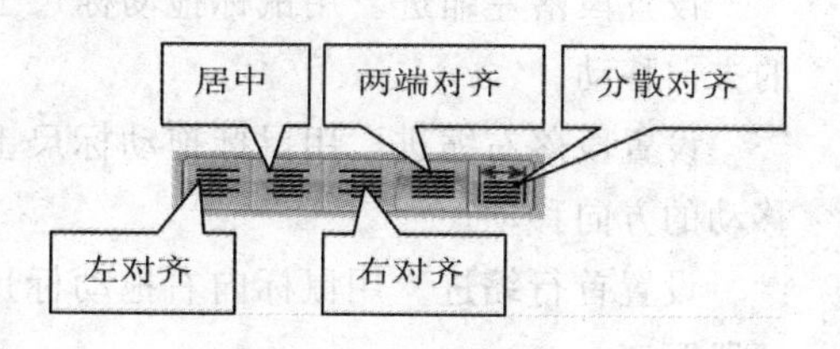

图 3-2-17　【对齐】工具按钮

(3) 设置段落的缩进

缩进段落就是增加段落与页边距的距离。段落的缩进有首行缩进、左缩进、右缩进、悬挂缩进四种。可以通过三种途径来实现:一是利用【标尺】进行设置,其优点是直观方便。二是通过【段落】对话框来设置,这种方法更加精确,也可以通过【段落】组缩进按钮实现。

① 使用【段落】对话框设置段落的缩进

通过对【段落】对话框的【缩进和间距】选项卡中相应选项的设置，也可以实现上述的设置，并且由于可对缩进量直接进行指定，因此，缩进的尺寸可以被控制得更加精确。

操作步骤如下：

步骤1：将插入点移动到需要设置段落缩进的段落中或选中段落；

步骤2：打开【段落】对话框，如图3-2-16所示；

步骤3：若想左(右)缩进段落，则在左(右)组合框中输入或选择左(右)缩进量；若想使段落首行缩进，则在【特殊格式】列表框中选择【首行缩进】(悬挂缩进)，并在【度量值】组合框内输入或选择度量值。左、右缩进量可为负值。设置的效果可以通过【预览】显示框看到；

步骤4：单击【确定】按钮完成设置。

② 使用【水平标尺】设置段落的缩进

在Word 2010的窗口中有一个水平标尺，利用它可以方便地设置段落的缩进。标尺可以显示或隐藏，可以通过选择【视图】|【标尺】命令来实现，若选择菜单中的【标尺】复选框，则标尺显示，否则标尺被隐藏。水平标尺如图3-2-18所示；利用水平标尺设置段落缩进的方法如下：

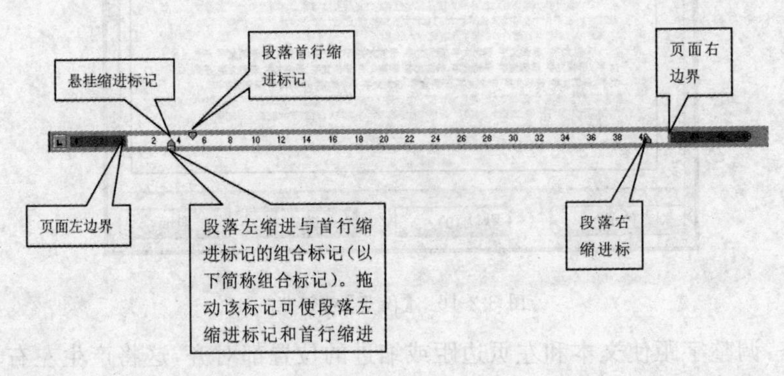

图3-2-18　水平标尺

先将插入点移动到需要设置段落缩进的段落中或选中段落。

设置段落左缩进。用鼠标拖动标尺上的“组合标记”，可使段落的第一列随着鼠标移动的方向移动。

设置段落右缩进。用鼠标拖动标尺上的“右缩进标记”，可使段落的最后一列随着鼠标移动的方向移动。

设置首行缩进。用鼠标向右拖动标尺上的“首行缩进标记”，可使段落的首行向右缩进一段距离。

设置悬挂缩进。所谓悬挂缩进，即除首行外，该段的其他行均被缩进。用鼠标拖动标尺上的“悬挂缩进标记”即可。

设置左页边距。将鼠标指向标尺上的页面左边界处，鼠标变成↔，拖动鼠标即可改变左页边距。

设置右页边距。将鼠标指向标尺上的页面右边界处，鼠标变成↔，拖动鼠标即可改变右页边距。

③ 使用【段落】组设置缩进

在【段落】组内有【增加缩进量】|【减少缩进量】按钮，单击即可增加或减少一个字的缩进量。

3. 设置项目符号、编号与多级符号

在日常的文档编辑工作中，我们经常会使用项目符号与编号，它可以使文档更有条理、层次清晰、可读性强。为段落设置项目符号、编号与多级符号，主要通过【开始】功能区中【段落】组中【项目符号】、【编号】、【多级列表】按钮来实现。

(1) 使用项目符号

步骤如下：

步骤1：先将光标移动到希望使用项目符号的位置，单击【项目符号】按钮后下拉箭头，打开【项目符号库】，如图 3-2-19 所示；

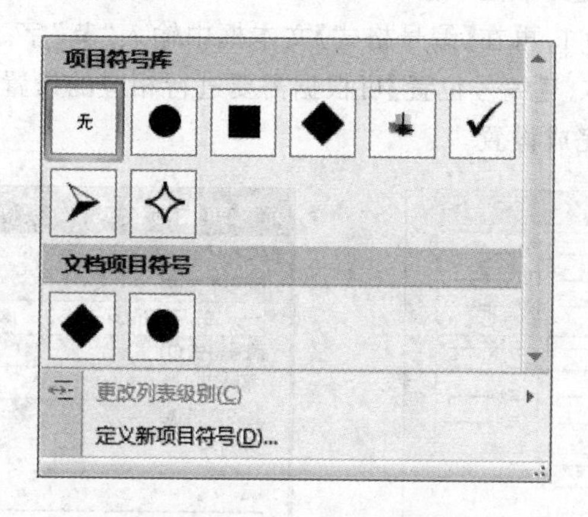

图 3-2-19 【项目符号库】列表

步骤2：单击所需项目符号，即可选择。也可单击【定义新项目符号】按钮，进入【定义新项目符号】对话框，如图 3-2-20 所示。选择想要的项目符号字符，并进行字体、项目符号位置、文字位置的设置；

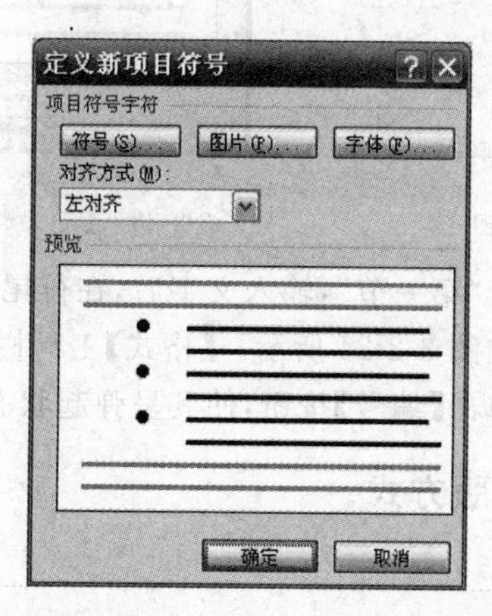

图 3-2-20 【定义新项目符号】对话框

步骤3：单击【确定】按钮完成设置。

在此情况下，用户可在光标处输入文字，此时，若在行尾按回车键，则系统自动为下一行加上相同的项目符号，【段落】组中的【项目符号】按钮呈按下状态，如图 3-2-21 所示。若在下一行不想使用项目符号，可单击【项目符号】按钮，使其呈弹起状态即可取消项目符号。

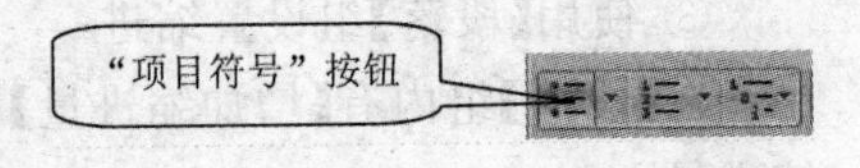

图 3-2-21　使用项目符号

(2) 使用编号

同样的方法可以为内容设置编号。

例如，创建自定义的编号"第一节、第二节……"。步骤如下：

步骤 1：单击【开始】|【段落】|【编号】按钮后下拉箭头，打开编号库，如图 3-2-22 所示；

步骤 2：选择 定义新编号格式(D)... 命令，打开【定义新编号格式】对话框，如图 3-2-23 所示；

步骤 3：在【编号格式】文本框中输入"第"字，然后在【编号样式】列表框中选择"一，二，三……"，设置【起始编号】为 1，再在【编号格式】文本框中输入"节"字。必要时还可以单击【字体】按钮，设置编号的字体。【编号位置】可根据需要进行相应的设置；

步骤 4：单击【确定】完成设置。

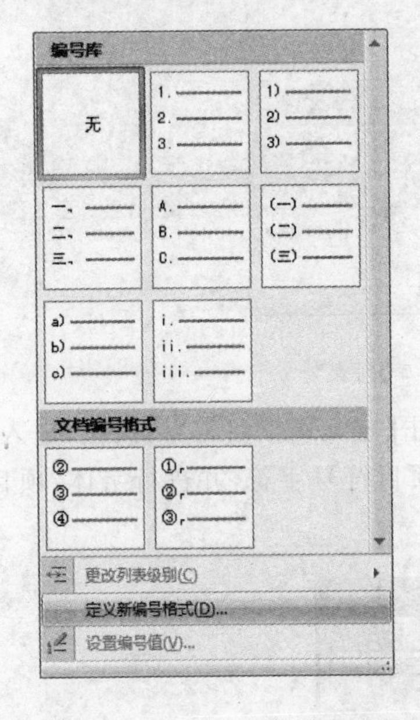

图 3-2-22　编号库图

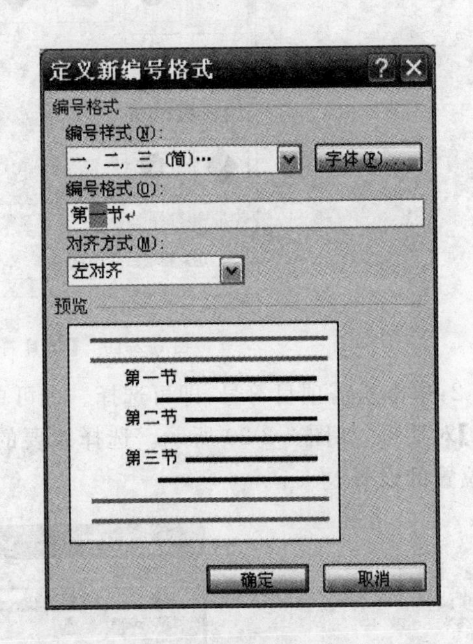

3-2-23　【定义新编号格式】对话框

此时，在插入点处出现编号"第一节"，输入文字后，在行尾按回车键，则系统自动为下一行加上下一个编号"第二节"，如图 3-2-24 所示。【格式】工具栏上的【编号】按钮呈按下状态。若在下一行不想使用编号，可单击【编号】按钮，使其呈弹起状态即可取消编号。

3.2.3　页面设置和特殊排版方式

1. 页面设置

(1) 页边距

页边距就是文档正文距纸张边缘的距离，用标尺可以快速设置页边距，但不够精确。使

用【页面布局】功能区的命令按钮能够精确设置页面。单击【页面布局】|【页面设置】|【页边距】选项，弹出如图 3-2-25 所示。选择所需的页边距类型即可完成设置。

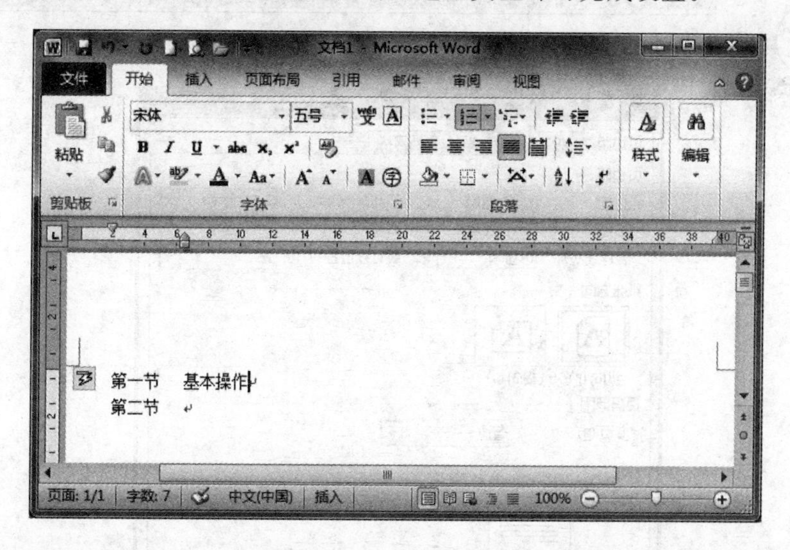

图 3-2-24　使用自定义编号

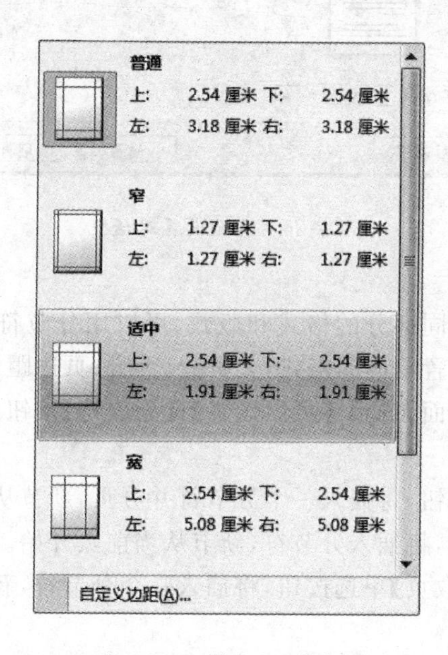

图 3-2-25　【页边距】选项

(2) 纸张方向

可通过【页面布局】|【页面设置】|【纸张方向】选项，选择【横向】或【纵向】。

(3) 纸张大小

可通过【页面布局】|【页面设置】|【纸张大小】选项，选择所需打印纸张类型。

(4) 文字方向

文档的排列方式通常为横排方式，也可以将文本设置成竖排方式，就像古书一样。可通过【页面布局】|【页面设置】|【文字方向】选项选择所需的文字方向。

以上四项操作也可以通过打开【页面设置】对话框中的【页边距】、【纸张】选项卡分别精确设置，如图 3-2-26 所示。

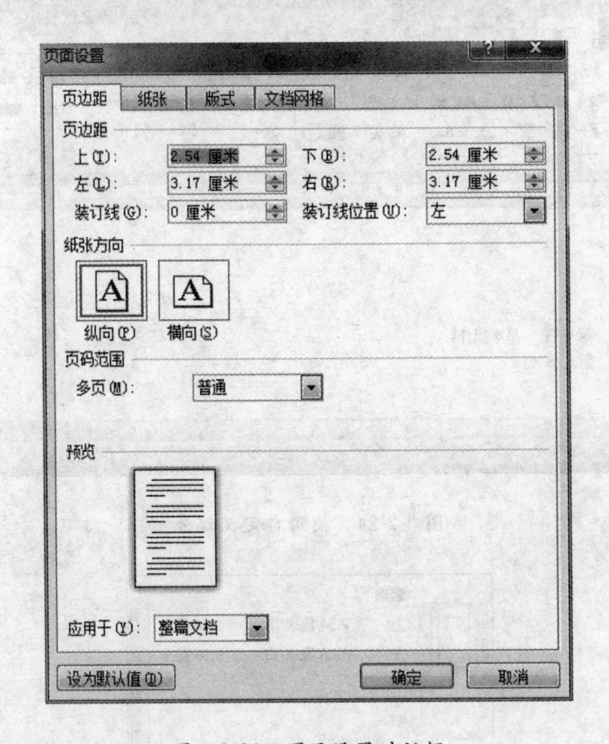

图 3-2-26　页面设置对话框

(5) 分节

文档中为了分别设置不同部分的格式和版式，可以用分节符将文档分为若干节，这样，用户就可以在不同的节中设置不同的格式，如页眉、页脚、页边距等。

要插入分节符，单击【页面布局】|【页面设置】|【分隔符】按钮，在出现的下拉菜单中选择分节符类型。

若选择【下一页】单选按钮，将插入一个分节符并分页，新节从下一页开始。

若选择【连续】单选按钮，将插入分节符，新节从当前页开始。

若选中【偶数页】或【奇数页】单选按钮，将插入一个分节符，新节从下一个偶数页或奇数页开始。

(6) 设置分栏格式

所谓分栏就是将一段文本分成并排的几栏，只有当填满第一栏后才移到下一栏。使用 Word 2010 不仅可以对文档进行分栏，而且还可以在两栏之间添加分割线、设置分栏的格式等。

① 创建分栏

要创建分栏，首先要将视图模式切换到页面视图模式，因为只有在页面视图模式下才能看到分栏效果。创建分栏的操作步骤如下。

步骤 1：选定要创建分栏的文本；

步骤 2：单击【页面布局】|【分栏】，在下拉菜单中选择栏数；

步骤 3:【预设】栏包括 5 种分栏模式，可以从中选择所需的分栏模式。

也可单击【更多分栏】命令，在弹出的【分栏】对话框中进行详细设置，如图 3-2-27 所示，分栏效果如图 3-2-28 所示。

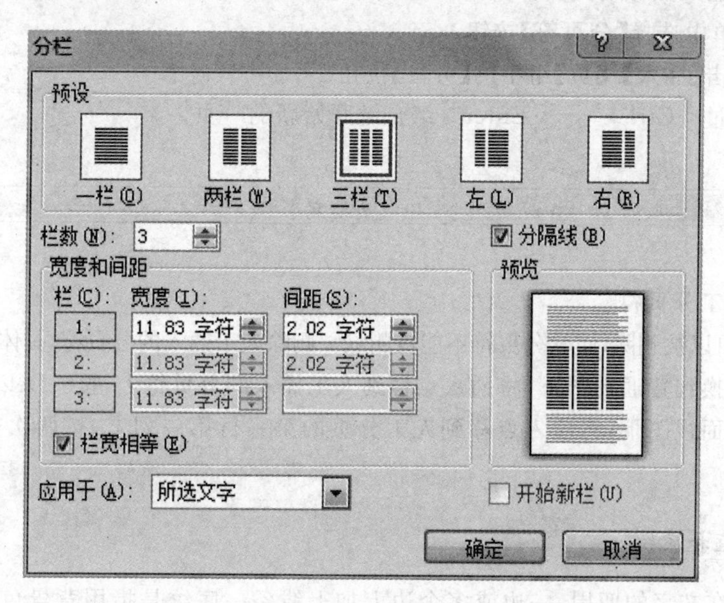

图 3-2-27　【分栏】对话框

大学生的心理障碍及调适

如今，在大学校园里，休学、退学、自杀、犯罪等现象屡见不鲜，有心理障碍的人数也在逐年增多。前不久，在南京召开的大陆、香港、台湾三地21世纪高校心理健康教育学术研讨会上，有报告说，在我国，80年代中期，23.5%的大学生有心理障碍，90年代上升到25%，近年来已达到30%。如何防治心理疾病，克服心理

理问题产生的原因

（一）大学与中学的不同，是造成大学新生心理问题的主要原因。

1. 学习方面的不同

中学和大学都要学习，但学习目的和方法等都不同。中学时，教师不厌其烦地“传道、

活。在中学，为迎高考
除了学习，一切事情
长代劳，加上独生子
娇生惯养，上大学后，
一切亲力亲为，适应
力不强的就会经常被
独不安、焦虑所困扰，
尤其是习惯了农村生
环境的大学生到喧闹的
城市后，易产生压抑
自卑感。如一位来自
村的大学生对满眼灰
的楼群产生厌恶情绪，
大脑反应慢，经常出
忘记返回路线的情况。

3. 人际交往的

不同

中学里的人际关

图 3-2-28　添加分隔线后的分栏效果

② 删除分栏

如果对已有的分栏版式感到不满意，可以将其删除。页面视图模式下，在【分栏】对话框中选择【预设】栏中的【一栏】模式即可删除分栏。

(7) 文档分页

Word 2010 具有自动分页的功能，当文档满一页时系统会自动换一新页，并在文档中插入一

个软分页符。除了自动分页外，也可以人工分页，所插入的分页符为人工分页符或硬分页符。

① 人工分页

方法 1：将插入点移动到要分页的位置；单击【页面布局】|【页面设置】|【分隔符】按钮，在出现的下拉菜单中选择【分页符】按钮。

方法 2：单击【插入】|【页】组中的【分页】按钮。

方法 3：通过<Ctrl> + <Enter>组合键开始新的一页。

在普通视图中，插入的分页符为贯穿页面的虚线。

② 删除人工分页符

硬分页符可以被删除，而软分页符不能被删除。删除人工插入的分页符，具体操作步骤如下：

方法 1：切换到普通视图下，将插入点移到人工插入的分页符上；按<Del>键即可删除。

方法 2：页面视图下，将插入点移到人工分页的第一行第一列上；按两次<Backspace>键即可删除。

2. 边框和底纹

边框就是在文字的四周，一边或多个边上加上线条。底纹是指用背景色填充一块内容（可以有边框，也可以没有边框）。使用边框和底纹，是为了对特定内容加以突出显示，以引起读者的注意，并能起到美化版面的作用。

(1) 文字或段落的边框

为文字或段落添加边框的操作方法如下：

选定要添加边框的文字或段落，单击【开始】|【段落】|【边框】按钮下拉箭头，选择所需的边框样式即可。也可在下拉箭头中选择【边框和底纹】命令，在弹出的【边框和底纹】对话框中设置，如图 3-2-29 所示。

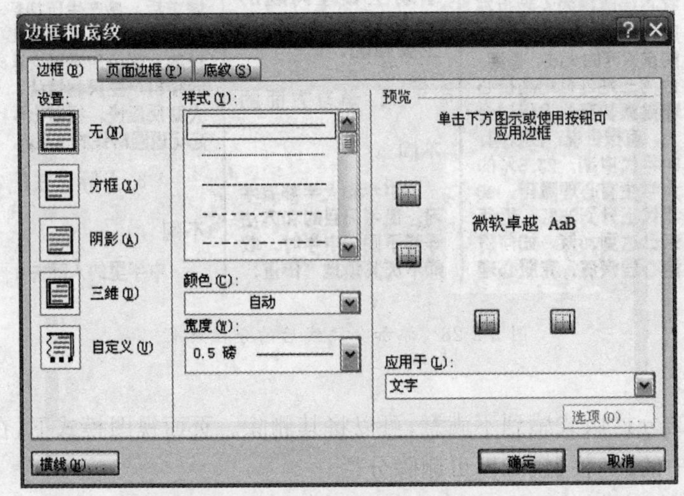

图 3-2-29 【边框和底纹】对话框

(2) 页面边框

在 Word 2010 中还可以为页面添加边框，即页面边框，不仅可以设置类似于段落边框的普通边框，还可以添加艺术型的边框，使文档变得生动活泼、赏心悦目。

只需在【边框和底纹】对话框中选择【页面边框】选项卡，进行相应的操作即可，如图3-2-30 所示。

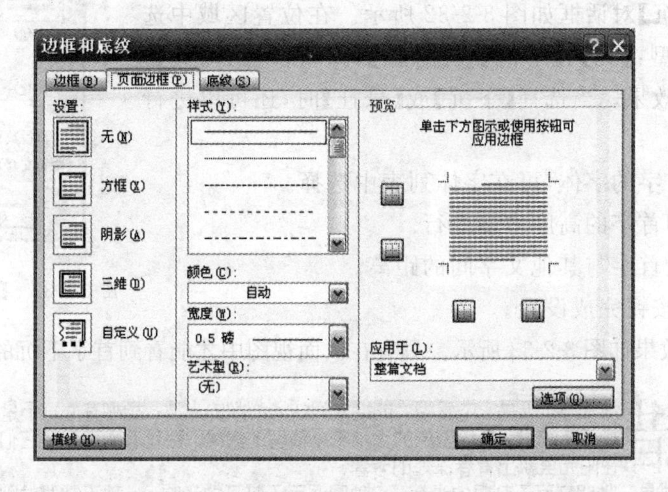

图 3-2-30 【边框和底纹】对话框中【页面边框】选项卡

添加页面边框时，不必选中整篇文档，Word 2010 会直接将边框添加到页面上，应用范围自动设为【整篇文档】。

(3) 底纹

在【边框和底纹】对话框中，还有一个【底纹】选项卡，可以给选定的文字或段落添加底纹。为文字或段落添加底纹的操作方法如下：选择需要设置底纹的内容，在【边框和底纹】对话框中选择【底纹】选项卡，如图 3-2-31 所示。分别设定填充底纹的颜色、样式和应用范围等，单击【确定】按钮完成设置。

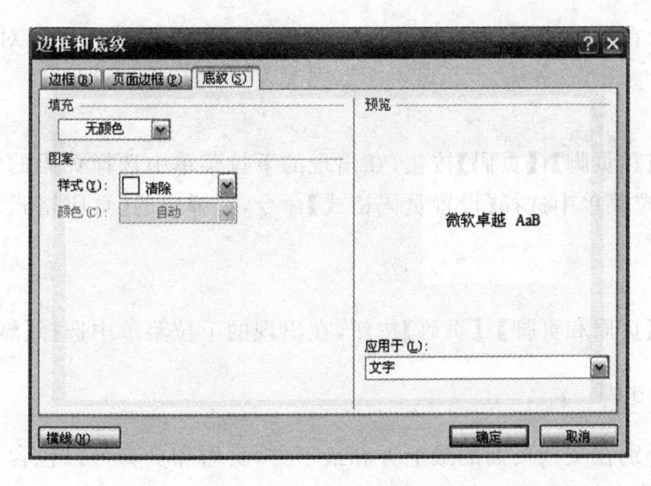

图 3-2-31 【边框和底纹】对话框中【底纹】选项卡

3. 首字下沉

首字下沉，即将段落中的第一个字放大，下沉到下面的几行中，以吸引人们的注意。方法如下：将插入点移动到要设置首字下沉的段落中，选择【插入】|【文本】|【首字下沉选项】命令，打开【首字下沉】对话框如图 3-2-32 所示。在位置区域中选择所需的格式类型：【无】、【下沉】或【悬挂】，默认设置为【无】，即没有首字下沉效果。当选择【下沉】或【悬挂】时，还可以进行如下的设置。

字体：设置首字的字体，可在字体列表中选择。

下沉行数：即首字的高度占多少行。

距正文：设置首字与其他文字间的距离。

单击【确定】按钮完成设置。

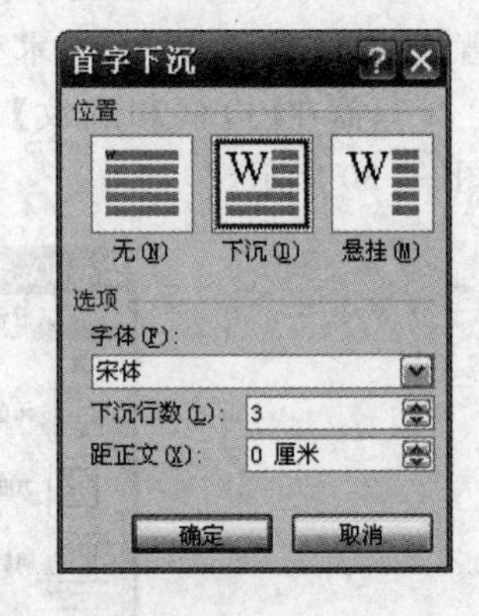

图 3-2-32 【首字下沉】对话框

首字下沉的效果如图 3-2-33 所示。只有在页面视图中才能看到首字下沉的实际排版效果。

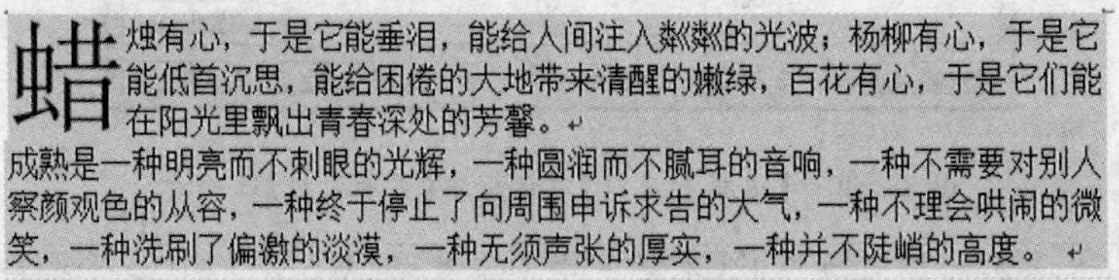

蜡烛有心，于是它能垂泪，能给人间注入粼粼的光波；杨柳有心，于是它能低首沉思，能给困倦的大地带来清醒的嫩绿，百花有心，于是它们能在阳光里飘出青春深处的芳馨。↵
成熟是一种明亮而不刺眼的光辉，一种圆润而不腻耳的音响，一种不需要对别人察颜观色的从容，一种终于停止了向周围申诉求告的大气，一种不理会哄闹的微笑，一种洗刷了偏激的淡漠，一种无须声张的厚实，一种并不陡峭的高度。↵

图 3-2-33 【首字下沉】效果

3.2.4 文档版式设计与打印

Word 2010 采用了“所见即所得”的字处理方式，在页面视图下，窗体中的页面与实际打印的页面是一样的。

1. 页码

页码通常显示在页脚部分，也可以显示在页眉中。另外用户还可以对页码的格式进行设置。

(1) 插入页码

【插入】|【页眉和页脚】|【页码】按钮，在出现的下拉菜单中选择页码的位置，如要修改页码格式，只需在下拉菜单中选择【设置页码格式】命令，在弹出的【页码格式对话框】中进行设置即可。

(2) 删除页码

单击【插入】|【页眉和页脚】|【页码】按钮，在出现的下拉菜单中选择【删除页码】命令。

2. 页眉和页脚

页眉和页脚分别在文档页面的最上方和最下方，页眉和页脚可以包含页码，也可以包含标题、日期、时间、作者姓名、图形等。另外，还可以每页都添加相同的页眉或页脚，也可以在文档的不同部分使用不同的页眉和页脚。

(1) 创建页眉和页脚

单击【插入】|【页眉和页脚】|【页眉】按钮，在下拉菜单中选择【编辑页眉】命令，正文变成灰色，并且在页面顶部和底部出现页眉和页脚区，如图 3-2-34 所示。

若要对页眉和页脚进行详细设置，可在弹出的额外选项卡【页眉和页脚工具】|【设计】中进行详细设置：

单击【插入页码】按钮，可以插入页码；

单击【插入页数】按钮，可以插入页数；

单击【插入日期和时间】按钮，可以插入日期；

要创建一个页脚，可单击【转至页脚】按钮以便移至页脚区，然后重复以上步骤。

完成以上步骤后，单击【关闭页眉和页脚】按钮即可。

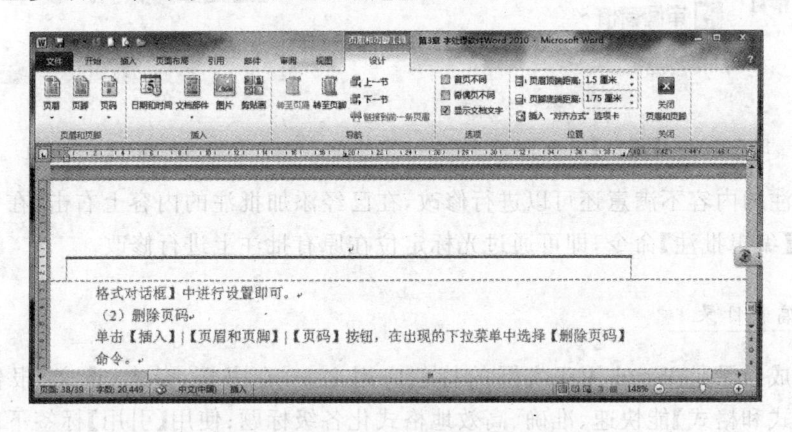

图 3-2-34　页眉/页脚编辑状态

(2) 为首页和奇偶页添加不同的页眉或页脚

方法 1：单击【页眉和页脚设置】|【选项】组，可分别选择【首页不同】、【奇偶页不同】复选框，对首页、奇数页、偶数页添加不同的页眉和页脚。

方法 2：打开【页眉设置】对话框，选择【版式】选项卡，选中【奇偶页不同】复选框或【首页不同】复选框，然后单击【确定】按钮，返回编辑窗口。若要创建偶数页的页眉或页脚，将光标移动至偶数页的页眉区或页脚区，然后创建页眉或页脚。若要创建首页的页眉或页脚，则将插入点移动到首页的页眉或页脚区，创建首页的页眉或页脚，然后单击【关闭】按钮。

(3) 删除页眉和页脚

如果不需要文档中的页眉和页脚，可以把它删除。首先进入页眉页脚区，选定要删除页眉或页脚区的文字或图形，然后按＜Del＞键。当删除一个页眉或页脚时，Word 将自动删除整个文档中相同的页眉或页脚。

(4) 去掉 Word 2010 页眉横线的方法

方法 1：双击页眉区进行页眉编辑状态，选中页眉后将其样式设置为【正文】即可。

方法 2：双击页眉区进行页眉编辑状态，【页面布局】功能区，单击【页面边框】|【边框】，将应用于下边的【文字】，改为【段落】即可。

方法 3：双击页眉区进行页眉编辑状态，在页眉处右击，从弹出的快捷菜单中选择【样式】

【清除格式】命令即可。

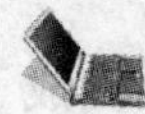

3. 修订和插入批注

修订是显示文档中所做的诸如删除、插入或者其他编辑更改位置的标记。启用修订功能后，作者或者审阅者的每一次插入、删除或是格式更改都会被标记出来。若要启用修订，请在【审阅】选项卡的【修订】组中，单击【修订】，如图 3-2-35 所示。

若要插入批注，请在【审阅】选项卡的【批注】组中，单击【新建批注】，即可对文章添加批注，如图 3-2-36 所示。

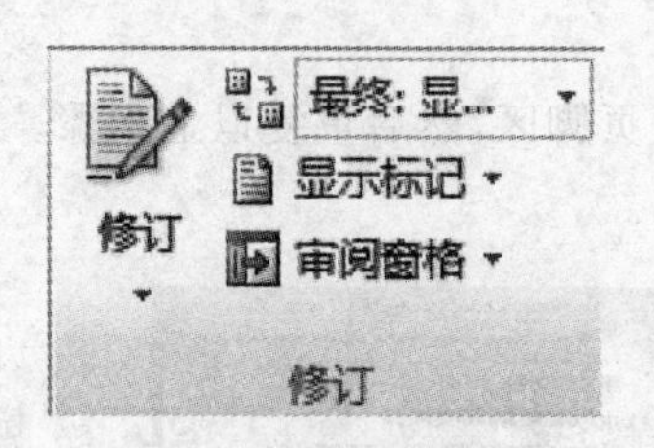

图 3-2-35 【修订】组

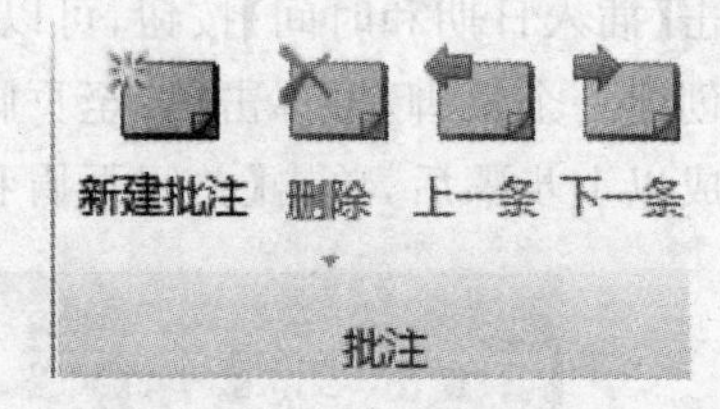

图 3-2-36 【批注】组

如对批注的内容不满意还可以进行修改，在已经添加批注的内容上右击，在弹出的快捷菜单中选择【编辑批注】命令，即可通过光标定位在原有批注上进行修改。

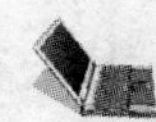

4. 编制目录

自动生成目录是 Word 用于实际的特色应用之一，在书籍、杂志、论文、报告等的排版中，利用【样式和格式】能快速、准确、高效地格式化各级标题；使用【引用】标签下的【目录】可以快速自动生成文档目录，如图 3-2-37 所示。

目录

一　绪　论[标题 1]......2
1.1　网站的总体规划[标题 2]......2
1.2　网站建设的需求和目的[标题 2]......2
二　开发工具[标题 1]......3
2.1　网页制作使用的技术[标题 2]......3
2.2　上网方案[标题 2]......3
2.3　申请域名[标题 2]......4
三　内容规划[标题 1]......4
3.1　栏目板块和结构[标题 2]......4
3.2　内容安排相互链接关系[标题 2]......4
3.3　交互性和用户友好设计[标题 2]......5
四　详细设计分析[标题 1]......5
4.1　各分页分析[标题 2]......5
4.2　各分页分析[标题 2]......5

图 3-2-37 自动生成论文目录效果

(1) 创建目录

首先按照要求进行文档的页面设置，撰写论文；在论文中，我们已经设置了需要创建目录的各级标题的大纲级别。目录都是单独占一页，将插入点定位到文档中“一 绪论”之前，单击【插入】标签下的“页”组中的“分页”。将插入点定位到新的空白页中。点击【引用】|【目录】组中的【目录】，即看到如图 3-2-38 所示，在其中选择需要的目录类型，即可。

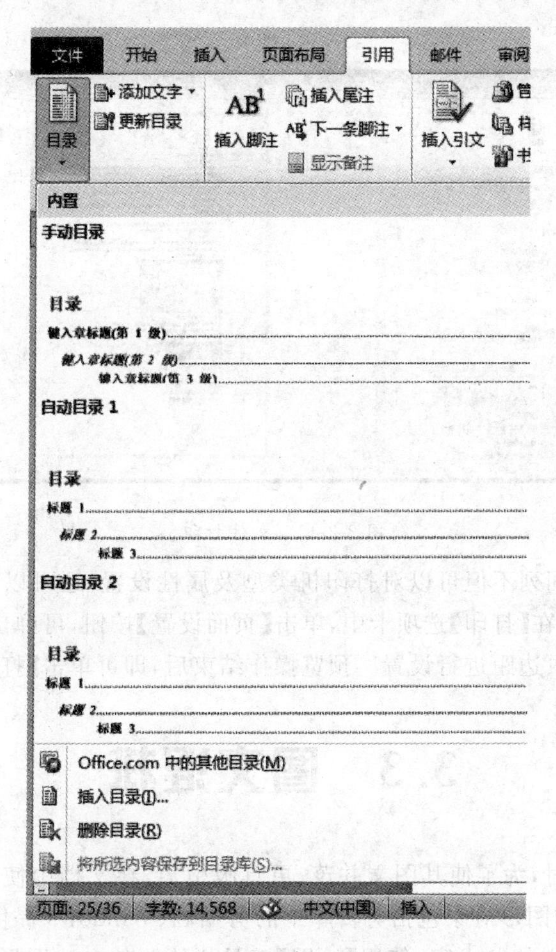

图 3-2-38 【引用】|【目录】

(2) 编辑/更新目录

① 编辑目录

若生成的论文目录页码未对齐，可将插入点置于未对齐页码后，此时水平标尺上将出现【右对齐式制表符】——“┘”，按住＜Alt＞键并拖拽该制表符，使出现的虚线与其他页码对齐，释放鼠标即可。用户也可选定目录中的文字，为其设置字体、字型、字号等。

② 更新目录

若论文的修改造成了页码变化，可在目录中右击并选择【更新域】命令，弹出【更新目录】话框，如图 3-2-39 所示；即可

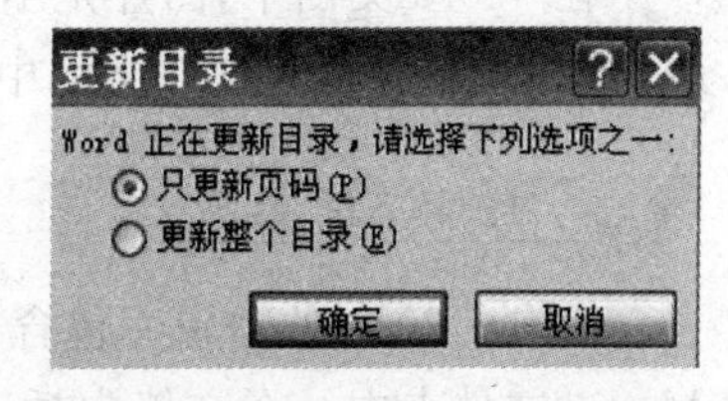

图 3-2-39 【更新目录】对话框

按照需要进行操作。或在【引用】标签中的【目录】组中的【更新目录】按钮。

5. 打印预览

在打印之前,我们很想了解一下页面的整体效果。Word 2010 为我们提供了【打印预览】的功能。单击【文件】按钮,在弹出的命令下拉列表中选择【打印】选项,即可在右侧预览效果,如图 3-2-40 所示。

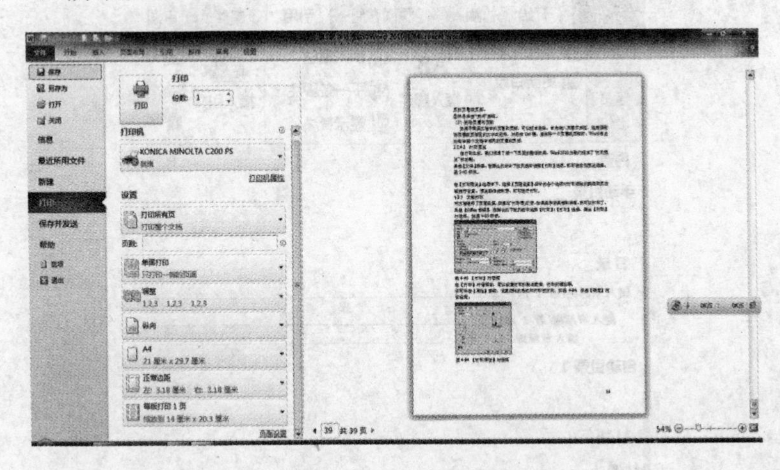

图 3-2-40　文件打印

【打印】选项卡中间列不但可以对打印机类型及属性设置,还可以在【设置】组框中进行一些打印的相关设置,在【打印】选项卡中,单击【页面设置】按钮,可弹出【页面设置】对话框,对打印纸张的类型和页边距进行设置。预览操作结束后,即可单击【打印】按钮进行打印。

3.3　图文混排

在编辑报纸杂志时,为了使其图文并茂、更具吸引力,在文档中使用插图是一个重要的手段。Word 中使用的图形对象包括剪辑库中的剪贴画、Windows 提供的大量图形文件、使用【艺术字】工具栏建立的艺术字、使用【绘图】工具栏绘制的自选图形、插入表格、使用数学公式编辑器建立的数学公式等,这些都可直接插入到 Word 文档中,进行图文混排。

3.3.1　图形对象的使用

在 Word 文档中,图片是不可或缺的,添加后可以使文档美观,主题更突出。要对文档进行图文混排,首先要在文档中插入图形,然后再对其进行编辑和排版操作。

1. 插入剪贴画

Office 2010 的剪辑库包含了大量的剪贴画和图片,保存在 Microsoft Office 文件夹下的 Media 文件夹中。在文档中插入剪贴画的步骤是:将插入点定位到需插入剪贴画的位置。选择【插入】选项卡,在【插图】组中单击【剪贴画】,如图 3-3-1 所示。

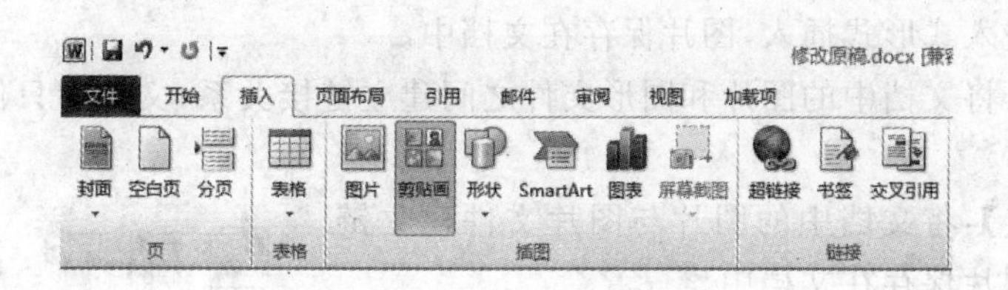

图 3-3-1　插入【剪贴画】

在【剪贴画】窗格的【搜索文字】文本框中输入搜索文字，点击【搜索】按钮即显示搜索图片，如图 3-3-2 所示；鼠标单击图片，该剪贴画即可插入文档中。

另外，点击【剪贴画】任务窗格下方的【管理剪辑】，打开如图所示的【剪辑管理器】窗口，在其中选中并复制图片，到文档中插入点处粘贴即可插入剪贴画。

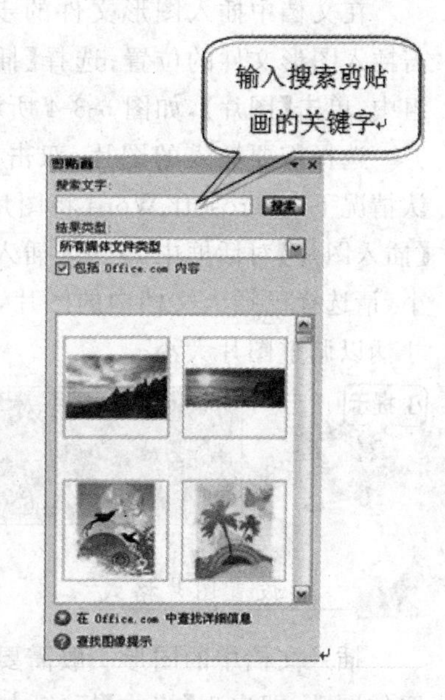

图 3-3-2　搜索【剪贴画】

2. 插入图形文件

在 Word 2010 的文档中可直接插入下列文件格式的图形：增强型图元文件(.emf)、图形交换格式(.gif)、联合图形专家小组规范(.jpg)、可移植网络图形(.png)、Windows 位图(.bmp)等。

选择【插入】标签后选择图片，选中要插入的图片后，点击【插入】按钮右侧的下拉三角按钮，我们可以看到图片插入到文档中的方式有三种，如图 3-3-3 所示。

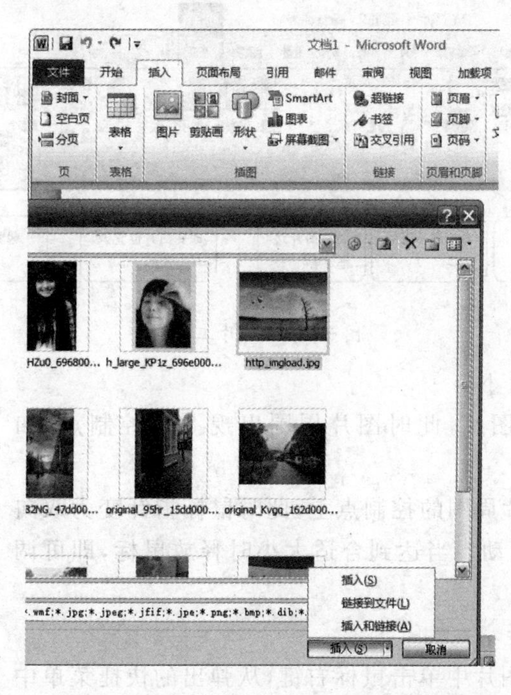

图 3-3-3　插入图片的三种方式

【插入】:以嵌入式形式插入,图片保存在文档中。

【链接文件】:将文档中的图片和图形文件之间建立链接关系,文档中只保存图片文件的路径和文件名。

【插入和链接】:将文档中的图片与图片文件建立链接关系,同时将图片保存在文档中。

图 3-3-4 【插图】组

在文档中插入图形文件的步骤为:将插入点定位到需插入图形文件的位置;选择【插入】选项卡上的【插图】组中,单击【图片】,如图 3-3-4 所示。

选择需要插入的图片,双击要插入的图片即可。默认情况下 Microsoft Word 将图片嵌入文档中,通过链接到图片,也可以减小文件的大小,在【插入图片】对话框中,单击【插入】旁边的箭头,然后单击【链接到文件】。若要调整图片大小,请选择已插入文档中的图片,若要在一个或多个方向增加或缩小图片大小,可以拖动尺寸柄以调整图片大小。

若要保持对象中心的位置不变,拖动尺寸柄时同时按住＜Ctrl＞;若要保持对象的比例,请在拖动柄时同时按住＜Shift＞;若要保持对象的比例并保持其中心位置不变,拖动尺寸柄时同时按住＜Ctrl＞和＜Shift＞。

3. 设置图片格式

插入文档中的图形一般需要进行必要的格式设置,才符合排版的要求,双击需要进行设置的图片,即出现【格式】标签,如图 3-3-5 所示。

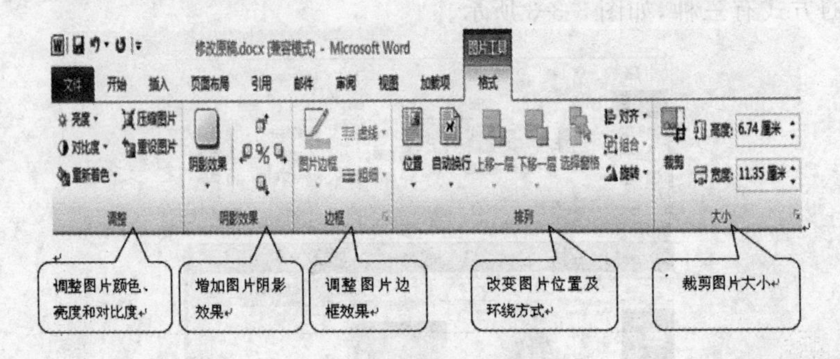

图 3-3-5 图片工具

(1) 快速调整图片大小

选中要调整大小的图片,此时图片周围出现 8 个控制点,如图 3-3-6所示。

图 3-3-6 调整图片大小

将鼠标指针移至图片周围的控制点上,此时鼠标指针变为双向箭头,按住鼠标左键并拖动。当达到合适大小时释放鼠标,即可调整图片大小。

(2) 精确调整图片大小

在需要调整大小的图片中单击鼠标右键,从弹出的快捷菜单中

选择【大小和位置】命令，弹出【布局】对话框，如图 3-3-7 所示。

布局
位置　文字环绕　大小
高度
绝对值(E) 5.56 厘米
相对值(L)　相对于(T) 页面
宽度
绝对值(B) 4.63 厘米
相对值(I)　相对于(E) 页面
旋转
旋转(T): 0°
缩放
高度(H): 55 %　宽度(W): 55 %
锁定纵横比(A)
相对原始图片大小(R)
原始尺寸
高度: 10.13 厘米　宽度: 8.47 厘米
重置(S)
确定　取消

图 3-3-7 【布局】对话框

在该对话框中可设置图片的高度、宽度和旋转角度以及缩放比例，设置完成后，单击【确定】按钮即可精确调整图片大小。

按住<Ctrl>键并拖动图片控制点时，将从图片的中心向外垂直、水平或沿对角线缩放图片。在【调整】组中可以对图片的亮度，对比度进行设置，通过鼠标在所选项目上的停顿可以看到选择该调整内容后的预览效果。

在【阴影效果】组中可以选择不同的三维阴影效果。

在【边框】组中可以对图片的外边框、外边框颜色、线型及粗细进行调整。

在【排列】组中对图片的位置及环绕方式进行调整。

(3) 设置亮度和对比度

设置图片亮度。选中图片，单击【格式】|【调整】|【更正】按钮，在弹出的下拉菜单中设置图片的亮度和对比度。

(4) 艺术效果

选中图片，单击【格式】|【调整】|【艺术效果】按钮，弹出其下拉列表，在该下拉列表中可对图片进行添加艺术效果操作。

(5) 压缩图片

由于图片的存储空间都很大，所以插入到 Word 文档中，使得文档体积也相应变大。压缩图片可减小图片存储空间，缩小文档体积，并可提高文档的打开速度。选中图片后，单击【格式】|【调整】|【压缩图片】按钮，弹出【压缩图片】对话框。如图 3-3-8 所示。在该对话框中选中【仅应用于此图片】复选框和【删除图片的剪裁区域】复选框，单击【确定】按钮，即可对图片进行压缩设置。

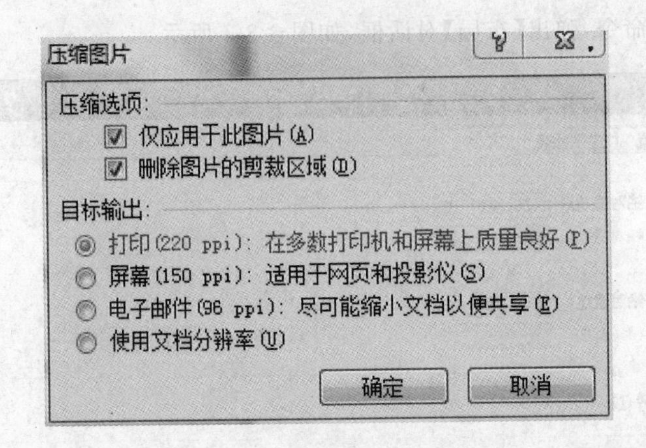

图 3-3-8 【压缩图片】对话框

(6) 重设图片

选中图片后，单击【格式】|【调整】|【重设图片】按钮，可使图片恢复到原来的大小和格式。

(7) 图片艺术效果

选中图片后，单击【格式】|【图片样式】下拉箭头，弹出如图 3-3-9 所示的图片样式列表，选择所需的样式即可。

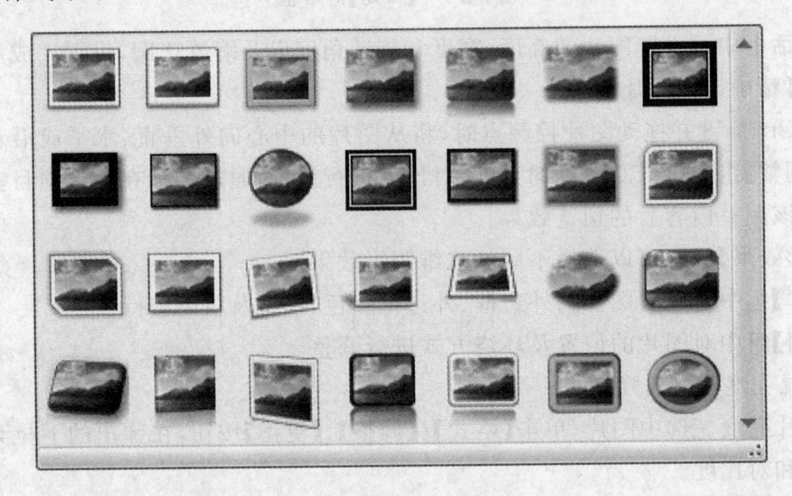

图 3-3-9 图片样式列表

(8) 图片边框

选中图片后，单击【格式】|【图片样式】|【图片边框】按钮，在弹出的下拉列表中设置图片边框的颜色、粗细和形状。

(9) 图片效果

选中图片后，单击【格式】|【图片样式】|【图片效果】按钮，在弹出的下拉列表中设置图片的预设、阴影、映像、发光、柔化边缘、棱台、三维旋转等三维效果。

(10) 环绕方式

设置图片的环绕方式，可以使图片的周围环绕文字，实现 Word 的图文混排功能。选中

图片后，【格式】|【排列】|【自动换行】按钮，弹出如图 3-3-10 所示的下拉列表。在该下拉列表中选择相应的选项，即可设置图片的环绕方式。选择【其他布局选项】选项，弹出【布局】对话框，打开【文字环绕】选项卡，如图 3-3-11 所示。在该对话框中可对图片的环绕方式进行精确设置。

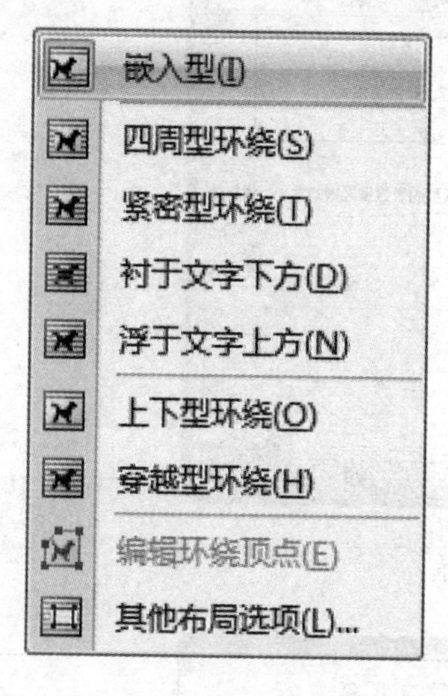

图 3-3-10 【文字环绕】下拉列表

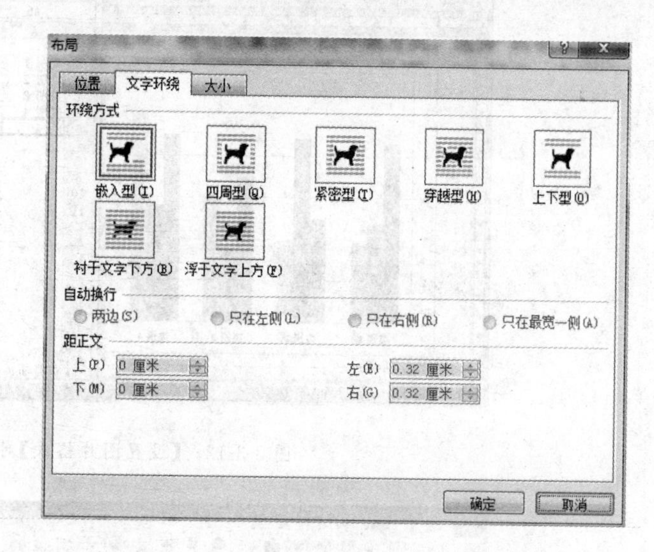

图 3-3-11 【布局】对话框

(11) 裁剪图片

选中图片后，单击【格式】|【大小】|【裁剪】按钮，此时鼠标指针变为形状，将鼠标指针移至图片的控制点上即可对图片进行裁剪。

(12) 旋转图片

在需要旋转的图片上单击鼠标右键，从弹出的快捷菜单中选择【大小和位置】命令，弹出【布局】对话框，在【大小】选项卡中的【旋转】微调框中输入旋转的角度。

(13) 设置透明色

选中需要设置透明色的图片，单击【格式】|【调整】|【颜色】按钮，在弹出的下拉列表中选择【设置透明色】选项，此时鼠标变为形状，将鼠标指向需要设置为透明色的部分，单击鼠标左键，即可将所选部分设置为透明色。

在图片上单击鼠标右键，从弹出的快捷菜单中选择【设置图片格式】命令，弹出【设置图片格式】对话框，如图 3-3-12 所示；在该对话框中可精确设置图片的填充、线条颜色、线型、阴影、三维格式、三维旋转、图片的重新着色等选项参数。

4. 插入艺术字

在【插入】标题中【文本】组中单击【艺术字】，图 3-3-13 所示，即可选择需要的艺术字样式，输入需要的艺术字内容。

在 Word 2010 中插入艺术字后，可随时修改艺术字文字。与 Word 2007 和 Word 2003 不同的是，在 Word 2010 中修改艺术文字非常简单，不需要打开【编辑艺术字文字】对话框，只需要单击艺术字即可进入编辑状态，如图 3-3-14 所示。

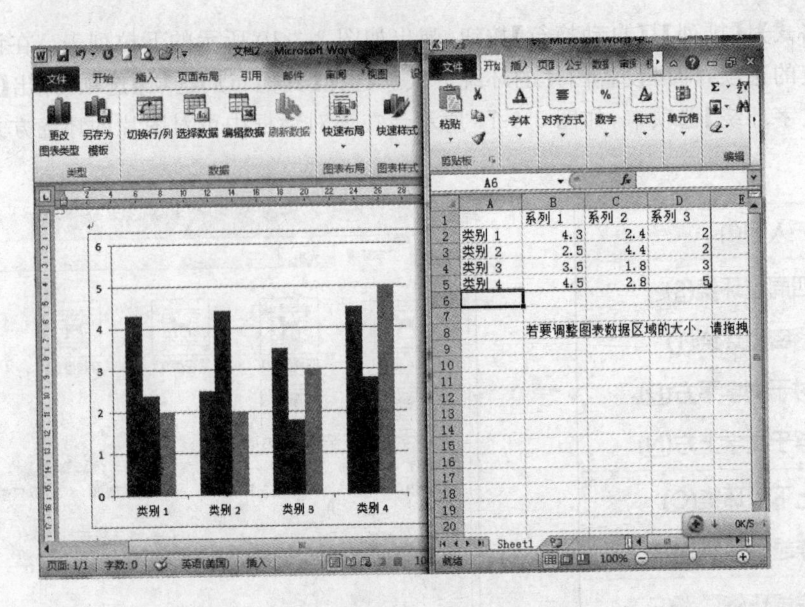

图 3-3-12 【设置图片格式】对话框

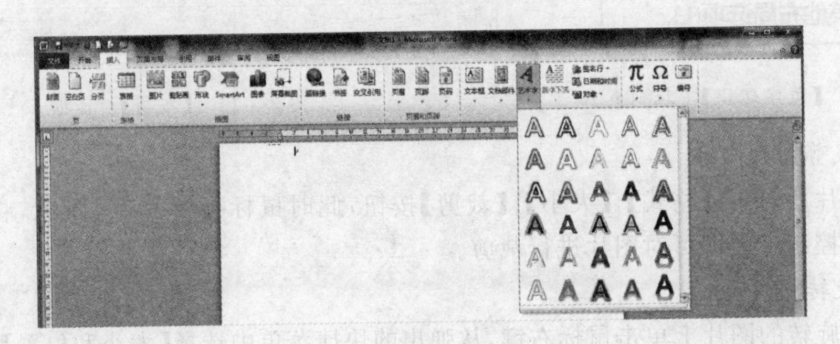

图 3-3-13 插入艺术字

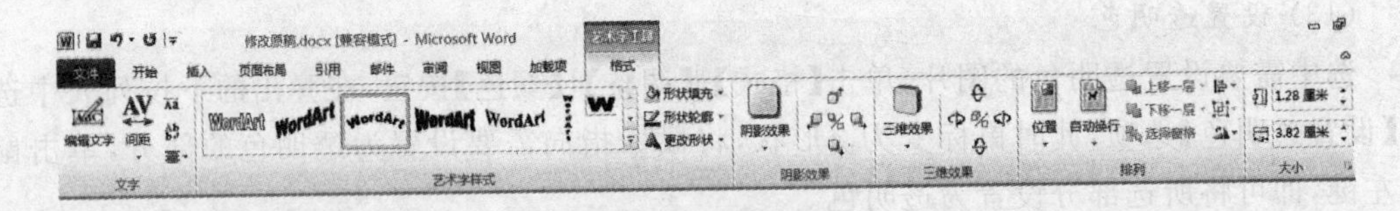

图 3-3-14 编辑艺术字

在修改文字的同时，用户还可以对艺术字进行字体、字号、颜色等格式设置，选中需要设置格式的艺术字，并切换到【开始】功能区，在【字体】分组即可对艺术字分别进行字体、字号、颜色等设置，如图 3-3-15 所示。

5. 绘制自选图形

Word 提供了一套绘制图形的工具，其中包括有大量的自选图形，除了可以更清楚地表示一行流程之外，在文档中插入自选图形，能使文档更加生动有趣。

(1) 绘制自选图形

在 Word 2010 文档中，用户可以插入现成的形状，例如矩形、圆、箭头、线条、流程图等符

号和标注。点击【插入】标签在【插图】组中选择形状，如图 3-3-16 所示即可选择相应的图形和线条。

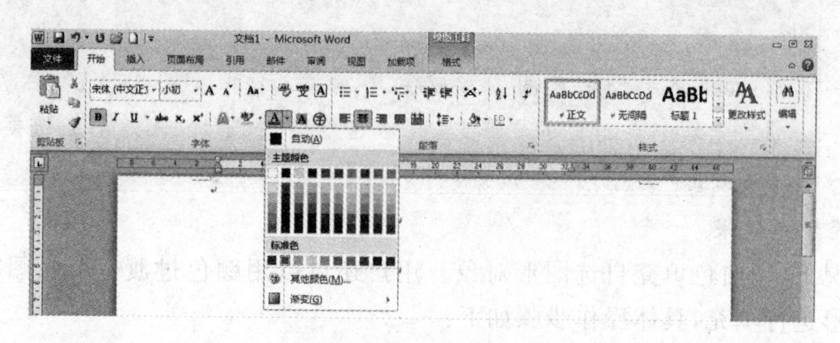

图 3-3-15 艺术字格式设置

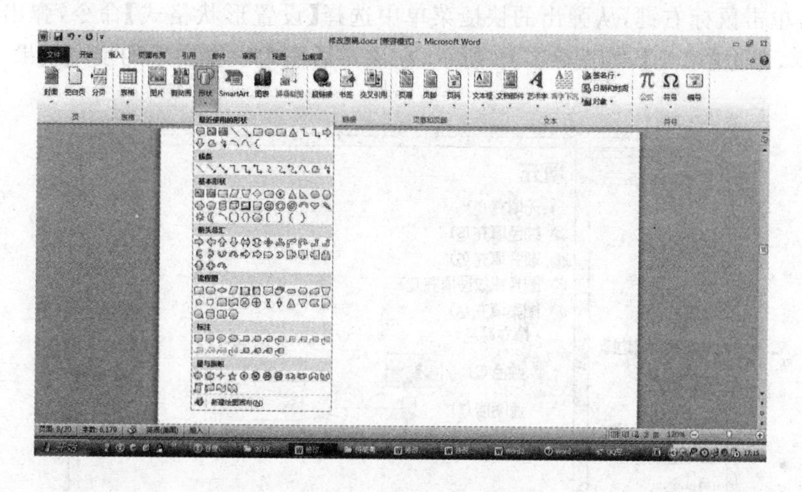

图 3-3-16 图形绘制

(2) 编辑自选图形

在文档中绘制好自选图形后，就可以对其进行各种编辑操作。

① 为图形添加文本

在插入的自选图形上单击鼠标右键，从弹出的快捷菜单中选择【添加文字】命令，即可输入要添加的文本。

对于绘制的自选图形，用户还可以对其进行组合。组合可以将不同的部分合成为一个整体，便于图形的移动和其他操作。组合自选图形的方法如下：按住＜Shift＞键，鼠标依次单击要组合的图形，单击鼠标右键，从弹出的快捷菜单中选择【组合】→【组合】命令，即可将图形组合成一个整体。如图 3-3-17 所示，这样就可以将所有选中的图形组合成一个图形，组合后的图形可以作为一个图形对象进行处理。

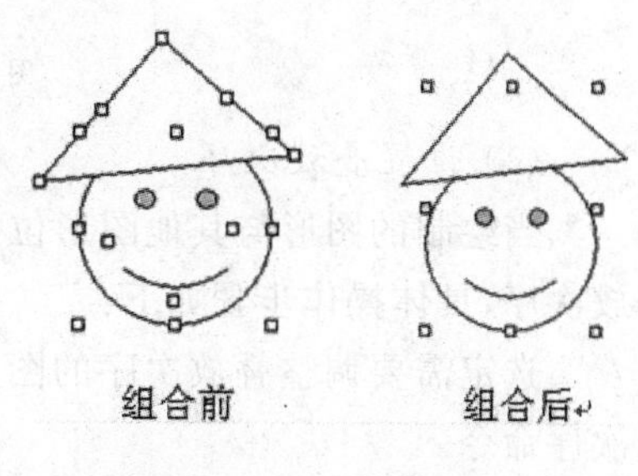

3-3-17 图形的组合

如果需要将剪贴画、艺术字和自选图表等组合成一个图形，首先要改变剪贴画的环绕方式，将插入的嵌入式剪贴画变成浮动式对象，然后才能进行组合。

如果对组合起来的图形感到不满意，还可以将其分解，称为【取消组合】。先选中要解散的图形，鼠标右击组合的图形，在弹出的快捷菜单中选择【组合】命令，从其级联菜单中选择【取消组合】命令即可。

(3) 设置填充效果

默认情况下，用白色填充自选图形对象。用户还可以用颜色过渡、纹理、图案以及图片等对自选图形进行填充，具体操作步骤如下：

步骤1：选定需要进行填充的自选图形；

步骤2：单击鼠标右键，从弹出的快捷菜单中选择【设置形状格式】命令，弹出【设置形状格式】对话框，单击【填充】，如图3-3-18所示；在该对话框中设置图形的填充效果。

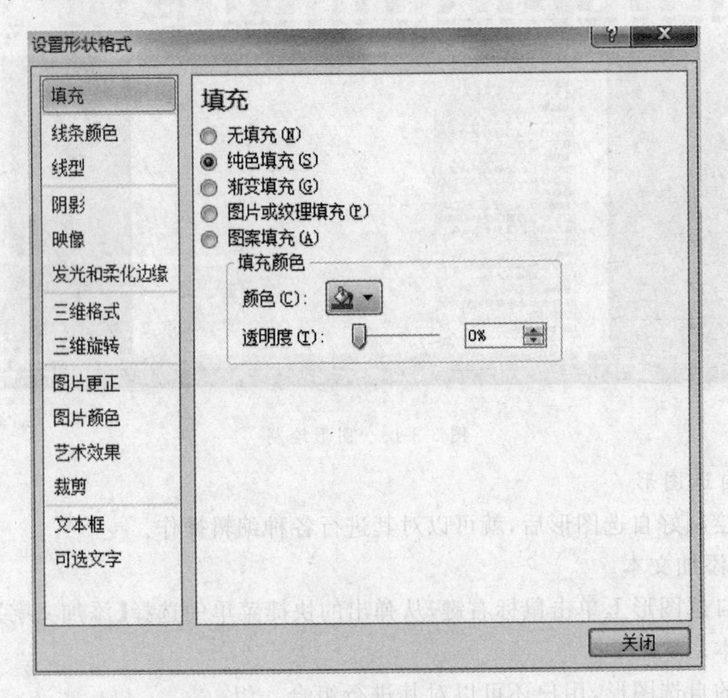

图3-3-18 【设置形状格式】对话框

(4) 设置叠放次序

当绘制的图形与其他图形位置重叠时，就会遮盖图片的某些重要内容，此时必须调整叠放次序，具体操作步骤如下：

选定需要调整叠放次序的图片，单击鼠标右键，从弹出的快捷菜单中选择所需要的叠放次序命令。

6. SmartArt图形的使用

虽然插图和图形比文字更有助于读者理解和记忆信息，但大多数人仍创建仅包含文字的内容。创建具有设计师水准的插图很困难，用户可以使用 SmartArt 图形功能，只需单击几下鼠标，即可创建具有设计师水准的插图。SmartArt 图形是信息和观点的视觉表示形式。可以通过从多种不同布局中进行选择来创建 SmartArt 图形，从而快速、轻松、有效地传达信息。

(1) 插入 SmartArt 图形

创建 SmartArt 图形时，系统将提示用户选择一种 SmartArt 图形类型，例如"流程"、"层次结构"、"循环"或"关系"。类型类似于 SmartArt 图形类别，而且每种类型包含几个不同的布局。在文档中插入 SmartArt 图形的具体操作步骤如下：

步骤 1：将光标定位在需要插入 SmartArt 图形的位置，单击【插入】|【插图】|【SmartArt】选项，弹出【选择 SmartArt 图形】对话框，如图 3-3-19 所示；

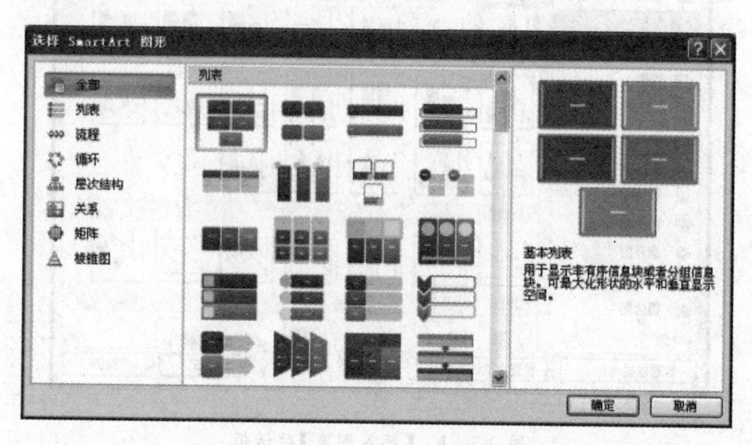

图 3-3-19 【选择 SmartArt 图形】对话框

步骤 2：在该对话框左侧的列表框中选择 SmartArt 图形的类型；在中间的【列表】列表框中选择子类型；在右侧将显示 SmartArt 图形的预览效果。设置完成后，单击【确定】按钮，即可在文档中插入 SmartArt 图形；

步骤 3：如果需要输入文字，可在写有【文本】字样处单击鼠标左键，即可输入文字。选中输入的文字，即可像普通文本一样进行格式化编辑。

(2) 编辑 SmartArt 图形

插入 SmartArt 图形后，还可以对其进行编辑操作，如图 3-3-20 所示。

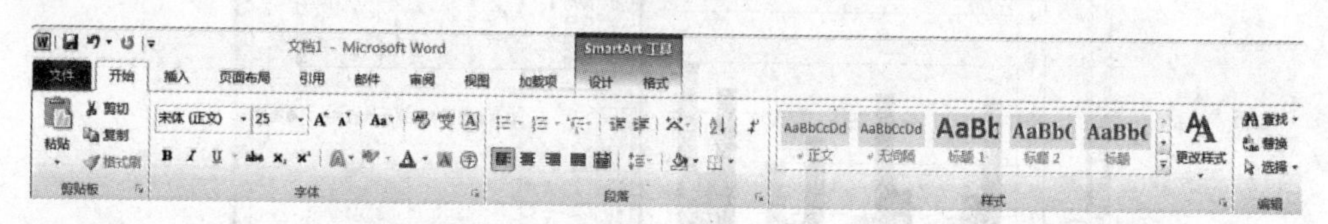

图 3-3-20　SmartArt 工具

选中已插入的 SmartArt 图形，在【SmartArt 工具】|【设计】选项卡中可对 SmartArt 图形的布局、颜色、样式等进行设置。

在【SmartArt 工具】|【格式】选项卡中可对 SmartArt 图形的形状、形状样式、艺术字样式、排列、大小等进行设置。

7. 插入图表

图表能直观地展示数据，使用户方便地分析数据的概况、差异和预测趋势。例如，用户不必分析工作表中的多个数据列就可以直接看到各个季度销售额的升降，或者直观地对实际销售额与销售计划进行比较。

(1) 插入图表

在 Word 文档中，能够方便地插入图表，具体操作步骤如下：将光标定位在需要插入图表的位置，单击【插入】标签|【插图】组|【图表】按钮，弹出图 3-3-21 所示【插入图表】对话框。

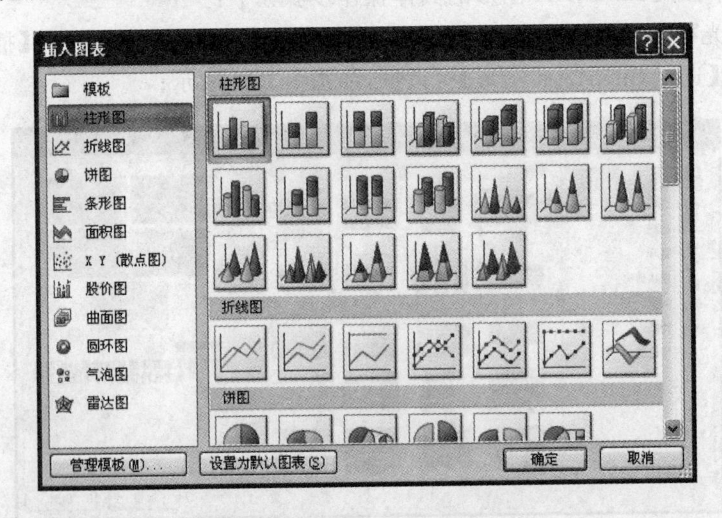

图 3-3-21 【插入图表】对话框

在该对话框左侧选择图表类型模板；在右侧选择其子类型，单击【确定】按钮，即可在文档中插入图表，同时打开 Excel 窗口。在 Excel 表格中对的数据进行修改，在 Word 文档中的图表中即可显示出来，如图 3-3-22 所示。

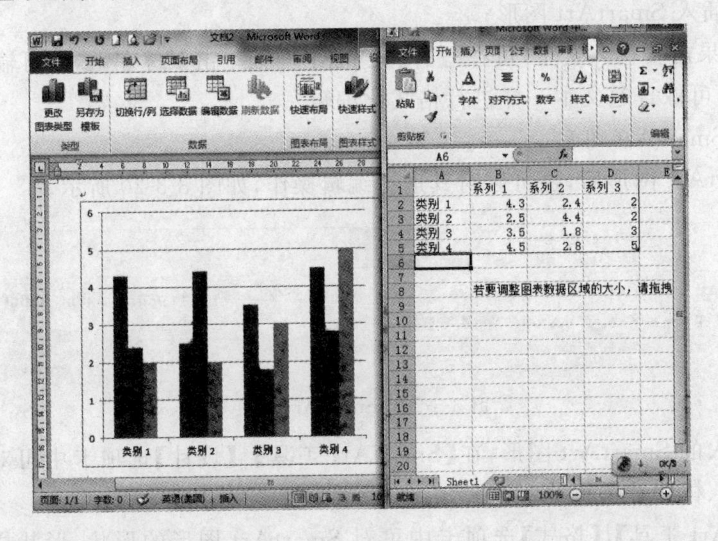

图 3-3-22 插入图表效果

(2) 编辑图表

选中插入的图表,可用【图表工具】选项卡对其进行编辑操作,如图 3-3-23 所示:

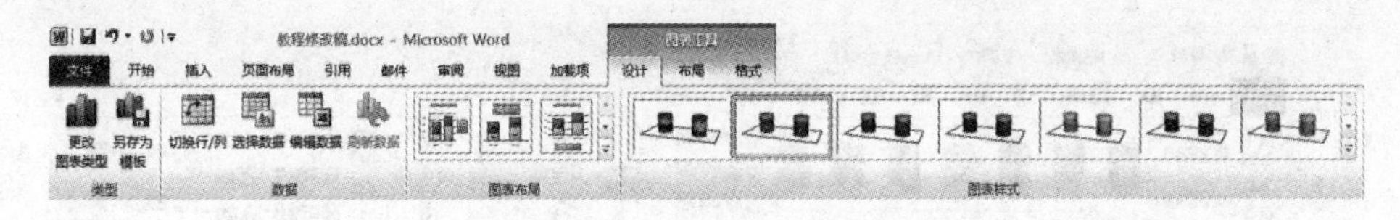

图 3-3-23 编辑图表

在【图表工具】|【设计】选项卡中可对图表的类型、数据、布局、样式等进行设置。例如在【类型】组中选择【更改图表类型】选项可对图表的类型进行修改。

在【图表工具】|【布局】选项卡中可对图表当前所选内容、标签、坐标轴、背景、分析等进行设置。

在【图表工具】|【样式】选项卡中可对图表的形状样式、艺术字样式、排列以及大小等进行设置。

8. 插入文本框

文本框是精确定位文字、图形、表格的工具。文本框如同窗口,无论是一段文字、一个表格、一张图片或者组合对象,均能放入其中;它具有图形的特性,可设置文本框格式;可将文本框移动到页面的任意位置。

(1) 插入文本框

在 Word 2010 文档中插入的文本框对象默认为【浮于文字上】版式,点击【插入】标签后在【文本】组中选择【文本框】。其中 Word 2010 提供了常用的文本框样式,以及传统的横向及纵向的文本框样式以供选择,如图 3-3-24 所示。

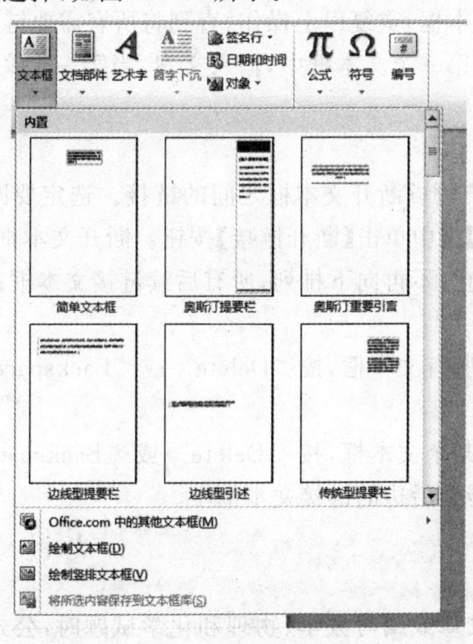

图 3-3-24 插入文本框

(2) 编辑文本框

选中需要编辑的文本框即出现,如图 3-3-25 所示。

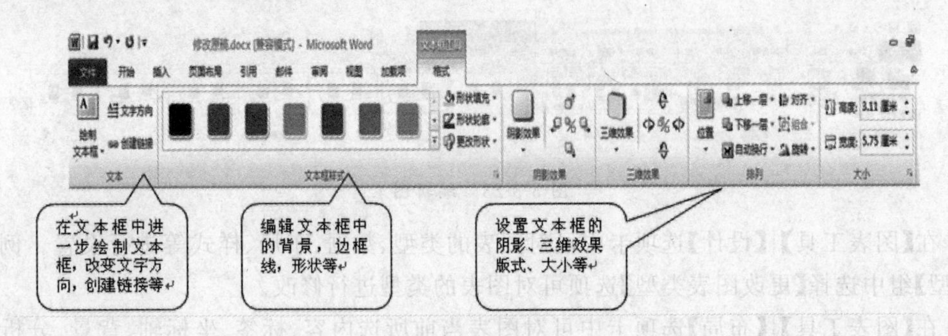

图 3-3-25 文本框格式的设置

(3) 链接文本框

链接文本框可以将文档中不同位置的文本框连接在一起,使之成为一个整体。在链接文本框中输入文本,如果第一个文本框写满,插入点自动跳到第二个文本框内,继续输入文本。如果第一个文本框没有写满,第二个文本框就不可以编辑,即文本按照“就前”原则进行排列。

① 创建文本框链接

步骤 1:首先在文档中需要创建链接文本框的位置绘制多个空白文本框,选中第一个文本框,在【文本框工具】|【格式】|【文本】组中单击【创建链接】按钮,此时鼠标指针变为形状;

步骤 2:将鼠标指针移至需要链接的下一个文本框中,此时鼠标指针变为形状,单击鼠标左键,即可将两个文本框链接起来;

步骤 3:选定后边的文本框,重复以上操作,直到将所有需要链接的文本框链接起来;

步骤 4:将光标定位在第一个文本框中,输入文本,当第一个文本框排满后,光标将自动排在后边的文本框中。

② 断开文本框链接

在 Word 2010 中,用户可以断开文本框之间的链接。选定要断开链接的文本框,在【文本框工具】|【格式】|【文本】组中单击【断开链接】按钮。断开文本框链接后,文字将在位于断点前的最后一个文本框截止,不再向下排列,所有后续链接文本框都将为空。

③ 删除链接文本框

选定链接文本框中的所有文本框,按<Delete>或<Backspace>键,可删除链接文本框中的所有文本框和文本。

选定链接文本框中的某个文本框,按<Delete>或<Backspace>键,可删除该文本框,而保留其中的文本,并且转到后边的链接文本框中。

9. 插入公式

在撰写理工类论文、文章或编写数学、物理和化学试题时,公式成为其中重要的组成部分。有的公式复杂且符号繁多,利用 Word 2010 所提供的公式即可。

先将插入点定位到需插入公式的位置，选择【插入】标签下的【符号】组中的【公式】，如图 3-3-26 所示。

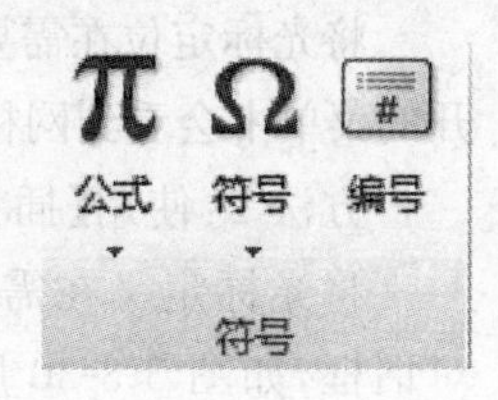

图 3-3-26　插入公式

即可以选择相应的符号进行编辑，插入文档中的公式具有图形的特性，因此，对其格式设置的操作与设置图形格式的操作类型，可对其大小、版式等进行设置。要修改或重新编辑公式，直接双击公式即进入到公式工具的设计界面，如图 3-3-27 所示。

图 3-3-27　编辑公式

3.3.2　表格的制作与编辑

人们在日常工作中，常常要用到表格这一特殊的表现形式，例如个人简历、成绩单等。使用表格可以简明、直观地显示数据，展现数据的信息。表格由行和列组成，其中的每一个格子称为【单元格】，是表格的基本单元。

1. 创建表格

选择【插入】功能区的表格，图 3-3-28 所示。

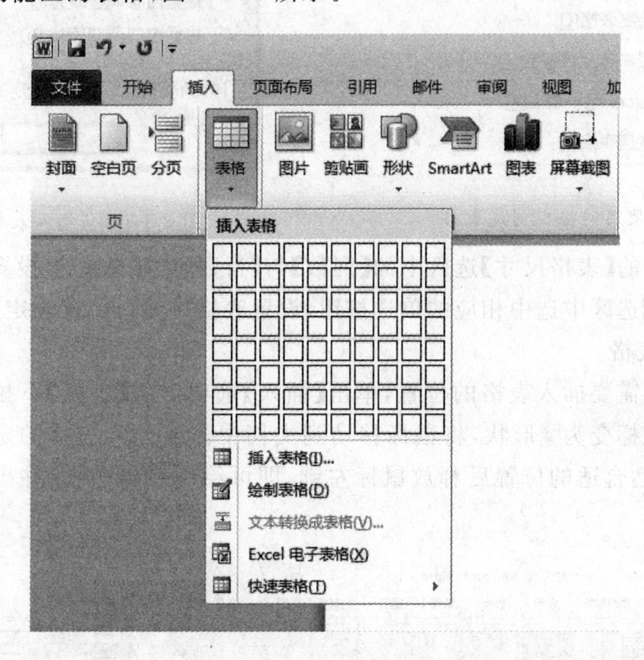

图 3-3-28　【插入】表格

选择插入点后，插入表格的六种方法：

方法 1：利用表格网格可直接在文档中插入表格。

将光标定位在需要插入表格的位置;选择【插入】选项卡,单击【表格】组中的【表格】按钮,在打开的菜单中会看到网格框;用鼠标直接拖动选择需要的行数和列数即可,如图 3-3-29 所示。

方法 2:使用【插入表格】命令。

将光标定义在需要插入表格的位置;选择【插入】|【表格】|【插入表格】,弹出【插入表格】对话框,如图 3-3-30 所示。

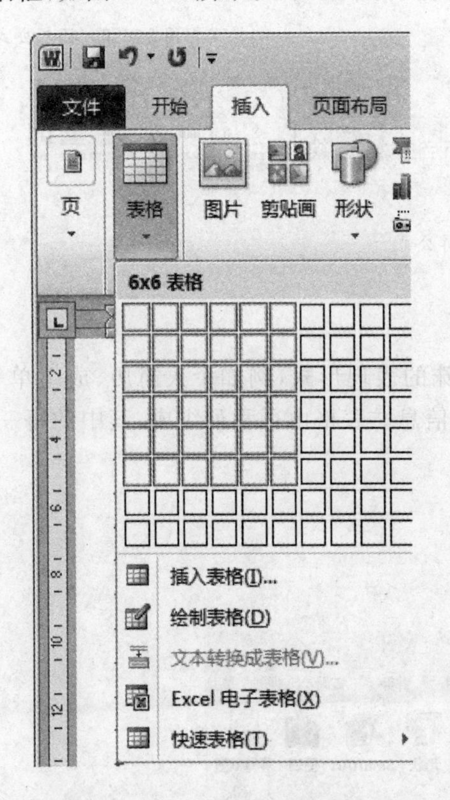

图 3-3-29　使用网格框创建表格

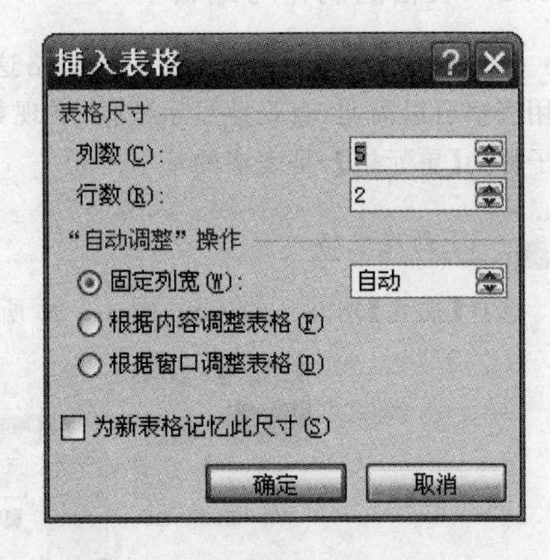

图 3-3-30　【插入表格】对话框

在该对话框中的【表格尺寸】选区中的【列数】与【行数】中输入需要设置的行/列数值;在【"自动调整"操作】选区中选中相应的单选按钮,设置表格列宽;点击【确定】完成该操作。

方法 3:绘制表格。

将光标定位在需要插入表格的位置,单击【插入】选项卡的【表格】下拉按钮,选择【绘制表格】命令,此时光标变为✎形状,将鼠标移动到文档中需要插入表格的定点处。按住鼠标左键并拖动,当到达合适的位置后释放鼠标左键,即可绘制表格边框,并出现【表格工具】标签,如图 3-3-31。

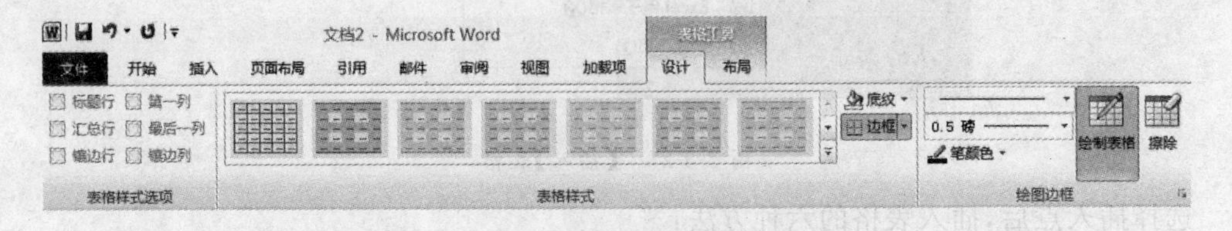

图 3-3-31　【表格工具】标签

用鼠标继续在表格边框内自由绘制表格的横线、竖线或斜线，绘制出表格的单元格。如果要擦除单元格边框线，可在【表格工具】|【设计】中点击 按钮，此时光标变为 形状，按住鼠标左键并拖动经过要删除的线，即可删除表格的边框线。

方法 4：插入电子表格。

在 Word 2010 中不仅可以插入普通表格，还可以插入 Excel 电子表格。操作步骤如下：

将光标定位在需要插入电子表格的位置，单击【插入】|【表格】|【Excel 电子表格】命令，即可在文档中插入一个电子表格，如图 3-3-32 所示。

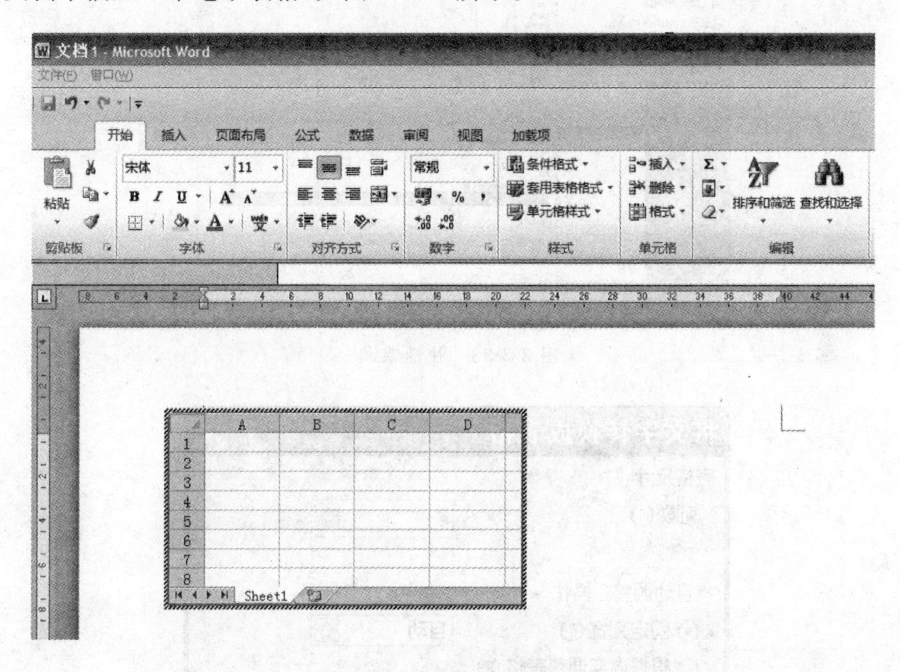

图 3-3-32　插入 Excel 电子表格

在插入的 Excel 电子表格中输入内容，编辑完成后单击电子表格以外的空白处即可。

Excel 电子表格插入后，将被视为图片对象，而不再是普通电子表格。如果想要继续对插入的 Excel 电子表格进行编辑，可在插入的 Excel 电子表格处双击鼠标左键，使其处于编辑状态。

方法 5：插入快速表格。

在 Word 2010 中，可以快速地插入内置表格，点击【插入】|【表格】|【快速表格】就可以选择插入表格的类型，如图 3-3-33 所示。

方法 6：文本转换为表格。

在 Word 2010 中可以用段落标记、逗号、制表符、空格或其他特定字符隔开的文本转换成表格。具体操作如下：将光标定位在需要插入表格的位置；选定要转换为表格的文本，单击【插入】标签中的表格中的下拉按钮；

选择【文本转换成表格】，即出现，如图 3-3-34 所示。在该对话框中，对【表格尺寸】中的列数进行调整，在【文字分隔位置】选区中选择或输入一种做分隔符。

单击【确定】即可将文本转换成表格。

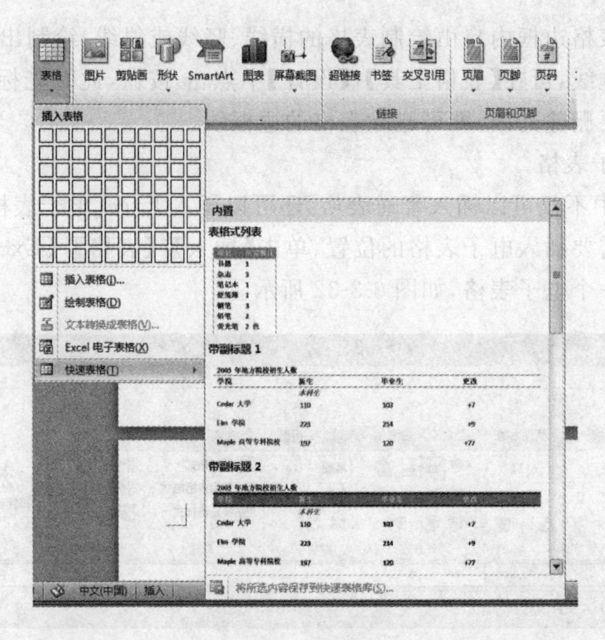

图 3-3-33　快速表格

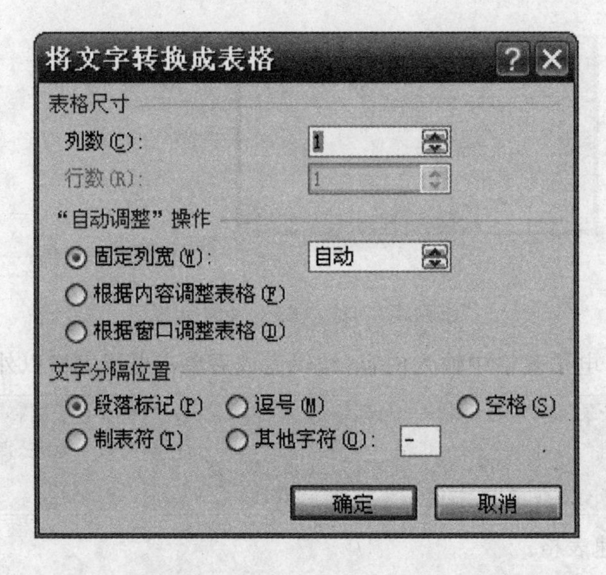

图 3-3-34　将文字转换成表格

2. 表格的编辑

插入文档中的表格通常需要编辑处理一下。表格的编辑包括选定表格的编辑对象(单元格、整行、整列、多行、多列、整个表格),插入单元格、行、列和表格,删除单元格、行、列和表格,改变表格的行高和列宽,合并和拆分单元格,表格的拆分与合并,复制、移动行和列等。

(1) 数据的输入

在输入信息之前,必须先定位插入点。定位光标既可以使用鼠标定位,也可以使用键盘定位。使用鼠标定位插入点,只需将鼠标指针指向要设置插入点的单元格中,单击鼠标左键即可。使用键盘定位插入点的具体操作方法如表 3-3-1 所示。定位好插入点之后,可直接在单元格中输入所需的信息。

表 3-3-1　使用快捷键在表格中移动插入点

目的	快捷键	目的	快捷键
移至后一单元格	Tab	移至前一单元格	Shift＋ Tab
移至上一行	↑	移至下一行	↓
移至本行第一单元格	Alt ＋ Home	移至本行最后一个单元格	Alt ＋ End
移至本列第一个格单元格	Alt ＋ Page Up	移至本列最后一个单元格	Alt ＋ Page Down
在本单元格开始新段落	Enter	在表格末添加一行	在表格的最后一个单元格中按 Tab 键

(2) 选定表格的编辑对象

对表格对象的操作必须“先选定,后操作”,选定的对象呈高亮显示(黑底白字)。

选定一个单元格:鼠标指针指向单元格左端内侧边缘,当指针变为向右的黑色实心箭头时,单击即可。

选定一行:鼠标指针指向某行左端外侧边缘,当指针变为向右的空气箭头时,单击即可。

选定一列:鼠标指针指向某列顶端外侧边缘,当指针变为向下的黑色实心箭头时,单击即可。

选定多个单元格、多行或多列:选定一个单元格,一行或一列后,按住鼠标左键拖动(或按住<Shift>键,单击另一单元格、一行或一列),可选定连接的单元格、行或列;选定一个单元格、一行或一列后,按住<Ctrl>键,单击另一单元格,一行或一列,可选定不连续的单元格、行或列。

选定整个表格:鼠标指针指向表格内,表格左上角外会出现⊞,单击该符号即可选定整个表格。

当鼠标指针变为↗或⇩形状时,单击鼠标左键并且拖动鼠标,可选定表格中的多行、多列或多个连续的单元格。按住<Shift>键可选定连续的行、列和单元格;按住<Ctrl>键可选定不连续的行、列和单元格。

(3) 插入单元格、行或列

用户制作表格时,可根据需要在表格中插入单元格、行或列。

① 插入单元格

操作步骤如下:将光标定位在需要插入单元格的位置,在【表格工具】|【布局】选项卡中【行和列】组中单击对话框启动器,弹出【插入单元格】对话框,如图 3-3-35 所示。在该对话框中选择相应的单选按钮,例如选中【活动单元格右移】单选按钮,单击【确定】按钮,即可插入单元格。

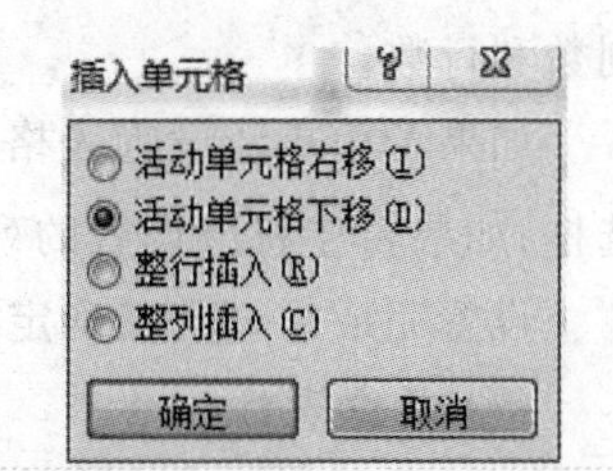

图 3-3-35　【插入单元格】对话框

② 插入行

操作步骤如下:将光标定位在需要插入行的位置,【表格

工具】|【布局】选项卡中的【行和列】组中选择【在上方插入】或【在下方插入】选项，或者单击鼠标右键，从弹出的快捷菜单中选择【插入】|【在上方插入行】或【在下方插入行】命令，即可在表格中插入所需的行。

③ 插入列

插入列的具体操作步骤同插入行。

(4) 删除单元格、行或列

在制作表格时，如果某些单元格、行或列是多余的，可将其删除。

① 删除单元格

操作步骤如下：将光标定位在需要删除的单元格中，单击【表格工具】|【布局】|【行和列】|【删除】，在弹出的下拉列表中选择【删除单元格】选项，或者单击鼠标右键，从弹出的快捷菜单中选择【删除单元格】命令，弹出【删除单元格】对话框，如图 3-3-36 所示。

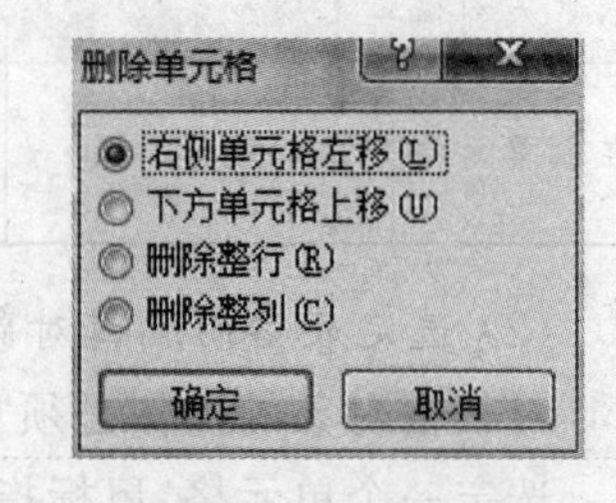

图 3-3-36 【插入单元格】对话框

在该对话框中选择相应的单选按钮，单击【确定】按钮，即可删除单元格。

② 删除行

选中要删除的行(或列)，在【表格工具】|【布局】|【行和列】组中选择【删除】选项，在弹出的下拉列表中选择【删除行(或列)】选项，或者单击鼠标右键，从弹出的快捷菜单中选择【删除行(或列)】命令，即可删除不需要的行(或列)。

(5) 合并单元格

在编辑表格时，有时需要将表格中的多个单元格合并为一个单元格，其具体操作步骤如下：选中要合并的多个单元格，在【表格工具】|【布局】选项卡中，单击【合并】组中的【合并单元格】按钮，或者单击鼠标右键，从弹出的快捷菜单中选择【合并单元格】命令，即可清除所选定单元格之间的分隔线，使其成为一个大的单元格。

(6) 拆分单元格

用户还可以将一个单元格拆分成多个单元格，其具体操作步骤如下：选定要拆分的一个或多个单元格，在【表格工具】|【布局】选项卡中的【合并】组中单击【拆分单元格】按钮，或者单击鼠标右键，从弹出的快捷菜单中选择【拆分单元格】命令，弹出【拆分单元格】对话框，如图 3-3-37 所示。

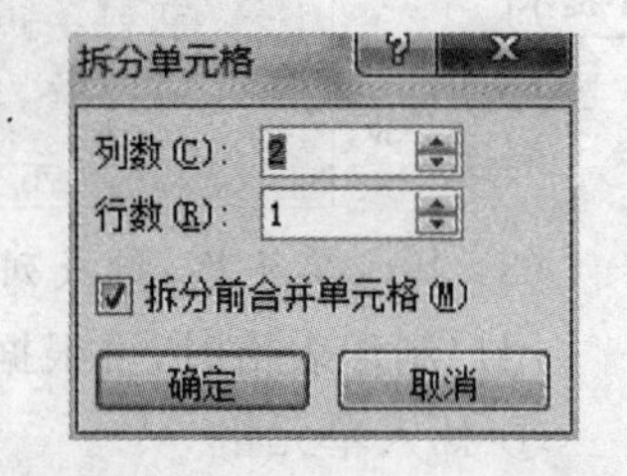

图 3-3-37 【拆分单元格】对话框

在该对话框中的“列数”和“行数”微调框中输入相应的列数和行数。

如果希望重新设置表格，可选中【拆分前合并单元格】复选框；如果希望将所设置的列数和行数分别应用于所选的单元格，则不选中该复选框。

设置完成后，单击【确定】按钮，即可将选中的单元格拆分成等宽的小单元格。

(7) 拆分表格

有时需要将一个大表格拆分成两个表格，以便于在表格之间插入普通文本。具体操作步骤如下：将光标定位在要拆分表格的位置，在【表格工具】|【布局】选项卡中的【合并】组中

单击【拆分表格】按钮，即可将一个表格拆分成两个表格。如图 3-3-38 所示。

一月	二月	三月
4500	5640	7560
6520	4530	6500
6540	5500	5600

拆分表格前

一月	二月	三月
4500	5640	7560

6520	4530	6500
6540	5500	5600

拆分表格后

图 3-3-38　表格的拆分

(8) 调整表格的行高和列宽

在实际应用中，经常需要调整表格的行高和列宽。下面将介绍调整表格行高和列宽的具体方法。

① 调整表格的行高

操作步骤如下：将光标定位在需要调整行高的表格中，在【表格工具】|【布局】选项中的【单元格大小】组中设置表格行高和列宽，或者单击鼠标右键，从弹出的快捷菜单中选择【表格属性】命令，弹出【表格属性】对话框，打开【行】选项卡，如图 3-3-39 所示。

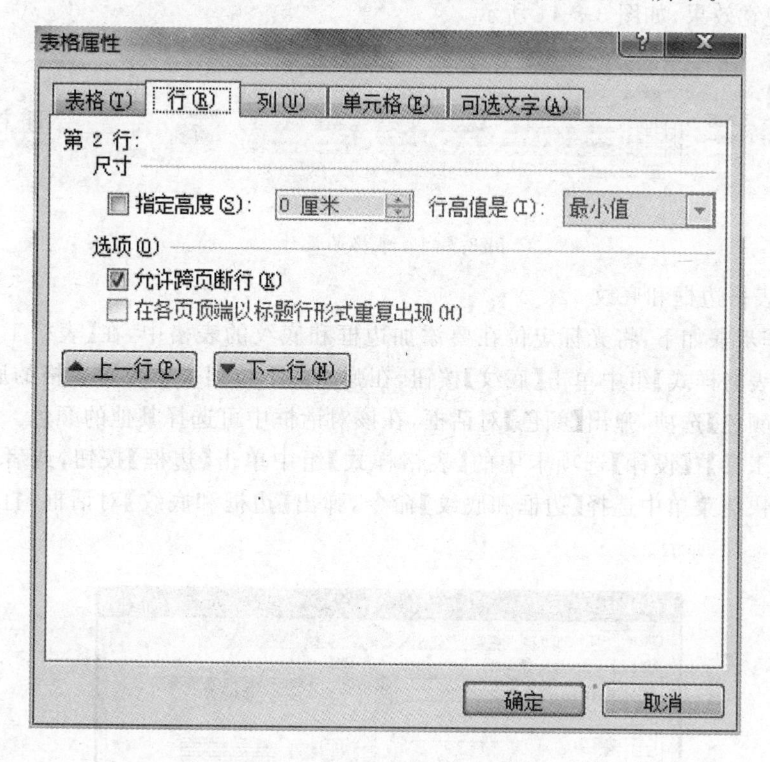

图 3-3-39　【表格属性】对话框

在该选项卡中选中【指定高度】复选框，并在其后的微调框中输入相应的行高值，单击【上一行】或【下一行】按钮，继续设置相邻的行高。选中【允许跨页断行】复选框，允许所选中的行跨页断行，设置完成后，单击【确定】按钮。

② 调整表格的列宽

操作步骤同行高调整。

③ 自动调整表格

Word 2010 还提供了自动调整表格功能，使用该功能，可以根据需要方便地调整表格。具体操作步骤如下：选定要调整的表格或表格中的某部分，在【表格工具】|【布局】选项卡中的【单元格大小】组中选择【自动调整】选项，弹出如图 3-3-40 所示的级联菜单。在该级联菜单中选择相应的选项，对表格进行调整。

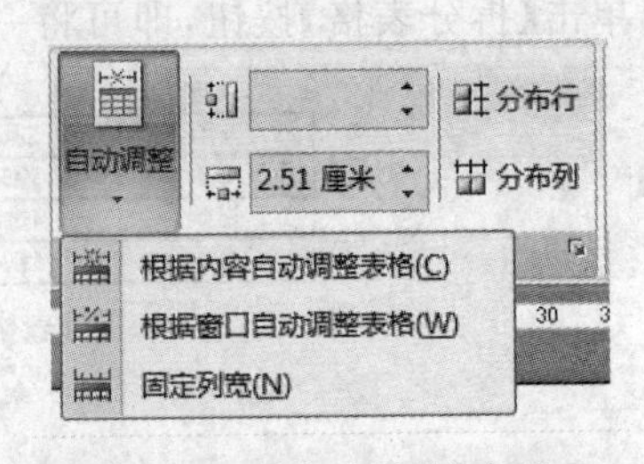

图 3-3-40 【自动调整】选项

将鼠标指针移动到要调整的行或列的边框线上，当鼠标变为上下箭头或左右箭头时，拖动鼠标到合适的位置后释放鼠标，也可调整表格的行高和列宽。

(9) 表格的设计

选中表格后即出现【表格工具】标签，其中包括两部分内容：设计与布局。

在设计中可以选择表格的样式以及表格的边框底纹等，使表格中的内容更加醒目突出，美化文档的视觉效果，如图 3-3-41 所示。

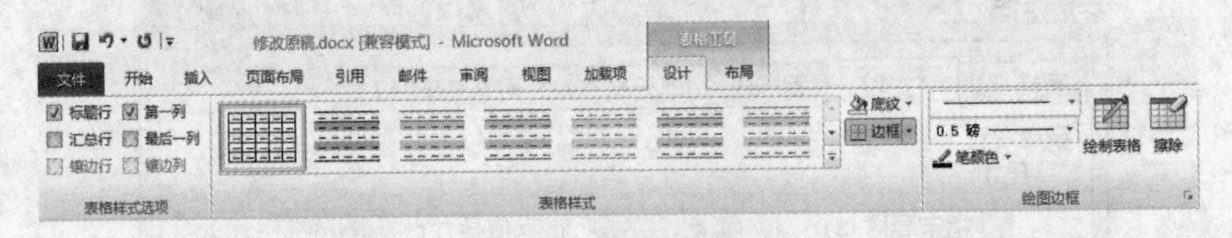

图 3-3-41 表格的设计

① 设置表格边框和底纹

具体操作步骤如下：将光标定位在要添加边框和底纹的表格中，在【表格工具】|【设计】选项卡中的【表格样式】组中单击【底纹】按钮，在弹出的下拉列表中设置表格的底纹颜色，或者选择【其他颜色】选项，弹出【颜色】对话框，在该对话框中可选择其他的颜色。

在【表格工具】|【设计】选项卡中的【表格样式】组中单击【边框】按钮，或者单击鼠标右键，从弹出的快捷菜单中选择【边框和底纹】命令，弹出【边框和底纹】对话框，打开【边框】选项卡，如图 3-3-42 所示。

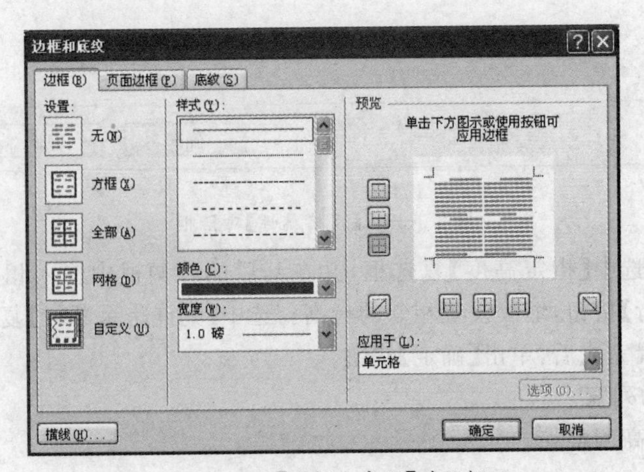

图 3-3-42 【边框和底纹】对话框

在该选项卡中的【设置】选区中选择相应的边框形式；在【样式】列表框中设置边框线的样式；在【颜色】和【宽度】下拉列表中分别设置边框的颜色和宽度；在【预览】区中设置相应的边框或者单击【预览】区中左侧和下方的按钮；在【应用于】下拉列表中选择应用的范围。设置完成后，单击【确定】按钮。

② 表格的自动套用格式

Word 2010 为用户提供了一些预先设置好的表格样式，这些样式可供用户在制作表格时直接套用，可省去许多调整表格细节的时间，而且制作出来的表格更加美观。

使用表格自动套用格式的具体操作步骤如下：(1)将光标定位在需要套用格式的表格中的任意位置。(2)在【表格工具】|【设计】选项卡中的【表格样式】组中设置，在弹出的【表格样式】下拉列表中选择表格的样式，如图 3-3-43 所示。

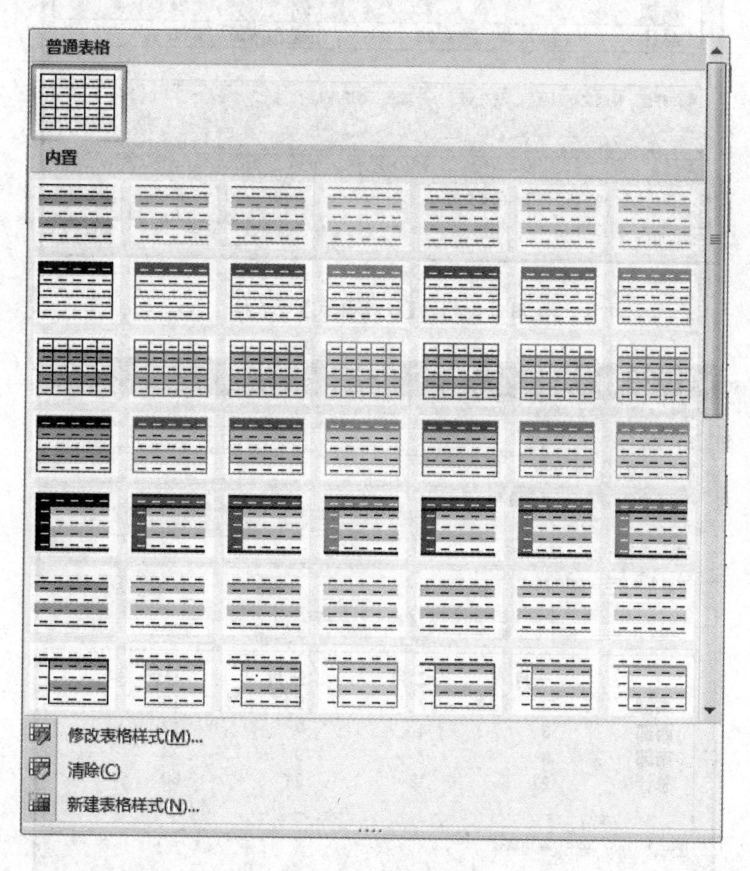

图 3-3-43 表格样式库

③ 修改表格样式

在该下拉列表中选择【修改表格样式】选项，弹出【修改样式】对话框，如图 3-3-44 所示。在该对话框中可修改所选表格的样式。

在该下拉列表中选择【新建表格样式】选项，弹出【根据格式设置创建新样式】对话框，如图 3-3-45 所示；在该对话框中新建表格样式。

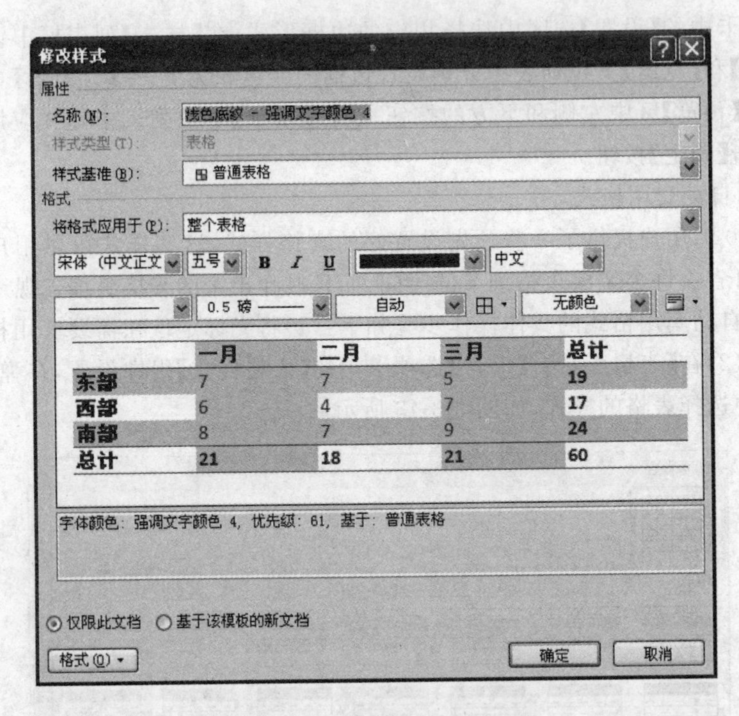

图 3-3-44 【修改样式】对话框

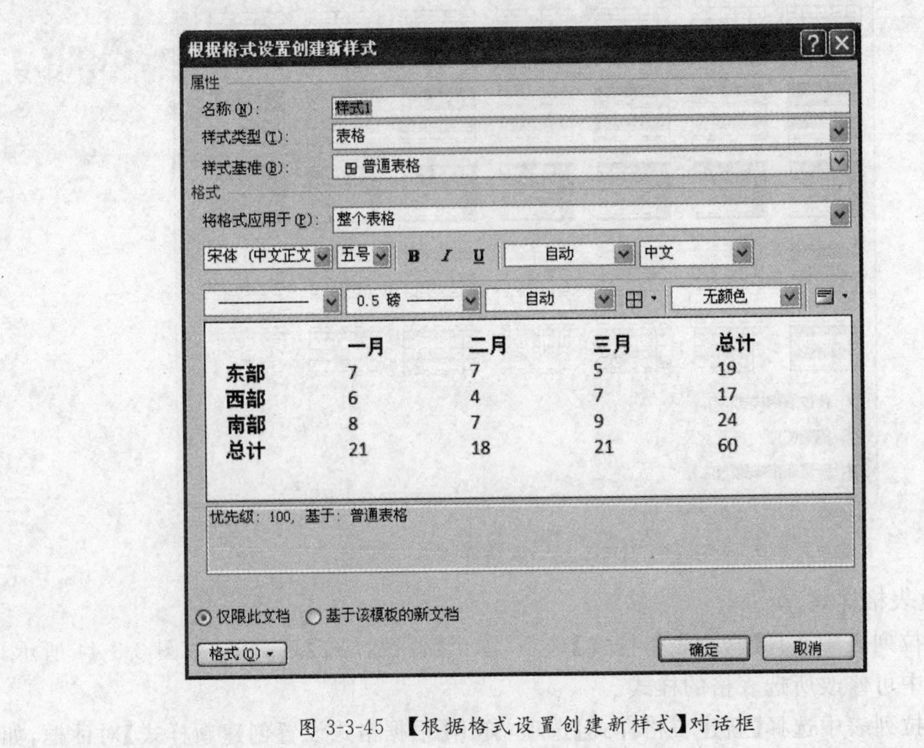

图 3-3-45 【根据格式设置创建新样式】对话框

④ 绘制斜线表头

在 Word 2010 中绘制斜线表头的步骤：

将光标定位在需要绘制表头的单元格中；选择【表格工具】|【设计】中的绘制表格，当光标变为画笔状即可以在该单元格内绘制斜线。或是【表格工具】|【设计】中【表格样式】组中的边框，如图 3-3-46 所示；从其中的下拉列表中的斜线即可。

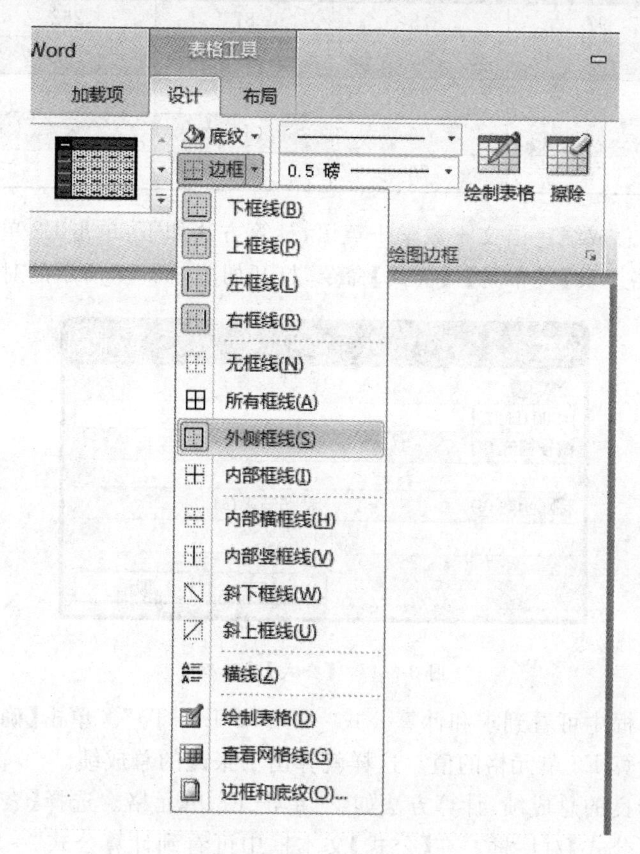

图 3-3-46 表格边框设计

3. 表格的计算

Word 2010 的表格具有一定的计算功能，有些通过计算可以得到的数据不必进行输入，只要定义好公式就能将结果计算在表格中，经过公式计算所得到的结果是一个域，当公式中的源数据发生变化，结果经过更新也会随之改变。

(1) 单元格、单元格区域

一个表格是由若干行和若干列组成的一个矩形的单元格阵列。单元格是组成表格的基本单位。单元格地址是由行号和列标来标识的，列标在前，行号在后。列标用 A、B、C…Z、AA、AB、…AZ、BA、BB、…表示，最多达 63 列；行号用 1、2、3…表示，最多可达 32767 行，所以一张 Word 表格最多可有 32767×63 个单元格。

单元格区域的表示方法是用该区域左上角的单元格地址和右上角地址中间加一个冒号“:”组成。例如 A1:B6、B3:D8、C3:C7 等。

(2) 表格计算

Word 2010 的计算功能通过公式来实现。下面以表 3-3-2 为例，介绍表格的计算方法。

表 3-3-2　学生成绩表

科目 姓名	语文	数学	英语	总成绩	平均成绩
张霞	97	78	87	262	
李良	89	69	76		
赵刚	100	87	95		
王平	88	76	66		
孙可	79	76	80		

在表 3-3-2 中,总成绩＝语文＋数学＋英语,计算方法如下:单击 E2 单元格,计算张霞的总成绩。选择【表格工具】|【布局】|【公式】命令,打开如图 3-3-47 所示的对话框:

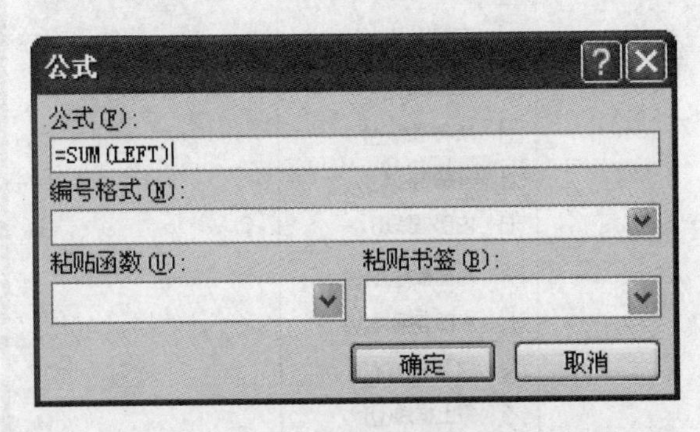

图 3-3-47　【公式】对话框

在【公式】文本框中可看到求和计算公式"＝SUM(LEFT)"。单击【确定】按钮,关闭【公式】对话框,即可计算 E2 单元格的值。这样就算出了张霞的总成绩。

下面来计算李良的总成绩,计算方法如下:单击 E3 单元格。选择【表格工具】|【布局】|【公式】命令,打开【公式】对话框。在【公式】文本框中可看到计算公式"＝SUM(ABOVE)",将其改为"＝SUM(LEFT)"或"＝B3＋C3＋D3"或"SUM(B3:D3)"。

计算平均成绩的方法与计算总成绩的方法基本类似,只是使用的函数应改为 AVERAGE,读者可以自己尝试。

使用公式时,应特别注意以下问题:

在公式中可以采用的运算符包括:＋、－、*、/、^、%、＝共七种。公式前面的"＝"一定不能遗漏。

输入公式应注意在英文半角状态下输入,字母不分大小写。

输入公式时,应输入该单元格的地址,而不是单元格的具体数值。而且参加计算的应是数值型数据。

公式中可以使用函数,只要将需要的函数粘贴到公式中并填上相应的参数即可。

Word 2010 的表格计算包括 3 个函数参数,分别是 ABOVE、LEFT、RIGHT,用来指示运算的方向。ABOVE 表示对当前单元格以上的数据进行计算;LEFT 表示对当前单元格左边的数据进行计算;RIGHT 表示对当前单元格右边的数据进行计算。

如果该单元格中已包含数据,应先清除后再输入公式。如果输入的公式有错误,应先将错误信息清除后再输入公式。

3.3.3　设置样式和模板

【样式】就是一组字符格式和段落格式的组合体，使用样式的目的则是为了提高排版的效率。用户可以先为某些段落精心设计其字符和段落格式，包括为其设定一定的项目符号、编号或多级符号格式，然后将它们存储为一个【样式】，并为该【样式】起一个名字（即“样式名”）。这样，当用户在今后的排版工作中，希望将某些段落设置为相同的格式时，就可以直接通过该【样式名】来调出此前所存储的“样式”，并把它作用在新的段落上，而无需再为其一一设定字符和段落格式，从而大大提高了排版效率。

【模板】则可以简单地认为是存储各种【样式】的“仓库”，如果希望一个【样式】能够被长期反复使用，就必须把它存储在某个【模板】中。Word 2010 提供了一百多种内置样式，如标题样式、正文样式、页眉页脚样式等。

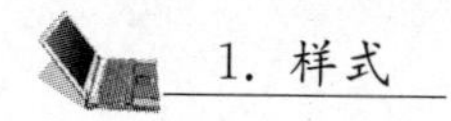

1. 样式

（1）应用样式

选定样式的方法，如图 3-3-48 所示。

图 3-3-48　选定样式

在弹出的【样式库】中选择所需样式，如图 3-3-49 所示。

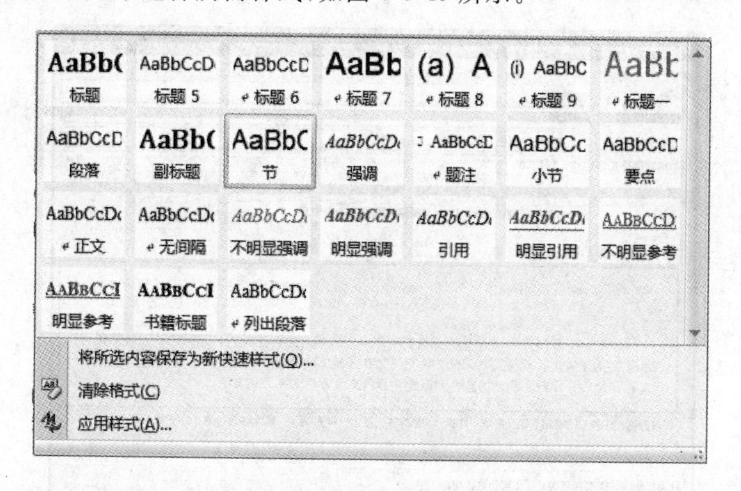

图 3-3-49　【样式库】窗格

（2）创建样式

Word 2010 允许用户创建新的样式，创建样式的操作方法如下。首先选择【开始】|【样

式】,单击右下角的对话框启动器,弹出【样式】窗格,如图 3-3-50 所示。

图 3-3-50 【样式】窗格

然后单击【样式】窗格左下角的【新建样式】按钮，弹出【根据格式设置创建新样式】对话框,如图 3-3-51 所示。在【名称】文本框中输入新建样式的名称,根据需要对文字和段落等进行设置。单击【确定】按钮,完成设置。

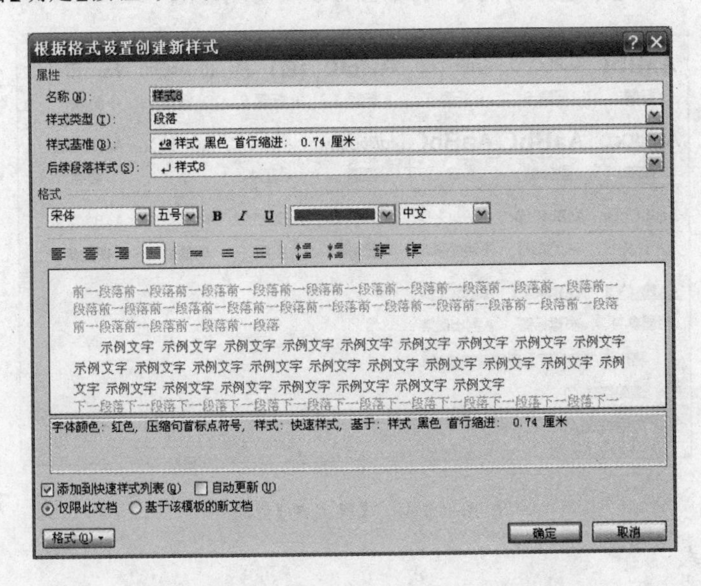

图 3-3-51 【根据格式设置创建新样式】对话框

(3) 修改/删除样式

打开【样式】窗格,将鼠标指向需要修改的样式上,单击要修改样式右边的箭头,在出现的下拉菜单中选择【修改样式】命令。打开【修改样式】对话框,按需要修改样式即可,如图 3-3-52 所示。

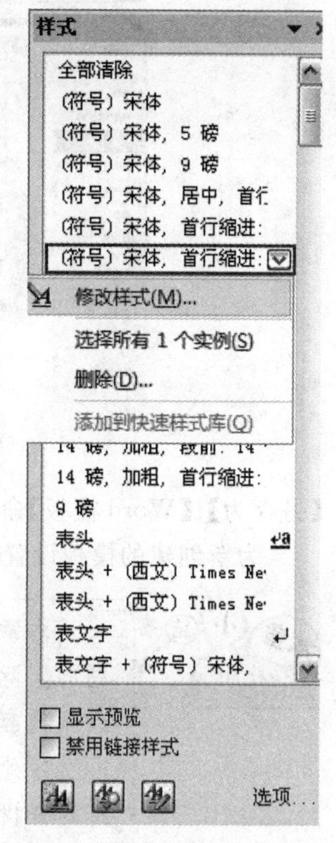

图 3-3-52　修改样式

删除样式的方法是:打开【样式】窗格,将鼠标指向需要删除的样式上,单击右边的箭头,在出现的下拉菜单中选择【删除】命令。

系统只允许删除自己创建的样式,而 Word 的内置样式只能修改,不能删除。

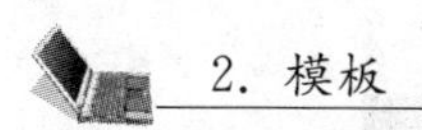

2. 模板

任何 Word 文档都是以模板为基础的,模板决定文档的基本结构和文档设置。Word 2010 提供了多种固定的模板类型,如信函、简历、传真、备忘录等。模板是一种预先设置好的特殊文档,能提供一种塑造文档最终外观的框架,而同时又能向其中添加自己的信息。

(1)选用模板

单击【文件】按钮,选择【新建】命令,从弹出的【可用模板】对话框,在对话框中显示出包含的模板,选择所需模板类型即可,如图 3-3-53 所示。

其中可以选择【样本模板】即显示出系统安装的模板类型,如图 3-3-54 所示。

按照模板的格式,在相应位置输入内容,就可以将此模板应用到新文档中了。

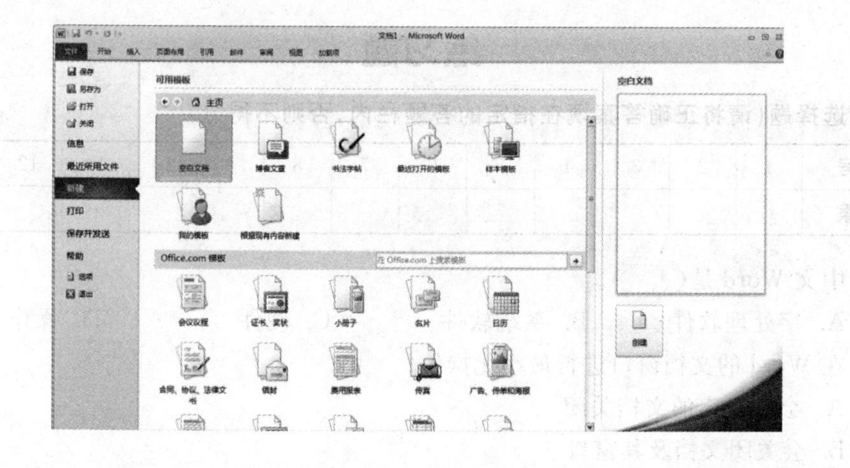

图 3-3-53　模板库

(2) 根据现有文档创建新模板

方法如下:

首先排版好一篇文档,为新模板设计基本架构模式,确定文档的最终外观,选择【文件】|

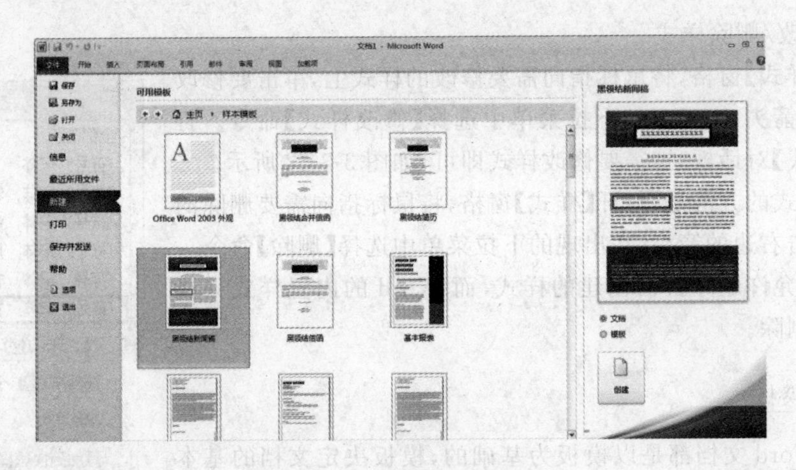

图 3-3-54 样本模板

【另存为】|【Word 模板】命令，弹出【另存为】对话框。

为新创建的模板设置新名称，单击【保存】按钮即可。模板文件的扩展名为. dotx。

本章学习了 Office 2010 中有关 Word 的内容。从沿承以往学习基础的实际出发，通过本章的理论学习和上机实践，应该重点了解和掌握以下内容：

字处理软件方面，复习了新建文档和输入文本、剪贴板工具、特殊字符的查找、替换等基本操作；重点学习了 Word 20010 的新特性；重点学习了表格制作、艺术字体、图片、公式等对象的插入方法；理解并学会了有关分栏、样式和模板的概念和设置方法；以及与任务窗格有关的基本操作。

练习题

一、单项选择题（请将正确答案填在指定的答题栏内，否则不得分）

题号	1	2	3	4	5	6	7	8	9	10	11	12	13
答案													

1. 中文 Word 是（　　）。

A. 字处理软件　　B. 系统软件　　C. 硬件　　D. 操作系统

2. 在 Word 的文档窗口进行最小化操作（　　）。

A. 会将指定的文档关闭

B. 会关闭文档及其窗口

C. 文档的窗口和文档都没关闭

D. 会将指定的文档从外存中读入，并显示出来

3. 用 Word 进行编辑时，要将选定区域的内容放到的剪贴板上，可单击工具栏中（　　）。

A. 剪切或替换　　B. 剪切或清除　　C. 剪切或复制　　D. 剪切或粘贴

4. 设置字符格式用哪种操作（　　）。

A.【开始】功能区中的相关图标　　B.【常用】工具栏中的相关图标

C.【格式】菜单中的【字体】选项　　D.【格式】菜单中的【段落】选项

5. 在使用 Word 进行文字编辑时，下面叙述中（　　）是错误的。

A. Word 可将正在编辑的文档另存为一个纯文本（TXT）文件。

B. 使用【文件】菜单中的【打开】命令可以打开一个已存在的 Word 文档。

C. 打印预览时，打印机必须是已经开启的。

D. Word 允许同时打开多个文档。

6. 能显示页眉和页脚的方式是（　　）。

A. 普通视图　　B. 页面视图　　C. 大纲视图　　D. 全屏幕视图

7. 将插入点定位于句子“飞流直下三千尺”中的“直”与“下”之间，按一下<Del>键，则该句子（　　）。

A. 变为“飞流下三千尺”　　B. 变为“飞流直三千尺”

C. 整句被删除　　D. 不变

8. 要删除单元格正确的是（　　）。

A. 选中要删除的单元格，按<Del>键

B. 选中要删除的单元格，按剪切按钮.

C. 选中要删除的单元格，使用<Shift> + < Del >

D. 选中要删除的单元格，使用右键的【删除单元格】

9. 中文 Word 的特点描述正确的是（　　）。

A. 一定要通过使用【打印预览】才能看到打印出来的效果。

B. 不能进行图文混排

C. 即点即输

D. 无法检查的英文拼写及语法错误

10. 新建 Word 文档的快捷键是（　　）。

A. <Ctrl> + N　　B. <Ctrl> + O　　C. <Ctrl> + C　　D. <Ctrl >+ S

11. 下面对 Word 编辑功能的描述中（　　）错误的。

A. Word 可以开启多个文档编辑窗口

B. Word 可以插入多种格式的系统时期、时间插入到插入点位置

C. Word 可以插入多种类型的图形文件

D. 使用【编辑】菜单中的【复制】命令可将已选中的对象拷贝到插入点位置

12. Word 在编辑一个文档完毕后，要想知道它打印后的结果，可使用（　　）功能。

A. 打印预览　　B. 模拟打印　　C. 提前打印　　D. 屏幕打印

13. 在 Word 若要删除表格中的某单元格所在行，则应选择【删除单元格】对话框中（　　）。

A 右侧单元格左移　　B. 下方单元格上移　　C. 整行删除　　D. 整列删除

二、填空题

1. 第一次启动 Word 后系统自动建立一空白文档名为________。

2. 选定内容后，单击【剪切】按钮，则被并送到____________上。

3. 将文档分左右两个版面的功能叫做，将段落的第一个字放大突显出示的是________功能。

4. 每段首行首字距页左边界的距离称为 ，而从第二行开始，相对于第一行左侧的的偏移量称为________。

5. 当执行了误操作后，可以单击________按钮撤消当前操作，还可以从列表中执行多次撤消或恢复多次撤消的操作。

6. Word 表格由若干行、若干列组成，行和列交叉的地方称为________。

三、判断题（在对应的括号内，对的打“√”，错误的打“×”）

题号	1	2	3	4	5	6	7	8	9	10
答案										

1. Word 中不能插入剪贴画。
2. 插入艺术字即能设置字体，又能设置字号。
3. 页边距可以通过标尺设置。
4. 如果需要对文本格式化，则必须先选择被格式化的文本，然后再对其进行操作。
5. 页眉与页脚一经插入，就不能修改了。
6. 对当前文档的分栏最多可分为三栏。
7. 使用<Delete>命令删除的图片，可以粘贴回来。
8. Word 中插入的图片不能进行放大和缩小。
9. 在 Word 中可以使用在最后一行的行末按下<Tab>键的方式在表格末添加一行。

四、操作题

制作如图所示的图文混排效果。

黄山风光

黄山简介

富有诗情画意的黄山，绵亘三百余里，风景七十二峰，峥嵘秋立，高耸入云；象形巧名，维妙维肖；古松多姿，绿林葱郁；云海起伏，浩瀚千里；飞瀑流泉，鸣乐其间……黄山集名山胜景于一身：有泰山之伟，衡山之烟云，庐山之飞瀑，峨嵋之清凉。

I 黄山[1]以奇松、怪石、云海、温泉“四绝”著称于世，与埃及金字塔、百慕大三角洲同处于神秘的北纬三十度线上，雄峻瑰奇，奇中见雄、奇中藏幽、奇中怀秀、奇中有险。景区内奇峰耸立，有 36 大峰、36 小峰，其中莲花峰、天都峰、光明顶三大主峰，海拔均在 1800 米以上。明代大旅行家徐霞客二游黄山，叹曰：“薄海内外无如徽之黄山，登黄山天下无山，观止矣。”

黄山以变取胜，一年四季景各异，山上山下不同天。独特的花岗岩峰林，遍布的峰壑，千姿百态的黄山松，维妙维肖的怪石，变幻莫测的云海，构成了黄山静中有动，动中有静的巨幅画卷。这幅画卷魅力无穷、灵性永恒。前风采神奇、人有道：岂有此理，说也不信；真正妙绝，到此方知。

目前，黄山的开发建设已具相当的规模，旅游基础设施及配套设施日臻完善。景区内已先后开通云谷索道、玉屏索道和太平索道，拥有旅游宾馆 20 余家，其中三星级宾馆 4 家。黄山 1985 年被评为中国十大风景名胜之一，1990 年 12 月被联合国教科文组织正式列入“世界自然与文化遗产”名录。

[1]黄山：位于中国安徽省南部，横亘在黄山区、徽州区、黟县和休宁县之间。

第4章　电子表格处理软件 Excel 2010

本章提要

Excel 是 Microsoft Office 中的电子表格程序。本章主要介绍 Excel 2010 的基本概念和一些基本操作的使用，使用 Excel 创建工作簿（电子表格集合）并设置工作簿格式，以便分析数据和做出更明智的业务决策。使用 Excel 跟踪数据，生成数据分析模型，编写公式以对数据进行计算，以多种方式透视数据，并以各种具有专业外观的图表来显示。

学习目标

1. 了解 excel 的工作界面；
2. 单元格的编辑操作；
3. 公式与函数的使用；
4. 数据的整理与图表化。

4.1 基本操作

Excel 2010 是用于创建和维护电子表格的应用软件，能够对电子表格中的数据进行显示和管理，并能运用函数对数据进行各种复杂统计运算、汇总、数据透视、筛选、图表统计等。其具有的功能可分为：(1)数据表编辑：运用 Excel 的格式处理功能，能够对表格进行字体、对齐、边框、底纹等设置；(2)统计计算：运用电子格式特有的公式以及强大的函数功能，可以进行数据处理，并能够跨工作表建立公式和函数；(3)图表制作：针对工作中的数据建立图表，并能对建立好的图表进行编辑；(4)数据汇总和筛选：运用电子表格的数据汇总和筛选功能，以及数据透视表等功能，可以方便地查询一般数据、分类数据和汇总数据。

4.1.1　工作界面简介

Excel 2010 启动成功后，即可进入 Excel 2010 窗口，如图 4-1-1 所示，各组成部分的功能和作用如下：

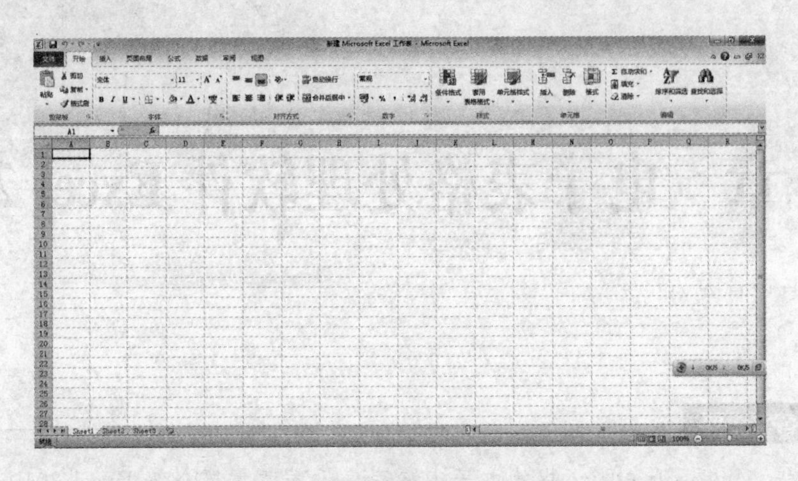

图 4-1-1 空白 Excel 工作表窗口

1. 标题栏显示程序名称

在标题栏上双击会调整工作簿窗口尺寸大小。在标题栏上右击显示包含有还原、移动、大小、最小化、最大化、关闭等项目的快捷菜单。

2. 快速访问工具栏

工具栏是可自定义的，它包含一组独立于当前显示的功能区上选项卡的命令。用户可以从两个可能的位置之一移动快速访问工具栏，并且可以向快速访问工具栏中添加代表命令的按钮。

3. 功能区/选项卡/组/命令

功能区是有许多常用的基本命令组成的。为了方便管理与使用，系统进行了分类，功能区由文件、开始、插入等选项卡组成，每个选项卡又包括几个命令组，一个命令组由许多基本命令组成。类似于 Excel 2003 的工具栏，只是命令按钮更多更丰富。

4. 状态栏

显示工作表状态信息。在上面单击右键可以自定义状态栏中需要显示的信息。比如选择了多个数值，状态栏中可以显示平均值、求和、最小值、最大值等等。

5. 编辑栏

命名框、fx 及公式编辑栏组成了编辑栏，可以选择菜单【视图】|【编辑栏】或在【选项】对话框中控制是否显示编辑栏。

其中，可以在命名框直接输入名称快速命名，可单击其右侧下拉箭头查看工作表中已命名的名称，也可点击任一名称快速选择该命名区域。当然，您在【定义名称】框中所定义的公式或常量不会显示在该命名框中。

单击 fx，显示出【插入函数】对话框，您可以在所选单元格中所选的插入函数。

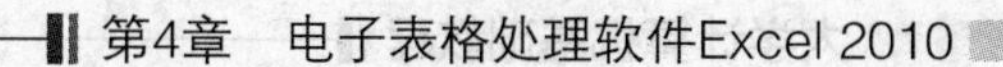

右侧的公式编辑栏中,您可以输入或编辑公式或文本。此外,在单元格中输入公式或文本时,它们会显示在此处。

6. 行号列号

行数范围从 1 到 65536,列字母范围为 A 到 IV 共 256 列。可以通过单击行或列标题选择整行或整列。

一般缺省设置为 A1 样式,您可以在【选项】对话框中,将其改为 R1C1 样式。

当您单击行列交叉处(即 A 的左侧 1 的上方)时,会选择所有的单元格。

7. 工作表标签和导航条

一般缺省设置为 3 个工作表,您可以在【选项】中更改缺省的工作表数量。

工作表标签显示工作表及名称,在其上点击右键,会弹出快捷菜单,可以进行删除、移动、重命名、复制等操作。在工作表标签中双击也可重命名工作表。当工作表太多时,可以用导航条定位未显示的工作表标签。

4.1.2　文件的创建和编辑

1. 创建和编辑电子表格

(1) 创建新文件

启动 Excel2010,系统自动打开空白工作簿,默认文件名为 Book1,如图 4-1-2 所示。选择【文件】|【新建】命令也能打开空白工作簿。

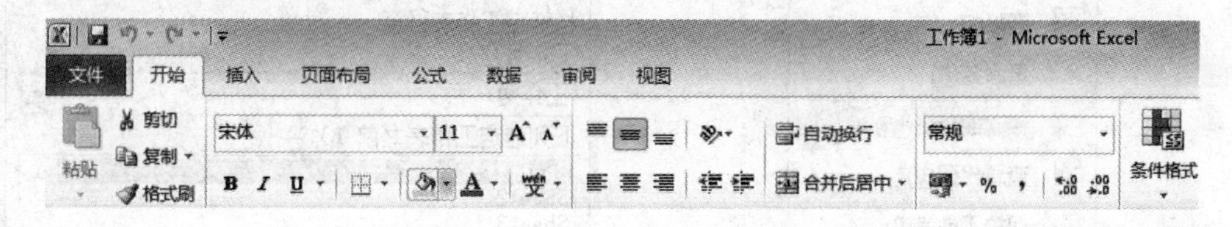

图 4-1-2　Excel 2010 工作簿 1 界面

选择单元格或区域,输入数据。

选择【文件】|【保存】命令或选择【文件】|【另存为】命令,保存文件,如图 4-1-3 所示。

图 4-1-3　【保存】和【另存为】命令

(2) 编辑电子表格

选择【文件】|【打开】命令,打开已经建好的电子表格文件。

按要求计算、编辑电子表格中的数据或对电子表格格式化。

选择【文件】|【保持】命令或选择【文件】|【另存为】命令,保存操作结果。

2. 工作表的操作

一个 Excel 文件(工作簿)可以由若干个工作表组成,如图 4-1-4 所示。

图 4-1-4　几个工作表

(1) 工作表的选取

一张工作表:单击表选项卡;连续多张工作表:＜Shift＞＋单击表选项卡;不连续多张工作表:＜Ctrl＞＋单击表选项卡。若干作簿含有多张工作表,可使用工作表选取按钮前后翻页。

(2) 工作表的插入

选择【开始】选项卡,在【单元格】组中,选择【插入】|【插入工作表】命令(如图 4-1-5 所示)或者按＜Shift＞＋＜F11＞组合键,在选中的工作前增加了一张新工作表。或单击工作表选项卡栏右侧的【插入工作表】按钮,插入一张新工作表。

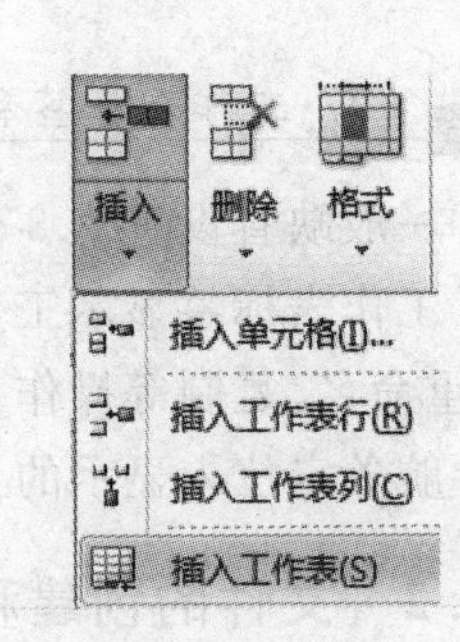

图 4-1-5　插入工作表

(3) 工作表的移动

选中要移动的工作表选项卡,拖曳至需要的位置。

(4) 工作表的复制

选中要复制的工作表选项卡,按住＜Ctrl＞键,拖曳至需要的位置。复制的工作表选项卡名在原表选项卡后加(2),表示同名的第二张表。例如,右键单击工作表,点击【移动或复制(M)】(如图 4-1-6),选中【建立副本】复选框表示复制,不选表示移动(如图 4-1-7)。

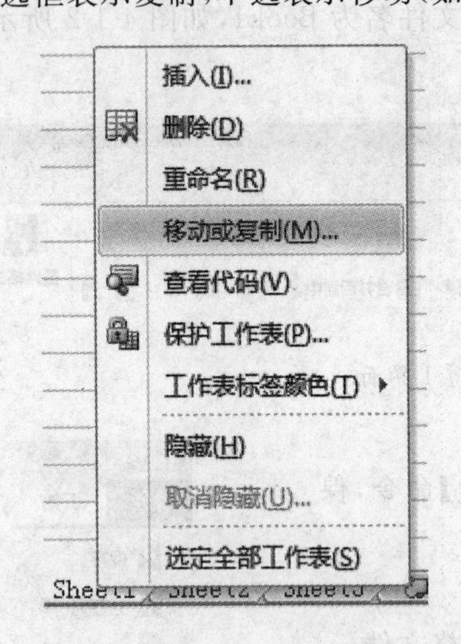

图 4-1-6　【移动或复制(M)】选项

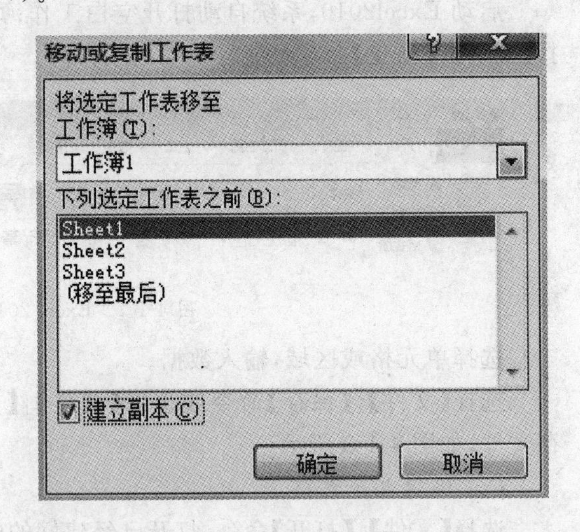

图 4-1-7　【移动或复制工作表】对话框

(5) 工作表的重命名

双击需要更改名称的工作表,输入新表名。或右击工作表,在快捷菜单中选择【重命名】命令,如图 4-1-8 所示。

(6) 工作表的删除

选择要删除的工作表,按键盘上的＜Del＞按钮;右键单击工作表,选择【删除】(如图 4-1-9);选择【开始】选项卡,在【单元格】组中,选择【删除】|【删除工作表】命令。注意:被

删除的工作表不能恢复，如图 4-1-10 所示。

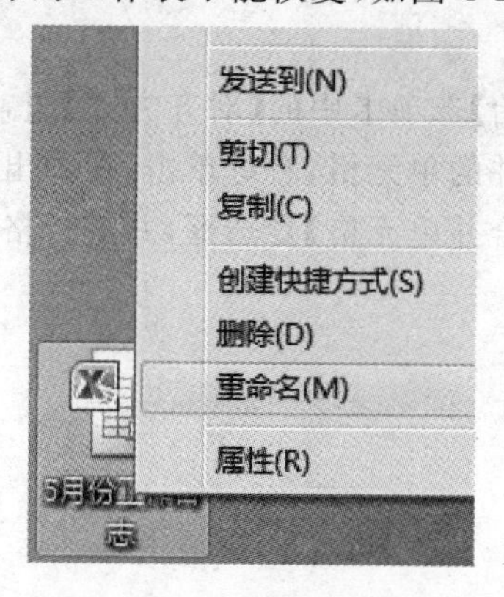

图 4-1-8 重命名工作表

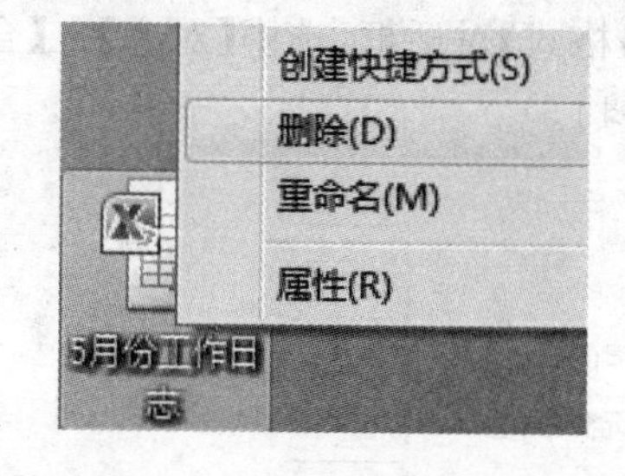

图 4-1-9 选择【删除】命令

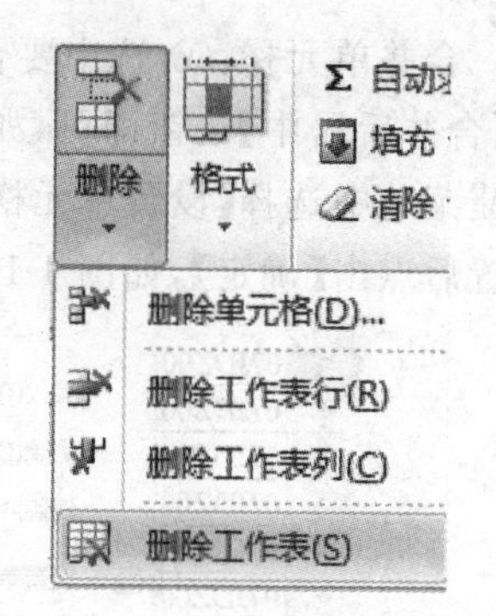

图 4-1-10 【删除工作表】命令

还有一种彻底删除工作表的方法，选中要删除的工作表，按下<Shift>+<Del>键。注意：这种删除方式无法恢复，但可以从硬盘上完全删除，从而增加存储空间。

4.1.3 编辑单元格

实际操作当中，经常需要对表格进行修改，下面介绍一些常用的单元格编辑方式。

删除单元格内容：选定要删除内容的单元格，按<Del>键。此方法也适合删除区域内的所有内容。

修改单元格内容：双击单元格，或选定单元格后，单击编辑栏（或直接按<F2>功能键）。

删除单元格：先选定要删除的单元格，然后右击，在弹出快捷菜单中选择【删除】命令，打开【删除】对话框，如图 4-1-11 所示。在【删除】对话框中进行相应的设置后单击【确定】按钮，即可删除单元格。

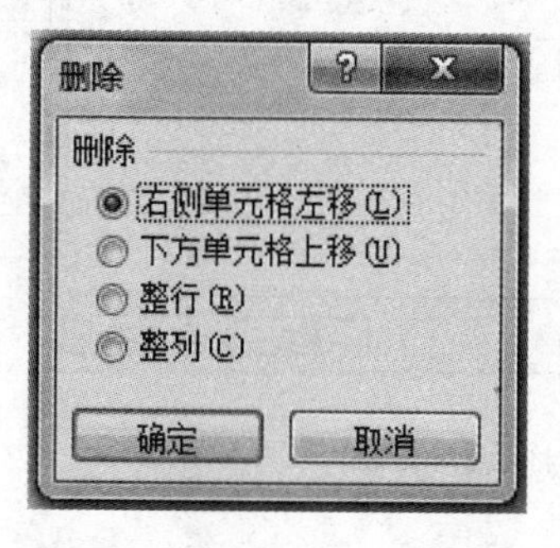

图 4-1-11 【删除】对话框

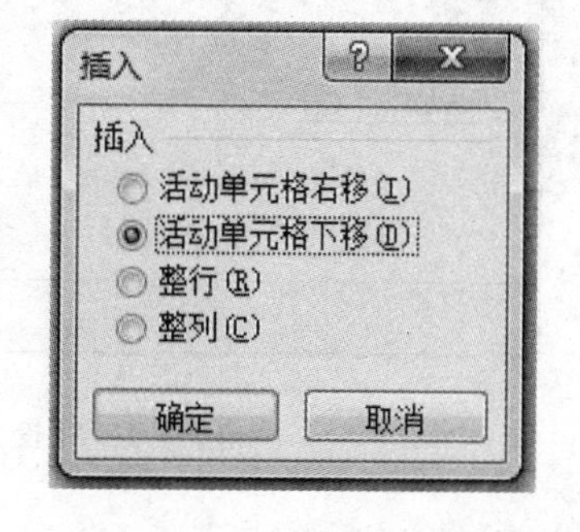

图 4-1-12 【插入】对话框

插入单元格：先选定要插入单元格的位置，然后右击，在弹出快捷菜单中选择【插入】命令，会弹出【插入】对话框，如图 4-1-12 所示。在对话框中进行相应的设置后单击【确定】按钮，即可按刚才的设置插入空白单元格。

插入（删除）行或列：先用鼠标选中要插入（删除）行或列的行号或列标，然后右击，在弹

出的快捷菜单中选择【插入】或【删除】命令，即可增加(删除)一个空行或空列。如图 4-1-13 所示。

合并单元格：① 选中要合并的单元格区域，然后在【开始】选项卡中的【对齐方式】组，单击【合并后居中】按钮即可，如图 4-1-14 所示。② 选中要合并的单元格，右键单击，在弹出的快捷菜单中选择【设置单元格格式】对话框，选中【对齐】|【合并单元格】复选框，并进行格式设置后点击【确定】，如图 4-1-14。

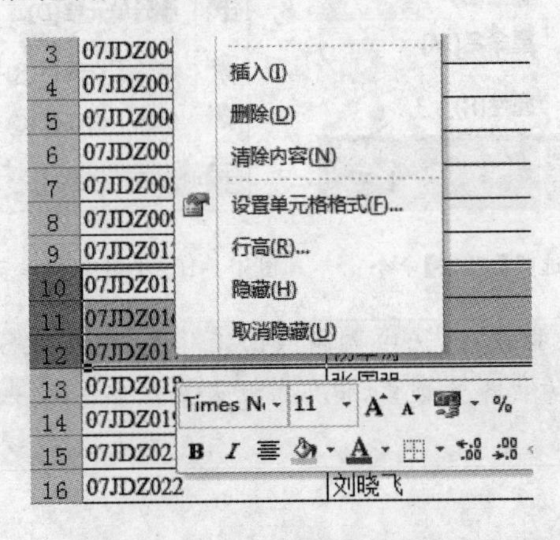

图 4-1-13　插入(删除)行或列

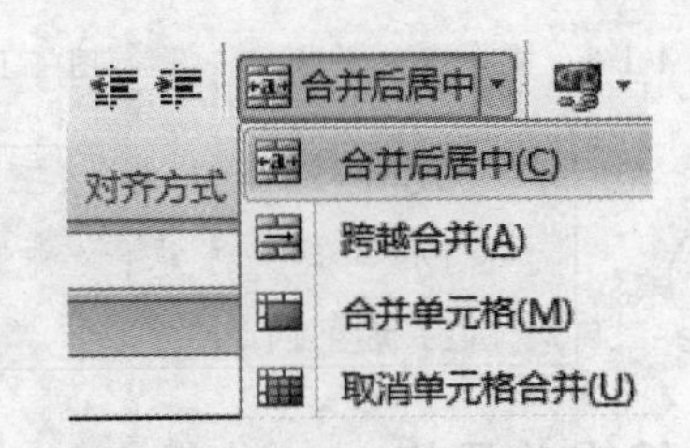

图 4-1-14　合并单元格并居中

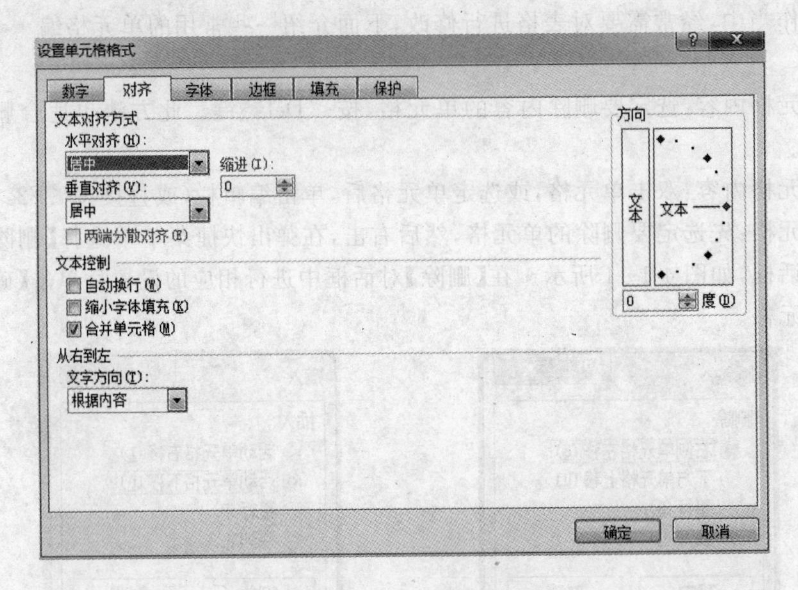

图 4-1-15　【设置单元格格式】对话框

4.1.4　设置单元格内容

在 Excel 中的文本通常是指字符或任何数字和字符的组合，输入到单元格内的任何字符只要不被系统解释成数值、公式、日期、时间或逻辑，则 Excel 一律将其视为文本。在 Excel 中，数值型数据是最常见、最重要的数据类型。

1. 文本输入

输入文本时默认对齐方式是左对齐。文本是由字符、汉字、数字等组成的字符串。需要输入由数字组成的字符串，如邮政编码、手机号码、001、002等等，则要先输入一个英文格式的单引号'。例如：'001。输入成功后，会在单元格的左上角出现一个绿色的小三角符号，表示此单元格是文本格式。如果需要转换为数值类型，可以单击单元格左边的感叹号图标，如图4-1-16所示。如果选择转换为数字，转换后绿色的三角符号消失，此时单元格中的数据类型是数值型。

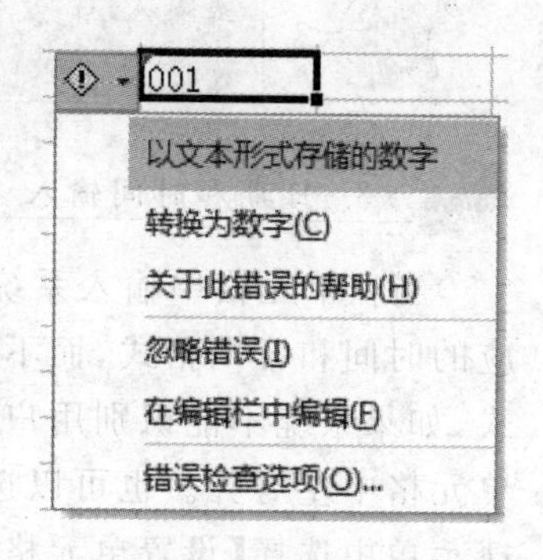

图 4-1-16　文本输入

也可以选择所有需要输入文本类型数据的单元格，单击右键，在弹出的快捷菜单中选择【设置单元格格式】，弹出【设置单元格格式】对话框，如图4-1-17所示。选择【数字】选项卡，在【分类】中选择【文本】，单击【确定】按钮。这样在单元格中输入的内容都是文本类型的，可直接输入数字而不需先输入单引号。

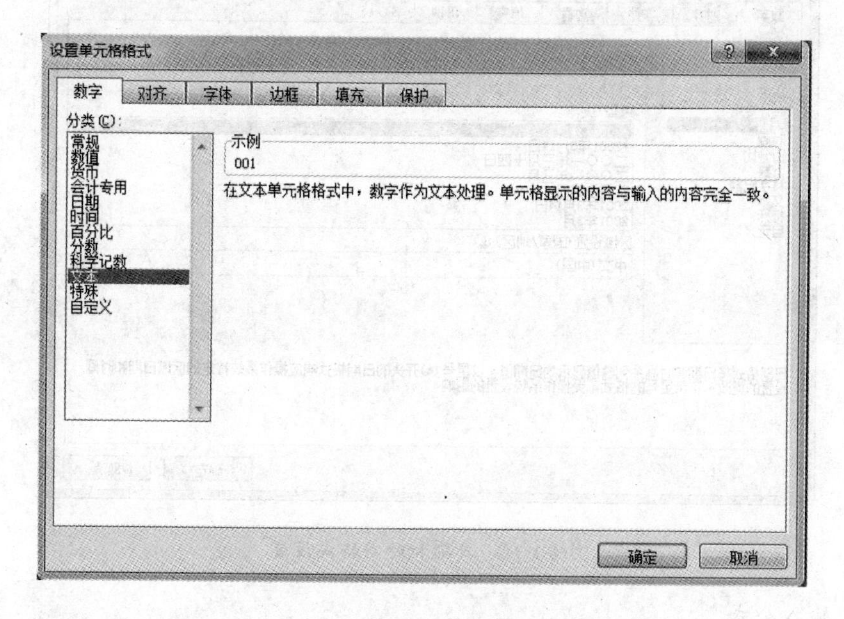

图 4-1-17　选择【文本】类型

2. 数值输入

输入文本时默认对齐方式是右对齐。当输入的数值整数部分长度很长时，系统会自动用科学记数法表示(如：3.23255E+12)，小数部分超过格式设置时，超出部分会自动四舍五入后显示。当单击该单元格时，会在编辑栏中完整显示原始数据，在参与运算时也使用原始数据。

在输入分数时，要在整数和分数之间输入一个空格。如要输入 5/7，应先输入“0”及一个空格，然后再输入分数。否则系统会把它处理为日期型数据 5 月 7 日。

3. 日期和时间输入

当在单元格中输入系统可识别的时间和日期型数据时，单元格就会自动转换成相应的时间和日期格式，而不需要单独设置。在单元格中输入的日期会采用右对齐的方式，如果系统不能识别用户输入的日期或时间格式，则输入的内容将被视为文本，并在单元格中左对齐。也可以选择所需要输入日期和时间的单元格，单击右键，在弹出的快捷菜单中选择【设置单元格格式】，选择【数字】选项卡，在【分类】中选择【日期】或者【时间】，单击【确定】按钮，如图 4-1-18 所示。这样就可以按照设置好单元格的格式，输入日期和时间。

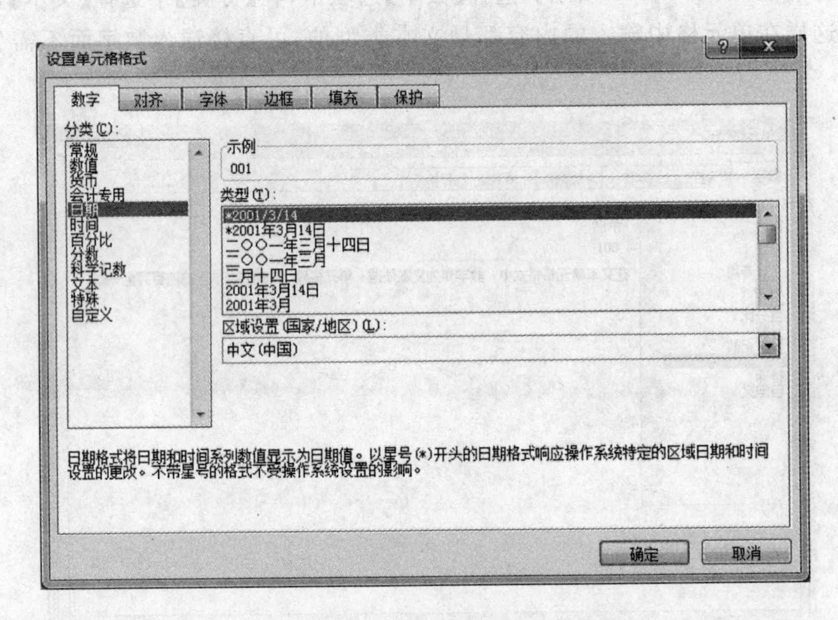

图 4-1-18　日期和时间格式设置

4. 输入公式

用户可以在单元格中输入公式对工作表中的数据进行计算。在公式中可以对工作表中数据进行加、减、乘、除等运算。公式可以是直接的数值运算，也可以引用各个工作表的单元格。当在引用时，输入单元格的名称，或者直接用鼠标点选。

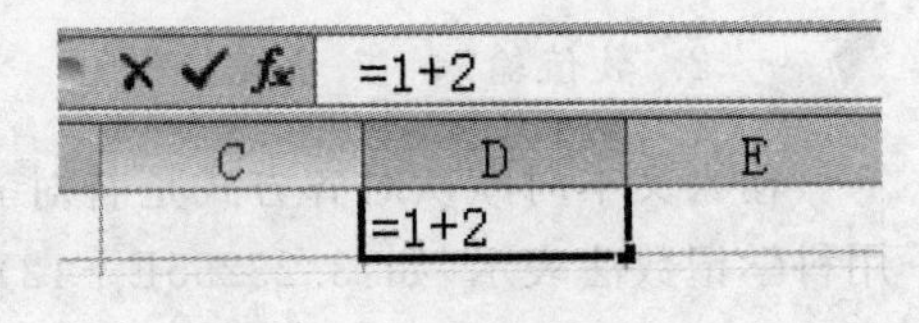

图 4-1-19　输入公式“＝”

在输入公式时，首先要选择单元格，然后输入等号(＝)，在单元格或编辑栏中输入公式，然后回车确认(图 4-1-19)。例如要在某个单元格中显示 1＋2 的值，按照如图所示即可在单元格中显示 3。

5. 数据的快速输入

(1) 在多个单元格中输入相同的数据

方法1:首先选择多个单元格,直接输入数据,输入结束后,按＜Ctrl＞＋＜Enter＞即可。

方法2:先在一个单元格中输入数据,然后把鼠标放到该单元格右下角的填充柄上(黑色小方块),按住鼠标左键,可以向上、下、左、右拖动后松开就可获得一系列的数据。这是利用了数据的自动填充功能实现的输入相同数据。

(2) 数据的自动填充序列功能

利用Excel的这个智能功能,可以快速输入一系列有规律的数据。若要输入一系列连续数据,例如日期、月份或渐进数字,请在一个单元格中键入起始值,然后在下一个单元格中再键入一个值,建立一个模式。

例如,如果您要使用序列1、2、3、4、5……请在前两个单元格中键入1和2。

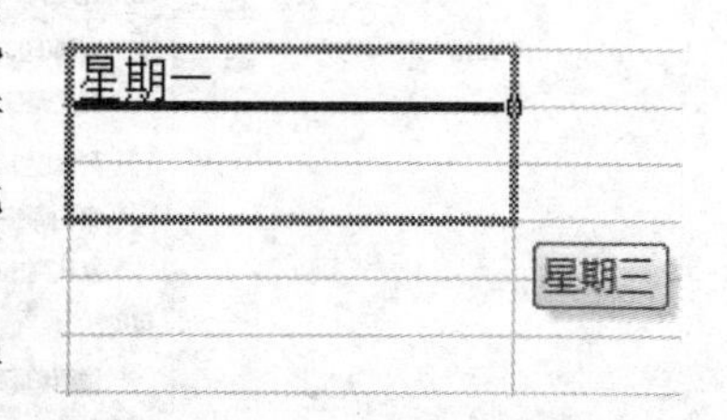

图4-1-20　自动填充数据

选中包含起始值的单元格,然后拖动填充柄(填充柄:位于选定区域右下角的小黑方块,将用鼠标指向填充柄时,鼠标的指针更改为黑十字),涵盖要填充的整个范围。

> 要按升序填充,请从上到下或从左到右拖动。要按降序填充,请从下到上或从右到左拖动。例如:输入初始数据"一月",按住填充柄拖拉后,会自动填充"二月"、"三月"、……输入初始数据"星期一",按住填充柄拖拉后,会自动填充"星期二"、"星期三",如图4-1-20所示。

6. 调整设置

若要在单元格中自动换行,请选择要设置格式的单元格,然后在【开始】选项卡上的【对齐方式】组中,单击【自动换行】,如图4-1-21所示。

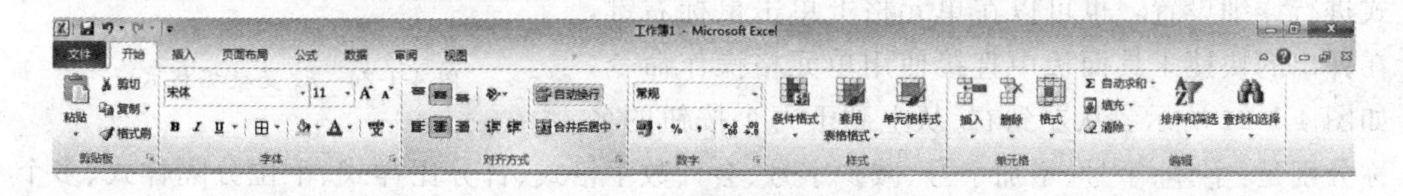

图4-1-21　【自动换行】

若要将列宽和行高设置为根据单元格中的内容自动调整,先选中要更改的列或行,然后在【开始】选项卡上的【单元格】组中,单击【格式】,弹出【单元格大小】菜单,如图4-1-22所示。在【单元格大小】菜单下,单击【自动调整列宽】或【自动调整行高】。

> 若要快速自动调整工作表中的所有列或行,请单击【全选】按钮,然后双击两个列标题或行标题之间的任意边界位置。

7. 设置数据格式

若要应用数字格式，请单击要设置数字格式的单元格，然后在【开始】选项卡上的【数字】组中，单击【常规】旁边的箭头，然后单击要使用的格式，如图 4-1-23 所示。

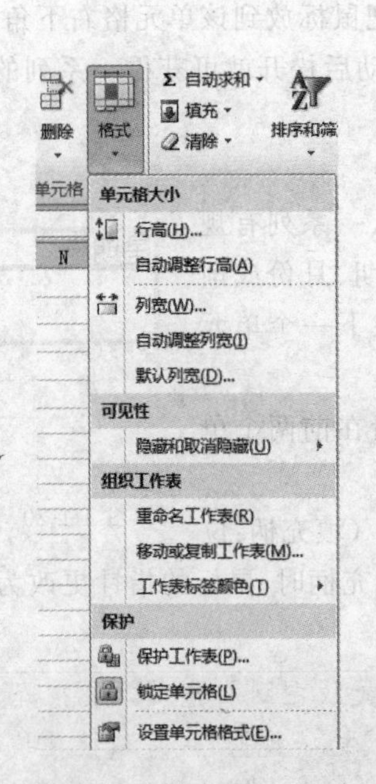

图 4-1-22 【单元格大小】菜单　　图 4-1-23 设置数据格式

8. 更多单元格数据格式的设置

工作表建立和编辑后，就可以对各个单元格的数据进行格式化设置，使工作表中单元格格式更加合理。

用户可以使用鼠标右键菜单中的设置单元格格式进行详细设置。也可以在单元格上单击鼠标右键，在弹出的快捷工具面板中直接使用单元格操作命令，如图 4-1-24 所示。从左到右、从上到下每个按钮的名称分别是：字体、字号、增加字号、减少字号、会计数字格式、百分比样式、千位分隔样式、多个单元格合并内容居中、加粗、倾斜、居中、填充颜色、字体颜色、单元格框线样式、增加小数位数、减少小数位数、格式刷。

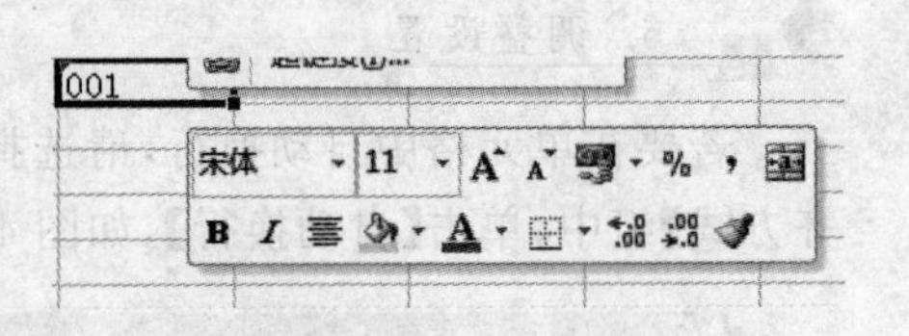

图 4-1-24 设置数据格式

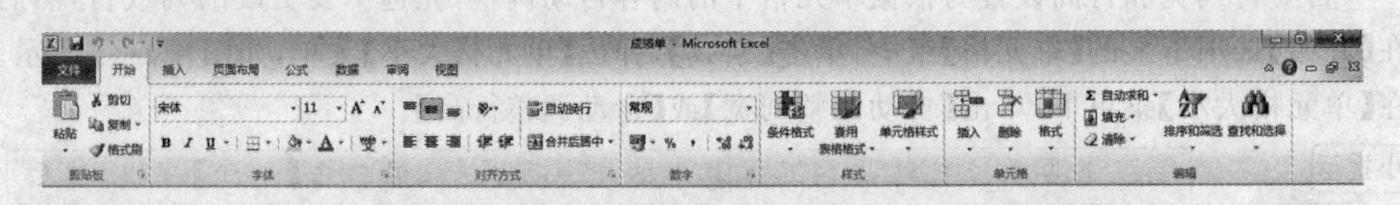

图 4-1-25 快捷工具面板

4.1.5　对表格进行修饰

工作表不仅要让制作者本人使用方便，有时还要让别人也能方便地使用和理解才行。因此，应适当地对表格进行修饰，如将工作表的显示格式做一些颜色、字体处理，加入一些边框、图案等，从而使工作表显得更清晰、流畅，同时还可以美化工作表，在使用工作表时更赏心悦目、轻松愉快。

【开始】选项卡下的【字体】组和【对齐方式】组中的工具可以方便地设置表格的显示样式，如字体、对齐方式、格式、边框样式等内容，如图 4-1-25 所示。字体、对齐方式的设置可参照 Word 2010。

在默认状态下，工作表的表格线是灰色的，而灰色的表格线是不能打印出来的，如果想要打印表格线或要美化表格，就需要为表格设置边框线。首先选取要设置的区域 A2:F29，然后单击【字体】组上的【边框】按钮旁的下三角按钮，在拉出的菜单中选取一种边框样式即可，在此选取【所有边框】，如图 4-1-26 所示。

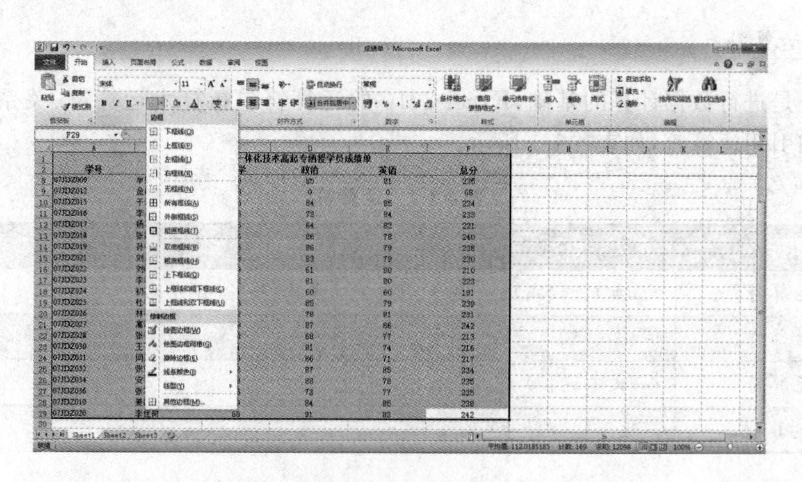

图 4-1-26　边框

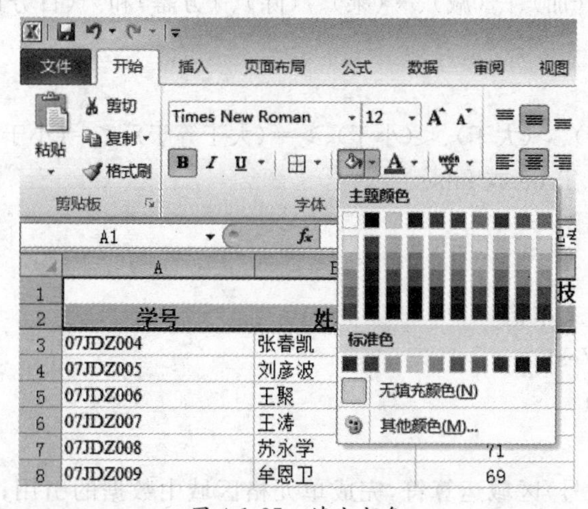

图 4-1-27　填充颜色

2. 填充颜色

通过填充颜色，可以为表格的背景填充颜色，使表格显得更醒目。首先选取要填充的区域 A2:F2，然后单击【字体】组上的【填充颜色】的下三角按钮，在【主题颜色】菜单中选取所需要的颜色即可，如图 4-1-27 所示。

4.1.6 公式与函数

Excel 具备强大的数据分析与处理能力，其中公式计算和函数计算提供了强大的计算功能，用户可以运用公式和函数实现对数据的计算和分析。

分析和处理 Excel 工作表中的数据，离不开公式和函数。公式是函数的基础，它是单元格中的一系列值、单元格引用、名称或运算符的组合，可以生成新的值；函数是 Excel 预定义的内置公式，可以进行数学、文本、逻辑的运算或者查找工作表的信息，与直接使用公式相比，使用函数进行计算的速度更快，同时减少了错误的发生。

1. 运算符

运算符是进行数据计算的基础，Excel 2010 的运算符包括算术运算符、关系运算符、连接运算符和引用运算符，如表 4-1-1 所示。

表 4-1-1 运算符

运算符	内容
算术运算符	+(加)、-(减)、*(乘)、/(除)、^(方幂)和%(百分比)
关系运算符	=、>、<、>=、<=和<>(不等于)
连接运算符	&(文本连接)
引用运算符	,(逗号)、:(冒号)

(1) 算术运算符

包含内容：包括+(加)、-(减)、*(乘)、/(除)、^(方幂)和%(百分比)等。

运算结果：数值型

(2) 关系运算符

包含内容：=(等于)、>(大于)、<(小于)、>=(大于等于)、<=(小于等于)和<>(不等于)

运算结果：逻辑值 True 或 false

(3) 连接运算符

包含内容：&

运算结果：连续的文本值

例如：North & West

结果：North West

(4) 引用运算符

包含内容：“:”(冒号)区域运算符，完成单元格区域中数据的引用；“,”(联合运算符)，完成对单元格数据的引用。

例:A1:A4

结果:表示由 A1、A2、A3、A4 四个单元格组成的区域。

例:SUM (A1, A3, A5)

结果:表示对 A1,A3,A5 三个单元格中的数据求和。

在公式中用到的符号,如逗号(,)、冒号(:)、括号等都要用英文状态下的符号。

当公式中出现多个运算符时,Excel 对运算符的优先级做了规定:算术运算符从高到低 3 个级别:百分号和乘方、乘和除、加和减。关系运算符优先级相同。三类运算符优先顺序由高到低依次为算术运算符、字符运算符、关系运算符。优先级相同时,按从左到右顺序计算。

2. 创建公式

公式是从等号开始的一个表达式,由数据、函数、运算符、单元格引用等组成,类似于文字数据的输入。例如,在 E2 单元格中输入公式"＝B2＋C2＋D2",表示将这三个单元格中的数据进行求和,计算结果在 E2 单元格中显示,而公式本身则在单元格的编辑栏中显示。公式可以在编辑栏或单元格中输入。单元格的公式可以像其他数据一样进行编辑,包括修改、复制、移动等操作。

公式有三部分组成:等号、运算数和运算符,如图 4-1-28 所示。

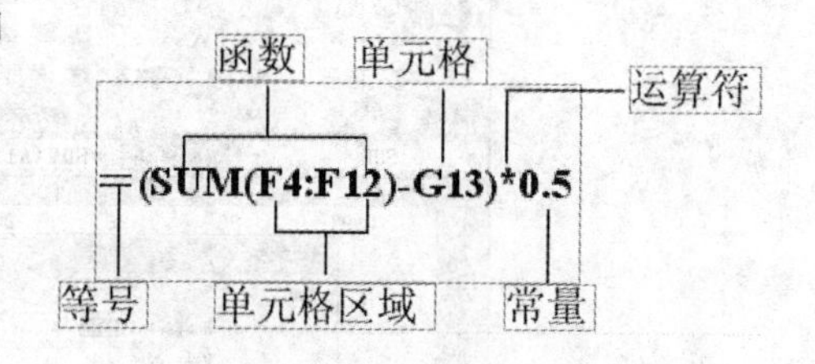

图 4-1-28　公式的组成示例

通过以下步骤创建公式:

步骤 1:选中输入公式的单元格;

步骤 2:输入等号"＝";

步骤 3:在单元格或者编辑框中输入公式;

步骤 4:按<Enter>键,完成公式的创建。

3. 插入函数

函数是 Excel 自带的一些已经定义好的公式。函数处理数据的方式和公式的处理方式是相似的。使用函数不但可以减少计算的工作量,而且可以减少出错的概率。

函数的基本格式为:函数名(参数 1,参数 2…)

插入函数的操作步骤是:

步骤 1:选中插入函数的单元格;

步骤 2:单击编辑栏中的【插入函数】按钮 *fx* 或者【公式】|【函数库】|【插入函数】,打开【插入函数】对话框,在【选择函数】列表框中选择需要的函数,如图 4-1-29 所示;

步骤 3:单击【确定】按钮,在打开的【函数参数】对话框中设置计算区域,如图 4-1-30 所示。

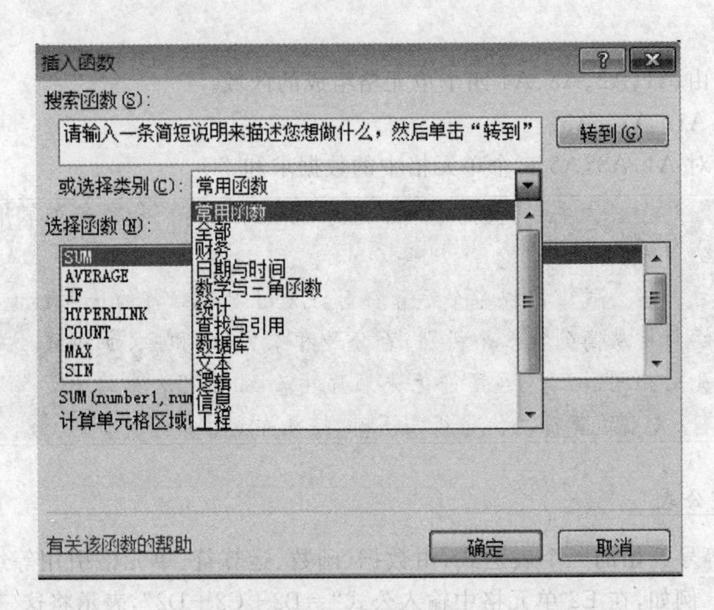

图 4-1-29 【插入函数】对话框

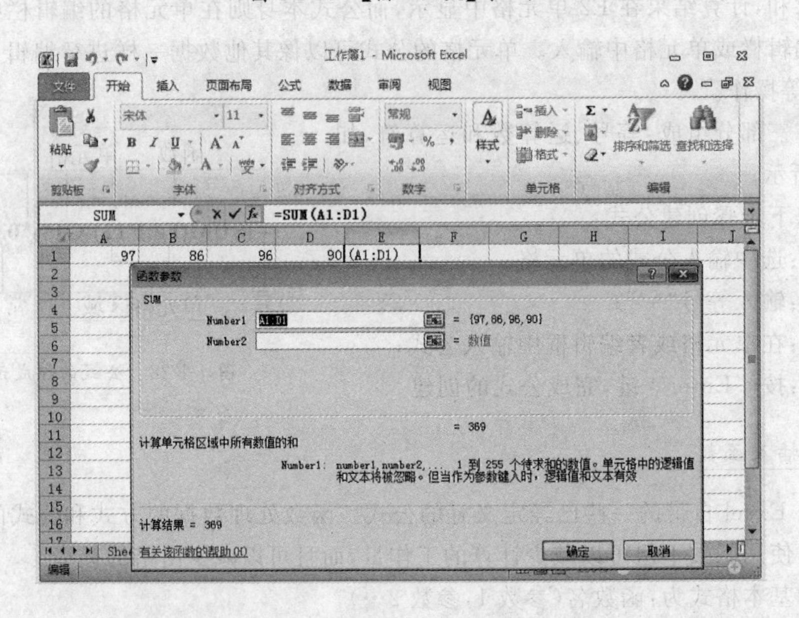

图 4-1-30 【函数参数】对话框

4. 引用单元格

引用的作用在于标示工作表上的单元格或单元区域，并指明公式中所使用的数据的位置。在公式中通过引用来代替单元格中的实际数值，不但可以引用本工作簿中的任何一个工作表中的任何单元格的数据，也可以引用其他工作簿中的任何单元格中的数据。引用单元格数据后，公式的运算值将随着被引用的单元格变化而变化。当被引用的单元格数据被修改后，公式的运算值也将自动修改。单元格引用分为相对引用、绝对引用和混合引用。

(1) 相对引用

公式中的相对单元格引用是基于包含公式和单元格引用的单元格的相对位置。如果公式所在的单元格位置改变,引用也随之改变。如果多行或多列地复制公式,引用会自动调整。默认情况下,新公式使用相对引用。此时单元格引用的地址称为相对地址,例如 A1 表示相对地址。

(2) 绝对引用

公式中的绝对单元格引用是指在引用时指定特定的位置。如果公式所在单元格的位置改变,绝对引用保持不变。如果多行或多列的复制公式,绝对引用也将不作调整。此时单元格引用的地址称为绝对地址。默认情况下,新公式使用相对引用,需要将他们转换为绝对引用时,在相当地址的行号和列号前加入"\$"符号,如\$A\$1表示为绝对地址。

(3) 混合饮引用

混合引用就是同时使用了相对引用和绝对引用。在单元格引用的地址中,行用相对地址列用绝对地址,或行用绝对地址列用相对地址,如\$A2、A\$2。在混合引用中,如果公式所在单元格的位置改变,则相对引用改变,而绝对引用不变。如果多行或多列地复制公式,相对引用自动调整,而绝对引用不作调整。

引用工作表的格式是"<工作表的引用>! <单元格的引用>",表示引用同一工作簿中的其他工作表中的单元格,例如:"Sheet2! A2"表示引用 Sheet2 工作表中的 A2 单元格。引用其他工作簿中的工作表的单元格,例如:在工作簿打开的前提下,引用:[BBB. XLS] Sheet3! \$A\$2,表示引用 BBB 工作簿 Sheet3 工作表中的 A2 单元格。

4.2　数据的整理与分析

4.2.1　数据的排序

没有经过排序的数据列表看上去杂乱无章,不利于对数据进行查找和分析,所以此时需要对数据进行整理。

Excel 提供了多种方法对工作表区域进行排序,可以根据需要按行或列、按升序或降序。当按行进行排序时,数据列表中的列将被重新排列,当行保持不变;如果按列进行排序,行将被重新排列而列保持不变。

1. 单个关键词排序

如果要对将素材中的"成绩单"数据列表按"总分"进行排序,首先单击数据列表中的任意一个单元格,然后单击【开始】选项卡【编辑】组中的【排序和筛选】按钮,在下拉菜单中选择【自定义排序】命令,如图 4-2-1 所示,弹出【排序】对话框,如图 4-2-2 所示。

单击【数据】选项卡的【排序和筛选】组中的【排序】按钮同样可以打开【排序】对话框。

在【排序】对话框的【主要关键词】下拉列表中选择【总分】,设置主要关键词以及排序依据,例如数值、单元格颜色、字体颜色、单元格图标,在此选择默认的数据作为排序依据。可以对数据顺序依次进行设置,在【次序】下拉列表中选择【升序】、【降序】或【自定义排序】命

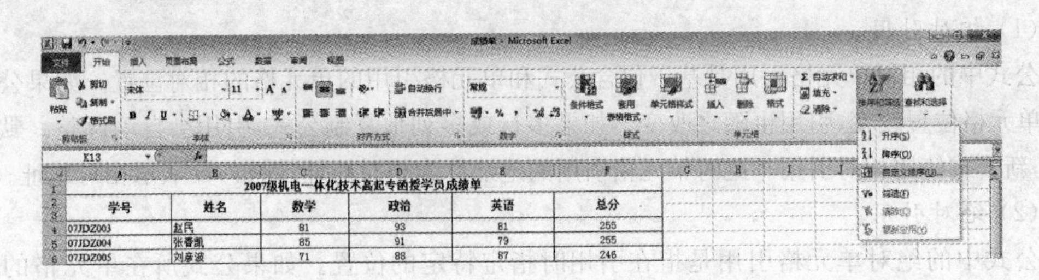

图 4-2-1 自定义排序

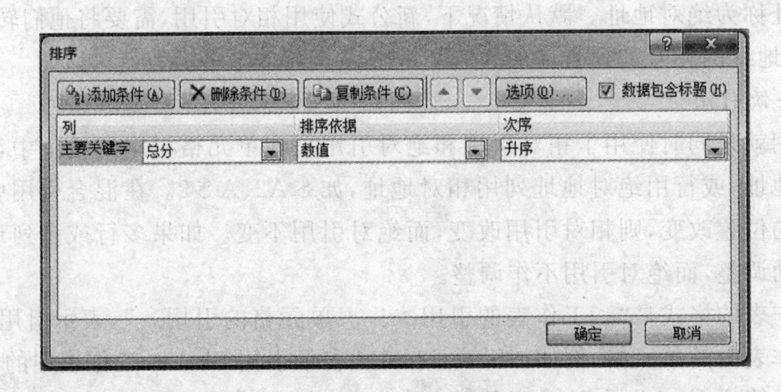

图 4-2-2 【排序】对话框

令。在此选择【升序】,设置完成后单击【确定】按钮,如图 4-2-2 所示。

2. 多个关键词排序

除了对数据表以某个字段为主要关键词进行排序外,也可以以多个字段为关键词进行排序,如果希望对列表中的数据"总分"升序排序,"总分"相同的数据按"数学"升序排列,"总分"和"数学"都相同的记录按"政治"从小到大的顺序排序,此时就要以三个不同的字段为关键词进行排序。

在【排序】对话框的【主要关键词】下拉列表中选择【总分】命令,设置好主要关键词,单击【添加条件(A)】按钮,在【排序】对话框中增加了【次要关键词】,在下拉菜单中选择【数学】,然后再次单击【添加条件(A)】按钮,添加第 3 个排序条件【政治】,如图 4-2-3 所示。在设置好多列排序依据后,单击【确定】按钮即可看到多列排序后的数据表,如图 4-2-4 所示。

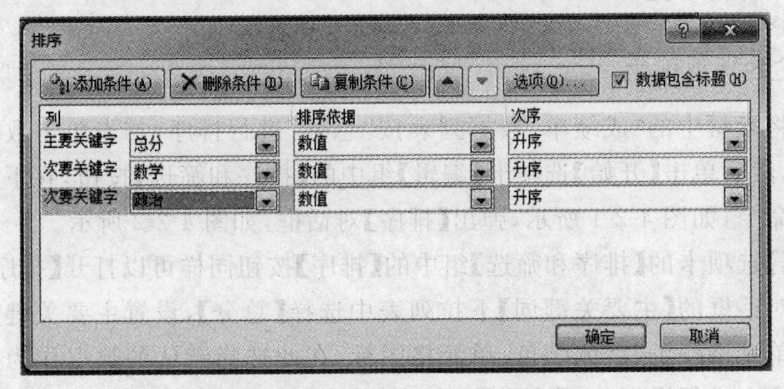

图 4-2-3 以多个字段为关键词排序

2007级机电一体化技术高起专函授学员成绩单					
学号	姓名	数学	政治	英语	总分
07JDZ012	金成蓥	68	0	0	68
07JDZ024	初英铭	71	60	60	191
07JDZ022	刘晓飞	69	61	80	210
07JDZ028	张善凯	68	68	77	213
07JDZ030	王飞	61	81	74	216
07JDZ031	闫兴强	60	86	71	217
07JDZ006	王聚	69	77	74	220
07JDZ017	杨丰涛	75	64	82	221
07JDZ023	李程昱	62	81	80	223
07JDZ007	王涛	75	74	80	229
07JDZ021	刘永利	68	83	79	230
07JDZ026	林祥冰	72	78	81	231
07JDZ016	李星	76	73	84	233
07JDZ032	张宁	62	87	85	234
07JDZ015	于洋	65	84	85	234
07JDZ008	苏永学	71	88	75	234
07JDZ009	牟恩卫	69	85	81	235
07JDZ034	安德义	69	88	78	235
07JDZ036	张军	85	73	77	235
07JDZ010	姜刚	69	84	85	238
07JDZ019	孙楠	73	86	79	238
07JDZ025	杜树峰	75	85	79	239
07JDZ018	张国强	76	86	78	240
07JDZ020	李佳树	68	91	83	242
07JDZ027	高洪伟	69	87	86	242
07JDZ005	刘彦波	71	88	87	246

图 4-2-4　排序后井然有序的表格

在 Excel 2010 中，排序依据最多可以支持 64 个关键词。

4.2.2　数据的筛选

筛选数据列表就是将不符合特定条件的行隐藏起来，可以更方便对数据进行查看。Excel 提供了两种筛选数据的命令：自动筛选和高级筛选。

1. 自动筛选

自动筛选适用于简单的筛选条件。首先单击数据列表中的任意一个单元格，然后单击【开始】选项卡【编辑】组中的【排序和筛选】按钮，在下拉列表框中选择【筛选】命令，如图 4-2-5 所示。此时在表格的所有字段中都有一个向下的筛选箭头▾，如图 4-2-6 所示。

2007级机电一体化技术高起专函授学员成绩单					
学号	姓名	数学	政治	英语	总分
07JDZ012	金成蓥	68	0	0	68
07JDZ024	初英铭	71	60	60	191
07JDZ022	刘晓飞	69	61	80	210

图 4-2-5　设置自动筛选

2007级机电一体化技术高起专函授学员成绩单					
学号	姓名	数学	政治	英语	总分
07JDZ012	金成蓥	68	0	0	68
07JDZ024	初英铭	71	60	60	191
07JDZ022	刘晓飞	69	61	80	210
07JDZ028	张善凯	68	68	77	213
07JDZ030	王飞	61	81	74	216
07JDZ031	闫兴强	60	86	71	217
07JDZ006	王聚	69	77	74	220
07JDZ017	杨丰涛	75	64	82	221

图 4-2-6　自动筛选后字段中增加了一个向下箭头

在【数据】选项卡上【排序和筛选】组中【筛选】按钮的功能与上面的描述相同。

单击数据表中的任何一列标题行的筛选箭头，设置希望显示的特定信息，Excel 将自动筛选出包含特定信息的全部数据，如图 4-2-7 所示。

	A	B	C	D	E	F
1	2007级机电一体化技术高起专函授学员成绩单					
2	学号	姓名	数学	政治	英语	总分
3	07JDZ012			0	0	68
4	07JDZ024			60	60	191
5	07JDZ022			61	80	210
6	07JDZ028			68	77	213
7	07JDZ030			81	74	216
8	07JDZ031			86	71	217
9	07JDZ006			77	74	220
10	07JDZ017			64	82	221
11	07JDZ023			81	80	223
12	07JDZ007			74	80	229
13	07JDZ021			83	79	230
14	07JDZ026			78	81	231
15	07JDZ016			73	84	233
16	07JDZ032			87	85	234
17	07JDZ015			84	85	234
18	07JDZ008			88	75	234
19	07JDZ009			85	81	235
20	07JDZ034			88	78	235
21	07JDZ036			73	77	235
22	07JDZ010			84	85	238
23	07JDZ019			86	79	238
24	07JDZ025	杜树峰	75	85	79	239

F11 223

升序(S)
降序(O)
按颜色排序(T)
从"数学"中清除筛选(C)
按颜色筛选(I)
数字筛选(F)
搜索
(全选) 60 61 62 65 68 69 71 72 73 75 76
确定 取消

图 4-2-7　筛选箭头下的筛选选项

在数据表中，如果单元格填充了颜色，也可以按照颜色进行筛选。

例如，想要把"数学"成绩大于"75"的人显示出来，可进行如下操作：

单击数据表中【数学】右侧的筛选箭头，选择【数字筛选】|【大于】命令，如图 4-2-8 所示，弹出【自定义字段筛选方式】对话框，设置"数学"大于"75"，如图 4-2-9 所示，然后单击【确定】按钮。筛选结果如图 4-2-10 所示。

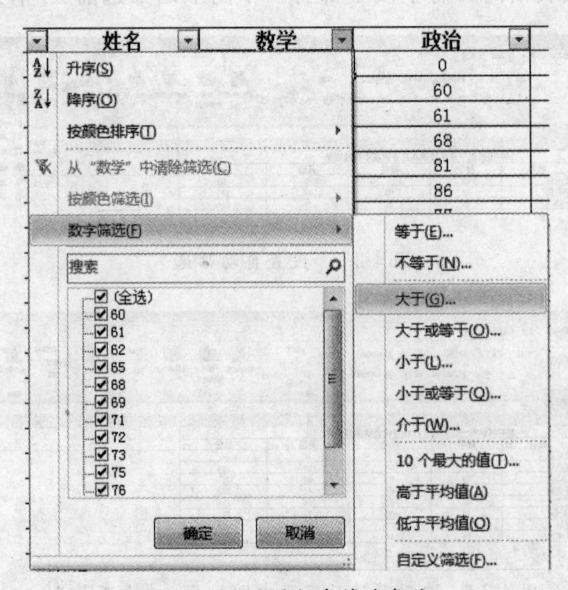

图 4-2-8　设置数字筛选条件

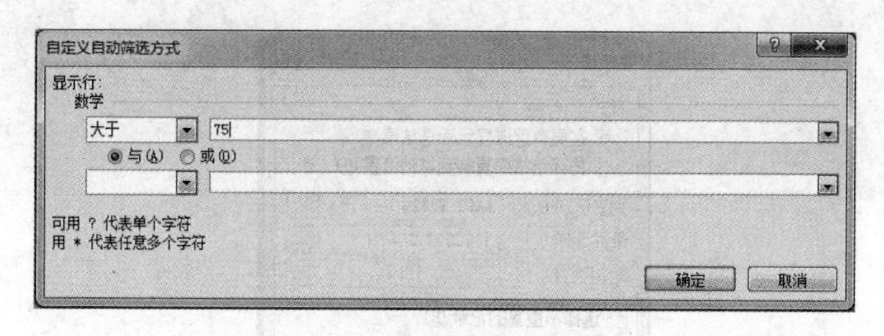

图 4-2-9　【自定义字段筛选方式】对话框

A	B	C	D	E	F
2007级机电一体化技术高起专函授学员成绩单					
学号	姓名	数学	政治	英语	总分
07JDZ016	李星	76	73	84	233
07JDZ036	张军	85	73	77	235
07JDZ018	张国强	76	86	78	240
07JDZ004	张春凯	85	91	79	255

图 4-2-10　筛选结果

2. 高级筛选

高级筛选适用于复杂的筛选条件。如果条件比较多，可以使用高级筛选功能把想要看到的数据都找出来。

例如，想要把表中“数学”大于 75，“政治”大于 75 的人显示出来，可按如下操作进行：在表格空白处建立一个条件区域，在第一行输入排序的自动名称，在第二行输入条件，从而建立一个条件区域，如图 4-2-11 所示。

1	2007级机电一体化技术高起专函授学员成绩单					
2	学号	姓名	数学	政治	英语	总分
24	07JDZ025	杜树峰	75	85	79	239
25	07JDZ018	张国强	76	86	78	240
26	07JDZ020	李佳树	68	91	83	242
27	07JDZ027	高洪伟	69	87	86	242
28	07JDZ005	刘彦波	71	88	87	246
29	07JDZ004	张春凯	85	91	79	255
30						
31						
32			数学			
33			>75			
34						

图 4-2-11　建立条件区域

然后选中数据区域中的任意单元格，单击【数据】选项卡的【排序和筛选】组中的高级按钮，如图 4-2-12 所示，弹出【高级筛选】对话框，Excel 自动选择好了筛选的区域，单击【条件区域】框右侧的【拾取】按钮，选中刚才设置的条件区域，再次单击【拾取】按钮，返回【高级筛选】对话框，单击【确定】按钮，如图 4-2-13 所示，筛选结果同样如图 4-2-10 所示。

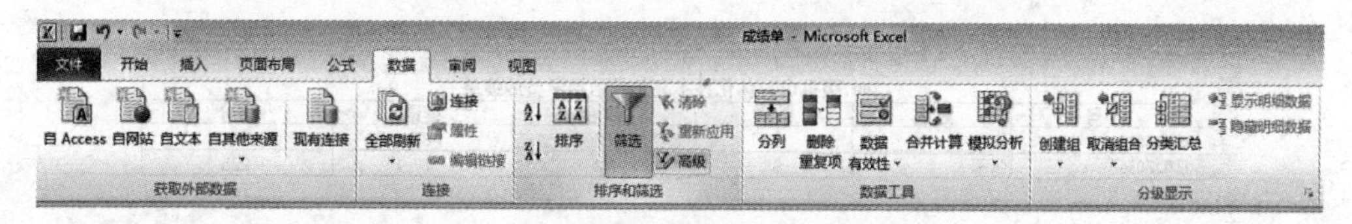

图 4-2-12　单击【高级】按钮

图 4-2-13 【高级筛选】对话框

高级筛选可以设置行与行之间的"或"关系条件,也可以对一个特定的列指定 3 个以上的条件,还可以指定计算条件,这些都是比自动筛选优越之处。高级筛选的条件区域应该至少两行,第一行用来放置列标题,下面的行则放置筛选条件,需要注意的是,这里的列标题一定要与数据清单中的列标题完全一样才行。在条件区域的筛选条件设置中,同一行上的默认是"与"条件,而不同行上的条件默认是"或"条件。

3. 在筛选时使用通配符

在设置自动筛选的自定义条件时,可以使用通配符,其中问号(?)代表任意单个字符,星号(*)代表任意一组字符。

"?"和"*"必须在英文状态下输入,否则无法正常筛选出结果。

如筛选出张姓同学的成绩,可在"姓名"字段的【自定义自动筛选方式】对话框中设置姓名等于"张*",筛选结果如图 4-2-14 所示,若在【自定义自动筛选方式】对话框中设置姓名等于"张?",则筛选结果如图 4-2-15 所示。

	A	B	C	D	E	F
1	2007级机电一体化技术高起专函授学员成绩单					
2	学号	姓名	数学	政治	英语	总分
6	07JDZ028	张善凯	68	68	77	213
16	07JDZ032	张宁	62	87	85	234
21	07JDZ036	张军	85	73	77	235
25	07JDZ018	张国强	76	86	78	240
29	07JDZ004	张春凯	85	91	79	255

图 4-2-14 姓名等于"张*"的筛选结果

	A	B	C	D	E	F
1	2007级机电一体化技术高起专函授学员成绩单					
2	学号	姓名	数学	政治	英语	总分
16	07JDZ032	张宁	62	87	85	234
21	07JDZ036	张军	85	73	77	235

图 4-2-15 姓名等于"张?"的筛选结果

4.2.3　数据的分类汇总和分级显示

分类汇总是 Excel 中最常用的功能之一，它能够快速地以某一个字段为分类项，对数据列表中的数值字段进行各种统计计算，如求和、计数、平均值、最大值、最小值、乘积等。

比如在成绩统计表中，希望可以得出数据表中班级每个人的总成绩之和。首先把数据表按照“班级”进行排序，然后在【数据】选项卡中【分级显示】组中，单击【分类汇总】按钮，如图 4-2-16 所示，弹出【分类汇总】对话框，在【分类字段】下拉列表框中选择【班级】，选择汇总方式为【求和】，然后单击【确定】按钮，如图 4-2-17 所示。分类汇总效果如图 4-2-18 所示。

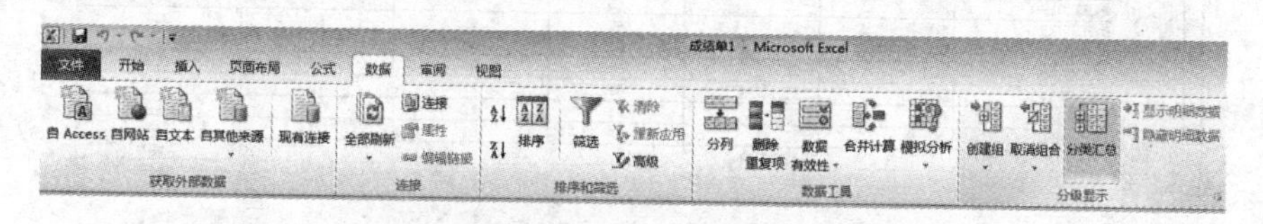

图 4-2-16　【分类汇总】按钮

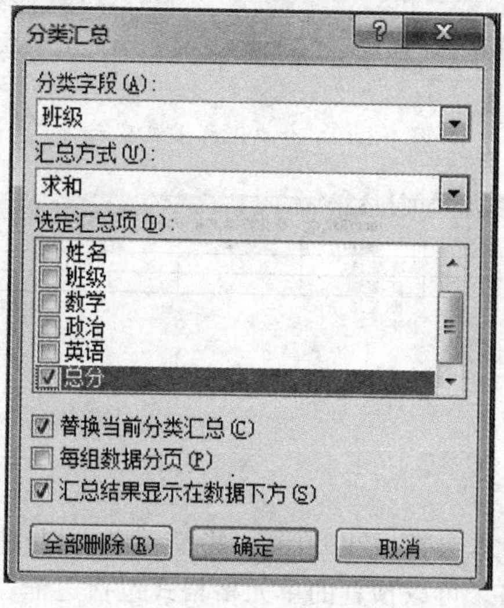

图 4-2-17　【分类汇总】对话框

分类汇总的数据是分级显示的，在工作表的左上角分成 1 级、2 级和 3 级，单击 1 级，在表中就只有总计项出现，如图 4-2-19 所示。

单击 2 级，在表中就只有汇总和总计项出现，这样就可以清楚地看到各班级的汇总和总计，如图 4-2-20 所示。

	A	B	C	D	E	F	G
1	2007级机电一体化技术高起专函授学员成绩单						
2	学号	姓名	班级	数学	政治	英语	总分
3	07JDZ005	刘彦波	二班	71	88	87	246
4	07JDZ007	王涛	二班	75	74	80	229
5	07JDZ008	苏永学	二班	71	88	75	234
6	07JDZ015	于洋	二班	65	84	85	234
7	07JDZ018	张国强	二班	76	86	78	240
8	07JDZ021	刘永利	二班	68	83	79	230
9	07JDZ024	初英铭	二班	71	60	60	191
10	07JDZ026	林样冰	二班	72	78	81	231
11	07JDZ010	姜刚	二班	69	84	85	238
12			二班 汇总				2073
13	07JDZ006	王策	三班	69	77	74	220
14	07JDZ009	牟恩卫	三班	69	85	81	235
15	07JDZ017	杨丰涛	三班	75	64	82	221
16	07JDZ022	刘晓飞	三班	69	61	80	210
17	07JDZ025	杜树峰	三班	75	85	79	239
18	07JDZ028	张善凯	三班	68	68	77	213
19	07JDZ031	闫兴强	三班	60	86	71	217
20	07JDZ032	张宁	三班	62	87	85	234
21			三班 汇总				1789
22	07JDZ004	张春凯	一班	85	91	79	255
23	07JDZ012	金成豪	一班	68	0	0	68
24	07JDZ016	李昊	一班	76	73	84	233
25	07JDZ019	孙楠	一班	73	86	79	238
26	07JDZ023	李程显	一班	62	81	80	223
27	07JDZ027	高洪伟	一班	69	87	86	242
28	07JDZ030	王飞	一班	61	81	74	216
29	07JDZ034	安德义	一班	69	88	78	235
30	07JDZ036	张军	一班	85	73	77	235
31	07JDZ020	李佳树	一班	68	91	83	242
32			一班 汇总				2187
33			总计				6049

图 4-2-18　分类汇总效果

	A	B	C	D	E	F	G
1	2007级机电一体化技术高起专函授学员成绩单						
2	学号	姓名	班级	数学	政治	英语	总分
33			总计				6049

图 4-2-19　分类汇总 1 级显示

	A	B	C	D	E	F	G
1	2007级机电一体化技术高起专函授学员成绩单						
2	学号	姓名	班级	数学	政治	英语	总分
12			二班 汇总				2073
21			三班 汇总				1789
32			一班 汇总				2187
33			总计				6049

图 4-2-20　分类汇总 2 级显示

4.2.4　条件格式

使用 Excel 中的条件格式功能，可以预置一些单元格式，并在指定的某种条件格式被满足时自动应用于目标单元格。可以预置的单元格格式包括边框、底纹、字体颜色等。此功能可以根据用户的要求，快速对特定单元格进行必要的标识，以起到突出显示的作用。

1. 突出显示单元格规则

在条件格式中可以快速选择大于、小于、介于、等于等数据。

例如，在成绩统计表中要快速找出所有总分大于 230 分的相关数据。

首先选中“总分”字段的所有数据，单击【开始】选项卡【样式】选项组中的【条件格式】按钮，选择【突出显示单元格规则】|【大于】命令，弹出【大于】对话框，如图 4-2-21 所示。

将数值部分设置为“230”，然后设置单元格显示样式，为【黄填充色深黄色文本】，设置完毕后单击【确定】按钮，如图 4-2-22 所示。

数据表中已经显示出所有符合条件的信息，如图 4-2-23 所示。

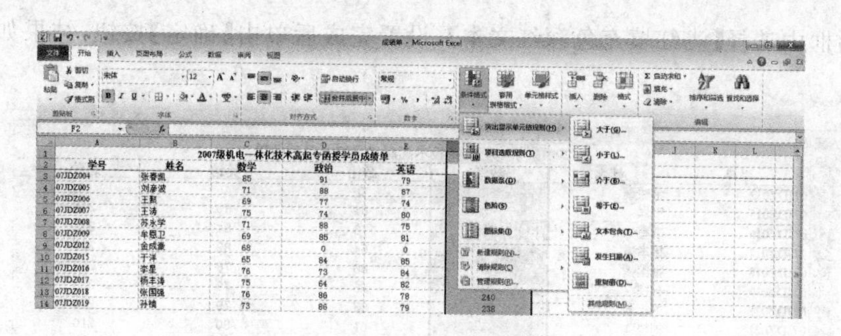

图 4-2-21 【突出显示单元格规则】

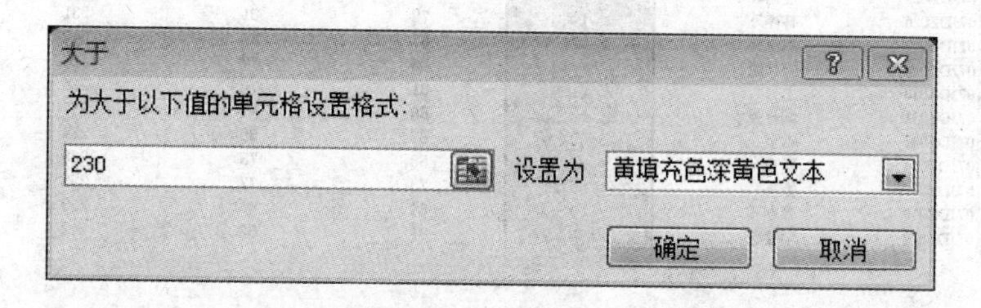

图 4-2-22 【大于】对话框

	A	B	C	D	E	F
1	2007级机电一体化技术高起专函授学员成绩单					
2	学号	姓名	数学	政治	英语	总分
9	07JDZ012	金成豪	68	0	0	68
10	07JDZ015	于洋	65	84	85	234
11	07JDZ016	李星	76	73	84	233
12	07JDZ017	杨丰涛	75	64	82	221
13	07JDZ018	张国强	76	86	78	240
14	07JDZ019	孙楠	73	86	79	238
15	07JDZ021	刘永利	68	83	79	230
16	07JDZ022	刘晓飞	69	61	80	210
17	07JDZ023	李程昱	62	81	80	223
18	07JDZ024	初英铭	71	60	60	191
19	07JDZ025	杜树峰	75	85	79	239
20	07JDZ026	林祥冰	72	78	81	231
21	07JDZ027	高洪伟	69	87	86	242
22	07JDZ028	张善凯	68	68	77	213
23	07JDZ030	王飞	61	81	74	216
24	07JDZ031	闫兴强	60	86	71	217
25	07JDZ032	张宁	62	87	85	234
26	07JDZ034	安德义	69	88	78	235
27	07JDZ036	张军	85	73	77	235
28	07JDZ010	姜刚	69	84	85	238
29	07JDZ020	李佳树	68	91	83	242
30						

图 4-2-23 使用条件格式快速查找的效果

2. 项目选取规则

在 Excel 2010 中，使用条件格式不仅可以快速查找相关信息，还可以通过数据条、色阶、图表显示数据大小，还可以挑选前十项数据、后十项、高于平均值的、低于平均值的数据。

首先选中“数学”列的所有数据，单击【开始】选项卡中【样式】选项组的【条件格式】按钮，选择【项目选取规则】|【高于平均值】，打开【高于平均值】对话框，如图 4-2-24 所示。

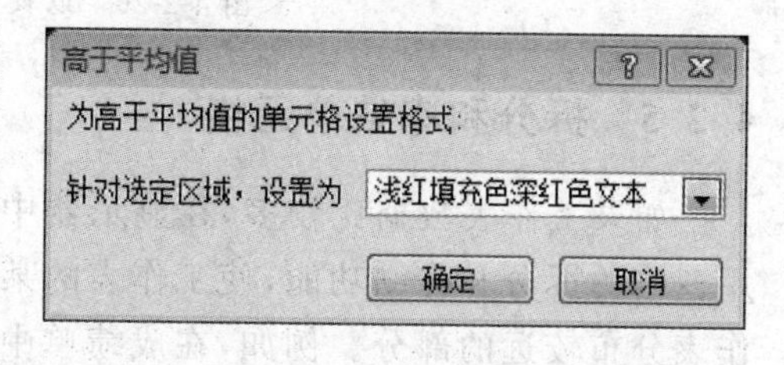

图 4-2-24 【高于平均值】对话框

在对话框中选择【浅红填充色深红文本】，设置完成后单击【确定】按钮，结果如图 4-2-25 所示。

	A	B	C	D	E	F
1	2007级机电一体化技术高起专函授学员成绩单					
2	学号	姓名	数学	政治	英语	总分
9	07JDZ012	金成豪	68	0	0	68
10	07JDZ015	于洋	65	84	85	234
11	07JDZ016	李星	76	73	84	233
12	07JDZ017	杨丰涛	75	64	82	221
13	07JDZ018	张国强	76	86	78	240
14	07JDZ019	孙楠	73	86	79	238
15	07JDZ021	刘永利	68	83	79	230
16	07JDZ022	刘晓飞	69	61	80	210
17	07JDZ023	李程昱	62	81	80	223
18	07JDZ024	初英铭	71	60	60	191
19	07JDZ025	杜树峰	75	85	79	239
20	07JDZ026	林祥冰	72	78	81	231
21	07JDZ027	高洪伟	69	87	86	242
22	07JDZ028	张善凯	68	68	77	213
23	07JDZ030	王飞	61	81	74	216
24	07JDZ031	闫兴强	60	86	71	217
25	07JDZ032	张宁	62	87	85	234
26	07JDZ034	安德义	69	88	78	235
27	07JDZ036	张军	85	73	77	235
28	07JDZ010	姜刚	69	84	85	238
29	07JDZ020	李佳树	68	91	83	242
30						

图 4-2-25 “数学”成绩高于平均值的结果

3. 数据条

首先选中“英语”字段的所有数据，单击【条件格式】按钮，选择【数据条】，在打开的选项卡中选择颜色，此时可以看到数据的大小，如图 4-2-26 所示。

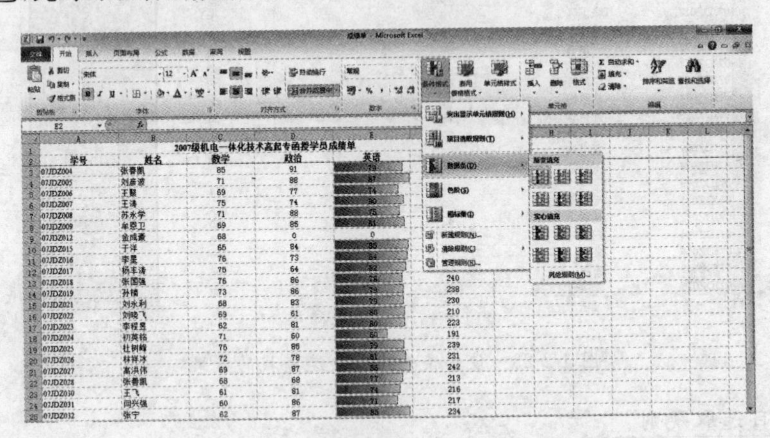

图 4-2-26 以数据条突出显示单元格效果

4.2.5 拆分和冻结单元格

如果工作表数据比较多，在显示器中无法全部显示，查找数据比较困难，这时可以利用窗格的拆分和冻结功能，使工作表的某一部分在其他部分滚动时一直可见，同时查看工作表分布较远的部分。例如，在成绩单中让第一列和第二列的“学号”和“姓名”一直是可见的。

1. 拆分窗格

使用【视图】选项卡的【窗口】组合中的【拆分】按钮［拆分］来拆分窗口，此时窗口被一横一竖两条线拆分成 4 个可调的窗格，如图 4-2-27 所示。

	A	B	C	D	E	F
1				2007级机电一体化技术高起专函授学员	成绩单	
2	学号	姓名	数学	政治	英语	总分
3	07JDZ004	张春凯	85	91	79	255
4	07JDZ005	刘彦波	71	88	87	246
5	07JDZ006	王聚	69	77	74	220
6	07JDZ007	王涛	75	74	80	229
7	07JDZ008	苏永学	71	88	75	234
8	07JDZ009	牟恩卫	69	85	81	235
9	07JDZ012	金成豪	68	0	0	68
10	07JDZ015	于洋	65	84	85	234
11	07JDZ016	李星	76	73	84	233
12	07JDZ017	杨丰涛	75	64	82	221
13	07JDZ018	张国强	76	86	78	240
14	07JDZ019	孙楠	73	86	79	238
15	07JDZ021	刘永利	68	83	79	230
16	07JDZ022	刘晓飞	69	61	80	210
17	07JDZ023	李程昱	62	81	80	223
18	07JDZ024	初英铭	71	60	60	191
19	07JDZ025	杜树峰	75	85	79	239
20	07JDZ026	林祥冰	72	78	81	231
21	07JDZ027	高洪伟	69	87	86	242
22	07JDZ028	张善凯	68	68	77	213
23	07JDZ030	王飞	61	81	74	216
24	07JDZ031	闫兴强	60	86	71	217
25	07JDZ032	张宁	62	87	85	234

Sheet1 Sheet2 Sheet3

图 4-2-27　窗口拆分效果

调整窗格的水平和垂直位置，可以同时查看工作表分布较远的部分。此例需要“学号”和“姓名”一直可见，所以要垂直拆分，拖动水平拆分线到最顶端去掉水平拆分，这时窗口被分成一左一右两个窗格，将垂直拆分线拖至“姓名”和“数学”之间，这时右侧窗格滚动时，左侧窗格一直可见，如图 4-2-28 所示，这样可以快速查找与学号和姓名相关的其他数据。

	A	B	E	F
1		20	成绩单	
2	学号	姓名	英语	总分
3	07JDZ004	张春凯	79	255
4	07JDZ005	刘彦波	87	246
5	07JDZ006	王聚	74	220
6	07JDZ007	王涛	80	229
7	07JDZ008	苏永学	75	234
8	07JDZ009	牟恩卫	81	235
9	07JDZ012	金成豪	0	68
10	07JDZ015	于洋	85	234
11	07JDZ016	李星	84	233
12	07JDZ017	杨丰涛	82	221
13	07JDZ018	张国强	78	240
14	07JDZ019	孙楠	79	238
15	07JDZ021	刘永利	79	230
16	07JDZ022	刘晓飞	80	210
17	07JDZ023	李程昱	80	223
18	07JDZ024	初英铭	60	191
19	07JDZ025	杜树峰	79	239
20	07JDZ026	林祥冰	81	231
21	07JDZ027	高洪伟	86	242
22	07JDZ028	张善凯	77	213
23	07JDZ030	王飞	74	216
24	07JDZ031	闫兴强	71	217
25	07JDZ032	张宁	85	234

Sheet1 Sheet2

图 4-2-28　调整后的窗口拆分效果

2. 冻结窗格

(1) 冻结行

例如，要想使第一和第二标题行一直可见，选中要冻结行的下一整行，即第三行，单击【视图】选项卡，点击【窗口】|【冻结窗口】，在下拉列表中选择【冻结拆分窗格】命令，如图 4-2-29 所示。

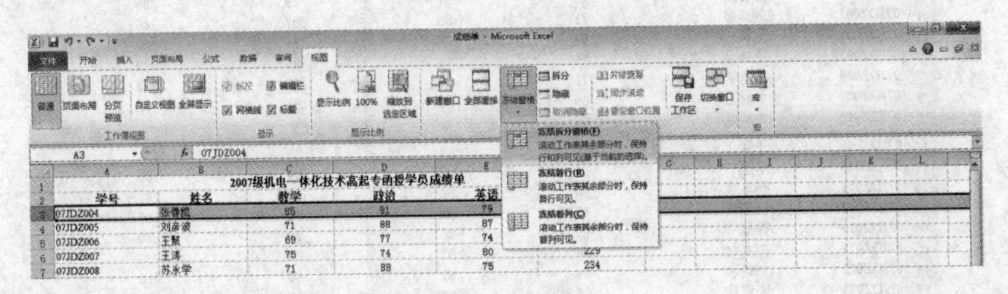

图 4-2-29 冻结标题行

(2) 冻结列

与冻结行相似，如要冻结“学号”和“姓名”列，先选中第三列，以下操作同上。

(3) 同时冻结行与列

例如，要冻结第一、第二标题行和“学号”和“姓名”列，先要选中第三行和第三列的交叉单元格，以下操作同上。

4.2.6 选择性粘贴

选择性粘贴是指把剪贴板中的内容按照一定的规则粘贴到工作表中，不是简单地拷贝。例如，成绩单中的“总分”列是按照公式计算得来的，选择这一列直接复制到别的区域或工作表中时，显示的并不是原来的数值。这时，选择性粘贴可以解决问题。

在粘贴目标位置右击鼠标，选择【选择性粘贴】命令，打开【选择性粘贴】对话框，如图 4-2-30 所示，在【粘贴】组中选择【值和数字格式】单选按钮，然后单击【确定】，这样数值和货币格式就被粘贴过来了。

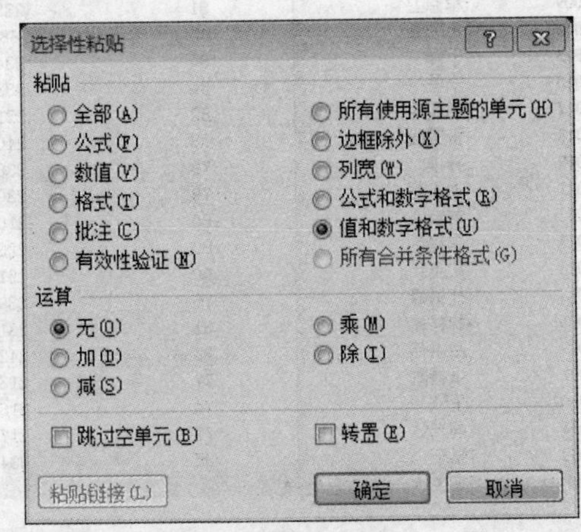

图 4-2-30 【选择性粘贴】对话框

也可以右击，在弹出的快捷菜单中选择，在【选择性粘贴】|【粘贴选项】中选择。

选择性粘贴还有一个很常用的功能就是转置功能。简单地理解就是把一个横排的表变成竖排的表，或把竖排变成横排。在要转换的表中，用前面的方法打开【选择性粘贴】对话框，选中【转置】复选框，然后单击【确定】按钮，即可实现行和列的位置相互转换。

一些简单的计算可以用选择性粘贴来完成，此外还可以粘贴全部格式或部分格式，或只粘贴公式等。

4.2.7　表对象

在 Excel 2010 中，可以将数据表格转换成表对象，直接对数据表格进行排序、筛选、调整格式等操作。

单击【插入】选项卡的【表格】组中的【表格】按钮，如图 4-2-31 所示，在弹出的【创建表】对话框中设置数据的来源，然后单击【确定】按钮，如图 4-2-32 所示。此时就将数据表格转换成表对象，可以看到，当把数据表格转换成表对象后，自动筛选、通过数据透视表汇总、表格样式设置等功能，如图 4-2-33 所示。

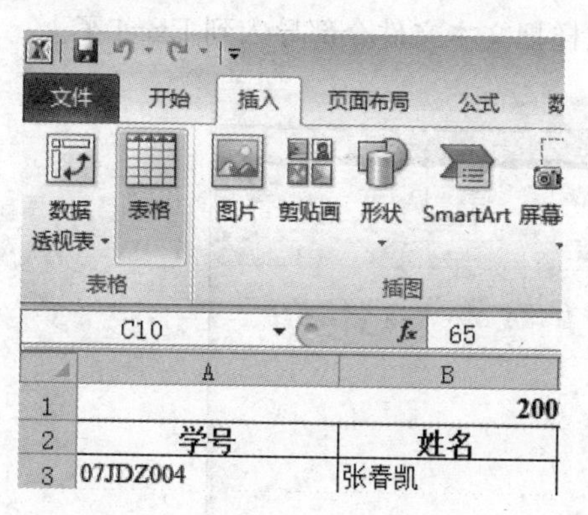

图 4-2-31　【表格】按钮

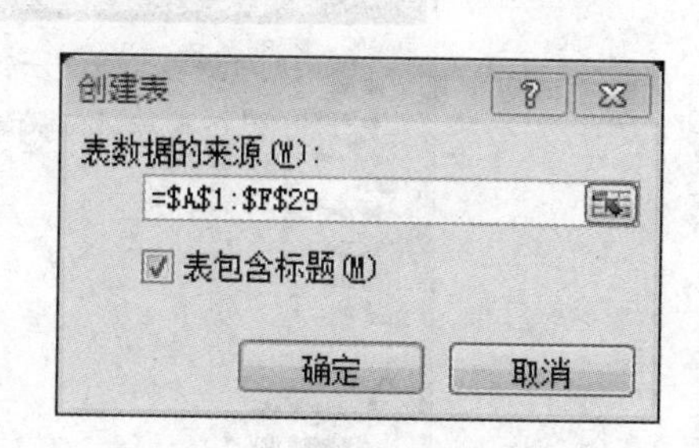

图 4-2-32　【创建表】对话框

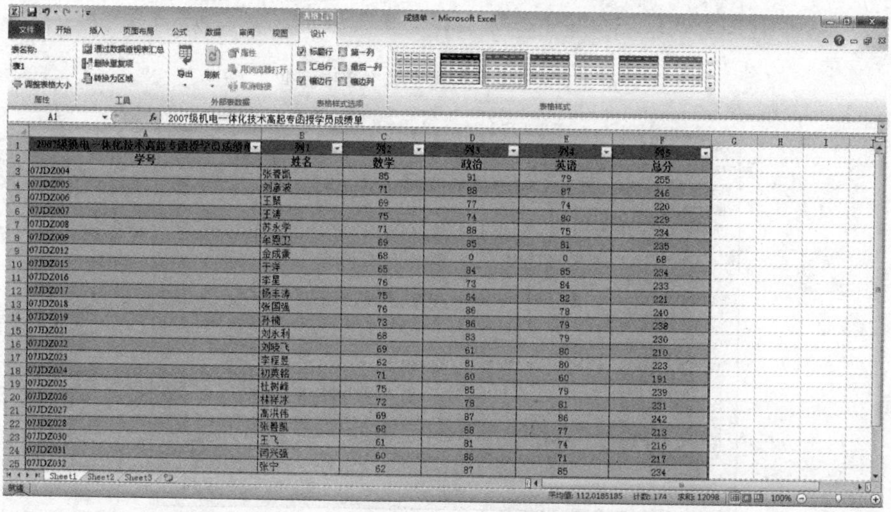

成绩单 - Microsoft Excel

A1　2007级机电一体化技术高起专函授学员成绩单

	A	B	C	D	E	F
1	2007级机电一体化技术高起专函授学员成绩单	列1	列2	列3	列4	列5
2	学号	姓名	数学	政治	英语	总分
3	07JDZ004	张春凯	85	91	79	255
4	07JDZ005	刘彦波	71	88	87	246
5	07JDZ006	王聚	69	77	74	220
6	07JDZ007	王涛	75	74	80	229
7	07JDZ008	苏永学	71	88	75	234
8	07JDZ009	牟恩卫	69	85	81	235
9	07JDZ012	金成豪	68	0	0	68
10	07JDZ015	于洋	65	84	85	234
11	07JDZ016	李星	76	73	84	233
12	07JDZ017	杨丰涛	75	64	82	221
13	07JDZ018	张国强	76	86	78	240
14	07JDZ019	孙楠	73	86	79	238
15	07JDZ021	刘永利	68	83	79	230
16	07JDZ022	刘晓飞	69	61	80	210
17	07JDZ023	李程昱	62	81	80	223
18	07JDZ024	初英铭	71	60	60	191
19	07JDZ025	杜树峰	75	85	79	239
20	07JDZ026	林祥冰	72	78	81	231
21	07JDZ027	高洪伟	69	87	86	242
22	07JDZ028	张春凯	68	68	77	213
23	07JDZ030	王飞	61	81	74	216
24	07JDZ031	闫兴强	60	86	71	217
25	07JDZ032	张宁	62	87	85	234

Sheet1　Sheet2　Sheet3

平均值: 112.0185185　计数: 174　求和: 12098　100%

图 4-2-33　表对象效果

4.2.8 获取外部数据

在 Excel 中可以获取外部的数据到 Excel 中，并利用 Excel 的功能对数据进行整理和分析，而不重复复制数据。这些数据可以包括 Access 数据、文本数据、网站数据、SQL Server 数据、XML 数据等。现以获取文本数据为例介绍。

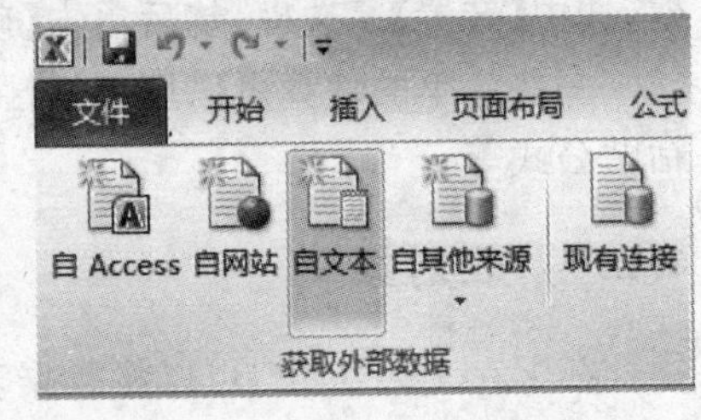

图 4-2-34 【自文本】按钮

打开 Excel，单击【数据】选项卡中【获取外部数据组】的【自文本】按钮，如图 4-2-34 所示。弹出【导入文本文件】对话框，然后选择文本文件所在位置，选择完毕后单击【导入】按钮，如图 4-2-35 所示。

此时会出现【文本导入向导】对话框，设置【原始数据类型】、【导入起始行】，然后单击【下一步】按钮，如图 4-2-36 所示。选择文本文件的数据字段分隔符，然后单击【下一步】按钮，如图 4-2-37 所示，选择导入数据的默认格式，然后单击【下一步】按钮，如图 4-2-38 所示。弹出【导入数据】对话框，可以选择将数据导入到现有工作表或新建工作表，然后单击【确定】按钮，如图 4-2-39 所示，这样把文本文件全部导入到 Excel 了。

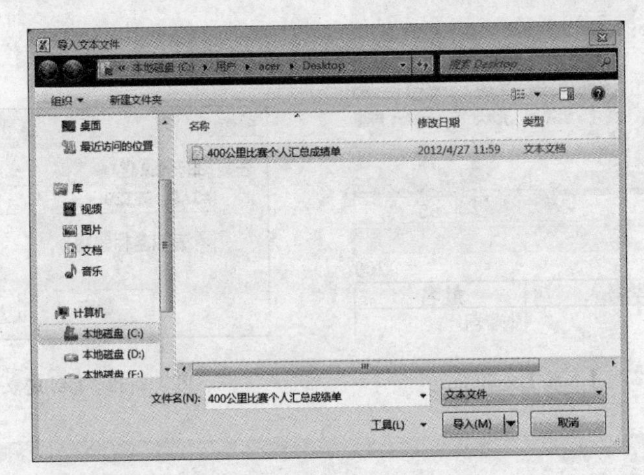

图 4-2-35 【导入文本文件】对话框

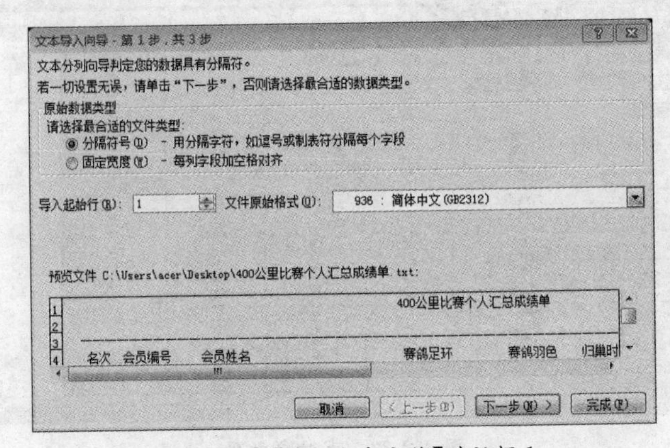

图 4-2-36 【导入文本文件】对话框 1

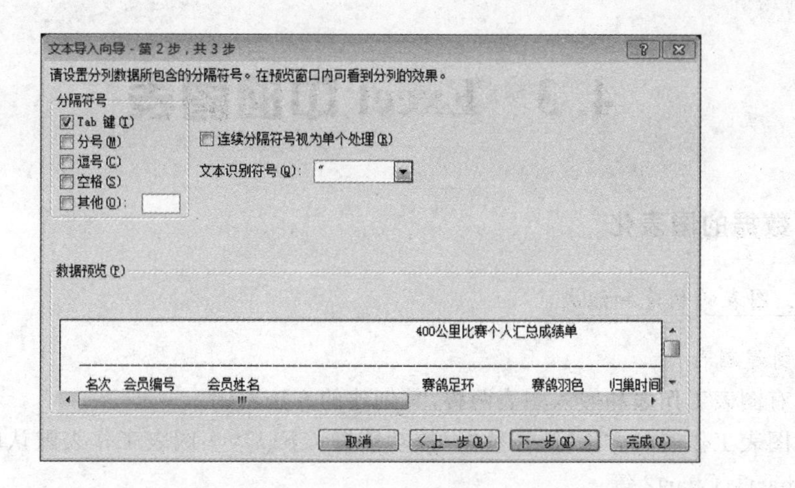

图 4-2-37 【导入文本文件】对话框 2

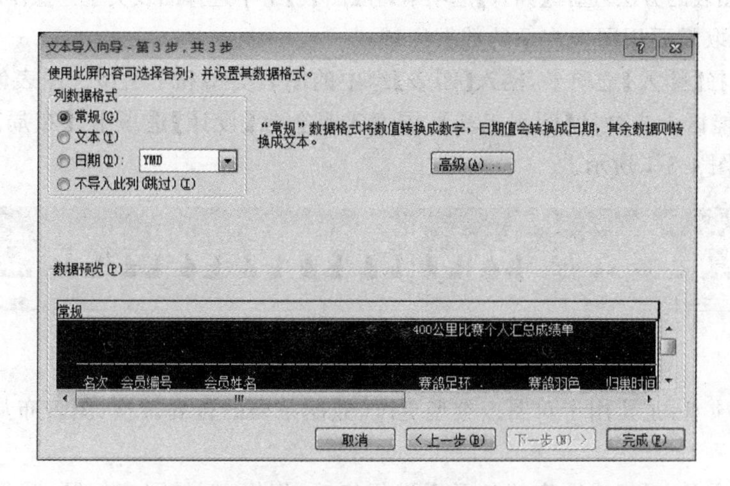

图 4-2-38 【导入文本文件】对话框 3

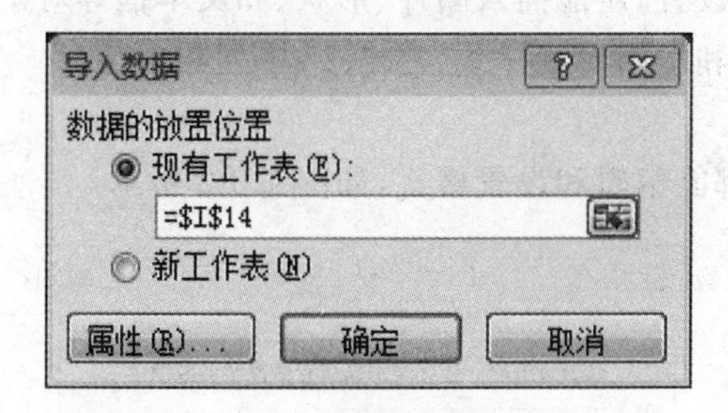

图 4-2-39 设置数据放置格式

4.3 Excel 中的图表

4.3.1 数据的图表化

1. 图表的创建和组成

(1) 创建图表

图表有图表工作表和嵌入图表两种,其创建的方法不同。

创建图表工作表的方法:选择数据,按功能键<F11>。图表工作表默认的表选项卡名分别为 Chart1、Chart2 等。

创建嵌入图表的方法:选择【插入】选项卡,在【图表】组中选择图表类型。操作步骤如下:

步骤 1:选取需要用图表表示的数据区域;

步骤 2:选择【插入】选项卡,插入【图表】组中的图表类型和子类型。图表创建完毕,此时系统自动在功能区上方激活【图表工具】,图表工具包括【设计】选项卡、【布局】选项卡和【格式】选项卡,如图 4-3-1 所示。

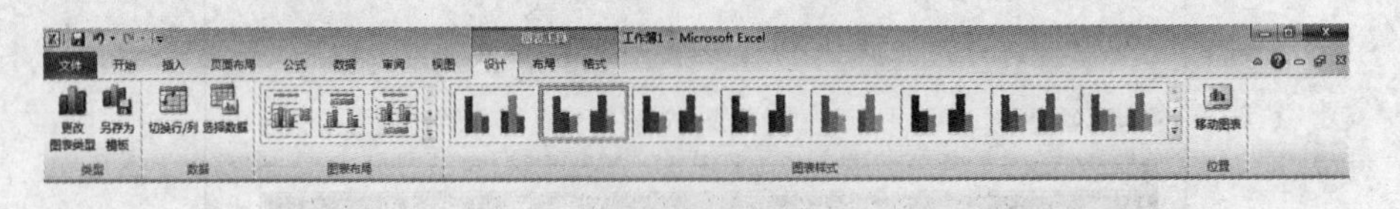

如图 4-3-1 【图表工具】

【设计】选项卡:主要用于对图表类型更改、数据系列的行列转换、图表布局、图表样式的选择。

【布局】选项卡:对组成图表的各元素进行修改、编辑,例如图表标题、图例、数据选项卡的编辑,坐标轴和背景的设置,还能插入图片、形状、和文本框等对象。

【格式】选项卡:设置和编辑形状样式、艺术字、排列和大小。

(2) 图表的组成

图表的各组成部分都能编辑和设置格式,如图 4-3-2 所示。

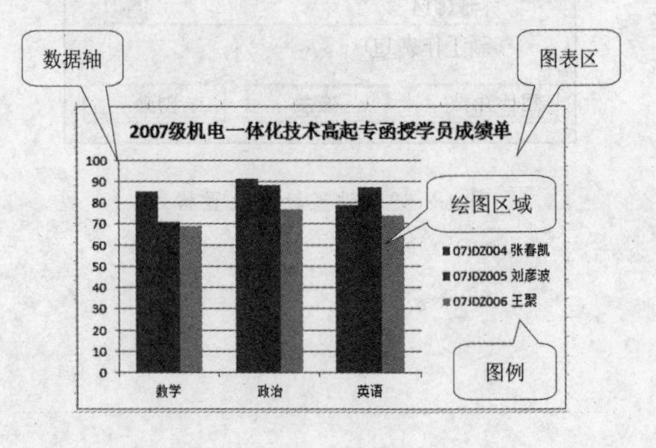

图 4-3-2 图表及图表的组成

2. 图表编辑

(1) 缩放、移动、复制和删除图表

单击图表区,图表边框上有八个控制块。缩放图表:拖曳控制块;移动图表:拖曳图表区域;复制图表:＜Ctrl＞＋拖曳图表;删除图表:按＜Del＞键。

(2) 图表数据的编辑

① 删除数据系列

选择【图表工具】|【设计】|【选择数据】,如图 4-3-3 所示。打开【选择数据】对话框,在对话框中可以添加、编辑和删除数据系列,还可以进行数据系列的行列转换,如图 4-3-4 所示。

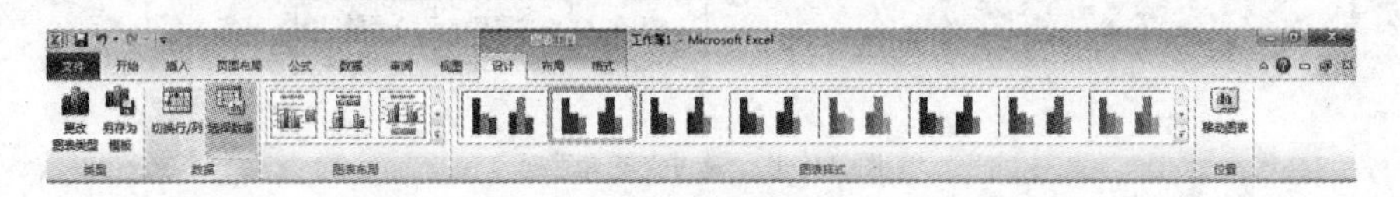

图 4-3-3　【选择数据】选项卡

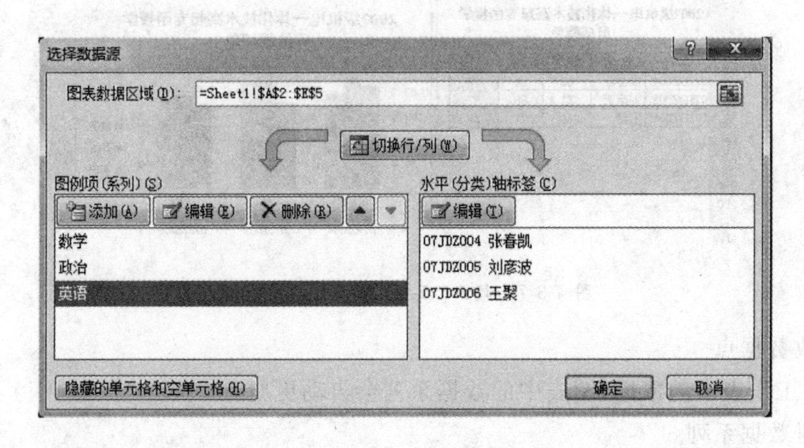

图 4-3-4　【选择数据源】对话框

在【选择数据源】对话框中,选中"英语",单击【删除】按钮,单击【确定】,出现删除"英语"数据列后的图表,如图 4-3-5 所示。

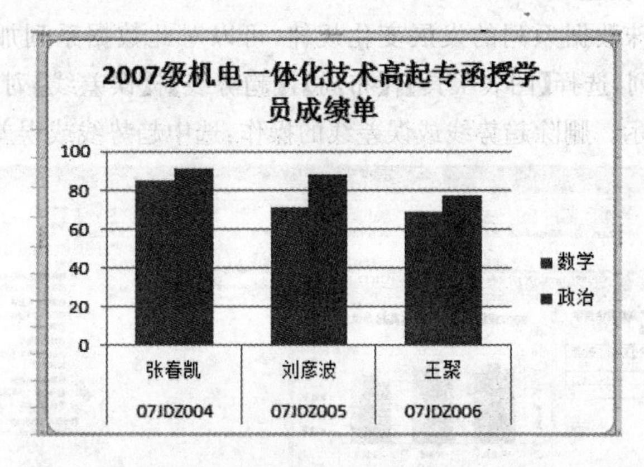

图 4-3-5　删除"英语"数据列后的图表

② 增加数据系列

选中需要增加的数据系列“英语”列，按<Ctrl> ＋ C 键，如图 4-3-6 所示。选中图表，按<Ctrl> ＋ V 键，便会出现如图 4-3-7 所示的结果。

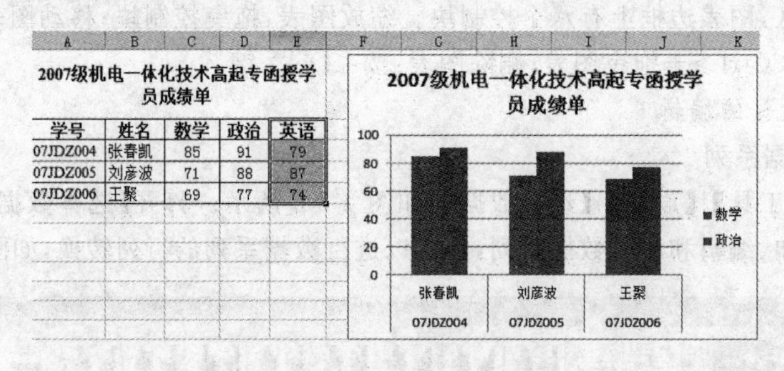

图 4-3-6 选中“英语”列

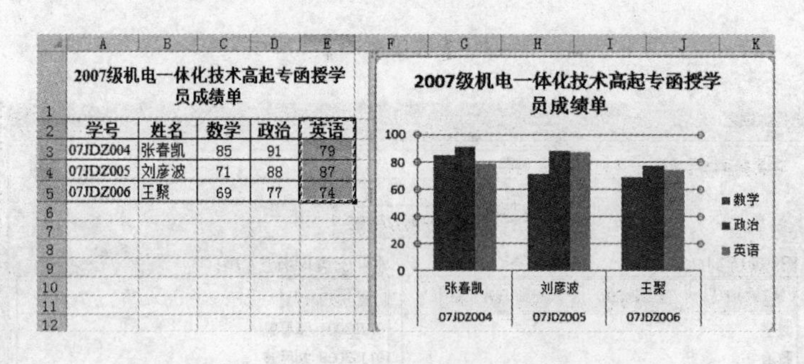

图 4-3-7 增加“英语”数据列后的图表

③ 修改数据点

修改了工作表中的数据，图表中的数据系列会自动更新。

④ 重排数据系列

为了突出数据系列之间的差异和相似对图表数据系列重新排列。选中任一数据系列，单击【图表工具】|【设计】|【选择数据】，在【选择数据源】对话框中单击【上移】或【下移】按钮来调整。

⑤ 添加趋势线和误差线

为了预测某些特殊数据系列的发展变化规律，可以对此数据系列加上趋势线和误差线。选中需预测的数据系列，选择【图表工具】|【布局】|【趋势线】|【误差线】列表中的趋势线或误差线类型，如图 4-3-8 所示。删除趋势线或误差线的操作：选中趋势线或误差线，按<Del>键。

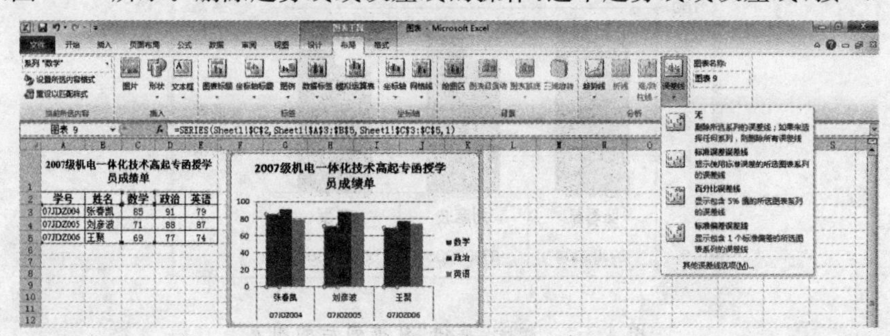

图 4-3-8 添加趋势线和误差线

三维图表、饼图等不能添加趋势线和误差线。

⑥ 饼图或环形图的分解和旋转

分解操作：选中数据系列，拖拽

旋转操作：双击数据点，打开【设置数据点格式】对话框，在【系列选择】选项中的【第一扇区起始角度】中输入需旋转的角度，如图 4-3-9 所示。

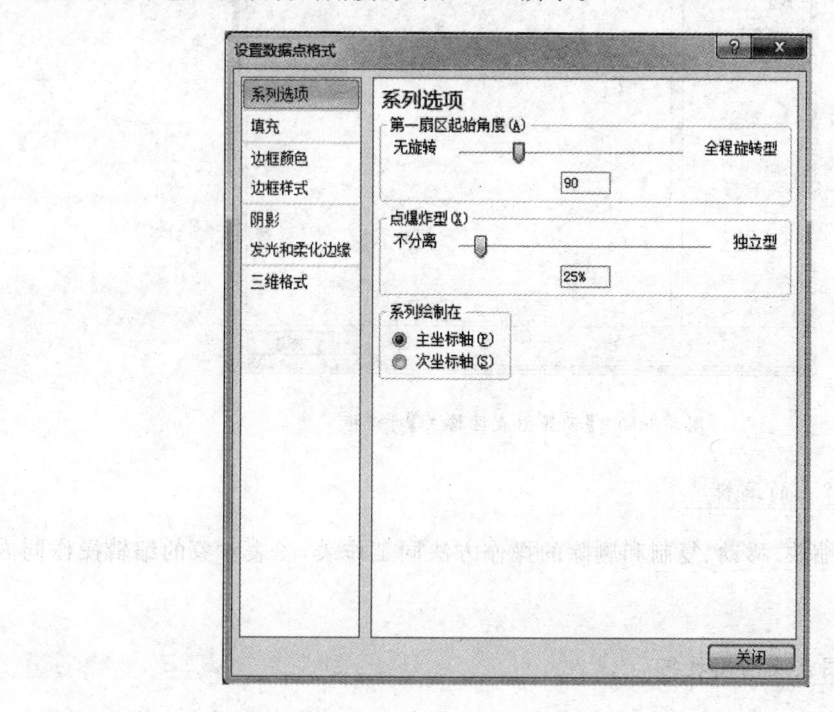

图 4-3-9　饼图的旋转

⑦ 设置调整图表选项

图表选项包括主题、主坐标轴、网格线、图例、数据标记、数据表。选中图表，选择【图表工具】中的【布局】选项卡中的选项。

(3) 附加文字说明及图形

文字说明：选择【图表工具】|【布局】|【文本框】下拉列表中的选项。图形和箭头：选择【图表工具】|【布局】|【形状】下拉列表中的选项。删除附加对象：选中，按＜Del＞键。

(4) 图表区格式

双击图表区，打开【设置图表区格式】对话框，如图 4-3-10 所示。在对话框中分别设置图表的填充颜色、边框颜色和边框样式、阴影、三维格式、属性等图表区格式。

(5) 调整三维图形

选中三维图形，单击【图表工具】|【布局】|【三维旋转】，在对话框中输入旋转和透视的角度。

(6) 更改图表类型

选中图表，单击【图表工具】|【设计】|【更改图表类型】，在对话框中选择图表类型。

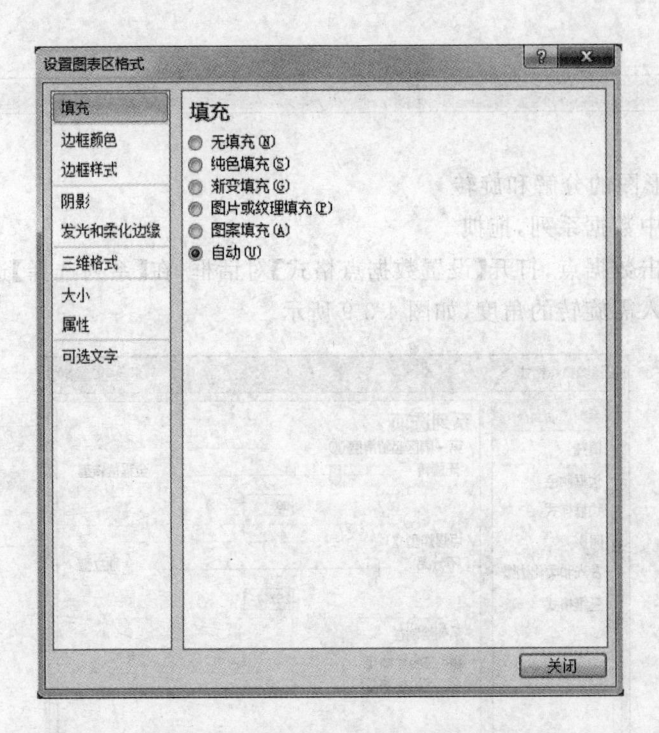

图 4-3-10 【设置图表区格式】对话框

3. 图表工作表的编辑

图表工作表的缩放、移动、复制和删除的操作方法同工作表，图表对象的编辑操作同嵌入图表。

4. 常见的图表及应用技巧

Excel 提供了 14 种标准的图表类型，每一种都具有多种组合和变换。在众多的图表类型中，根据数据的不同和使用要求的不同，可以选择不同类型的图表。图表的选择主要同数据的形式有关，其次才考虑感官效果和美观性。下面介绍一些常见的图表类型。

柱形图(或条形图)：由一系列相同宽度的柱形或条形组成，通常用来比较一段时间中两个或多个项目的相对数量。例如：不同产品季节或年度销售量对比、在几个项目中不同部门的经费分配情况、每年各类资料的数目等。柱形图(条形图)是应用较广泛的图表类型，很多人用图表都是从它开始的。

折线图：用来表现事物数量发展的变化。比如，数据在一段时间内是呈增长趋势的，另一段时间内处于下降趋势，通过折线图可以对将来作出预测。例如，速度-时间曲线、推力-耗油量曲线、升力系数-马赫数曲线、压力-温度曲线、疲劳强度-转数曲线、传输功率代价-传输距离曲线等，都可以利用折线图来表示。折线图一般在工程上应用较多，若是其中一个数据有几种情况，折线图里就有几条不同的线，比如五名运动员在万米赛跑中的速度变化，就有五条折线，可以相互对比，也可以添加趋势线对速度进行预测。

饼图：在用于对比几个数据在其形成的总和中所占百分比值时最有用。整个饼代表总和，每一个数用一个楔形表示。比如，表示不同产品的销售量占总销售量的百分比，各单位的经费占经费的比例、收集的藏书中每一类占的比例等。饼图虽然只能表达一个数据列的情况，但因为表达清楚明了，又易学好用，所以在实际工作中用得比较多。如果想表示多个系列的数据时，可以用环形图。

条形图：由一系列水平条组成，使得对于时间轴上的某一个点，两个或多个项目的相对尺寸具有可比性。比如，它可以比较每个季度、3 种产品中任意一种的销售数量。条形图中的每一条在工作表上是一个单独的数据点或数。

面积图：显示一段时间内变动的幅度。面积图可以观察各部分的变动，同时也看到总体的变化。

散点图：展示成对的数和它们所代表的趋势之间的关系。对于每一数对，一个数被绘制在 X 轴上，而另一个被绘制在 Y 轴上。过两点作轴垂线，相交处在图表上有一个标记。当大量的这种数对被绘制后，出现一个图形。散点图的重要作用是可以用来绘制函数曲线，从简单的三角函数、指数函数、对数函数到更复杂的混合型函数，都可以利用它来快速准确地绘制出曲线，所以在教学、科学计算中经常用到。

股价图：这是具有 3 个数据序列的折线图，可以用来显示一段时间内一种股标的最高价、最低价和收盘价。通过在最高、最低数据点之间画线形成垂直条，而轴上的小刻度代表收盘价。股价图多用于金融、商贸等行业，用来描述商品价格、货币兑换率和温度、压力测量等。

还有其他一些类型的图表，比如圆柱图、圆锥图、棱锥图，只是条形图和柱形图变化而来的，没有突出的特点，而且用得相对较少，这里就不一一赘述。这里要说明的是，以上只是图表的一般应用情况，有时一组数据可以用多种图形来表现，那是就要根据具体情况加以选择。对有些图表，如果一个数据序列绘制成柱形，而另一个则绘制成折线图或面积图，则该图表看上去会更好些。

4.3.2　数据透视表和数据透视图

1. 数据透视表

数据透视表是一种对大量数据快速汇总和建立交叉列表的互动式动态表格，能帮助用户分析、组织数据。例如，要计算平均值、标准差，建立列连表、计算百分比、建立新的数据子集等。建好数据透视表后，可以对数据透视表重新安排，以便从不同的角度查看数据。数据透视表可以从大量看似无关的数据中寻找联系，从而将纷繁的数据转化为有价值的信息，以供研究和决策所用。

例如，打开素材“成绩单 2”。在成绩单 2 中，我们用数据透视表得出每个小组的总分之和。

在【插入】选项卡中【表格】组中，单击【数据透视表】按钮，如图 4-3-11 所示，打开【创建数据透视表】对话框。在该对话框中选择透视表的数据来源以及透视表放置的位置，然后单击【确定】按钮，如图 4-3-12 所示。

此时出现提示：“若要生成报表，请从‘数据透视表字段列表’中选择字段。”同时界面右

侧出现了一个数据透视表字段列表，里面列出了所有可供使用的字段，如图 4-3-13 所示，选中【组别】和【总分】复选框。此时，可以看到每个组学生总分之和显示在数据透视表，如图 4-3-14 所示。

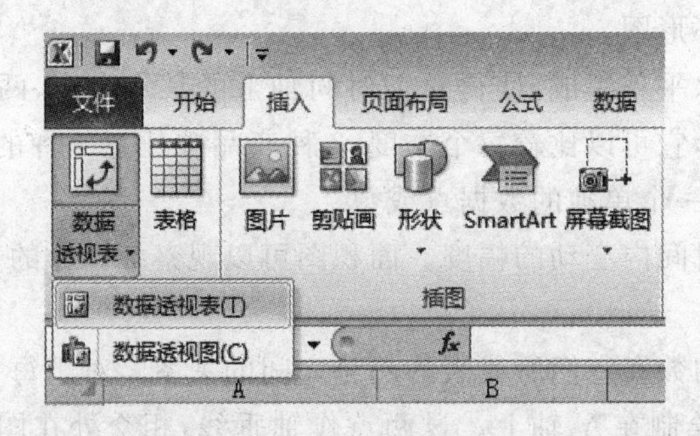

图 4-3-11 【数据透视表】按钮

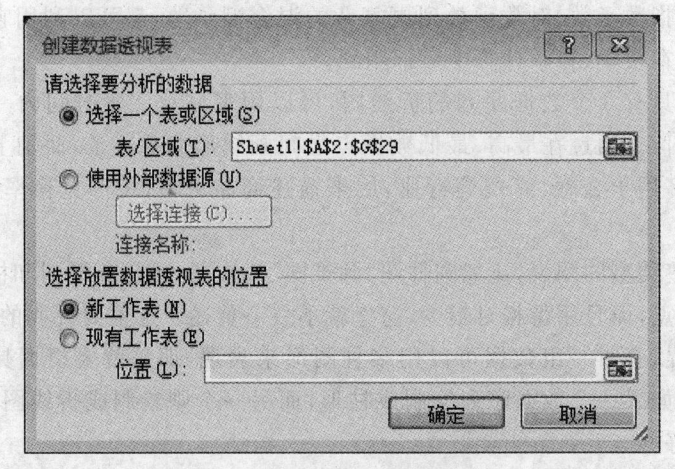

图 4-3-12 【创建数据透视表】对话框

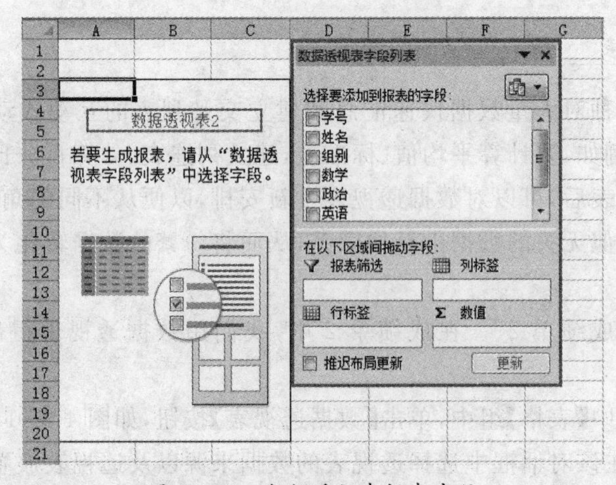

图 4-3-13 数据透视表报表字段

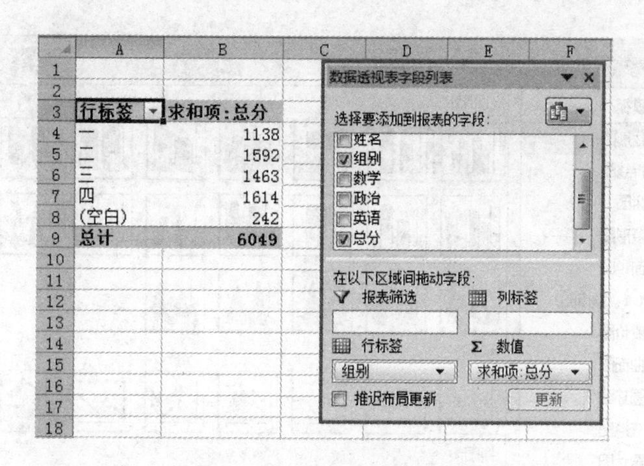

	A	B
3	行标签	求和项:总分
4	一	1138
5	二	1592
6	三	1463
7	四	1614
8	(空白)	242
9	总计	6049

图 4-3-14　数据透视表效果

2. 数据透视图

根据数据透视表可以直接生成图表，在【插入】选项卡的【表格】组中，单击【数据透视图】按钮，如图 4-3-15 所示，打开【创建数据透视图和数据透视图】对话框，在复选框中选择【组别】和【总分】字段，然后单击【确定】，创建的数据透视图如图 4-3-16 所示。

图 4-3-15　【数据透视图】按钮

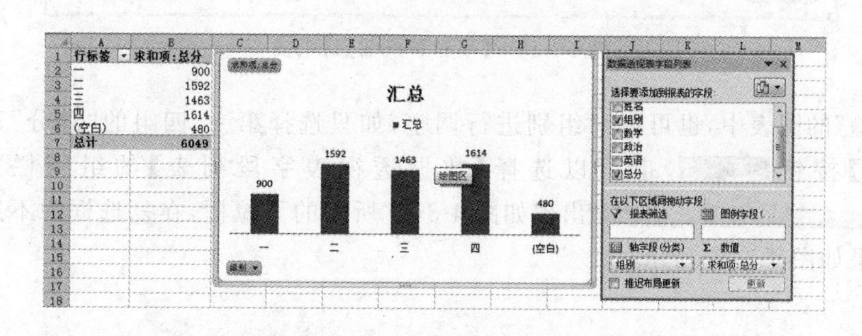

图 4-3-16　数据透视图效果图

还可以根据在【类型】、【数据】、【图表布局】、【图表样式】选项卡中根据个人爱好更改设置，例如，点击【类型】选项卡的【更改图标类型】按钮，出现【更改图标类型】的对话框，如图 4-3-17所示。选择【堆积折线图】，点击【确定】，结果如图 4-3-18 所示。

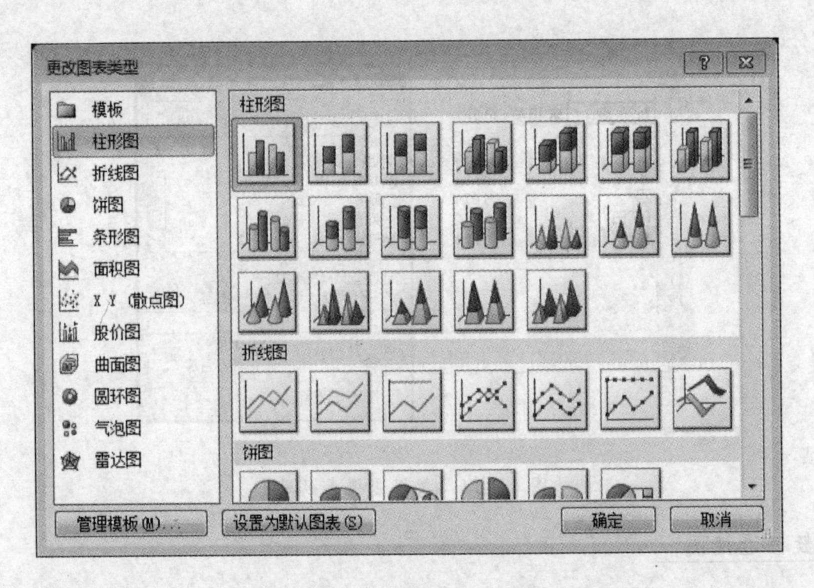

图 4-3-17 【更改图标类型】对话框

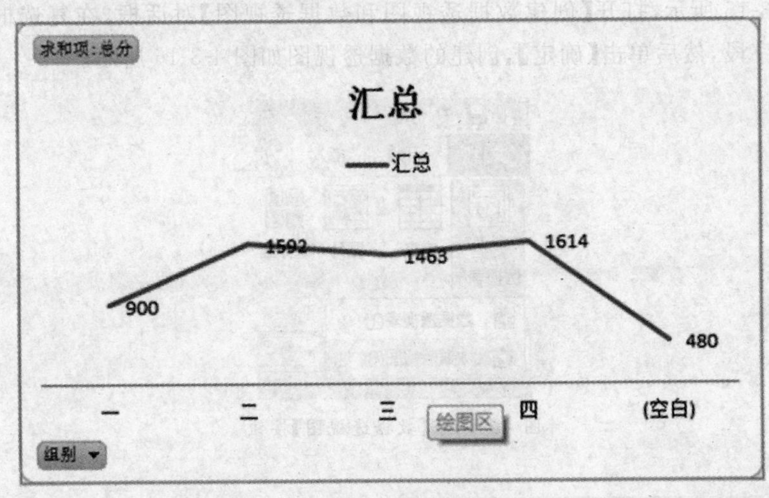

图 4-3-18 【堆积折线图】效果图

在"汇总"的图表中,也可以对组别进行调整,如只选择第一、四组的"总分"进行比较。点击【组别】按钮 组别 ,也可以选择【数据透视表字段列表】的组别栏向下按钮 组别 ,出现如图 4-3-19 所示的下拉框,在复选框中不选第二、三组即可,效果如图 4-3-20 所示。

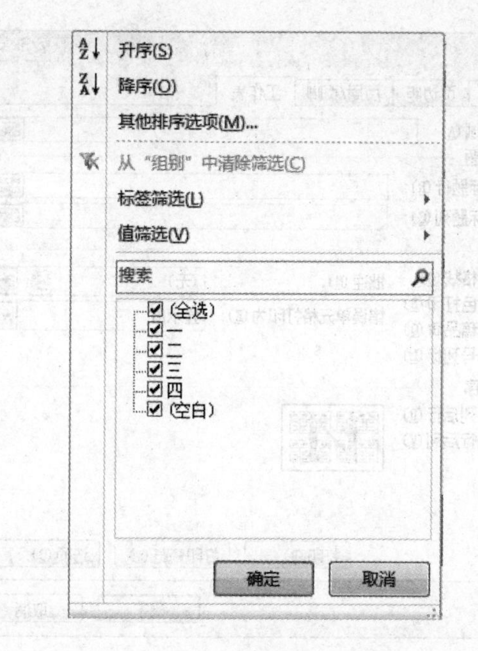

图 4-3-19　【组别】下拉框

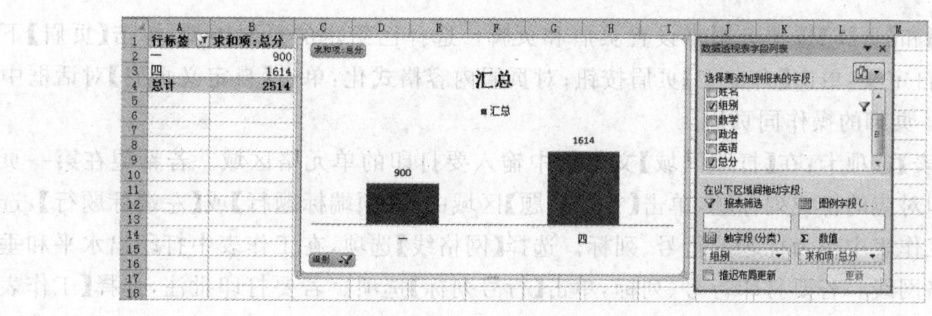

图 4-3-20　调整组别效果图

4.4　页面设置与打印

4.4.1　页面设置

1. 工作表页面设置

在工作表中选择需要打印输出的区域，选择【页面布局】选项卡，单击【页面设置】右下角的按钮，打开【页面设置】对话框，如图 4-4-1 所示。

【页面】选项卡用来设置打印方向、纸张大小、打印质量等参数。

【页边距】选项卡用来调整页边距，【垂直居中】和【水平居中】复选框用来确定工作表在页面居中的位置。

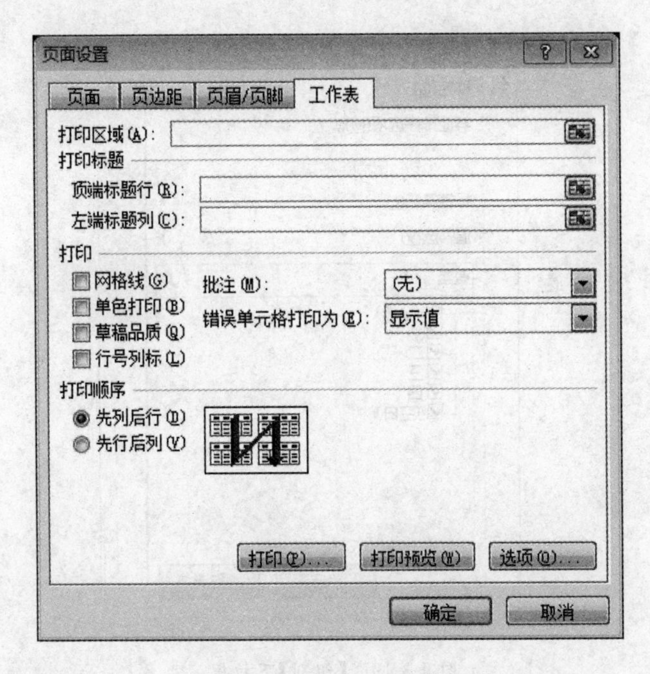

图 4-4-1 【页面设置】对话框

【页眉】和【页脚】选项卡用来设置页眉和页脚。选择已给定的页面类型:单击【页眉】下拉列表框;自定义:单击【自定义】页眉按钮;对页眉内容格式化:单击【自定义页眉】对话框中的 A 按钮。页脚的操作同页眉。

【工作表】选项卡:在【打印区域】文本框中输入要打印的单元格区域。若希望在第一页中都能打印对应的行或列标题,单击【打印标题】区域中的【顶端标题行】或【左端标题行】,选择或输入工作表中作为标题的行号、列标。选择【网格线】选项,在工作表中打印出水平和垂直的单元格网线。若要打印行号、列标,单击【行号列标】选项。若要打印批注,选择【工作表末尾】则在工作表末尾打印批注;选择【如同工作表中的显示】,则在工作表中出现批注的地方打印批注。

2. 图表页面设置

选中需要打印的图表,选择【页面布局】选项卡,单击【页面设置】组右下角的按钮,打开【页面设置】对话框,前面三个选项卡的设置基本相同,第四个选项卡为【图表】选项卡。在此选项卡中设置图表的打印质量。

4.4.2 打印

1. 打印预览

在打印前通过打印预览可提高打印的质量和效率。在【页面设置】对话框中单击【打印预览】按钮,或单击【快速访问工具栏】中的【打印预览和打印】按钮。

2. 打印

选择【文件】|【打印】命令，或在【页面设置】对话框中单击【打印】按钮。

练习题

一、单项选择题(请将正确答案填在指定的答题栏内，否则不得分)

题号	1	2	3	4	5	6	7	8	9	10
答案										
题号	11	12	13	14	15	16	17	18	19	20
答案										

1. 一行和一列相交构成一个(　　)。

A. 窗口　　B. 单元格　　C. 区域　　D. 工作表

2. 以下对工作簿和工作表的理解，正确的是(　　)。

A. 要保存工作表中的数据，必须将工作表以单独的文件名存盘

B. 一个工作簿可包含至多16张工作表

C. 工作表的缺省文件名为BOOK1、BOOK2、…

D. 保存了工作簿就等于保存了其中的所有的工作表

3. 在Excel中，使用公式输入数据，一般在公式前需要加(　　)。

A. $　　B. 单引号　　C. =　　D. 任意符号

4. Excel使用(　　)来定义一个区域。

A. “()”　　B. “:”　　C. “;”　　D. “|”

5. 可以使用按下(　　)键的方式来同时选择几个不相邻的区域。

A. ＜Alt＞　　B. ＜Shift＞　　C. ＜Ctrl＞　　D. ＜Tab＞

6. 如果单元格B2中为1，单元格B3中为3，那么选中区域“B2:B3”，向下拖动填充句柄到B7，则B6单元格中值为(　　)。

A. 3　　B. 6　　C. 9　　D. 1

7. 在Excel规定可以使用的运算符中，(　　)运算符非法。

A. 算术　　B. 关系　　C. 字符　　D. 逻辑

8. 若在工作表中选取多个连续的单元格，则工作表中活动单元格的数目为(　　)。

A. 连续单元格中的第1个单元格　　B. 1行单元格

C. 1列单元格　　D. 被选中的单元格个数

9. 在Excel工作表某列第一个单元格中输入等差数列起始值，然后(　　)到等差数列最后一个数值所在单元格，可以完成逐一增加的等差数列填充输入。

A. 用鼠标左键拖动单元格右下角的填充柄(填充点)

B. 按住＜Shift＞键，用鼠标左键拖动单元格右下角的填充柄(填充点)

C. 按住＜Alt＞键，用鼠标左键拖动单元格右下角的填充柄(填充点)

D. 按住＜Ctrl＞键，用鼠标左键拖动单元格右下角的填充柄(填充点)

10. 单击(　　)可以选取整个工作表。
    A. 电子表格左上角行列全选取按钮　　B. 帮助按钮
    C. 保存按钮　　D. 菜单栏的打开命令
11. 在一个单元格中输入文本,通常是向(　　)对齐的。
    A. 左　　B. 右　　C. 中间　　D. 随机的
12. 要在单元格内对数据进行修改,只需(　　)。
    A. 单击该单元格　　B. 双击该单元格
    C. 用标准工具栏按钮　　D. 用光标选择该单元格
13. 在Excel工作表上,用(　　)不可以将D3和E8两个单元格的内容一次复制到区域G8:G9中。
    A. 菜单命令　　B. 工具栏按钮
    C. 鼠标拖动　　D. 快捷菜单命令
14. 以下(　　)命令会在字段单元格内加入一个向下箭头。
    A. 自动筛选　　B. 记录单　　C. 分类汇总　　D. 排序
15. 如果在排序时选错了字段,应马上使用(　　)命令来取消错误的操作。
    A. 单击工具栏中的撤消按钮　　B. 替换
    C. 重复排序　　D. 取消排序
16. 在使用排序对话框进行排序时,如果我们要对某一字段进行排序,可以在关键字栏中输入(　　)。
    A. 在该字段内的第一个记录的单元格地址
    B. 在该字段内的最后一个记录的单元格地址
    C. 在该字段内的任意一条记录的单元格地址
    D. 以上都可以
17. 当图表处于激活状态时,在图表的周围会出现(　　)。
    A. 带手柄的细黑边框　　B. 灰色粗线边框
    C. 带手柄的粗的黑线边框　　D. 细的移动虚线边框
18. 下列关于Excel的叙述中,正确的是(　　)。
    A. Excel允许一个工作簿中包含多个工作表
    B. Excel将工作簿的每一张工作表分别作为一个文件来保存
    C. Excel的图表必须与生成该图表的有关数据处于同一张工作表上
    D. Excel工作表的名称由文件名决定
19. 如果图表工具栏不可见,我们可以选择菜单(　　)中的【工具栏】命令,选择子菜单中【图表】以显示图表工具栏。
    A. 视图　　B. 插入　　C. 格式　　D. 工具
20. 图表被选中以后,将鼠标指针移动到(　　)可以将图表进行拖动。
    A. 矩形区域中点尺寸控点　　B. 图表上除尺寸控点外位置
    C. 矩形区域四角处尺寸控点　　D. 图表上任意位置

二、填空题

1. 在Excel中,________是绘制在图表中的一组相关数据点,来源于工作表的一行或一列。

2. 在 Excel 中，下面关于单元格叙述正确的是________。

3. 在 Excel 中为了能够更有效的进行数据管理，通常________。

4. Excel 中运算符有算术运算符、文字运算符和________运算符、引用运算符四种。

5. 在 Excel 中对清单进行编辑时，可以在单元格中进行，也可以通过（数据）菜单项中的________命令进行。

6. 在 Excel 中，清单中的第一行被认为是数据库的________。

7. Excel 中引用其它工作簿文件中的某个数据表中的数据格式为________。

8. 假如现有一张 Excel 工作表，要删除第 3 至第 5 行，并选择下面的行上移，那么原先的第 7 行现在位于第________行。

9. 由函数结果填充单元格，格式为________、________、________、________、________组成。

10. 启动 Excel 后，默认的空工作簿 BOOK1 有________个工作表，默认的工作表是________。

第5章 演示文稿制作软件PPT 2010

本章提要

Microsoft PowerPoint 2010是一款功能非常实用的演示文稿(通常称为幻灯片)制作软件,是美国微软公司开发的大型办公软件Microsoft Office中的一个组件。从重新设计的用户界面到全新的视频、音频和图形以及格式设置功能,Microsoft PowerPoint 2010进一步增强了用户对演示文稿的控制能力,以创建出具有精美外观和强大实用功能的演示文稿;利用其强大的动画和SmartArt图形功能,可以让用户快速创建出极富感染力的图形图像;通过远程广播功能,直接在IE浏览器中播放和浏览演示文稿;通过网络存储,有效地共享演示文稿。

本章以办公软件PowerPoint 2010为平台,介绍演示文稿的基本操作、幻灯片的基本操作、幻灯片内容的编辑处理、在幻灯片中插入各种对象、设置超级链接、动画效果的制作和幻灯片的放映。

学习目标

1. 了解PowerPoint演示文稿工作界面组成;
2. 掌握PowerPoint演示文稿基本操作;
3. 掌握幻灯片的基本操作;
4. 掌握幻灯片内容的编辑操作;
5. 理解超级链接的概念,具有应用超级链接和动画效果制作演示文稿的能力;
6. 掌握幻灯片的放映方法。

5.1 基本操作

5.1.1 工作界面简介

1. PowerPoint 2010的新增功能

PowerPoint 2010是一款演示文稿制作软件,以制作演示文稿为其基础功能,并在此基础上实现演示文稿的播放、共享和管理等功能。概括起来其新增功能主要体现在以下几方面。

(1) 焕然一新的工作界面

从 PowerPoint 2007 开始，PowerPoint 工作界面的顶部区域发生了重大变化，这个区域不再是用户在 PowerPoint 2003 及以前版本中见到的菜单和工具栏，而是一个贯穿整个屏幕两端的通长区域，通常称为功能区。在每一个功能选项卡中，包含许多非常直观的命令工具按钮，并且将这些命令工具按钮根据其不同的功能分组进行排列，从而使得创建、放映和共享演示文稿更简单、直观、有效。在 PowerPoint 2010 中，微软为 PowerPoint 应用了统一的 Office 2010 风格的界面，通过直观的【文件】按钮和一系列的子菜单，提高用户操作的效率。

(2) 改进的图像编辑工具

PowerPoint 2010 提供了全新的图像编辑工具，允许用户为图像添加各种艺术效果，并进行高级更正、颜色调整和裁剪，可微调多媒体演示程序中的各种图像，以增强多媒体演示程序的感染力。

(3) 强大的视频处理功能

PowerPoint 2010 提供了强大的视频处理功能，用户不仅可以将视频嵌入到 PowerPoint 文档中，还可以控制视频的播放，对视频进行裁剪和编辑。

(4) 动态三维切换效果

PowerPoint 2010 添加了全新的动态幻灯片切换效果以及更多逼真的动画效果，可制作出更加吸引用户注意力的多媒体演示程序。

(5) 压缩和保护演示文稿

PowerPoint 2010 允许用户对已创建的基于 PowerPoint 2010 的多媒体演示文稿进行压缩，降低演示文稿所占用的磁盘空间，提高演示文稿在互联网中传输时的效率。同时，PowerPoint 2010 还允许用户设置演示文稿的权限级别，允许用户对演示文稿进行加密、设置读写权限等，提高演示文稿的安全性。

(6) 共享多媒体演示

在 PowerPoint 2010 中，提供了广播幻灯片的功能，允许用户将已创建的多媒体演示文稿通过局域网、广域网等网络广播给其他地方的用户，而这些用户无需安装 PowerPoint 软件或播放器。另外，还允许用户将多媒体演示文稿创建为包含切换效果、动画、旁白和计时程序的视频，以便在实况广播后与他人分享。除此之外，用户也可以注册一个免费的 Windows Live 账户，将多媒体演示文稿上传到免费的 Windows Live SkyDrive 网盘中，以实现演示设计的网络化，在任意一个地点，只需登录 Windows Live 账户，用户即可继续之前进行的工作。

(7) 自定义工作区

与其他 Office 2010 组件相同，PowerPoint 2010 也允许用户自定义工作区，通过修改【自定义功能区】选项卡中项目的位置、项目内容等，可以将用户常用的一些功能集中起来，提高用户工作的效率。

2. PowerPoint 2010 的启动与退出

(1) PowerPoint 2010 的启动

可以使用以下三种方法来启动 PowerPoint 2010：

方法 1:单击桌面左下角的【开始】按钮,从弹出的菜单中依次单击【所有程序】|【Microsoft Office】|【Microsoft PowerPoint 2010】命令,即可启动 PowerPoint 2010。如图 5-1-1 所示。

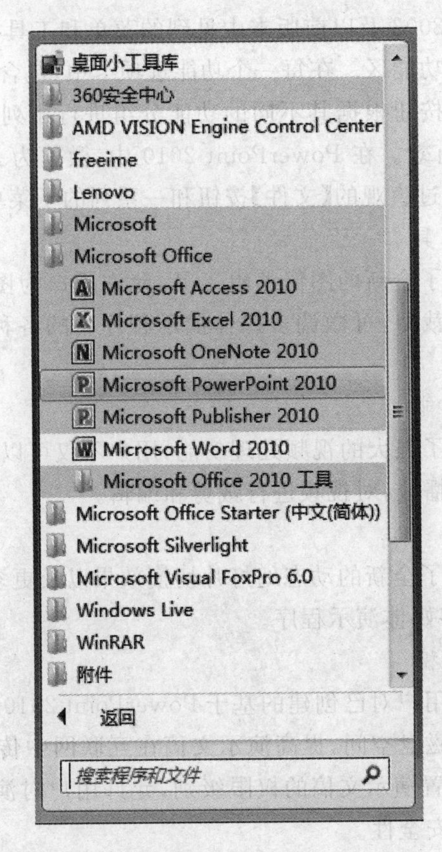

图 5-1-1　启动 PPT

方法 2:如果桌面上创建有 PowerPoint 2010 应用软件的快捷方式图标,如图 5-1-2 所示,双击该快捷方式图标也可启动 PowerPoint 2010。

图 5-1-2　PPT 快捷图标

方法 3:双击指定的 PowerPoint 2010 文件名即可在启动 PowerPoint 2010 的同时打开相应的演示文稿文件。

(2) 退出 PowerPoint 2010 的方法

方法 1:单击【文件】|【退出】命令。

方法 2:单击窗口右上角的【关闭】按钮。

方法 3:双击 PowerPoint 2010 窗口左上角的系统控制菜单。

方法 4:使用组合键<Alt>+<F4>。

3. PowerPoint 2010 的工作界面

PowerPoint 2010 采用了全新的操作界面,以与 Office 2010 系列软件的界面风格保持一致。相比之前版本,PowerPoint 2010 的界面更加整齐而简洁,也更便于操作。

启动 PowerPoint 2010 后,首先显示软件的启动画面,接下来打开的窗口便是操作界面,操作界面有时也称为工作界面。PowerPoint 2010 的操作界面主要由标题栏、功能区、幻灯片编辑辑区、视图窗格、备注窗格和状态栏六部分组成。如图 5-1-3 所示。

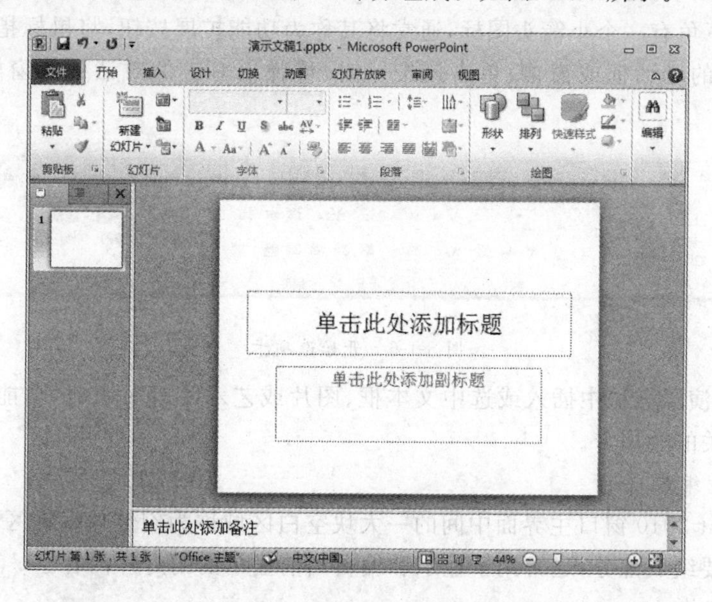

图 5-1-3 PPT 工作界面

(1) 标题栏

标题栏位于窗口的最上方，从左到右依次为控制菜单图标、快速访问工具栏、正在操作的演示文稿的名称、应用程序名称和窗口控制按钮。如图 5-1-4 所示。

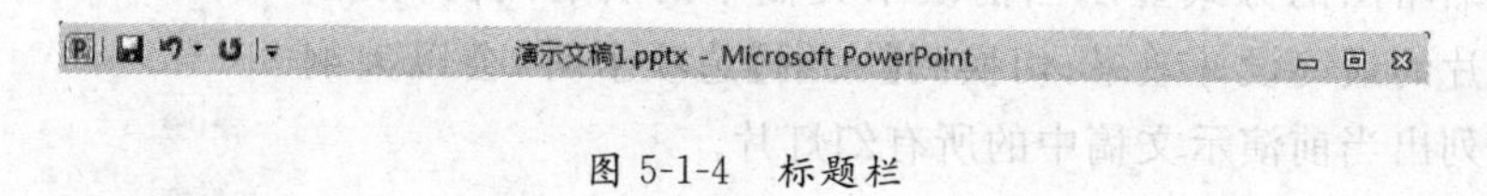

图 5-1-4 标题栏

① 控制菜单图标

单击该图标，将弹出一个窗口控制菜单，通过该控制菜单，可以对该窗口执行还原、最小化和关闭等操作。

② 快速访问工具栏

显示常用的工具按钮，默认情况下，显示【保存】、【撤消】和【恢复】三个按钮，单击这些按钮可快速执行相应的操作。

③ 窗口控制按钮

从左到右依次为【最小化】按钮、【最大化】按钮和【关闭】按钮，单击这些按钮可执行相应的操作。

(2) 功能区

功能区位于标题栏的下方，默认情况下包含【文件】、【开始】、【插入】、【设计】、【切换】、【动画】、【幻灯片放映】、【审阅】和【视图】9 个选项卡。如图 5-1-5 所示。

图 5-1-5 功能区

每个选项卡由多个功能组构成,单击某个选项卡,可展开该选项卡下方的所有功能组。例如,【开始】选项卡由【剪贴板】、【幻灯片】、【字体】、【段落】、【绘图】和【编辑】六个组构成,有些功能组的右下角有一个小箭头图标,通常将其称为功能扩展按钮,将鼠标指针指向该按钮时,可预览对应的对话框或窗格;单击该按钮时,将弹出对应的对话框或窗格。如图 5-1-6 所示。

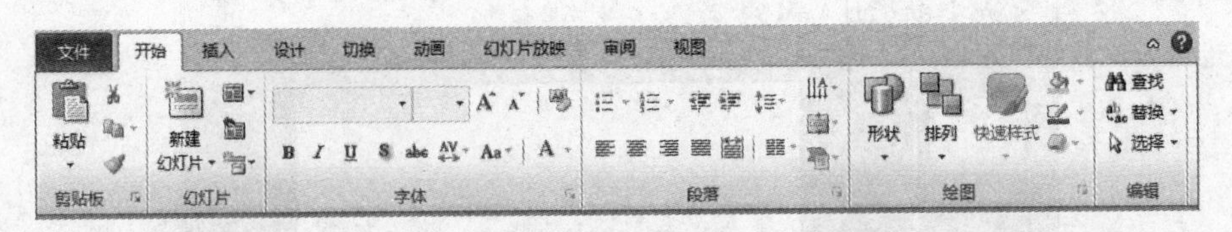

图 5-1-6　开始选项卡

此外,当在演示文稿中插入或选中文本框、图片或艺术字等对象时,功能区会显示与所选对象设置有关的选项卡。

(3) 幻灯片编辑区

PowerPoint 2010 窗口主界面中间的一大块空白区域称为幻灯片编辑区,该空白区域是演示文稿的重要组成部分,通常用于显示和编辑当前显示的幻灯片内容。

(4) 视图窗格

视图窗格位于幻灯片编辑区的左侧,包含【幻灯片】和【大纲】两个选项卡,用于显示幻灯片的数量及位置,如图 5-1-7 所示。视图窗格中默认显示的是【幻灯片】选项卡,切换到该选项卡时,会在该窗格中以缩略图的方式显示当前演示文稿中的所有幻灯片,以便查看幻灯片的最终设计效果;切换到【大纲】选项卡时,会以大纲列表的方式列出当前演示文稿中的所有幻灯片。

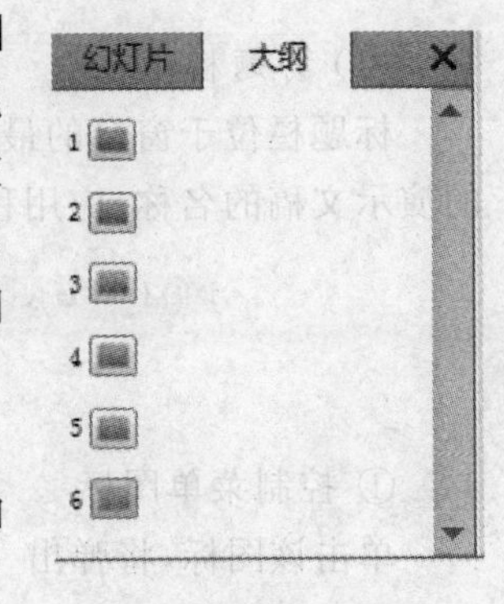

图 5-1-7　视图窗格

(5) 备注窗格

备注窗格位于幻灯片编辑区的下方,通常用于给幻灯片添加注释说明,例如幻灯片讲解说明等。

(6) 状态栏

状态栏位于窗口底部,用于显示幻灯片的当前是第几张、演示文稿总张数、当前使用的输入法状态等信息。状态栏的右端有两栏功能按钮,分别是视图切换工具按钮和显示比例调节工具按钮,视图切换工具按钮用于幻灯片模式的切换,显示比例调节工具按钮用于调整幻灯片的显示比例。如图 5-1-8 所示。

图 5-1-8　状态栏

4. PowerPoint 2010 的五种视图模式

一个演示文稿通常由多张幻灯片组成,为了方便用户操作,针对演示文稿的创建、编辑、放映或预览等不同阶段的操作,提供了不同的工作环境,这种工作环境称作"视图"。PowerPoint 2010 提供了五种视图模式:"普通视图"、"幻灯片浏览视图"、"备注页"、"幻灯片放映"

和“阅读视图”。其中,“普通视图”和“幻灯片视图”是最常使用的两种视图。

(1) 普通视图

PowerPoint 2010 启动后就直接进入普通视图方式,这是 PowerPoint 2010 默认的视图模式。该视图模式通常用于创建、编辑或设计演示文稿。在该视图模式下,窗口被分成了三个部分:大纲窗格、幻灯片窗格和备注窗格。拖动窗格分界线,可以调整窗格的大小。

(2) 幻灯片浏览视图

该视图模式将当前演示文稿中所有幻灯片以缩略图的形式排列在屏幕上方,在该模式下,用户可以浏览当前演示文稿中的所有幻灯片,调整幻灯片排列顺序,也可以直接进行幻灯片的复制、移动和删除等操作,但不能编辑幻灯片中的具体内容

(3) 备注页

以上下结构显示幻灯片和备注页,主要用于创建和编辑备注内容。

(4) 幻灯片放映

通常用于播放幻灯片,在播放过程中,可以欣赏幻灯片中的动画和声音等效果。

(5) 阅读视图

这是 PowerPoint 2010 新增的一款视图方式,它以窗口的形式来查看演示文稿的放映效果,在播放过程中,同样可以欣赏幻灯片的动画和切换等效果。

5. 视图模式的切换方式

使用以下两种方式可以实现视图模式的切换:

方法 1:切换到【视图】选项卡,在【演示文稿视图】组中,单击某个按钮即可切换到相应的视图模式。

方法 2:在 PowerPoint 2010 窗口的状态栏的右侧提供了视图按钮,该按钮有四个,分别是【普通视图】按钮、【幻灯片浏览】按钮、【阅读视图】按钮和【幻灯片放映】按钮,如图 5-1-9 所示,单击某个按钮即可切换到对应的视图模式。

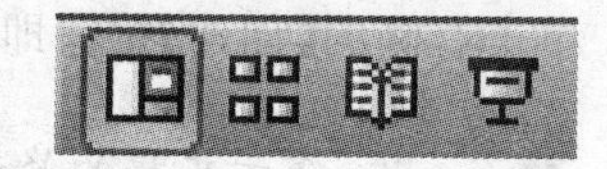

图 5-1-9　视图模式

5.1.2　演示文稿的创建、修改和保存

使用 PowerPoint 2010 编辑演示文稿之前,还应该首先掌握演示文稿的新建、修改、保存和关闭等基本操作。

1. 演示文稿的创建

要编辑演示文稿,首先应新建演示文稿。在 PowerPoint 2010 中,用户既可以创建空白演示文稿,也可以根据 PowerPoint 系统自带的模板创建带有某种风格的演示文稿。

(1) 新建空白演示文稿

新建空白演示文稿有以下几种方法:

方法 1:启动 PowerPoint 2010 之后,系统会自动创建一张名为【演示文稿 1】的空白演示文稿,如果再次启动该软件,系统自动以【演示文稿 2】,【演示文稿 3】……依次类推的顺序对新演示文稿进行命名。

方法 2:直接按<Ctrl>+N 组合键。

方法 3:用鼠标将窗口切换到【文件】选项卡中,在左侧窗格单击【新建】命令,在右侧窗格的【可用的模板和主题】栏中选择【空白演示文稿】选项,然后单击【创建】按钮。

(2) 根据系统提供的样本模板创建演示文稿

PowerPoint 系统为用户提供了几百个模板类型文件,利用这些模板文件,用户可以方便快捷地制作各种专业的演示文稿,模板文件的扩展名是.pot。

例如,要根据【样本模板】中的【培训】模板新建一篇演示文稿,可按以下操作方法来实现:

步骤 1: 在 PowerPoint 2010 窗口中切换到【文件】选项卡,在左侧窗格单击【新建】命令,然后在中间窗格中选择【样本模板】选项,如图 5-1-10 所示;

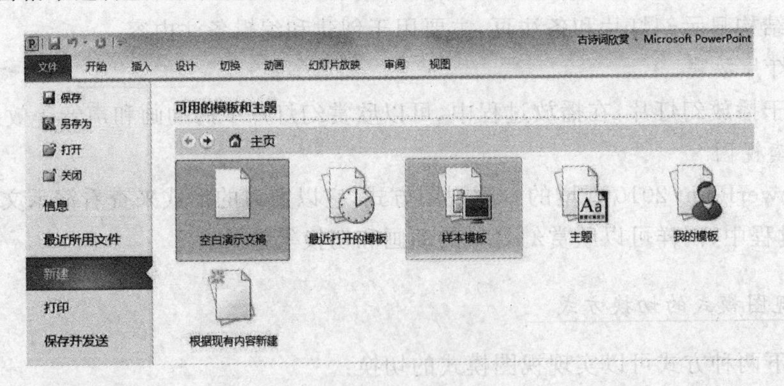

图 5-1-10 样本模板

步骤 2: 在打开的【样本模板】界面中选择需要的模板风格,例如选择【培训】模板,然后单击右侧的【创建】按钮即可。

2. 演示文稿的修改

对于已经保存在计算机中的演示文稿,如果想对其进行修改操作时,需要先将其打开;对演示文稿进行了各种编辑操作并保存之后,如果确认不再对演示文稿进行其它任何操作,可以将其关闭。

(1) 打开演示文稿

切换到【文件】选项卡,然后在左侧窗格中单击【打开】命令(也可以直接按快捷键<Ctrl>+O),在弹出的对话框中找到并选中需要打开的演示文稿,然后单击【打开】按钮。如图 5-1-11 所示。

(2) 关闭演示文稿

在要关闭的演示文稿中,切换到【文件】选项卡,然后单击左侧窗格的【关闭】命令即可关闭当前演示文稿。

3. 演示文稿的保存

在处理演示文稿的过程中,保存演示文稿是比较关键的一步。通过保存,用户即保障其创建和编辑的演示文稿不会丢失,也可以再次打开或放映已经编辑好的演示文稿。与 Word

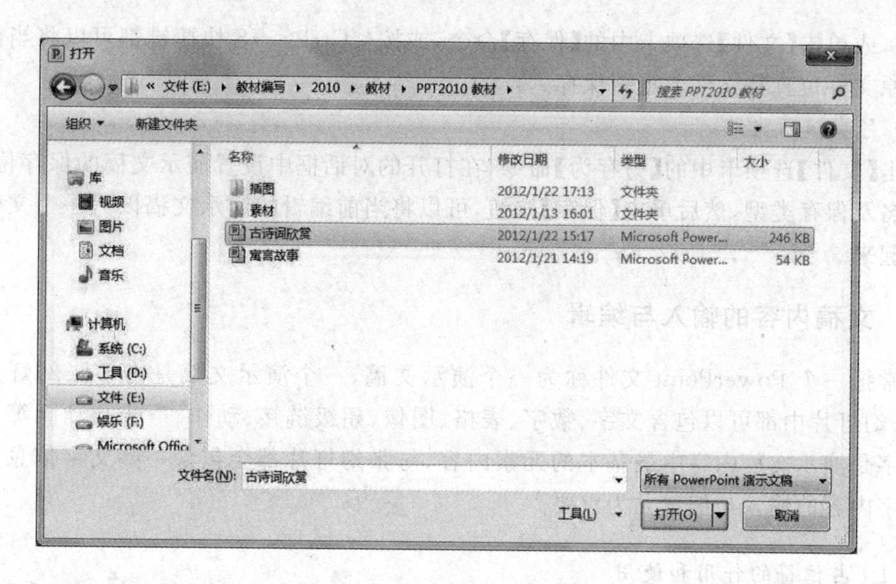

图 5-1-11　打开演示文稿

2010 类似，保存演示文稿时，分为新建演示文稿的保存、已有演示文稿的保存和另存演示文稿三种情况。

(1) 新建演示文稿的保存

在新建的演示文稿中，单击快速访问工具栏中的【保存】按钮，在弹出的【另存为】对话框中设置演示文稿的保存位置、保存文件名及保存类型，然后单击【保存】按钮即可。保存的演示文稿扩展名为.pptx。如图 5-1-12 所示。

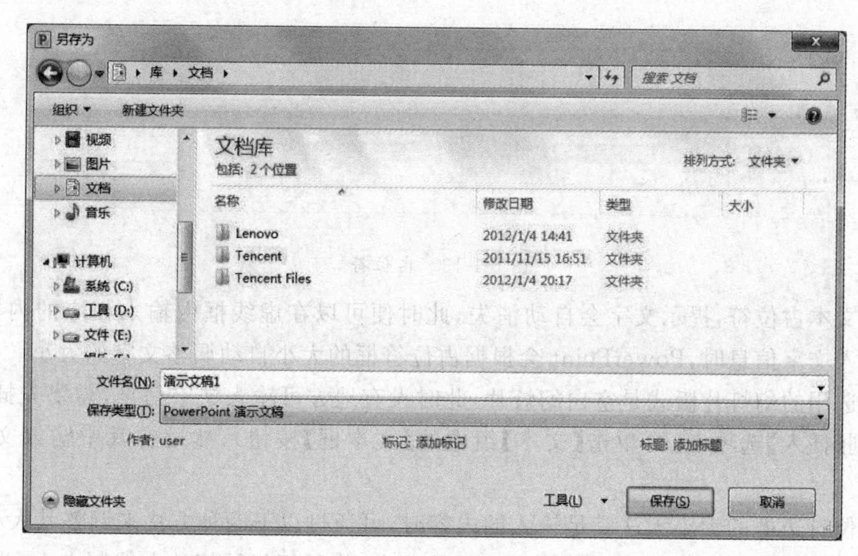

图 5-1-12　保存演示文稿

(2) 已有演示文稿的保存

为了防止因计算机意外断电或死机等导致的文稿信息内容丢失，对已经保存过的演示文稿在修改、重排等操作过程中应该及时保存该演示文稿。单击快速访问工具栏中的【保

存】按钮，或单击【文件】选项卡中的【保存】命令，或按＜Ctrl＞＋S 快捷键都可以将当前演示文稿按原文件位置和文件名重新保存。

(3) 另存演示文稿

单击【文件】选项卡中的【另存为】命令，在打开的对话框中设置演示文稿的保存位置，保存文件名及保存类型，然后单击【保存】按钮，可以将当前编辑的演示文稿以另一个文件的方式备份起来。

5.1.3 文稿内容的输入与编辑

通常把一个 PowerPoint 文件称为一个演示文稿，一个演示文稿是由多张幻灯片组成的，每张幻灯片中都可以包含文字、数字、表格、图像、超级链接、动作、声音和动画等信息元素。文字是演示文稿内容中最基本的元素内容，每张幻灯片都会包含一些文字信息，因此，掌握文字内容的输入与编辑尤为重要。

1. 占位符的作用和使用

默认情况下，启动 PowerPoint 之后，通常在幻灯片编辑区会显示两个虚线框，该虚线框称为占位符，占位符通常对预输入的文字或图形预留位置。虚线框内通常提示“单击此处添加标题”、“单击此处添加副标题”或“单击此处添加文本”等信息，如图 5-1-13 所示。

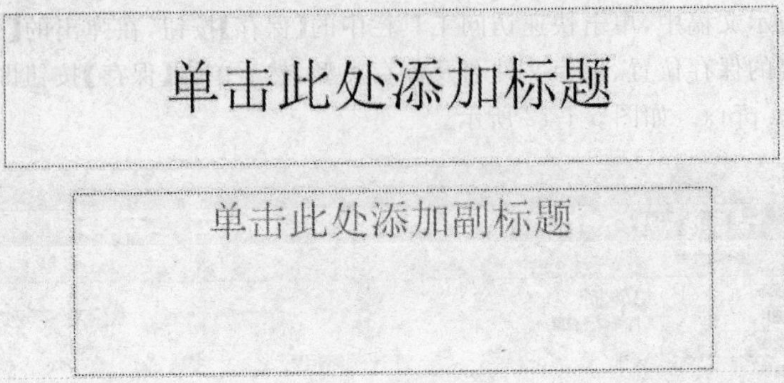

单击此处添加标题

单击此处添加副标题

图 5-1-13 占位符

单击文本占位符，提示文字会自动消失，此时便可以在虚线框内输入相应的内容，在幻灯片中输入文字信息时，PowerPoint 会根据占位符框的大小自动调整文字的大小。

如果选用的幻灯片版式是空白幻灯片，此时没有地方可输入文字信息，需要先插入文本框(切换到【插入】选项卡，再单击【文本】组中的【文本框】按钮)，然后在其中输入文字内容即可。

当占位符边框的大小无法满足输入的内容时，可通过以下两种方法来调整其大小：

方法 1：选中占位符框后，其四周会出现控制点，将鼠标指针停放在控制点上，当指针变成双向箭头时，按下鼠标左键并任意拖动，即可对其调整大小。

方法 2：选中占位符框后切换到【绘图工具】|【格式】选项卡，然后通过【大小】组调整大小。

选择不同的幻灯片版式，系统会提供不同类型的占位符，可以根据占位符的提示信息在占位符中输入文字、插入图片等。

2. 插入表格或图表

如果幻灯片中使用到一些数据实例，使用表格和图表可以让数据实例更加直观清晰，使制作出的演示文稿更富有创意。

(1) 插入表格

选中某张幻灯片，切换到【插入】选项卡，然后单击【表格】组中的【表格】按钮，在弹出的下拉列表中选择【插入表格】，并选择表格的行数和列数，所选的表格即插入到当前幻灯片中了。如图 5-1-14 所示。再根据操作需要，将表格移动到适当的位置，最后在表格中输入内容并进行格式美化即可。

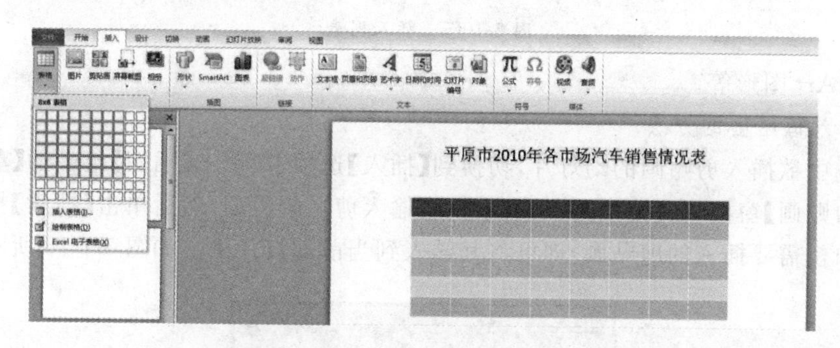

图 5-1-14　插入表格

插入表格后，功能区中会自动显示【设计】和【布局】两个选项卡，利用这两个选项卡，可对表格设置格式，例如在表格中插入行或列、对单元格进行合并与拆分，以及设置表格样式等。

(2) 插入图表

选中某张幻灯片，切换到【插入】选项卡，然后单击【插图】组中的【图表】按钮，在弹出的"插入图表"对话框中选择需要的图表样式，如图 5-1-15 所示，然后单击【确定】按钮，所选样式的图表将插入到当前幻灯片中，与此同时，PowerPoint 系统会自动打开与图表数据相关联的工作簿，并提供默认的数据，根据操作需要，在工作表中输入相应数据，然后关闭工作簿，返回到当前幻灯片，即可看到所插入的图表。

插入图表后，功能区中自动显示【设计】、【布局】和【格式】三个选项卡，利用这三个选项卡，可对插入的图表设置相应的格式，例如编辑数据、调整布局，以及设置图表样式等。

3. 插入图片

在 PowerPoint 中图片是必不可少的，添加图片后可以使演示文稿内容更加丰富、美观。在 PowerPoint 2010 中，可以插入的图片类型和风格非常多，如剪贴画、图片、艺术字、自选图

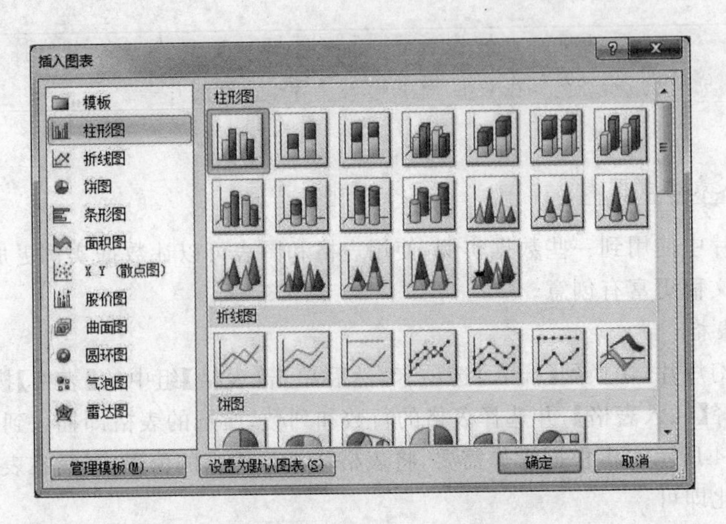

图 5-1-15 插入图表

形和 SmartArt 图形等。

(1) 插入剪贴画的方法

首先选中欲插入剪贴画的幻灯片，切换到【插入】选项卡，单击【插图】组中的【剪贴画】按钮，打开【剪贴画】窗格，在【搜索文字】文本框中输入剪贴画类型，然后单击【搜索】按钮，在搜索结果中单击需要插入的剪贴画，即可将其插入到当前幻灯片中。如图 5-1-16 所示。

图 5-1-16 插入剪贴画

(2) 插入图片的方法

首先选中欲插入图片的幻灯片，在【插入】选项卡的【图像】组中单击【图片】按钮，在弹出的“插入图片”对话框中选择需要插入的图片，然后单击【插入】按钮即可。如图 5-1-17 所示。

图 5-1-17　插入图片

(3) 插入艺术字的方法

首先选中欲插入艺术字的幻灯片，在【插入】选项卡的【文本】组中单击【艺术字】按钮，在弹出的下拉列表中选择一种艺术字样式，幻灯片中将出现一个艺术字文本框，占位符内显示的文字“将在此放置您的文字”变为选中状态，此时可直接输入具体的文字内容。艺术字效果如图 5-1-18 所示。

图 5-1-18　插入艺术字

(4) 插入自选图形的方法

首先选中要插入自选图形的幻灯片，在【插入】选项卡的【插图】组中单击【形状】按钮，在弹出的下拉列表中选择需要的自选图形，此时鼠标指针变为十字状“+”，按住鼠标左键不放，然后拖到鼠标在当前区域中自行绘制即可。

(5) 插入 SmartArt 图形的方法

首先选中欲插入 SmartArt 图形的幻灯片，在【插入】选项卡的【插图】组中单击【SmartArt】按钮，在弹出“选择 SmartArt 图形” 对话框中选择一种 SmartArt 图形样式，然后单击【确定】按钮。如图 5-1-19 所示。所选样式的 SmartArt 图形将插入到当前幻灯片中，然后在其中输入具体的文字内容即可。

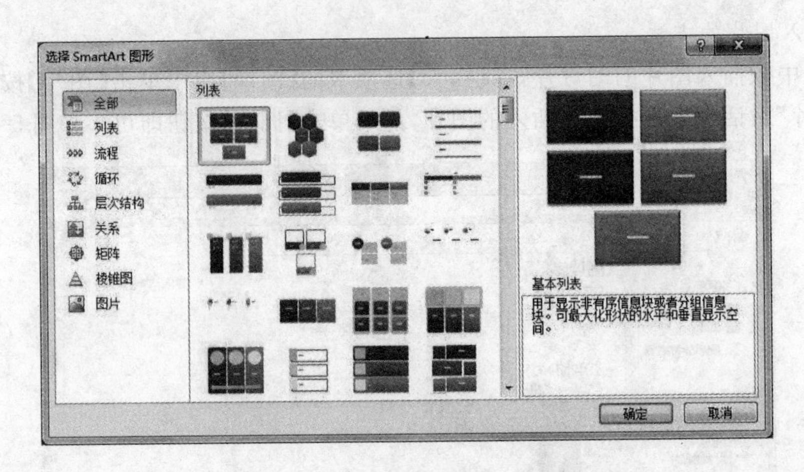

图 5-1-19 插入 SmartArt 图形

4. 插入多媒体剪辑

PowerPoint 2010 提供了插入视频和声音功能,可以使用户制作的幻灯片有声有色。

(1) 插入声音的方法

首先选中欲插入声音的幻灯片,切换到【插入】选项卡,在【媒体】组中单击【音频】按钮下方的下拉按钮,在弹出的下拉列表中单击【文件中的音频】选项;然后在弹出的【插入音频】对话框中选择插入的声音,单击【确定】按钮;插入声音后,幻灯片中将出现一个小喇叭图标(称为声音图标),根据操作需要,可调整该小喇叭图标的大小和位置。

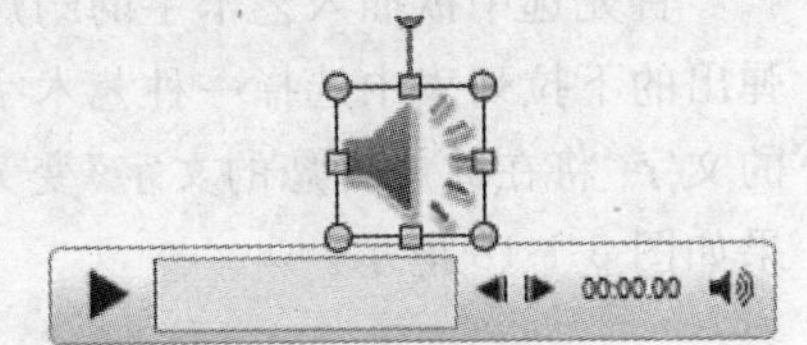

图 5-1-20 插入声音

在幻灯片中插入声音后,放映该幻灯片时,单击相应小喇叭图标会播放出声音。另外,在 PowerPoint 2010 中,选中声音图标后,其下方还会出现一个播放控制条,该控制条可用来调整播放进度及播放音量等。如图 5-1-20所示。

插入声音后选中小喇叭图标,功能区中将显示【格式】和【播放】选项卡,在【格式】选项卡中,可对声音图标的外观进行美化操作;在【播放】选项卡中,可对声音进行预览、编辑,以及调整及放映音量、播放方式等操作,如图 5-1-21 所示。

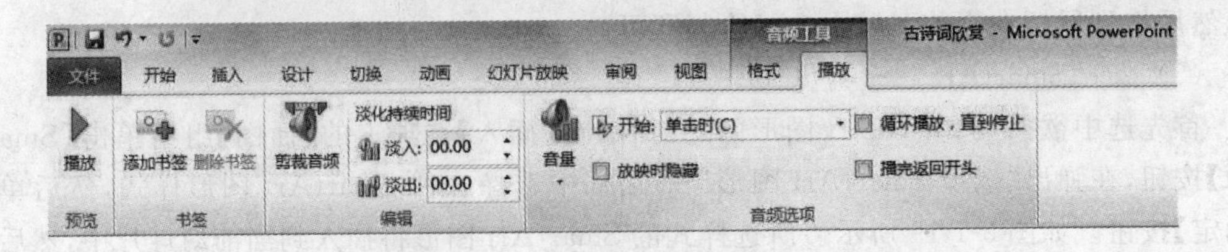

图 5-1-21 声音播放选项卡

在【音频选项】下拉列表中，若选择【跨幻灯片播放】选项，可对插入的声音设置多张幻灯片连续播放，即在放映演示文稿的过程中，当放映到到一张幻灯片时，如果当前幻灯片中的声音还没有播放完毕，可在下一张幻灯片继续播放。

（2）插入视频的方法

插入视频的方法和插入声音的方法非常相似，只需要切换到【插入】选项卡，然后单击【媒体】组中的【视频】按钮可插入具体的视频。

5. 插入超链接

在 PowerPoint 2010 中，多张幻灯片之间的逻辑关系可以通过超链接来实现。利用超链接，可以实现在幻灯片放映时从某张幻灯片的某一位置跳转到其他位置。

用户可预先为幻灯片的某个文字或其它对象（如图片、图形、艺术字等）设置超链接，并将链接目标指向其他位置，这个位置即可以是本演示文稿内指定的某张幻灯片、另一个演示文稿、一个可执行程序，也可以是一个网站的域名地址。

添加超链接的方法如下：

步骤 1：打开需要操作的演示文稿，在要设置超链接的幻灯片中选择要添加链接的对象，切换到【插入】选项卡，然后单击【链接】组中的【超链接】按钮；

步骤 2：然后弹出【编辑超链接】对话框，如图 5-1-22 所示，在【链接到】栏中有四种链接位置可供选择：

【现有文件或网页】可以在【地址】文本框中输入要链接到的文件名或者域名地址；

【本文档中的位置】可以在右边的列表框中选择要链接到的当前演示文稿中的幻灯片；

【新建文档】可以在右边【新建文档名称】文本框中输入要链接到的新文档的名称；

【电子邮件地址】可以在右边【电子邮件地址】中输入邮件的地址和主题。

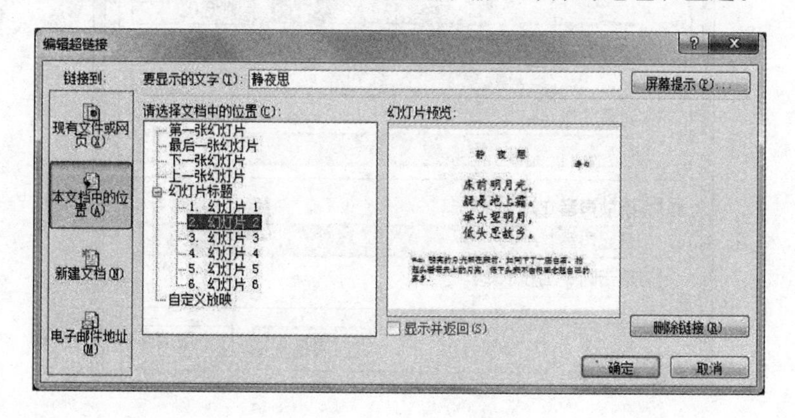

图 5-1-22　插入超级链接

步骤 3：返回到原幻灯片中，可以看到所选文字的下方出现下划线，且文字颜色也发生了变化，切换到【幻灯片放映】视图模式，当放映到该幻灯片时，鼠标指针会变成一个小手形状，单击该文字可跳转到指定的目标位置。

需要删除设置的超级链接，可使用鼠标右键单击输入的超链接的对象，在弹出的快捷菜单中单击【取消超链接】命令。

6. 插入动作按钮

PowerPoint 2010 提供了一组动作按钮，用户可以随意添加这组动作按钮，从而实现在放映幻灯片时自动跳转到其它幻灯片，或者激活声音文件、视频文件等。动作按钮可以看作是超链接的一种具体应用形式。插入动作按钮的方法如下：

步骤 1：打开需要操作的演示文稿，选中需要添加动作按钮的某张幻灯片，切换到【插入】选项卡，然后单击【插图】组中的【形状】按钮，在弹出的下拉列表中选择需要的动作按钮；

步骤 2：此时鼠标指针将呈现十字状"+"，在要添加动作按钮的位置处按住鼠标左键不放并拖动，以绘制动作按钮，绘制完成后松开鼠标；

步骤 3：松开鼠标后将自动弹出【动作设置】对话框，并定位在【单击鼠标】选项卡，如图 5-1-23 所示，在【单击鼠标时的动作】栏中选中【超链接到】单选项，然后在下拉列表中选择链接位置，如【第一张幻灯片】，如果要设置跳转时的声音，可选中【播放声音】复选框，然后在下拉列表中选择需要的声音效果，相关参数设置完成后，单击【确定】按钮；

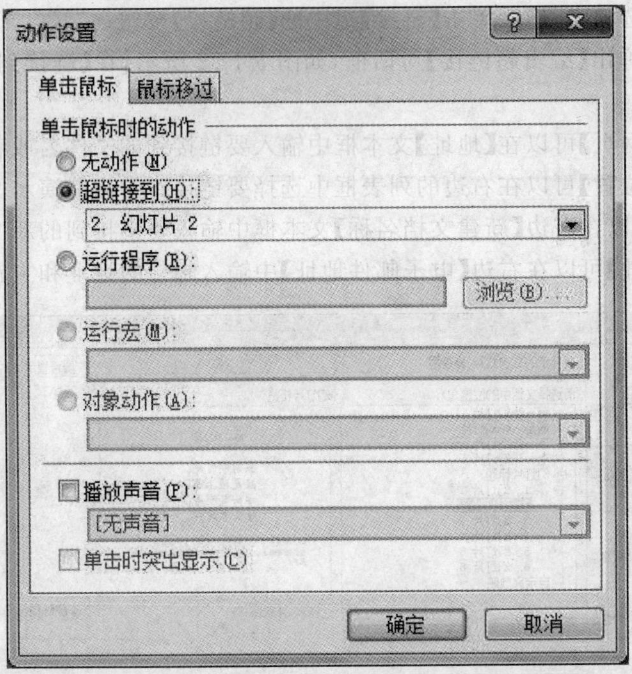

图 5-1-23 插入动作按钮

步骤 4：经过上述设置后，以后在放映演示文稿时，当放映到该幻灯片时，单击设置的动作按钮，可快速跳转到第一张幻灯片。在【动作设置】对话框中，若选中【运行程序】单选项，此后单击动作按钮时可启动设置的应用程序。

7. 插入页眉和页脚

有时为了使制作的演示文稿更加美观和便于查看，可以在每一张幻灯片的页眉和页脚处都插入风格统一的文本或图形，如日期和时间、页码、演示文稿名称等。演示文稿的页眉与页脚分别位于文档的最上方和最下方。

插入页眉与页脚的方法如下：打开需要操作的演示文稿，切换到【插入】选项卡，然后单击【文本】组中的【页眉和页脚】按钮，将会弹出如图 5-1-24 所示的对话框，在该对话框中，包含【日期和时间】、【幻灯片编号】、【页脚】、【标题幻灯片中不显示】四项复选项。复选项作用如下：

【日期和时间】复选框：选中该项，在幻灯片左下方插入当前日期和时间；

【自动更新】插入的日期和时间随电脑系统时钟的变化而自动更新，选中单选按钮【固定】插入的时期和时间不随电脑系统时钟的变化而更新；

【幻灯片编号】复选框：选中该项，可以自动在幻灯片中插入页码编号；

【页脚】复选框：选中该项，可在幻灯片右下方插入一些特定信息，如报告名称、公司名称等；

【标题幻灯片中不显示】复选框：选中该项，标题幻灯片(即第一张幻灯片)将不显示设置的时期和时间、页码、页脚等信息。

此后，点击【全部应用】按钮，设置的页眉和页脚信息将在演示文稿中的每一张幻灯片中显示；点击【应用】按钮，设置的页眉和页脚信息只在当前幻灯片中显示。

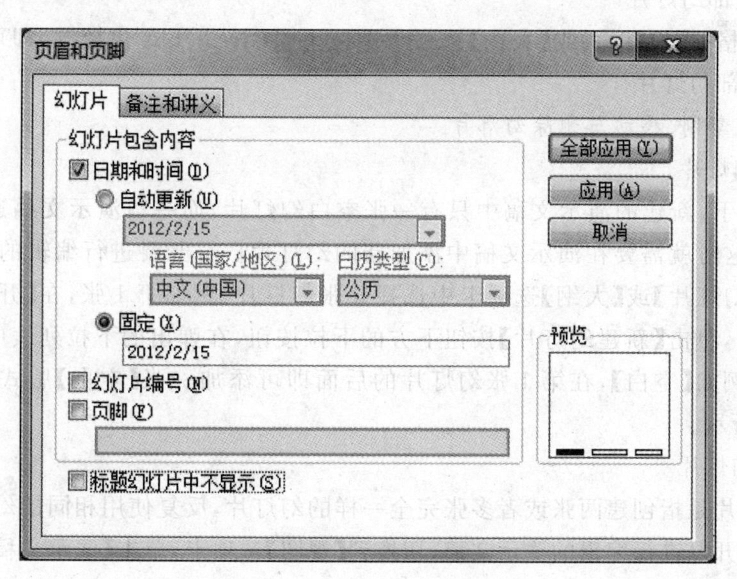

图 5-1-24　插入页眉和页脚

5.1.4　幻灯片的编排

一个完整的演示文稿通常由多张幻灯片组成，在熟悉单张幻灯片内容的插入与编辑的同时，还需要掌握多张幻灯片的选择、添加、复制、移动和删除等操作。

1. 幻灯片的基本操作

(1) 选择幻灯片

幻灯片的操作遵循“先选择，后操作”的原则，选择幻灯片可分为选择单张幻灯片、选择多张幻灯片和选择全部幻灯片几种情况。

① 选择单张幻灯片

选择单张幻灯片的方法有以下两种。

方法 1：在视图窗格的【幻灯片】选项卡中，单击某张幻灯片的缩略图，可选中该幻灯片，同时会在幻灯片编辑区中显示该幻灯片。

方法 2：在视图窗格的【大纲】选项卡中，单击某张幻灯片相应的标题或序列号，可选中该幻灯片，同时会在幻灯片编辑区示该幻灯片。

② 选择多张幻灯片

选择多张幻灯片时，既可选择多张连续的幻灯片，也可选择多张不连续的幻灯片。

选择多张连续幻灯片：在视图窗格的【幻灯片】或【大纲】选项卡中，选中第一张幻灯片后按下<Shift>键不放，同时单击要选择的最后一张幻灯片，即可选中第一张和最后一张之间的所有幻灯片。

选择多张不连续幻灯片：在视图窗格的【幻灯片】或【大纲】选项卡中，选中第一张幻灯片后按下<Ctrl>键不放，然后依次单击其它需要选择的幻灯片即可。

③ 选择全部幻灯片

在视图窗格的【幻灯片】或【大纲】选项卡中按下<Ctrl>＋A 快捷键，即可选中当前演示文稿中的全部幻灯片。

(2) 添加、复制、移动与删除幻灯片

① 添加幻灯片

默认状态下，新建的演示文稿中只有一张空白幻灯片，而一篇演示文稿通常需要使用多张幻灯片，这时就需要在演示文稿中添加新的幻灯片。打开要进行编辑的演示文稿，在视图窗格的【幻灯片】或【大纲】选项卡中选择某张幻灯片，例如第 1 张，在【开始】选项卡的【幻灯片】组中，单击【新建幻灯片】按钮下方的下拉按钮，在弹出的下拉列表中选择需要的幻灯片版式，例如【空白】，在第 1 张幻灯片的后面即可添加一张【空白】版式的新幻灯片，如图 5-1-25 所示。

② 复制幻灯片

复制幻灯片是指创建两张或者多张完全一样的幻灯片，反复使用相同的幻灯片内容、版式和格式。打开要进行编辑的演示文稿，切换到【视图】选项卡，单击【演示文稿视图】组中的【幻灯片浏览】按钮，切换到【幻灯片浏览】视图模式；然后选中需要复制的幻灯片，例如第 2 张幻灯片，切换到【开始】选项卡，然后单击【剪贴板】组中的【复制】按钮进行复制(或者按<Ctrl> ＋ C 快捷键)；选中目标位置前面的一张幻灯片，例如第 5 张幻灯片，然后单击【剪贴板】组中的【粘贴】按钮(或者按<Ctrl> ＋ V 快捷键)；此时，在第 5 张幻灯片后面将创建一张与第 2 张相同的幻灯片，且编号为 6，同时，原第 5 张以后的幻灯片的编号自动依次向后递增一位，例如原来的第 6 张幻灯片的编号变成了 7。

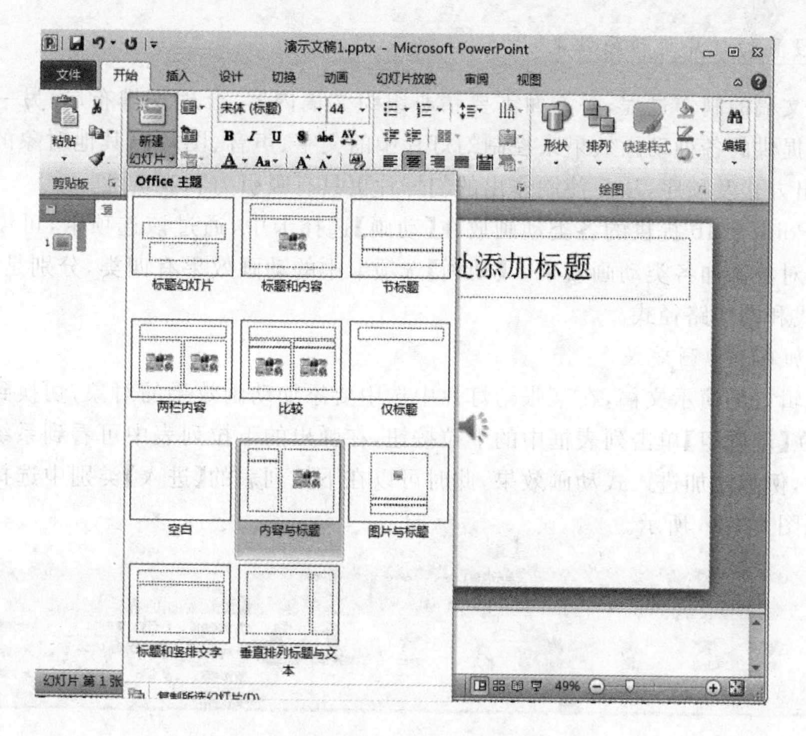

图 5-1-25　添加幻灯片

③ 移动幻灯片

在编辑演示文稿时，如果需要调整幻灯片之间的前后次序，就需要移动幻灯片。打开要进行编辑的演示文稿，切换到【幻灯片浏览】视图模式，选中要移动的幻灯片，例如第 2 张，然后在【开始】选项卡的【剪贴板】组中单击【剪切】按钮（或者按<Ctrl>+X 快捷键），此时，原第 2 张以后的幻灯片编号自动依次向前递减一位，例如原来的第 3 张幻灯片的编号变成了 2，选中移动目标位置前面的幻灯片，然后单击【剪贴板】组中的【粘贴】按钮（或者按<Ctrl>+V 快捷键）；执行粘贴操作后，原第 2 张幻灯片便粘贴到当前所选幻灯片的后面。

④ 删除幻灯片

在编辑演示文稿的过程中，对于多余的幻灯片，可将其删除。选中需要删除幻灯片，单击鼠标右键，在弹出的菜单中单击【删除幻灯片】命令即可；或者选中需要删除的幻灯片，按键盘上的<Delete>键来删除该幻灯片。

⑤ 更改幻灯片的版式

幻灯片是幻灯片内容的格式，并指定某张幻灯片上使用哪些占位符，以及应该放在何处位置，在编辑幻灯片的过程中，如果需要将它们更改变其它版式，可通过下面两种方法来操作：

方法 1：在【普通视图】或【幻灯片浏览】视图模式下，选中需要更换版式的幻灯片，在【开始】选项卡的【幻灯片】组中单击【版式】按钮，在弹出的下拉列表中选择需要的版式即可。

方法 2：在视图窗格的【幻灯片】选项卡中，使用鼠标右键单击需要更换版式上，在弹出的菜单中单击【版式】命令，在弹出的子菜单中选择需要的版式即可。

2. 设置幻灯片的动画效果

在演示文稿的制作过程，一方面需要精心组织文稿内容、合理安排布局，另一方面还需要使用系统提供的各种动画效果来控制幻灯片中的文字、声音、图片以其他对象的进入方式及顺序，退出方式及顺序，从而使制作出的幻灯片更具有吸引力和观赏性。

PowerPoint 2010 提供的各类动画放在【动画】选择卡中，通过该选项卡，可以方便地对幻灯片中的对象添加各类动画效果。【动画】选项卡中的动画效果有四类，分别是进入式、强调式、退出式和动作路径式。

(1) 添加单个动画效果

打开编辑好的演示文稿，在某张幻灯片中选中要添加动画效果的对象，切换到【动画】选项卡，然后在【动画组】单击列表框中的下拉按钮，在弹出的下拉列表中可看到系统提供的多种动画效果，例如添加进入式动画效果，此时可以在下拉列表的【进入】类别中选择【飞入】效果即可。如图 5-1-26 所示。

图 5-1-26　添加单个动画效果

(2)为同一个对象添加多个动画效果

为了使幻灯片中对象的动画效果丰富，可对其添加多个动画效果。

选中要添加动画效果的对象，切换到【动画】选项卡，然后在【动画】组中单击列表框中的下拉按钮，在弹出的下拉列表中选择需要的动画效果，在【动画】选项卡的【高级动画】组中单击【添加动画】按钮，在弹出的下拉列表中选择需要添加的第 2 个动画效果。参照添加的第 2 个动画的操作步骤，可以继续为选中的对象添加其它动画效果。为选中的对象添加多个动画效果后，该对象的左侧会出现编号，该编号是根据添加动画效果的顺序而自动添加的。

(3) 编辑动画效果

添加动画效果后，还可以对这些效果进行相应的编辑操作，如更改动画效果、删除动画效果和调整动画播放顺序等。

① 选择动画效果

对动画效果进行更改或删除等操作时，需要先将其选中，选中动画效果有以下几种方法：

方法 1：添加动画效果后，在【动画】选项卡的【高级动画】组中的单击【动画窗格】按钮，打开“动画窗格”对话框，在该对话框中，将列表显示当前幻灯片中所有对象动画效果，单击某个动画编号，便可选中对应的动画效果。如图 5-1-27 所示。

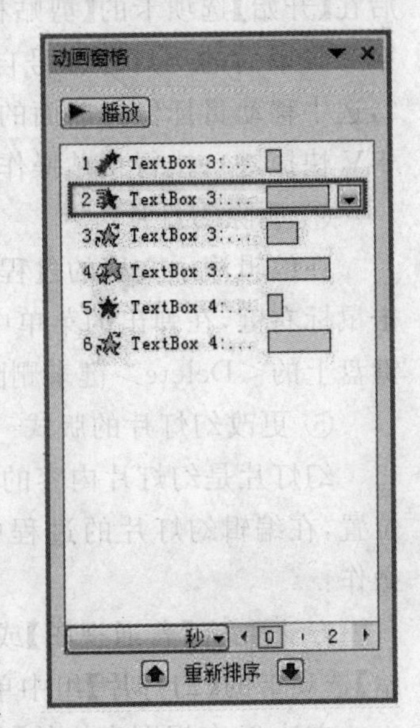

图 5-1-27　动画窗格

方法 2:在幻灯片中选中添加了动画效果的某个对象,此时【动画窗格】中会以灰色边框突出显示该对象的动画效果,对其单击可快速选中该对象对应的动画效果。

② 更改动画效果

如果对某个对象设置的动画效果不满意,可以重新更改其动画效果。

更改动画效果:打开【动画窗格】窗格,选中已经设置好的动画效果,然后在【动画组】列表中重新选择其它动画效果,即可对选中对象的动画效果进行重新设置。

③ 调整动画效果播放顺序

每张幻灯片中的动画效果都是按动画效果添加时的顺序来依次播放的,根据操作需要可调整动画效果的播放顺序,可以使用以下两种方法:

方法 1:在【动画窗格】对话框中选中需要调整顺序的动画效果,单击向上箭头按钮可实现动画效果上移,单击向下箭头按钮可实现动画效果下移。

方法 2:在【动画窗格】中选中需要调整顺序的动画效果,在【动画】选项卡的【计时】组中,单击【对动画重新排序向前移动】按钮可实现上移,单击【对动画重新排序向后移动】按钮可实现下移。

④ 删除动画效果

对于不再需要的动画效果,可将其删除,可以使用以下两种方法:

方法 1:在【动画窗格】窗格中选中需要删除的动画效果后,其右侧会出现一个下拉按钮,对其单击,在弹出的下拉列表中单击【删除】选项即可。如图 5-1-28 所示。

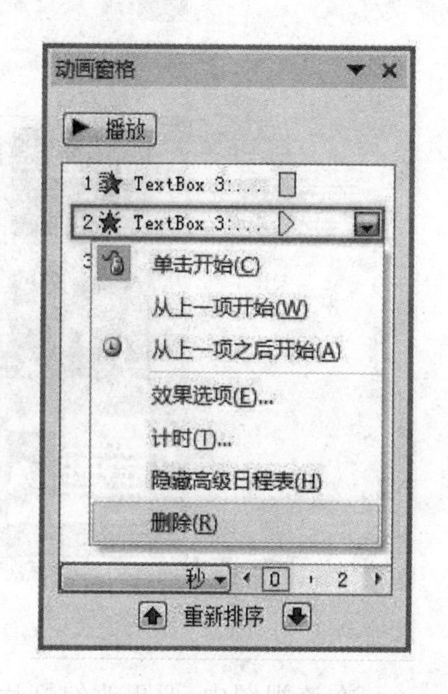

图 5-1-28 删除动画效果

方法 2:选中要删除的动画效果,然后按键盘上的<Delete>键即可。

5.2 幻灯片放映设置

制作电子幻灯片的最终目的只有一个,就是为观众放映幻灯片。如果拥有一台大的显示器,在一个小型会议室里用显示器放映就可以了;如果观众很多,可以用一个计算机投影仪或液晶投影板在一个大屏幕上放映幻灯片。

通过本小节的学习,用户将学会如何放映演示文搞,包括设置方式、启动幻灯片放映、控制幻灯片放映、对幻灯片进行标注、幻灯片的高级控制等,最后通过一个实例巩固所学内容。

5.2.1 创建幻灯片放映

创建幻灯片放映不需要做任何特殊的操作,只需创建幻灯片并保存为演示文稿即可。当然,用户可以使用【幻灯片浏览】视图重新安排幻灯片放映。

1. 重新安排幻灯片放映

单击【视图】选项卡中的【幻灯片浏览】按钮，或者单击状态栏右侧的【幻灯片浏览】按钮，即可切换到幻灯片浏览视图中。用户可以利用【视图】选项卡中的【显示比例】按钮(或者拖动状态栏右侧的显示比例滑块)控制幻灯片浏览视图的比例，在屏幕上看到更多或更少的幻灯片，如图 5-2-1 所示。

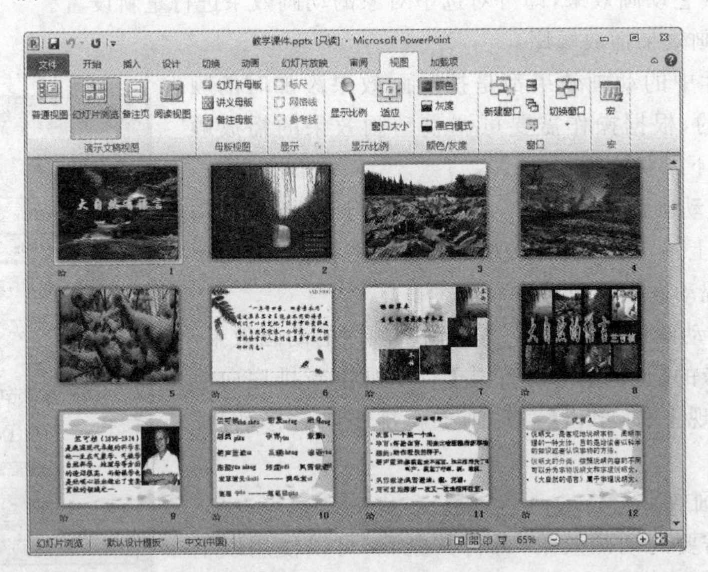

图 5-2-1 【幻灯片浏览】视图

在该视图中，要更改幻灯片的显示顺序，可以直接把幻灯片从原来的位置拖到另一个位置。要删除幻片灯，单击该幻灯片并按<Delete>键即可，或者右击该幻灯片，再从弹出的快捷菜单中选择【删除幻灯片】命令，如图 5-2-2 所示。

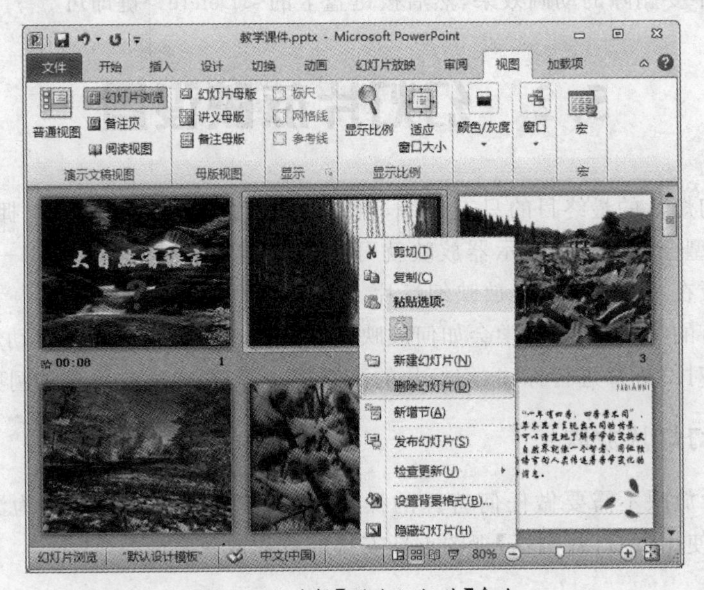

图 5-2-2 选择【删除幻灯片】命令

2. 隐藏幻灯片

如果放映幻灯片的时间有限，有些幻灯片将不能逐一演示，用户可以利用隐藏幻灯片的方法，将某几张幻灯片隐藏起来，而不必将这些幻灯片删除。如果要重新显示这些幻灯片时，只需取消隐藏即可。

要隐藏幻灯片，可以按照下述步骤进行操作：

步骤1：切换到幻灯片浏览视图中；

步骤2：选中要隐藏的幻灯片，右键单击，在弹出的快捷菜单中选择【隐藏幻灯片】命令，如图5-2-3所示。

图 5-2-3　选择【隐藏幻灯片】命令

此时，在幻灯片右下角的编号上出现一个斜线方框，如图5-2-4所示。

图 5-2-4　【隐藏幻灯片】

如果要显示被隐藏的幻灯片,再从弹出的快捷菜单中选择【隐藏幻灯片】命令即可。

5.2.2 设置放映方式

默认情况下,演示者需要手动放映演示文稿。例如,通过按任意键完成从一张幻灯片切换到另一张幻灯片动作。此外,还可以创建自动播放演示文稿,用于商贸展示或展台。自动播放幻灯片,需要设置每张幻灯片在自动切换到下一张幻灯片前在屏幕上停留的时间。

切换到功能区中的【幻灯片放映】选项卡,在【设置】选项组中单击【设置幻灯片放映】按钮,弹出【设置放映方式】对话框,如图 5-2-5 所示。

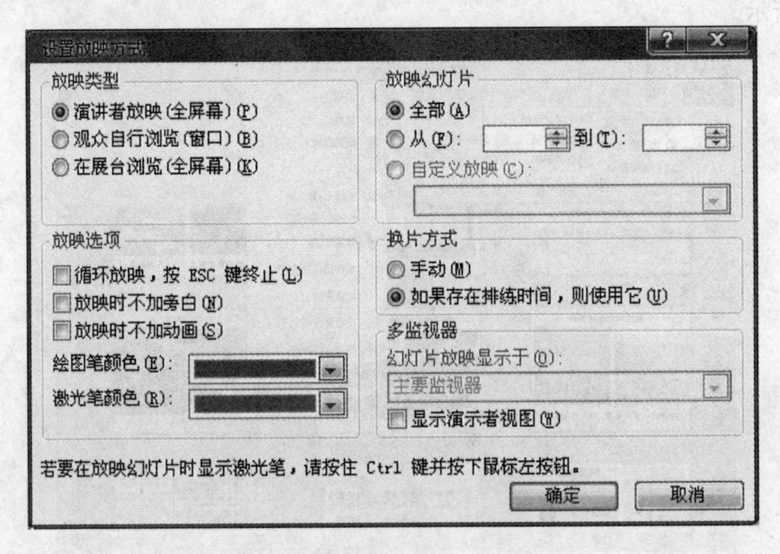

图 5-2-5 【设置放映方式】对话框

用户可以按照在不同场合运行演示文稿的需要,选择 3 种不同的方式放映幻灯片。

1. 演讲者放映(全屏幕)

这是最常用的放映方式,由演讲者自动控制全部放映过程,可以采用自动或人工的方式运行放映,还可以改变幻灯片的放映流程。

2. 自行浏览(窗口)

这种放映方式可以用于小规模的演示。以这种方式放映演示文稿时,演示文稿出现在小型窗口内,并提供相应的操作命令、允许移动、编辑、复制和打印幻灯片。在此方式中,观众可以通过该窗口的滚动条从一张幻灯片移到另一张幻灯片,同时打开其他程序。

3. 展台浏览(全屏幕)

这种方式可以自动放映演示文稿。例如,在展览会场或会议中经常使用这种方式,它可以实现无人管理。自动放映的演示文稿是不需要专人播放幻灯片就可以发布信息的绝佳方式,能够使大多数控制失效,这样观众就不能改动演示文稿。当演示文稿自动运行结束,或者某张人工操作的幻灯片已经闲置一段时间,它都会自动重新开始。

5.2.3 启动幻灯片放映

如果要放映幻灯片，既可以在 PowerPoint 2010 程序中打开演示文稿后放映，也可以在不打开演示文稿的情况下放映。

1. 在 PowerPoint 2010 中启动幻灯片放映

在 PowerPoint 2010 中打开演示文稿，启动幻灯片放映的操作方法有以下 3 种：

方法 1：单击【视图】选项卡上的【幻灯片放映】按钮。

方法 2：单击【幻灯片放映】选项卡上的【从头开始】或【从当前幻灯片开始】按钮。

方法 3：按<F5>键。

2. 在不打开 PowerPoint 2010 时启动幻灯片放映

如何将演示文稿保存为以放映方式打开的类型，具体操作步骤如下：

步骤 1：打开要保存为幻灯片放映文件类型的演示文稿；

步骤 2：单击【文件】选项卡，在弹出的菜单中选择【另存为】命令，出现如图 5-2-6 所示的【另存为】对话框。此时，在【保存类型】下拉列表框中选择【PowerPoint 放映】选项；

步骤 3：在【文件名】文本框中输入新名称；

步骤 4：单击【保存】按钮。

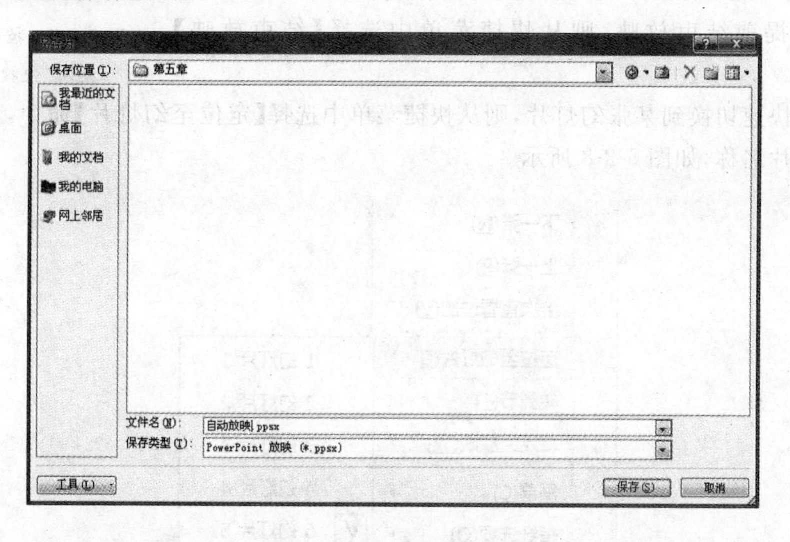

图 5-2-6 【另存为】对话框

保存为幻灯片放映类型的文件扩展名是.ppsx。如果需要放映时，可以打开此类文件，它会进行自动放映。

5.2.4 控制幻灯片的放映过程

采用【演讲者放映(全屏幕)】方式放映演示文稿时，会在全屏幕下显示每张幻灯片。在幻灯片放映过程中，无论设置放映方式为人工还是自动，都可以利用快捷菜单控制幻灯片放映的各个环节。

控制幻灯片放映的具体操作步骤如下：

步骤 1：打开要放映的演示文稿；

步骤 2：切换到功能区中的【幻灯片放映】选项卡，在【开始放映幻灯片】选项组中单击【从头开始】或者【从当前幻灯片开始】命令，即可放映演示文稿；

步骤 3：在放映的过程中，右击屏幕的任意位置，利用弹出快捷菜单中的命令，控制幻灯片的放映，如图 5-2-7 所示。

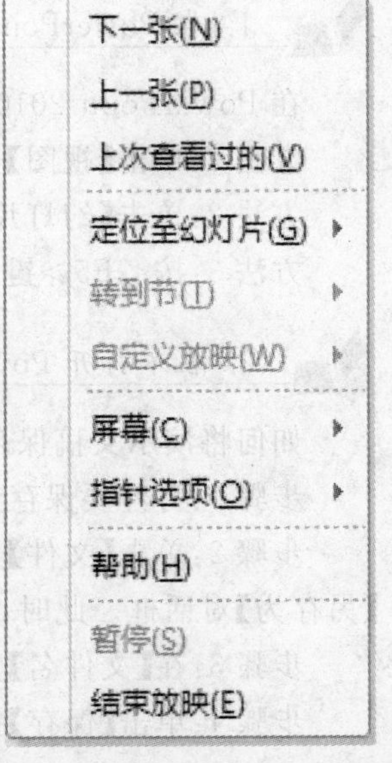

图 5-2-7 控制幻灯片放映"快捷菜单"

另外，在放映过程中，屏幕的左下角会出现【幻灯片放映】工具栏，单击■按钮，也会弹出快捷菜单。

从快捷菜单中选择【下一张】命令，可以切换到下一张幻灯片；选择【上一张】命令，可以返回到上一张灯片。

如果用户是根据排练时间自动放映，在实际放映时遇到意外情况（如有观众提问等），需要暂停放映，则从快捷菜单中选择【暂停】命令。

如果需要继续放映，则从快捷菜单中选择【继续执行】命令（暂停放映后，原【暂停】命令会变为【继续执行】命令）。

如果要提前结束放映，则从快捷菜单中选择【结束放映】命令。

如果要快速切换到某张幻灯片，则从快捷菜单中选择【定位至幻灯片】命令，然后选择要定位的幻灯片名称，如图 5-2-8 所示。

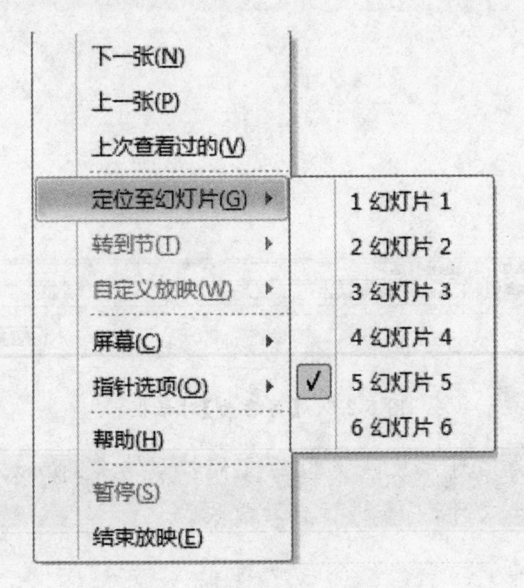

图 5-2-8 定位到某张幻灯片

5.2.5　为幻灯片添加墨迹注释

在演示文稿放映过程中，演讲者可能需要在幻灯片中书写或标注一个重要的项目。在 PowerPoint 2010 中，不仅可在播放演示文稿时保存所使用的墨迹，而且可将墨迹标记保存在演示文稿中，下次放映时依然可以显示。

1. 在放映中标注幻灯片

通过在【幻灯片放映】工具栏上将鼠指针更改为笔形，可在播放演示文稿期间在幻灯片上的任何地方添加手写备注，然后就可以用鼠标标注幻灯片。

为了标注幻灯片，可以按照下述步骤进行操作：

步骤 1：进入幻灯片放映状态，单击【幻灯片放映】工具栏上的指针箭头，然后单击【笔】或【荧光笔】选项，如图 5-2-9 所示；

步骤 2：用鼠标在幻灯片上进行书写；

步骤 3：如果要使鼠标指针恢复箭头形状，单击【幻灯片放映】工具栏上的指针箭头，然后单击【箭头】命令即可。

2. 更改墨迹颜色

演讲者在黑板上写字时，可以使用各种颜色的粉笔（如白色、红色或者黄色），以便吸引观众的注意力。

要在放映过程中更改绘图笔的颜色，可以单击【幻灯片放映】工具栏上的指针箭头，从弹出的菜单中选择【墨迹颜色】，然后选择所需的颜色，如图 5-2-10 所示。

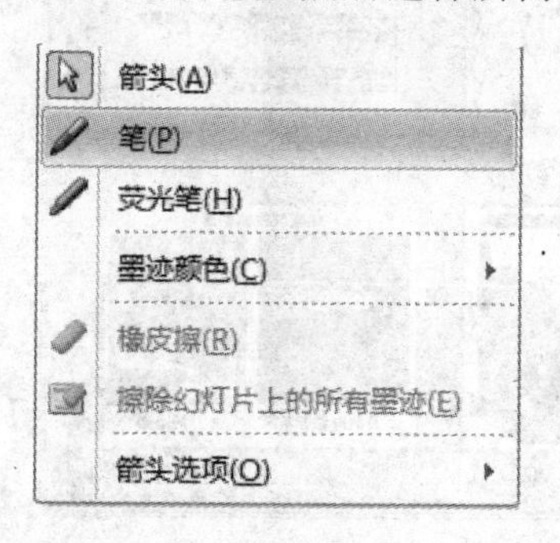

图 5-2-9　标注幻灯片时选择“笔”或“荧光笔”

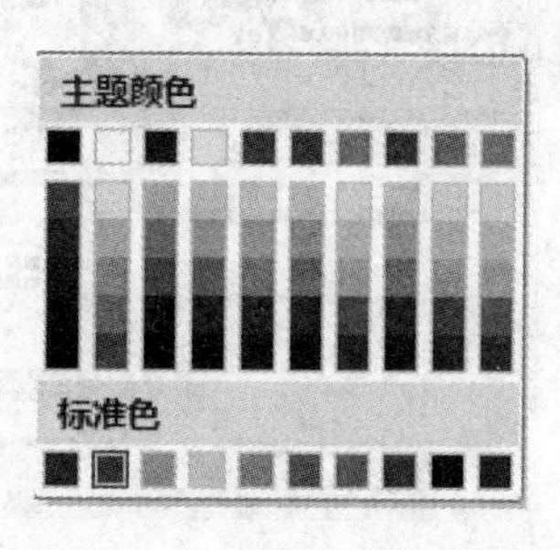

图 5-2-10　更改墨迹的颜色

3. 清除墨迹

如果要清除涂写的墨迹，可以单击【幻灯片放映】工具栏止的指针箭头，从弹出的菜单中选择【橡皮擦】命令，然后将橡皮擦拖到要删除的墨迹上进行清除。

如果要清除当前幻灯片上的所有墨迹，请从菜单中选择【擦除幻灯片上所有墨迹】命令，或者按 E 键。

5.2.6　设置放映时间

前面介绍了幻灯片的基本放映功能。在放映幻灯片时，可以通过单击的方法人工切换

每张幻灯片。另外，还可以为幻灯片设置自动切换的特性，例如在展览会上，会发现许多无人操作的展台前的大型投影仪自动切换每张幻灯片。

用户可以通过两种方法设置幻灯片在屏幕上显示时间的长短：一是人工为每张幻灯片设置时间，再运行幻灯片放映查看设置的时间是否恰到好处；二是使用排练功能，在排练时自动记录时间。

1. 人工设置放映时间

如果要设置幻灯片的放映时间（例如，每隔 5 秒就自动切换到下一张幻灯片），可以按照下述步骤进行操作：

步骤 1：切换到幻灯片浏览视图中，选定要设置放映时间的幻灯片；

步骤 2：单击【切换】选项卡，在【计时】选项组内选中【设置自动换片时间】复选框，然后在右侧文本框中输入希望幻灯片在屏幕上显示的秒数，如图 5-2-11 所示；

步骤 3：如果单击【全部应用】按钮，则所有幻灯片的换片时间间隔将相同；否则，设置的是选定幻灯片切换到下一张幻灯片的时间；

步骤 4：以相同的方式，就可以设置其他幻灯片的换片时间间隔。

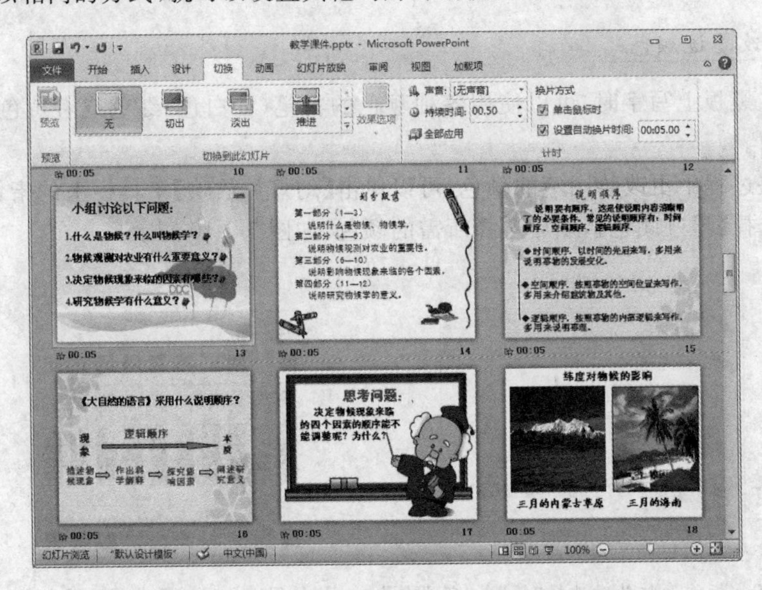

图 5-2-11 设置幻灯片的放映时间

此时，在幻灯片浏览视图中，会在幻灯片缩略图的左下角显示每张幻灯片的放映时间。

2. 使用排练计时

演讲者对于彩排的重要性是很清楚的；在每次发表演讲之前都要进行很多次的演练。演示时可以在排练幻灯片放映的过程中自动记录幻灯片之间切换的时间间隔。具体操作步骤如下：

步骤 1：打开要使用排练时的演示文稿；

步骤 2：切换到功能区中的【幻灯片放映】选项卡，在【设置】选项组中单击【排练计时】按钮，系统将切换到幻灯片放映视图，如图 5-2-12 所示；

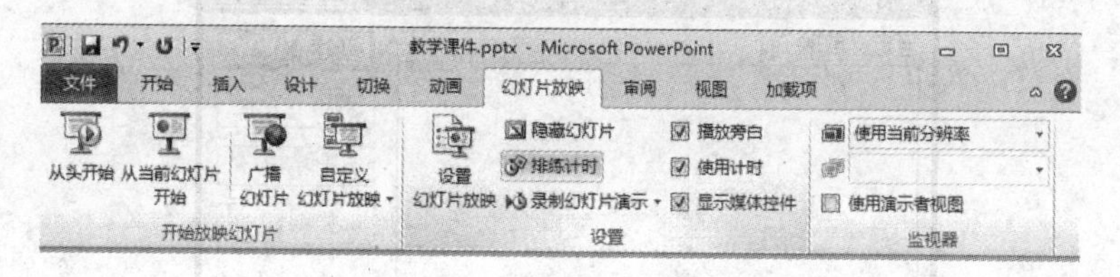

图 5-2-12　选择“排练计时”按钮

步骤 3：在放映过程中，屏幕上会出现如图 5-2-13 所示【录制】工具栏。要播放下一张幻灯片，请单击【下一项】按钮，即可在【幻灯片放映时间】框中开始记录新幻灯片的时间；

图 5- 2-13　【录制】工具栏

步骤 4：排练放映结束后，会出现如图 5-2-14 所示的对话框显示幻灯片放映所需的时间，如果单击【是】按钮，则接受排练的时间；如果单击【否】按钮，则取消本次排练。

图 5-2-14　显示幻灯片放映所需的时间

5.2.7　自定义幻灯片放映

自定义放映是比较灵活的一种放映方式，非常适合于具有不同权限、不同分工或不同工作性质的各类人群使用。PowerPoint 2010 提供了一个称为【自定义放映】的功能，可以在演示文稿中创建子演示文稿。例如，可能要针对公司的销售部门和开发部门进行演示，传统的方法是创建两个演示文稿，假设这两套演示文稿分别包含 20 张幻灯片，其中 15 张是重复的，既浪费空间，又增大了工作量。

使用自定义放映功能就能够避免这种麻烦，可以将这两个演示文稿合成一个演示文稿，只需创建一个包含 25 张幻灯片的演示文稿即可。在放映完前 15 张共同的幻灯片后，接着将放映针对特定观众的幻灯片。

1. 创建自定义放映

创建自定义放映的具体操作步骤如下：

步骤 1：切换到功能区中的【幻灯片放映】选项卡，在【开始放映幻灯片】选项组中单击【自定义幻灯片放映】按钮，从弹出的菜单中选择【自定义放映】命令，出现如图 5-2-15 所示的【自定义放映】对话框；

步骤 2：单击【新建】按钮，出现如图 5-2-16 所示的【定义自定义放映】对话框；

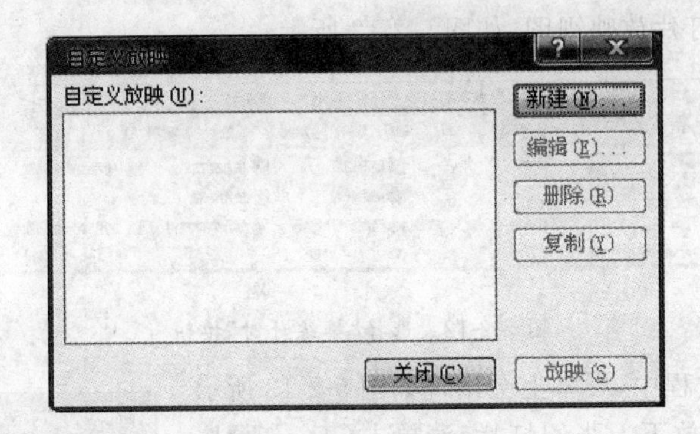

图 5-2-15 【自定义放映】对话框

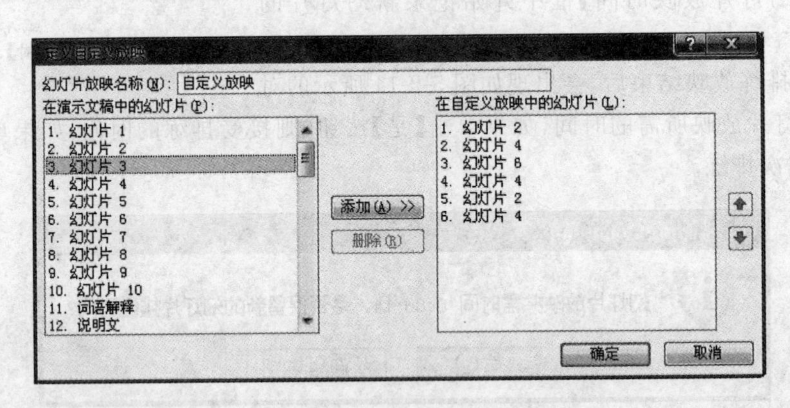

图 5- 2-16 【定义自定义放映】对话框

步骤 3:在【在演示文稿中的幻灯片】列表框中选择要添加到自定义的幻灯片中,若一次要选择多张幻灯片添加到【在自定义放映中的幻灯片】中可按住<Ctrl>键;

步骤 4:如果要改变幻灯片的显示次序,请在【在自定义放映中的幻灯片】列表框中选择幻灯片,然后单击列表框右边的向上或向下箭头调整次序;

步骤 5:在【幻灯片放映名称】文本框中输入放映的名称;

步骤 6:单击【确定】按钮,这时返回到【自定义放映】对话框中,并且在【自定义放映】列表框中出现新创建的自定义放映名称。

重复步骤 2~6 的操作,可以创建多个自定义放映,它们都会出现在【自定义放映】列表框中,如图 5-2-17 所示。

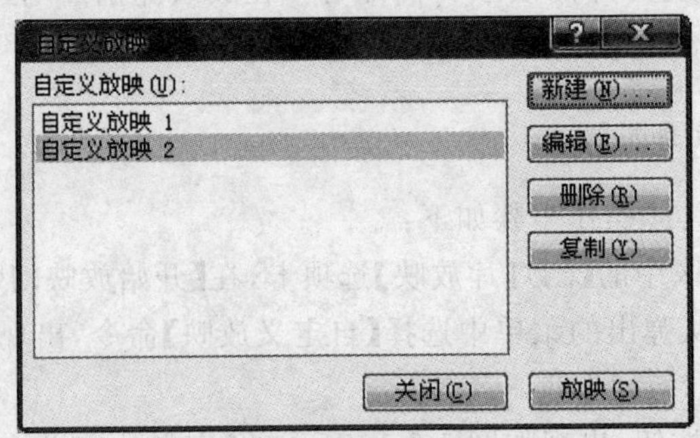

图 5-2-17 【创建的自定义放映】对话框列表

2. 编辑自定义放映

如果要对创建的自定义放映进行编辑，可以按照下述步骤进行操作：

步骤1：切换到功能区中的【幻灯片放映】选项卡，在【开始放映幻灯片】选项组中单击【自定义幻灯片放映】按钮，从弹出的菜单中选择【自定义放映】命令，出现【自定义放映】对话框；

步骤2：如果要删除整个幻灯片放映，可以在"自定义放映"列表框中选择要删除的自定义放映名称，然后单击【删除】按钮，则自定义放映被删除。当然，这种删除并没有真正删除幻灯片，实际的幻灯片仍保留在演示文稿中；

步骤3：如果要复制自定义放映，可以在【自定义放映】列表框中选择要复制的自定义放映名称，然后单击【复制】，这时会复制一个相同的自定义放映，其名称前面出现"(复件)"字样，可以通过单击【编辑】按钮，对其进行重命名或增删幻灯片的操作；

步骤4：如果要编辑某个自定义放映，可以在【自定义放映】列表框中选择要编辑的自定义放映名称，然后单击【编辑】按钮，会出现【定义自定义放映】对话框，允许用户添加或删除任意幻灯片，单击【确定】按钮，返回到【自定义放映】对话框中；

步骤5：如果要预览自定义放映，可以在【自定义放映】对话框中选择要放映的名称，然后单击【放映】按钮。

3. 显示自定义放映

如何在放映演示文稿时跳转到自定义放映的幻灯片中呢？可以在放映演示文稿的过程中右击幻灯片，在弹出的快捷菜单中选择【自定义放映】命令，然后单击所需的放映方式来实现在放映演示文稿的跳转，如图5-2-18所示。

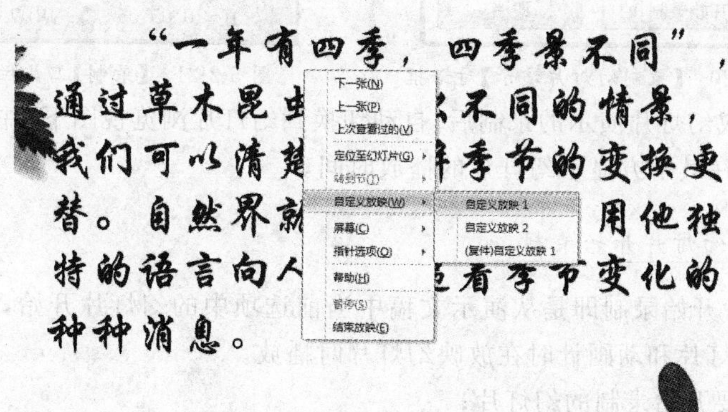

图5-2-18 【自定义放映】

5.2.8 录制幻灯片

在PowerPoint 2010中新增了【录制幻灯片演示】的功能，该功能可以选择开始录制或清除录制的计时和旁白的位置。它相当于以往版本中的【录制旁白】功能，将演讲者在演示讲解演示文件的整个过程中的解决声音录制下来，方便日后在演讲者不在的情况下，听众能更

准确地理解演示文稿的内容。

1. 从头开始录制

从头开始录制就是从演示文稿的第一张幻灯片开始，录制音频旁白、激光笔标注或幻灯片和动画计时等。

步骤 1：切换到【幻灯片放映】选项卡下，单击【录制幻灯片演示】按钮，在弹出的下拉菜单中单击【从头开始录制】命令，如图 5-2-19 所示；

图 5-2-19　选中【录制幻灯片演示】命令

步骤 2：弹出【录制幻灯片演示】对话框，选中【幻灯片和动画计时】复选框和【旁白和激光笔】复选框，然后单击【开始录制】按钮，如图 5-2-20 所示；

步骤 3：进入幻灯片放映视图，弹出【录制】工具栏，它与排练计时的【录制】工具栏功能相同，唯一的区别在于该【录制】工具栏中不能手动设置计时时间，如图 5-2-21 所示；

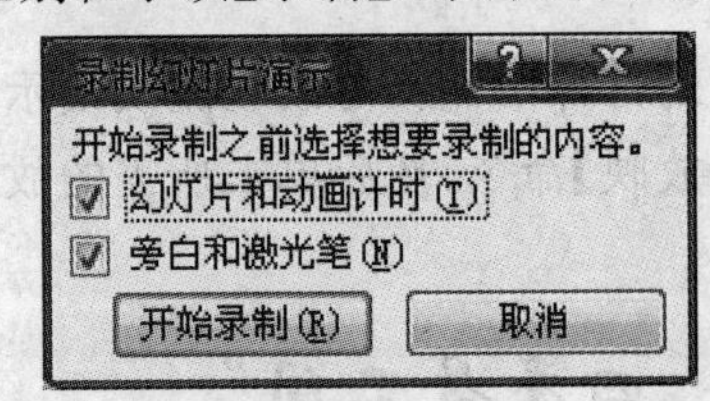

图 5-2-20　【录制幻灯片演示】对话框

图 5-2-21　【录制】工具栏

步骤 4：当完成幻灯片演示的录制后，自动切换到幻灯片浏览视图下，并且在每张幻灯片中添加声音图标，在其下方显示幻灯片的播放时间。

2. 从当前幻灯片开始录制

从当前幻灯片开始录制即是从演示文稿中当前选项中的幻灯片开始，向后录制音频旁白、激光笔势或幻灯片和动画计时在放映幻灯片时播放。

步骤 1：选中要开始录制的幻灯片；

步骤 2：切换到【幻灯片放映】选项卡下，单击【录制幻灯片演示】按钮，在弹出的下拉菜单中选择【从当前幻灯片开始录制】命令，如图 5-2-22 所示；

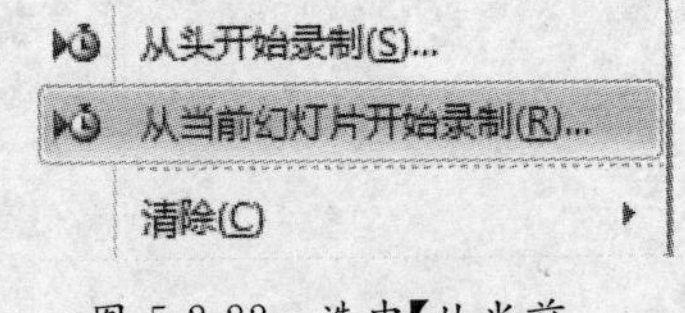

图 5-2-22　选中【从当前幻灯片开始录制】命令

步骤 3：弹出的【录制幻灯片演示】对话框，选中【幻灯片和动画计时】复选框和【旁白和激光笔】复选框，单击【开始录制】按钮。

此时，进入幻灯片放映视图，将从当前所选幻灯片处开始录制，其录制方法与从头开始录制功能相同。当完成幻灯片演示录制后，自动切换到幻灯片浏览视图下，从当前选择幻灯片开始，到最后一张幻灯片都添加了相应的旁白声音及放映计时。

5.2.9　办公实例

1. 实例描述

本小节介绍了设置演示文稿的放映、放映演示文稿的方法和技巧，下面将通过一个演示文稿预演所学内容，在演练过程中主要涉及以下内容：录制旁白、设置幻灯片放映方式、放映幻灯片并添加标注等。

2. 具体操作步骤如下

步骤1：启动PowerPoint 2010，打开要演示的文稿。切换到功能区中的【幻灯片放映】选项卡，在【设置】选项组中单击【录制幻灯片演示】按钮，在弹出的菜单中选择【从头开始录制】命令，如图5-2-23所示；

步骤2：弹出如图5-2-24所示的【录制幻灯片演示】对话框，单击【开始录制】按钮；

图5-2-23　选中【录制幻灯片演示】命令

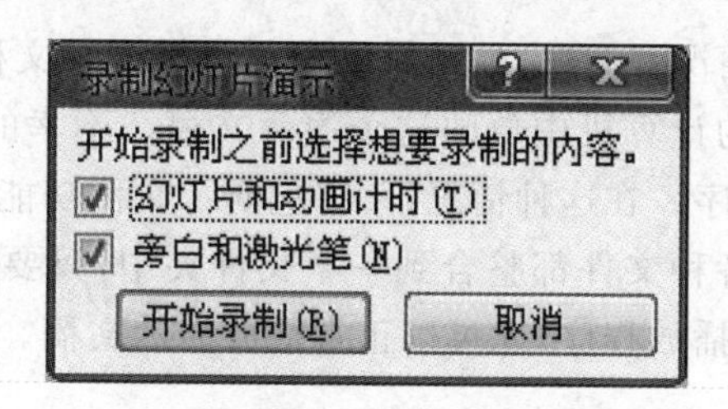

图5-2-24　【录制幻灯片演示】对话框

步骤3：系统将切换到全屏放映模式下，开始对着话筒进行声音的输入，录制完一页后单击进入下一页进行录制；

步骤4：录制幻灯片结束后，自动切换到幻灯片浏览视图下，并且在每张幻灯片中添加声音图标，在其下方显示幻灯片的播放时间；

步骤 5：切换到功能区中的【幻灯片放映】选项卡，在【设置】选项组中单击【设置幻灯片放映】按钮，弹出【设置放映方式】对话框。在【放映类型】选项组内选择【演讲者放映】单选按钮，单击【确定】按钮，如图 5-2-25 所示示；

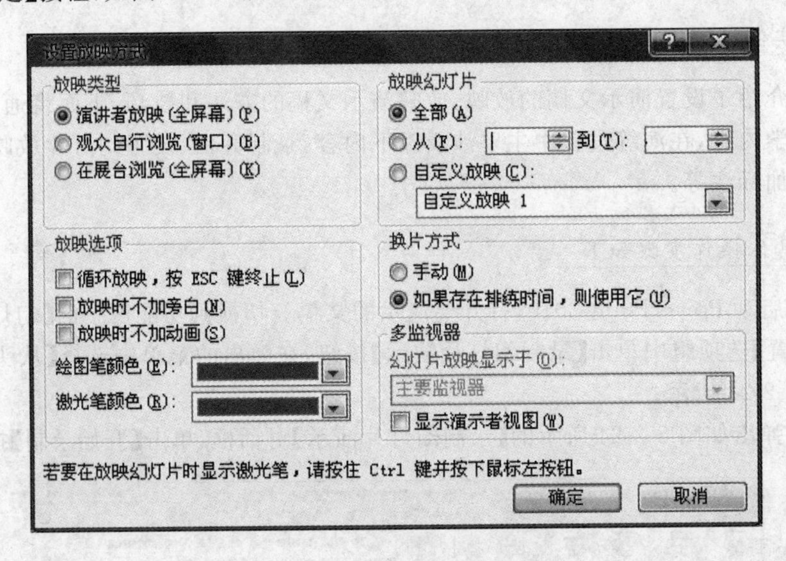

图 5-2-25 【设置放映方式】对话框

步骤 6：切换到功能区中的【幻灯片放映】选项卡，在【开始放映幻灯片】选项组中单击【从头开始】或【从当前幻灯片开始】按钮，即可开始播放幻灯片；

步骤 7：在播放演示文稿的过程中，可以右击屏幕，在弹出的快捷菜单中选择【指针选项】命令，再选择【笔】命令，在此过程中可以选择【墨迹颜色】命令，改变画笔的颜色；

步骤 8：单击鼠标并拖动指针，对幻灯片进行标注；

步骤 9：单击屏幕继续放映演示文稿，直到演示文稿放映结束。

5.3 打包演示文稿

用户可能遇到这样的情况，用自己的计算机中制作好演示文稿后，将其复制到 U 盘中，然后下午准备到一个客户的计算机中放映这个演示文稿。不幸的是，这个客户的计算机中并没有安装 PowerPoint 程序。在这种情况下，打包演示文稿功能就非常有用。所谓打包就是指将与演示文稿有关的各种文件都整合到一个文件夹中，只要将这个文件夹复制到其他计算机中，然后启动其中的播放程序，就可以正常播放演示文稿。

5.3.1 将演示文稿打包到文件夹或 CD 中

如果要对演示文稿进行打包，可以按照下述步骤进行操作：

步骤 1：打开要打包的演示文稿；

步骤 2：单击【文件】选项卡，在弹出的菜单中单击【保存并发送】命令，然后选择【将演示文稿打包成 CD】命令，再单击【打包成 CD】按钮，如图 5-3-1 所示；

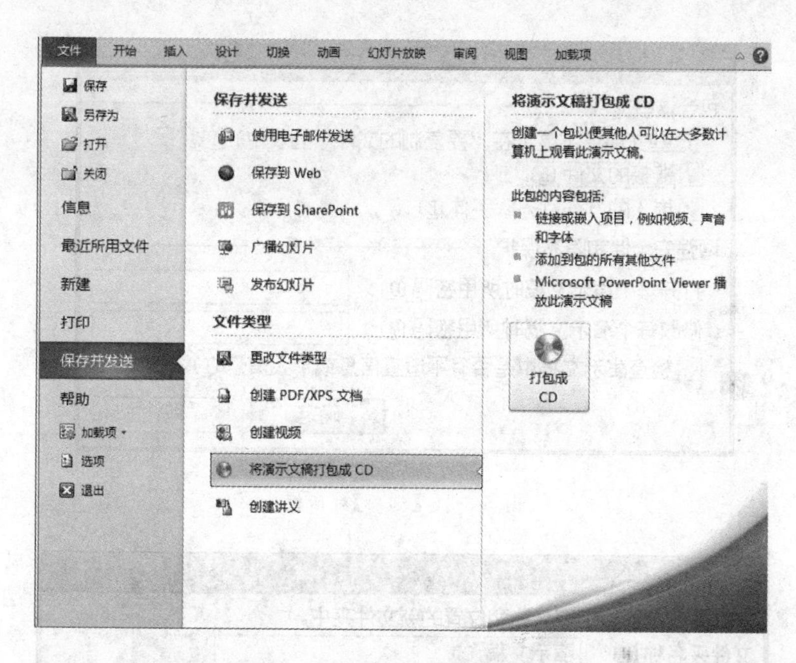

图 5-3-1　选择【打包成 CD】按钮

步骤 3:出现如图 5-3-2 所示的【打包成 CD】对话框;

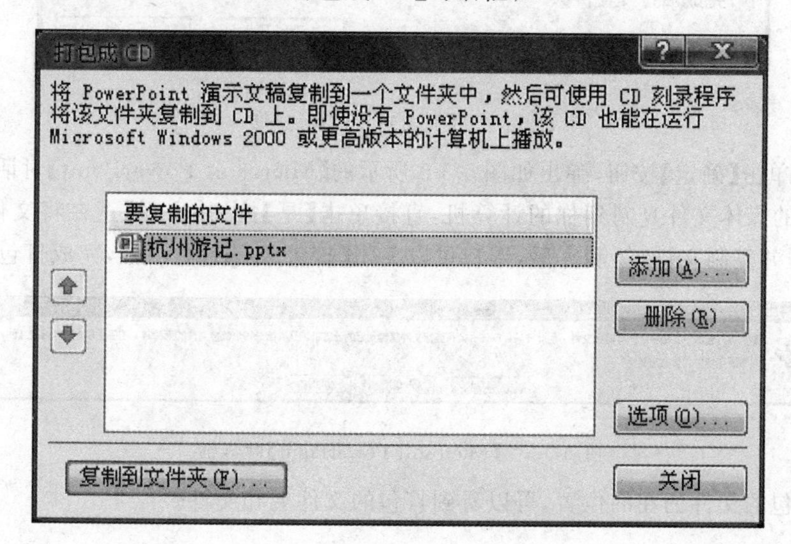

图 5-3-2　【打包成 CD】对话框

步骤 4:单击【添加】按钮,可以添加多个演示文稿;

步骤 5:单击【选项】按钮,出现如图 5-3-3 所示的【选项】对话框,可以设置是否包含链接的文件,是否包含嵌入的 TrueType 字体,还可以设置打开文件的密码等;

步骤 6:单击【确定】按钮,保存设置并关闭【选项】对话框,返回到【打包成 CD】对话框;

步骤 7:单击【复制到文件夹】按钮,打开【复制到文件夹】对话框,可以将当前文件复制到指定的位置,图 5-3-4 所示;

选项

包含这些文件

(这些文件将不显示在“要复制的文件”列表中)

链接的文件(L)

嵌入的 TrueType 字体(E)

增强安全性和隐私保护

打开每个演示文稿时所用密码(O):

修改每个演示文稿时所用密码(M):

检查演示文稿中是否有不适宜信息或个人信息(I)

确定　取消

图 5-3-3 【选项】对话框

复制到文件夹

将文件复制到您指定名称和位置的新文件夹中。

文件夹名称(N): 演示文稿 CD

位置(L): C:\Documents and Settings\Admini　浏览(B)...

完成后打开文件夹

确定　取消

图 5-3-4 【复制到文件】对话框

步骤 8:单击【确定】按钮,弹出如图 5-3-5 所示的【Microsoft PowerPoint】对话框,提示程序会将链接的媒体文件复制到你的计算机,直接单击【是】按钮,出现【正在将文件复制到文件夹】对话框并复制文件,复制完后,用户可以关闭【打包成 CD】对话框,完成打包操作。

图 5-3-5 【Microsoft PowerPoint】对话框

打开打包的文件的在的位置,可以看到打包的文件夹和文件。

5.3.2 将演示文稿创建为视频文件

在 PowerPoint 2010 中新增了将演示文稿转变成视频文件功能,可以将当前演示文稿创建为一个全保真的视频,此视频可能会通过光盘、Web 或电子邮件分发。创建的视频中包含所有录制的计时、旁白和激光笔势,还包括幻灯片放映中未隐藏的所有幻灯片,并且保留动画、转换和媒体等。

创建视频所需的时间视演示文稿的长度和复杂度而定。在创建视频时可继续使用 PowerPoint 应用程序。下面介绍将当前演示文稿创建为视频的操作。

步骤 1：单击【文件】选项卡，在展开的菜单中单击【保存并发送】命令，在【文件类型】选项中单击【创建视频】选项；

步骤 2：在右侧的【创建视频】选项下，单击【计算机和 HD 显示】选项，在弹出的下拉列表中选择视频文件的分辨率，如图 5-3-6 所示；

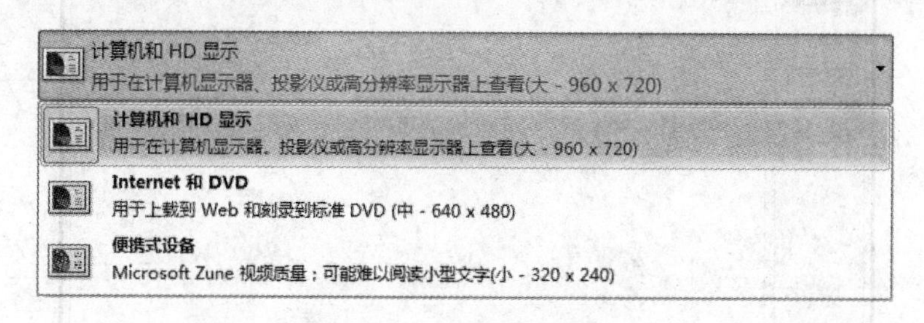

图 5-3-6　选择视频文件的分辨率

步骤 3：如果要在视频文件中使用计时和旁白，可以单击【不要使用录制的计时和旁白】下拉列表按钮，在弹出的下拉列表中单击，【录制计时和旁白】选项。如果已经为演示文稿添加了计时和旁白，则选项【使用录制的计时和旁白】选项；

步骤 4：弹出如图 5-3-7 所示的【录制幻灯片演示】对话框，选中【幻灯片和动画计时】复选框和【旁白和激光笔】复选框，单击【开始录制】按钮，它与前面介绍的录制幻灯片演示操作相同；

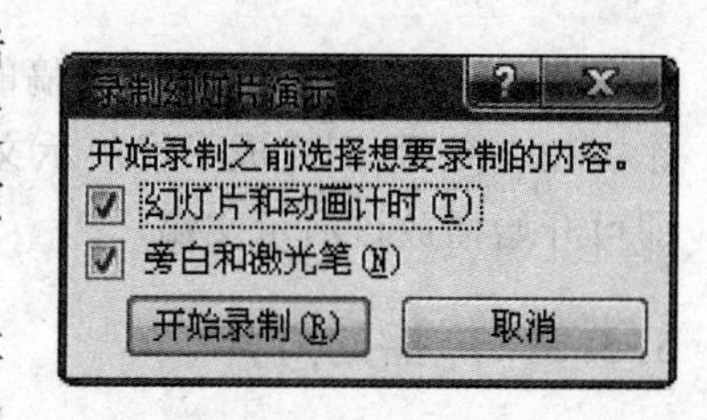

图 5-3-7　【录制幻灯片演示】对话框

步骤 5：进入幻灯片放映状态，弹出【录制】工具栏，在其中显示当前幻灯片放映的时间，用户可以进行幻灯片的切换，并将演讲者排练演讲的解决及操作时间、使用激光笔全部记录下来；

步骤 6：当完成幻灯片演示录制后，在【文件】选面卡的【创建视频】选项下，则选中了【使用录制的计时和旁白】选项，然后单击【创建视频】按钮，如图 5-3-8 所示；

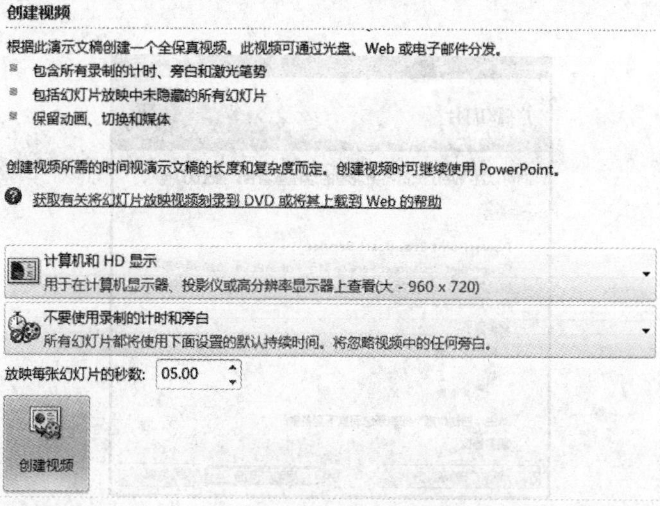

创建视频
根据此演示文稿创建一个全保真视频。此视频可通过光盘、Web 或电子邮件分发。
- 包含所有录制的计时、旁白和激光笔势
- 包括幻灯片放映中未隐藏的所有幻灯片
- 保留动画、切换和媒体

创建视频所需的时间视演示文稿的长度和复杂度而定。创建视频时可继续使用 PowerPoint。
获取有关将幻灯片放映视频刻录到 DVD 或将其上载到 Web 的帮助

计算机和 HD 显示
用于在计算机显示器、投影仪或高分辨率显示器上查看(大 - 960 x 720)
不要使用录制的计时和旁白
所有幻灯片都将使用下面设置的默认持续时间。将忽略视频中的任何旁白。
放映每张幻灯片的秒数: 05.00
创建视频

图 5-3-8　单击【创建视频】按钮

步骤 7：弹出如图 5-3-9 所示的【另存为】对话框，在【保存位置】下拉列表框中选择视频文件保存的位置，在【文件名】文本框中输入视频文件名，然后单击【保存】按钮。

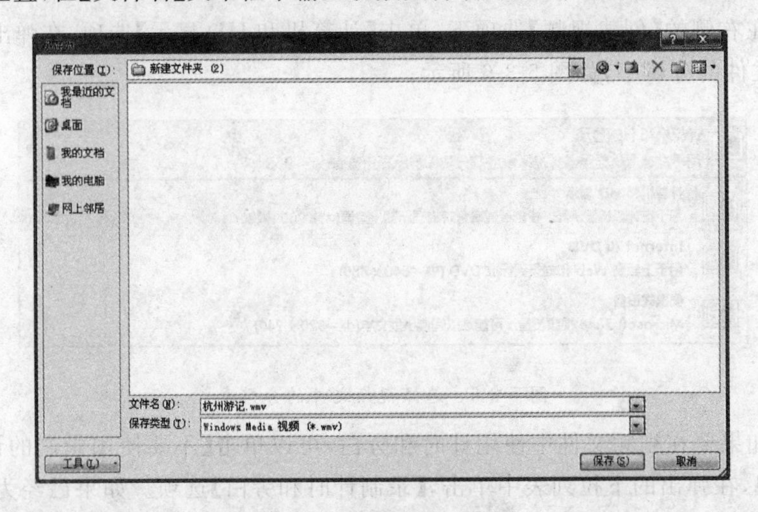

图 5-3-9 【另存为】对话框

此时，PowerPoint 演示文稿的状态栏中，会显示演示文稿创建为视频的进度，当完成制作视频进度后，则完成了将演示文稿创建为视频的操作。以后，只要双击创建的视频文件，即可开始播放该演示文稿。

5.3.3 广播幻灯片

广播幻灯片是 PowerPoint 2010 新增的一项功能，它用于向可以在 Web 浏览器中观看的远程查看者广播幻灯片。远程查看者不需要安装程序，并且在播放时，用户可以完全控制幻灯片的进度，观众只需在浏览器中跟随浏览即可。

步骤 1：单击【文件】选项卡，在展开的菜单中单击【保存并发送】命令，在【保存并发送】选项组中单击【广播幻灯片】选项，然后单击【广播幻灯片】按钮，弹出如图 5-3-10 所示的【广播幻灯片】对话框；

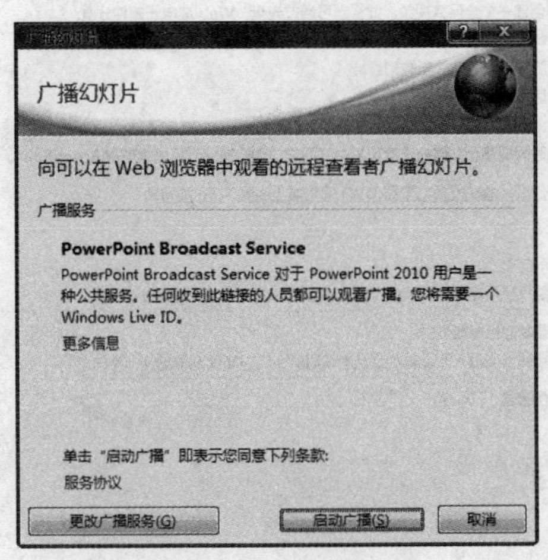

图 5-3-10 【广播幻灯片】对话框

步骤 2：单击【启动广播】按钮，自动进入正在连接到 PowerPoint 广播服务进度界面，如图 5-3-11 所示；

图 5-3-11　正在连接到 PowerPoint 广播服务

步骤 3：弹出如图 5-3-12 所示的【连接到】对话框，在【电子邮件地址】和【密码】文件框中输入相应的信息，然后单击【确定】按钮；

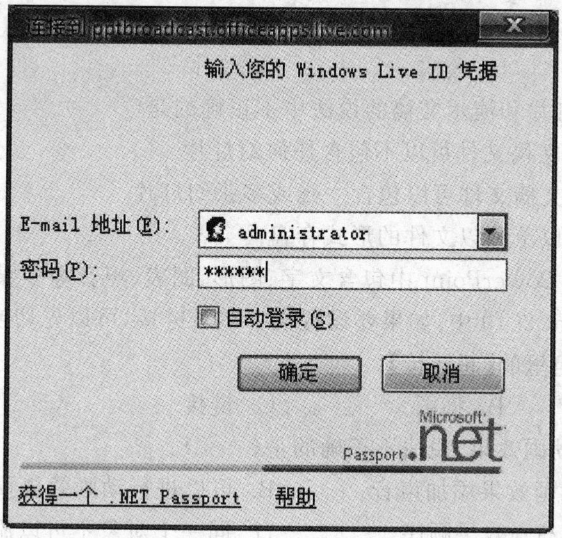

图 5-3-12　【连接到】对话框

步骤 4：返回【广播幻灯片】对话框，显示正在连接 PowerPoint 广播服务的进度；

步骤 5：连接完成后，在【广播幻灯片】对话框中显示远程查看者共享的链接，可以复制链接，将其发送给远程查看者，单击【开始放映幻灯片】按钮。

此时，进入幻灯片放映视图，可以开始放映当前演示文稿中的幻灯片。如果远程观看者

在 IE 浏览器中复制了链接地址，即可开始观看幻灯片。

PowerPoint 是美国微软公司的 Office 办公软件之一，集文字、图像、图形、声音及视频剪辑为一体的媒体演示文稿和展示制作的软件。深受广大用户的欢迎。在 PowerPoint 2010 中还新增了视频和图片编辑功能以及增强功能，切换效果和动画运行起来比以往更为平滑和丰富，并且现在它们在功能区中有自己的选项卡。利用 PowerPoint 不但可以创建演示文稿，还可以制作广告宣传和产品演示的电子版幻灯片，在办公自动化日益普及的今天，PowerPoint 为人们制作演示文稿提供了一个更高效、更专业的平台。

练习题

一、单项选择题(请将正确答案填在指定的答题栏内，否则不得分)

题号	1	2	3	4	5	6	7	8	9	10
答案										

1. PowerPoint 2010 提供了五种视图模式，最常使用的视图模式是【幻灯片视图】和(　　)。

   A. 普通视图　B. 备注页视图　C. 幻灯片放映视图　D. 阅读视图

2. 在空白幻灯片中不可以直接插入(　　)。

   A. 艺术字　B. 公式　C. 文字　D. 文本框

3. 下列有关幻灯片和演示文稿的说法中不正确的是(　　)。

   A. 一个演示文稿文件可以不包含任何幻灯片

   B. 一个演示文稿文件可以包含一张或多张幻灯片

   C. 幻灯片可以单独以文件的形式存盘

   D. 幻灯片是 PowerPoint 中包含文字、图形、图表、声音等多媒体信息的图片

4. 在 PowerPoint 2010 中，如果要设置文字超级链接，可以先切换【插入】选项卡，然后单击(　　)组里的【超链接】。

   A. 图像　B. 插图　C. 链接　D. 媒体

5. 关于幻灯片动画效果，说法不正确的是(　　)。

   A. 可以为动画效果添加声音　B. 可以进行动画效果预览

   C. 可以调整动画效果顺序　D. 同一个对象不可以添加多个动画效果

6. 在【幻灯片浏览视图】模式下，不允许进行的操作是(　　)。

   A. 幻灯片移动　B. 幻灯片复制　C. 幻灯片删除　D. 幻灯片切换

7. 在幻灯片的放映过程中要中断放映，可以直接按(　　)。

   A. <Ctrl>+<F4>键　B. <Ctrl>+X 键

   C. <Esc>键　D. <End>键

8. 在 PowerPoint 中功能键 F5 的功能是(   )。
   A. 打开文件　　B. 幻灯片放映　　C. 打印预览　　D. 样式检查
9. 下列能用于播放幻灯片的方式是(   )。
   A. F3 键　　B. F4 键　　C. F5 键　　D. F6 键
10. 在 PowerPoint 中,不能对幻灯片内容进行编辑修改的视图方式是(   )。
   A. 大纲视图　　B. 普通视图
   C. 幻灯片浏览视图　　D. 幻灯片视图

二、填空题

1. 在编辑幻灯片的过程中,为了精确地计算段落或行间距、文字和图形的位置及间距等,可以将网格线显示出来,以保证设计页面的一致性。显示网格线的方法是:在 PowerPoint 窗口中切换到__________选项卡,然后选中__________组中的【网格线】复选框即可。
2. PowerPoint 有五种视图模式,其中最常用的视图模式是________和________。
3. 插入 SmartArt 图形是 PowerPoint 2010 新增的功能之一,插入 SmartArt 图形的方法是:在要插入 SmartArt 图形的幻灯片中,在【插入】选项卡的________组中单击________按钮,在弹出的【选择 SmartArt 图形】对话框中选择需要的 SmartArt 图形样式,然后单击【确定】按钮。
4. 幻灯片的放映类型分为____________、____________和____________ 3 种放映方式。
5. 在 PowerPoint 幻灯片浏览视图下,按住<Ctrl>键并拖动选中的幻灯片,可完成________操作。

第6章　网页制作基础

本章提要

World Wide Web(译为万维网,简称 WWW 或 Web)是当前 Internet 上应用最广泛的一种信息服务。Web 以“超文本”的形式组织信息,可以将世界各地的多媒体信息连接在一起,用户通过一种称为“浏览器”的软件浏览网上的内容,从而可以自由地驰骋在 Web 的信息海洋中。本章首先介绍网页设计与制作中的基础知识,然后以 Dreamweaver CS4 为平台讲述其主要功能和使用方法。

学习目标

- 领会网页和网站的概念;
- 理解 HTML 语言的格式及功能;
- 熟悉 Dreamweaver CS4 工作界面;
- 掌握使用 Dreamweaver 创建网站和网页的方法;
- 掌握使用表格、框架对网页进行布局;
- 掌握 CSS 样式表的使用;
- 掌握网页中表单的使用;
- 熟悉网站的发布及维护。

6.1　网页与网站的基本知识

6.1.1　网页简介

网页(Web Page)是构成 Web 的基本单位。如同书刊中的页面一样,网页是特指 WWW 网中的一个页面,是构成网站信息的基本单位。每个网页都是以单独文件的形式存放在服务器中的。网页与传统页面的最大不同之处是:网页中可以包括文本、图形、图像、声音、视频、动画等各种多媒体信息,此外通常还包括有“超链接”的信息,这是网页所特有的,也是网页所具有的最大特色。时至今日,在 Web 网上冲浪,常可以看到各式各样令人眼花缭乱的网页。这些网页是怎么做出来的？进而，若是我们自己也能制作一个展现自己个性的网页，那该是多么惬意的一件事。

最常见的网页文件名是以.htm或.html为后缀的文件，这类文件称为HTML文件，属于静态网页；除此之外，常见的网页还有以ASP、PHP、JSP等为后缀的其他类型的文件，这类网页文件需通过网页编程和服务器技术，动态地生成HTML代码产生相应的网页，这类网页文件称为动态网页。动态网页涉及网页编程，相当复杂，已超出一般用户所需掌握的范畴。

6.1.2 网站简介

单页难成卷，独木不成林，在WWW中只有把多个相关的网页有机地整合在一起，才能满足用户对网络信息访问的需求，为此引进了网站概念。简单地说，用于展示特定内容的相关网页的集合称为网站。所有的网站都是由网页组成的，而网页是以文件形式存储在因特网上的特定计算机中的，提供网页的计算机称为Web服务器，或干脆就叫网站。

由此可见，网站是承载网络信息服务的应用平台。通常，网站不止一个页面，而是多个网页的集合。各网页之间通过超链接有机地整合在一起，从而实现统一集中的管理。

后文叙述中常常会出现“网站”或“站点”之名词，注意两者之间的差别，“站点”类似于文件系统中的文件夹，是设计人员设计“网站”时，为了方便对信息进行分类管理而设置的网站中的目录结构，主要用来管理网站的内容。一个网站可以只包含一个站点，也可以包含多个站点。

6.1.3 IP地址与域名

1. IP地址

因特网上的每个网站都有一个确定的地址，称为IP地址。一个IP地址由四组十进制数字组成，每组数字范围是0～255，相互之间用圆点分隔。例如，由“202.108.8.82”构成的四组数字是中央网络电视台的IP地址。IP地址是惟一的，能惟一地标识连入Internet中的是哪个网站。

2. 域名

要想访问某个网站就必须知道其IP地址，但是记忆一组并无任何特征的数字实在是令人头痛的事，为此因特网提供了域名服务系统，用来将IP地址的数字形式翻译成以字符形式表示的网址名称，这就是域名系统DNS(Domain Name System)提供的功能。例如，中央网络电视台的IP地址是202.108.8.82，对应的域名地址就是www.cntv.cn，这样即便于理解又容易记忆。

3. 理解域名

域名与IP地址是一一对应的，域名相当于邮件的地址，在邮件的地址栏中注明国家、省市、街道和门牌号，采用这种方法，即使两个城市有相同的街道号和门牌号，也不会把邮件送

错，因为它们属于不同的城市。对于一个域名，从右向左读可以大体看出这是个什么网站，如图 6-1-1 所示。

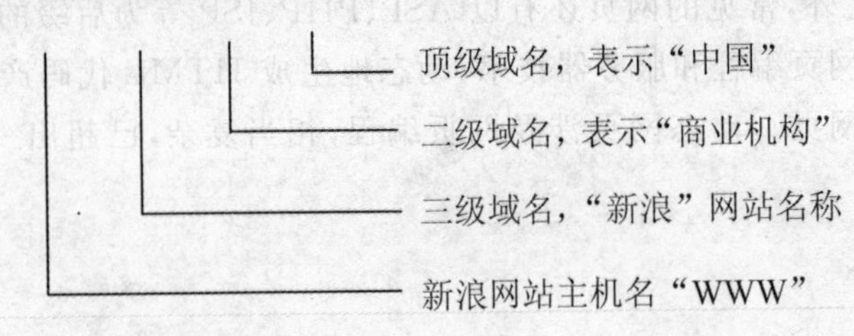

图 6-1-1　域名的层次结构

由图可见，域名采用层次结构。注意，自右向左范围越来越小，最右边是顶级域名，代表主机所在的国家或地区，由两个字母组成，例如 cn 代表中国，jp 代表日本，hk 代表香港等等；二级域名代表网站的类型，如 com 代表商业机构网站，gov 代表政府机构网站，org 代表非盈利机构网站等等；再向左分别表示网站名称及信息服务的主机，采用英文或汉语拼音缩写方式。访问一个网站时，首先在浏览器地址栏中输入对应的网址，例如写上 www. sina. com. cn，表示要浏览中国的名为 sina 的商业机构网站中的 www 主机中的信息。

6.1.4　浏览器与网页

Internet 把全球上亿台计算机连接起来，其中包含有各行各业难以计数的信息资源，人们可以在网上获取信息、发布信息、收发电子邮件、求医问药、听音乐、看电视、玩游戏等，享受各种方式的信息服务。Web 只是 Internet 信息服务方式中的一种，此外还有 FTP 文件传输服务、E-mail 电子邮件服务、Telnet 远程登录服务等。

用户浏览网页时，使用一种称为浏览器的客户端软件，该软件采用"客户程序/服务器"运作模式，其机理如下：客户端使用 HTTP 协议向 Web 服务器发出请求，服务器端解释后将信息下载到本地计算机上，再按照约定的规则将信息显示在屏幕上。浏览网页上的内容，必须使用 Web 浏览器，现今 Web 浏览器不下几十种，其中占主导地位的当属微软公司的 Internet Explorer（简称 IE）。

6.1.5　URL 与 HTTP 协议

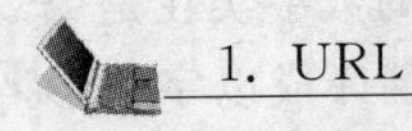

1. URL

URL 是 Universal Resource Locator 的缩写，中文含义是"统一资源定位器"。URL 使 Web 浏览器能从众多网页中找出所需网页地址的必要条件，通常应包含站点服务器域名或 IP 地址、网页文件的路径和文件名称。另外，URL 还能向浏览器提供信息服务的协议类型。

URL 一般格式为：

<协议>://<服务器域名或 IP 地址>/<路径>/<文件名称>

当我们要访问某个站点某个网页时，就在浏览器地址栏输入对应的 URL。假如要想访问上海外国语大学的 WWW 服务器，则需使用 HTTP 协议，相应的 URL 就是 http://

www. shisu. edu. cn/，浏览器解释后生成图 6-1-2 所示的画面。

图 6-1-2　上海外国语大学网站主页

2. HTTP 协议

HTTP 是 Hypertext Transfer Protocol 的缩写，译为超文本传输协议，它是一种通信协议，规定了浏览器和 Web 服务器之间互相通信的规则，它允许将 HTML 文档从 Web 服务器传送到 Web 浏览器。客户机与服务器都必须支持 HTTP，才能在互联网上发送和接收 HTML 文档并进行交互。这就是我们在浏览器地址栏中输入 URL 必须以“HTTP://”开头的原因，因为 Web 服务类型遵从 HTTP 协议。

6.1.6　网页编写语言 HTML

1. 什么是 HTML

HTML 是制作网页的基础，要想精通网页制作，必须掌握好 HTML 语言。HTML 是 Hypertext Markup Language 的缩写，译为超文本标记语言，是一种专门用来编写网页的语言。这种语言能够对网页的内容（包括文本、图形、图像、声音、动画等多媒体信息）、页面的布局、格式、以及超链接等进行描述，生成 HTML 文档；当用户访问包含 HTML 文档的网页时，浏览器会加以解释，并将页面按照 HTML 文档规定的格式展现在浏览器界面上。

HTML 文档可以用任何文本编辑器进行编辑。例如，图 6-1-3 所示的 HTML 文档是使用“记事本”程序书写的，将其命名为“网页示例. htm”（文件名要以 htm 或 html 为后缀）。将其保存在磁盘上；当在 IE 浏览器中打开“网页示例. htm”时，显示的效果如图 6-1-4 所示。

2. HTML 文件基本结构

HTML 文件基本格式如图 6-1-5 所示。

由上图可见，整个 HTML 文档包含在<html>…</html>标记之间，它位于 HTML 文档最外层。整个 HTML 文档可分成“文档头”和“文档体”两部分。包含在<head>…

图 6-1-3 网页的 HTML 文档

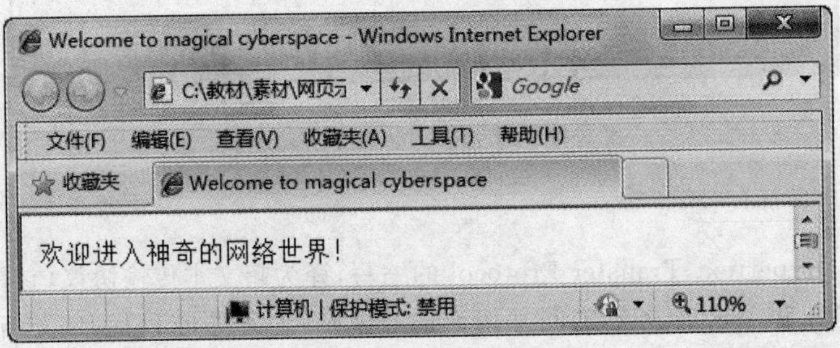

图 6-1-4 “网页示例.htm”文档在浏览器上显示的效果

```
<html>
    <Head>
        文档头，头部信息
    </head>
    <body>
        文档体，正文部分
    </body>
</html>
```

图 6-1-5 HTML 文档结构

</head>标记之间的内容称为“文档头”；包含在<body>…</body>标记之间的内容称为“文档体”。

在<head>与</head>之间的头部信息，主要用来指明网页的标题，以便浏览网页时标题能显示在标题栏上，此外头部信息中还可提供一些特殊功能，如链接外部 JS 和 CSS 样式表等，若不需要头部信息可省略此对标记。

<body>与</body>标记之间规定了网页要显示的具体内容，一般不能省略。

3. 标签(TAG)

HTML 文档中有许多由尖括号“<”和“>”括起来的句子，称其为标签(TAG)，如<title>、<strong>、
等。标签的作用是控制信息在 Web 页上的显示格式，标签本身并不会出现在网页上，书写标签不限大小写。

(1) 双标签

必须成对使用才能表达完整意思的标签称为双标签，其语法为：

<标签名称>内容</标签名称>

双标签由“起始标签”和“结束标签”两部分构成，必须成对使用，其中起始标签告诉浏览器从此处开始执行该标签所表示的功能，而结束标签告诉浏览器在这里结束该标签功能。

起始标签名称前加一个斜杠(/)即成为结束标签。其中“内容”部分就是要被这对标签施加作用的区间。例如，你想强调某段文字的显示，就将此段文字放在一对<strong>…</strong>标签中，如< strong>你好！</strong>。

(2) 单标签

单独使用就能表达完整意思的标签称为单标签，其语法为：

<标签名称>

例如，对网页中的某段文字需要换行，就可使用
标签，浏览器将其解释为换行操作。

4. 标签的参数

一个标签可以不带参数，也可以包含一个或多个参数，标签参数可使该标签对网页的显示施加控制效果，但参数并不是必须使用不可，这完全根据显示需要而定。

带参数的标签写在起始标签中，其语法为：

< 标签名字 参数 1 参数 2 参数 3 … >

各参数之间不分先后次序，参数也可省略，如省略则取默认值。下面举例说明。

例 1.

这是一个不带任何参数的单标签，其功能是控制网页中显示的文字在该标签处换行。

例 2. <hr>

这是一个可带多个参数的单标签，如图 6-1-6 所示，其功能是在 Web 页中加一条横线段。

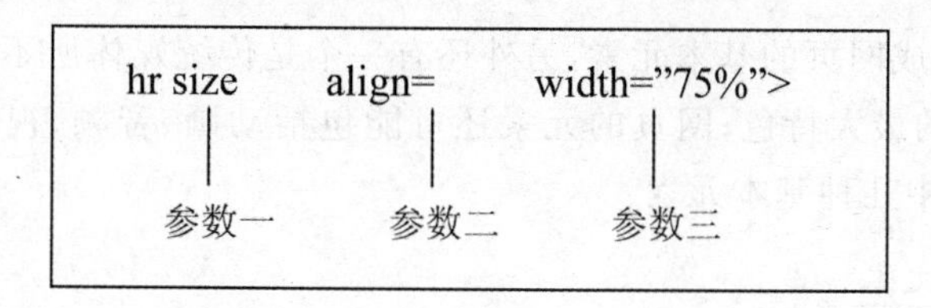

图 6-1-6 水平线标签中的参数

其中：

- size 参数定义线段的粗细，参数值取整数，值越大线段越细，缺省时为 1；
- align 参数表示对齐方式，可取 left(左对齐，缺省值)，center(居中)，right(右对齐)；

● width 参数定义线段的长度，可取相对值，(由一对" "号括起来的百分数，表示相对于充满整个窗口的百分比)，也可取绝对值(用整数表示的屏幕像素点的个数，如 width=300)，缺省值是"100%"。

当省略所有参数时，表示线段从窗口中当前行的最左端一直画到最右端。

5. 网页编辑工具

HTML 是网页编程语言，真正掌握 HTML 并熟练快速地利用它编写网页是件非常困难的事，因为你必须掌握功能各异的标签来描述页面，页面越复杂，涉及的标签及其中的参数越多，出错的机率也就越大，常需反复调试，效率低下。所以，利用 HTML 直接编写网页是一件相当枯燥而又乏味的工作；特别是为了增强网页的功能，有时需在 HTML 文档中插入一些程序代码，以便对显示的网页进行动态控制，这就对设计者提出了更加高的要求。针对这种情况，一些软件公司相继推出了网页制作工具软件，为创建复杂的网页提供了强有力的支持，并且大多具有"所见即所得"的编辑环境。但是，这并不意味着从此不再需要 HTML 了，领会 HTML 对于提高网页制作水平，消除对网页的神秘感大有帮助。

以 Dreamweaver、FrontPage 为代表的所见即所得式的网页编辑软件较受用户青睐，但当前市场占有率最高的专业网页制作工具首推 Dreamweaver。Dreamweaver 由原 Macromedia 公司推出，后来 Macromedia 公司被大名鼎鼎的 Adobe 公司收购，使得 Dreamweaver 软件得到进一步的发展，目前最新版本为 Adobe Dreamweaver CS5。

Dreamweaver 功能强大，简单易学，特别是在它的所见即所得的编辑环境制作网页的同时，还可以在它的代码视图中看到对应的 HTML 代码，这对我们理解 HTML 有很大好处。

为了看到网页对应的 HTML 代码，只需在浏览的网页上点击鼠标右键，再从弹出的菜单中选择【查看源文件】命令，就可在记事本中看到网页对应的 HTML 代码。网页代码是一个纯文本文件，它通过各式各样的标签对页面上的文字、图片、表格、声音等元素进行描述，而浏览器则对这些标签进行解释并生成页面，于是就看到显示的画面。

6.1.7 网页基本元素

文本和图形是构成网页的基本元素，另外还有一个是传统媒体所不具有的"超链接"，这是 Web 网页所独有的最大特色；网页的元素还可能包括动画、音频、视频和交互式程序等，图 6-1-7 注明了网页中几种基本元素：

1. 网页中的文本

文本是网页中表示信息内容的主体，通常是不可或缺的。文本占用的存储空间小，下载时间也短，下载后可以打印成文稿以便保存。但是，如果页面上文本不加任何修饰，难免给人呆板乏味的感觉，为了克服这一缺陷，可以利用各种文字类型来改变文本效果。下面列出几种常见的方法。

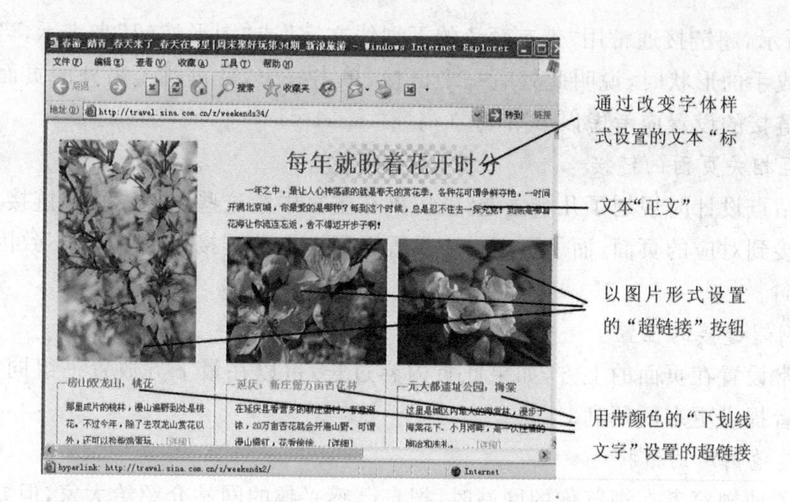

图 6-1-7 网页中的基本元素

(1) 给文本添加标题

在一个站点的主页或重要页面中,可以设置一个醒目的标题,告诉用户该站点的名称或该页面的主要内容。当然,也可以用图形来取代文本标题,但标题就像商标一样重要,应该专门设计。

(2) 改变字体、样式和大小

通过改变文本的字体、样式(粗体或斜体)及文字大小,让文本变得生动活泼。

(3) 给文字添加颜色

通过改变文字颜色使页面更为艳丽,但需注意颜色的搭配问题。

2. 网页中的图形

图形的表现力比文字更为强烈,所以页面上常常离不开制作精美的图形。页面上的图形大都采用 JPG、GIF 和 PNG 三种格式,因为不管使用何种操作系统,都能从浏览器上直接看到,具有跨平台的特点;此外,它们还具有压缩性好的特点。图形在网页中的应用主要有以下几点。

(1) 标题

用图形作为文章的标题,常会使人印象深刻而难以忘怀。

(2) 背景

在页面上将图形作为背景图来使用,但不要因此而影响网页的视觉效果。

(3) 链接按钮

用精美的图形作为链接按钮,会使页面变得更加生动活泼。

3. 网页中的超链接

Web 用网页表示信息,而各网页之间的联系通过超链接来实现,所以 Web 实际上是以超链接方式组织起来的信息网络。几乎所有的网页都含有超链接,被用来表示超链接的文字或图形大多是需要进一步展开的内容,通过超链接就可以转到表述更为详细的网页中去。

如图 6-1-7 所示，超链接通常用“带有颜色的下划线文字”或“图形按钮”来表示，当鼠标光标放在上面变成手的形状时，说明此处有一个链接，单击一下，就可跳至另外的页面或其他网站。对于超链接的设置应考虑以下事项。

(1) 转至相关页面的链接

如果在站点设计时规划了几个主题，就应该在主页中给这些主题设置超链接，让浏览者能快速地连接到对应的页面，而子页面也应设置返回主页的链接；让浏览者不致因为多个跳转而迷失方向。

(2) 规划超链接的位置

链接通常设置在页面的上方，如果此页内容过长，可以在最下方放置一组同样的链接，这会给浏览者提供更多的便利。

(3) 与其他网站的链接

这是为了使浏览者在浏览你的网站时，把自己感兴趣的网站介绍给大家，但要注意定期更新。

6.1.8 网站的设计

因为一个网站的所有信息不可能放在一个页面中，这就需要为网站设计一个主页(Home Page)，主页是一个网站的名片，通常起着索引和导航作用，使访问者能快速地找到自己感兴趣的内容。主页必须精心设计，其他众多的网页则可分门别类存储在不同站点中，每个页面都属于某个站点，离开了站点来制作网页毫无意义。因此，在制作网页之前，先要建立站点，再将制作好的网页存储在站点中。从本质上说，网站内容就是将各种素材合理地分配到由超链接组织起来的网页中去，使网页之间能彼此相连组织成一个有机整体，这是设计网站时必须考虑的问题。实际上，一开始并不主张制作网页，而是应从设计网站着手。

网站设计是一个如图 6-1-8 所示的不断更新和完善的过程，下面针对该图简介各步骤的主要任务。

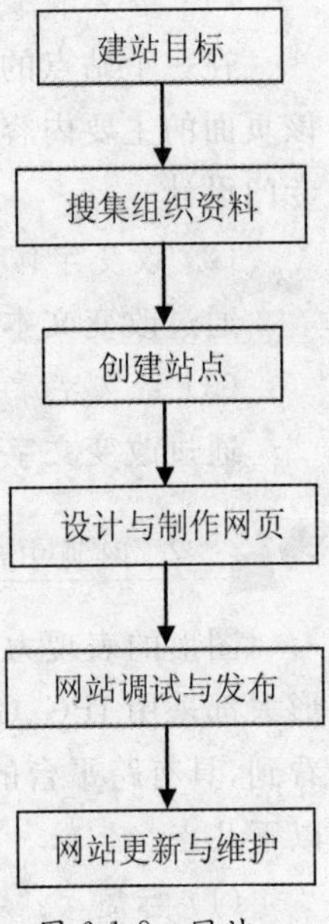

建站目标 → 搜集组织资料 → 创建站点 → 设计与制作网页 → 网站调试与发布 → 网站更新与维护

图 6-1-8 网站设计流程

1. 确定建站目标

在建立网站之前，首先要明确建站目标，也就是为什么要建立这个网站，网站包含哪些内容、针对什么用户以及提供哪些服务。需求决定了网站类型，大体上可分为专业型网站和个人网站。

专业型网站规模大，内容涉及面广，提供包括新闻、商业、电子商务、法律、影视、股票、教育、医疗卫生等各种服务，拥有自己的域名和主机，一般都在自己的局域网上发布；个人网站规模较小，内容相对单一，没有属于自己的主机，而是向 ISP (Internet Service Provider，互联网服务提供商)申请空间将自己的网页发布上去。现今，个人网站如雨后春笋般不断涌现，用来展示个人信息或发表见解。

2. 搜集组织资料

确定建站目标之后，就可以把网站的主题确定下来。例如，想建一个旅游网站，可以确定一些与旅游密切相关的主题，如“热门景点”、“国内游”、“出境游”、“交通”、“酒店”、“美食”和“购物”等若干主题。然后，根据主题搜集所需要的资料，包括文本、图形、音乐和视频等其他多媒体信息，并对搜集的资料进行整理、筛选、组织和加工，保留那些对访问者确实有用、人无我有、人有我精的素材，力求内容丰富、独具特色，以便提供给网页设计者使用。

3. 创建站点

创建站点就是选择一个网站开发工具(如 Dreamweaver CS4)建立一个实实在在的网站。这一步其实是建立网站的架构，根据主题规划网站的栏目。

网站栏目实际上是一个网站内容的大纲索引，在规划时要注意以下几个方面：

① 栏目的标题应围绕网站主题展开。

② 对搜集到资料进行分类，并为其分别建立专门的栏目，设计栏目的过程实际上是对网站架构进行细化的过程。

③ 栏目名称要具有概括性，各栏目名称字数最好相同。

④ 在创建网站目录时，不要将所有的文件都存放在根目录下，而是应该按照网站栏目来建立。例如，企业网站可以按“公司简介”、“产品介绍”，“招聘信息”和“反馈信息”等建立相应的目录。通常，网站根目录下有一个 Images 目录，用来存放图片文件，如果把网站所有图片都放在此目录下，则不便于日后的维护；应该为每个栏目建立一个独立的 Images 目录，而根目录下的 Images 目录只用于存放主页中的图片。

⑤ 在为目录文件命名时要使用简短的英文，文件名应小于 8 个字符，大量同一类型的文件应该以数字序号标识区分，以利于查找修改。

4. 网站调试与发布

当网站的各个页面制作完成后，需要在网站发布前进行测试，测试内容包括两方面，即功能性测试和完整性测试。所谓功能性测试，是指网页的可用性，确保网页达到预期的设计目标，实现既定的功能，使浏览者能快速地找到所需的内容。所谓完整性测试，是指保证页面内容显示正确，链接准确，无差错无遗漏。具体来说，检查网站的内容是否符合要求，文本和图像等素材使用是否妥当，各个页面之间链接是否正常，用户访问时下载速度是否令人满意，以及网站在各种常用浏览器下是否能够正常浏览等。对发现的问题要及时进行修改，不断完善。

网站制作完毕后，只有将其发布到互联网上，才能被别人访问。发布前需要提前在互联网上申请一个空间，另需申请一个域名。发布的服务器可以是本地主机，也可以是远程主机，网站发布可以直接使用 Dreamweaver 中的发布站点功能进行上传，也可以利用 FTP 客户端工具进行上传。

5. 网站更新与维护

网络上的信息时刻都在变化，这决定了网站内容必须不断地进行更新，这是一种永无休

止的工作。除了内容更新外，最好每隔一段时间改变一下网站的风格，这会给浏览者耳目一新的感觉。在网站运行过程中，有时会出现一些潜在的问题，例如网页中的链接对象已经撤消了，而你又没有及时发现从而造成链接失败；有时需要修改或扩充栏目，诸如此类的工作都属于网站维护范畴。

6.1.9 网页设计与制作中涉及的主要问题

网页设计与制作主要涉及以下三方面问题：

1. 设计页面风格和样式

设计网页实质是设计页面的风格和样式，以便使页面具有风格统一、结构一致的显示。风格和样式相当于一个模板，这对于大型网站多人合作开发不同网页显得尤为重要。页面风格和样式体现在以下几方面：

(1) 版式风格一致性

页面中的标题、段落、图像、空白、文字字体、大小颜色等保持一致性，使各个页面都具有相似的外观。

(2) 主色调保持一致性

页面中的文字一般为黑色，当然为了强调某一标题并不排除其他颜色，但不宜多用；除了文字外，页面上的导航条、图标、动画、线条的色调也应尽量一致。

(3) 导航条一致性

导航条一般放置在页面顶部，有利于访问者快速地链接到感兴趣的网页。如图 6-1-9 所示的导航条，单击“当季热点”标题后的导航条，如单击“上海”，将跳转到上海地区相关的景点，尽量使不同页面的导航条风格保持一致性。

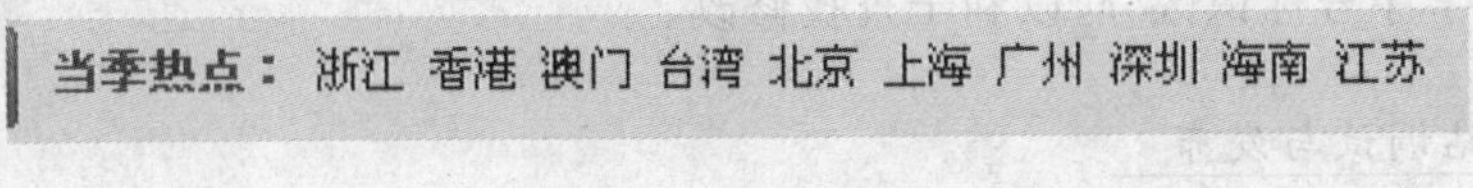

当季热点： 浙江 香港 澳门 台湾 北京 上海 广州 深圳 海南 江苏

图 6-1-9 导航条示例

(4) 图标风格一致性

尽量使用同样的图形代表同一含义，而不应在不同网页中使用不同的图形表示同一含义。

2. 规划网页布局

网页布局是网页制作中基础性的工作。规划网页布局应从主页开始，由于主页是一个网站的门面，其设计制作的优劣直接关系到网站运行的成败。网页布局原则上应具有醒目和协调的特点。例如，重要元素(如网站的标题、导航条等)应放在最突出、最醒目的位置，这称为醒目性；文本、图像、视频等元素在页面上的位置应该互相照应，保持协调，这称为均衡性。

3. 主页的设计与制作

主页的创建包括设计与制作两个过程。

(1) 设计过程

由设计人员(最好具有美术功底)对主页上的内容进行布局。确定主页中的内容哪些用图形表达,哪些用文字描述;将各种元素进行分类组合,通过线条、表格或框架,采用颜色搭配等手段进行艺术处理,在稿纸上绘制出布局草图。

(2) 制作过程

制作过程就是实现页面的设计过程,可分成以下三个步骤:

步骤1:实现布局设计,一般可通过表格结构或框架结构来实现。由于表格结构较之框架结构具有更大的灵活性,因而非常流行;

步骤2:输入和编辑文字和图形;

步骤3:建立超链接。

4. 创建页面元素

(1) 创建编辑页面文本

文本是网页中的最重要的元素,直接用HTML定义文本和实现设计时规定的格式(字型、字体、字号、颜色等)实在太困难,一般总是选择某种编辑软件创建文本,然后将其插入到页面中。

(2) 创建编辑页面图形

创建和编辑图形素材比较麻烦,要求制作者熟练掌握图形处理软件。网页上的图形主要使用GIF和JPEG两种格式的图形文件,它们都是压缩图形文件。

JPEG格式能保存真彩色图片,具有很高的压缩比。

GIF格式只能保存256种颜色,压缩比小,适合于表达卡通画。该格式还可分为静态GIF和动态GIF两种。静态GIF其实就是一幅单帧画面,动态GIF则是将多幅静态GIF进行叠加处理,使之在浏览过程中形成动画效果。

创建与编辑页面图形,最受欢迎的是Photoshop;而利用Uiead GIF Animator动态图形工具软件,可以将制作好的静态图片方便快捷地生成GIF动画。

(3) 创建编辑超链接

根据链接关系,超链接可以分成以下三类:同一站点内部之间的链接;与其他站点的链接;同一页面中不同对象之间的链接。使用网页制作工具软件可以为文本、图形和其他站点方便地创建多个超链接。

6.2 网页制作软件 Dreamweaver CS4

Dreamweaver CS4是Adobe公司2008年推出的一款集网页制作和网站管理于一身的所见即所得式的网页制作软件,简称Dreamweaver。它具有一整套针对网站开发的解决方案。Dreamweaver CS4的最大优点就是可以帮助初学者迅速地掌握网页设计技能,同时又能给专业设计师和开发人员提供强大的开发工具和无穷的创作灵感。因此,Dreamweaver CS4备受业界人士的推崇,在众多专业网站和企业应用中都将其视为首选的网页开发工具。

6.2.1 认识 Dreamweaver CS4 欢迎界面

启动 Dreamweaver 应用程序，系统会显示欢迎画面，如图 6-2-1 所示。

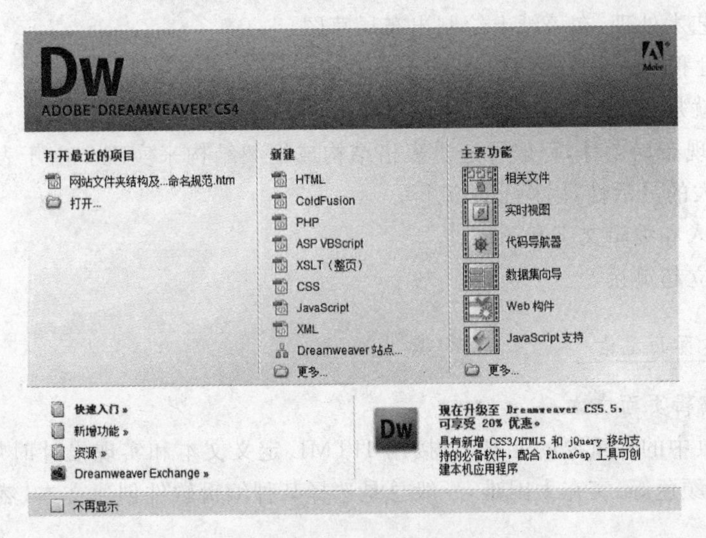

图 6-2-1　Dreamweaver CS4 欢迎屏幕

在欢迎屏幕画面中，展示了在 Dreamweaver 中创建文档有关命令和功能。

6.2.2 Dreamweaver CS4 的工作界面

执行欢迎屏幕中的【新建】|【HTML】命令，系统将会进入工作界面。工作界面主要由菜单栏、工具栏、文档窗口、属性面板和功能面板组等部分组成，如图 6-2-2 所示。

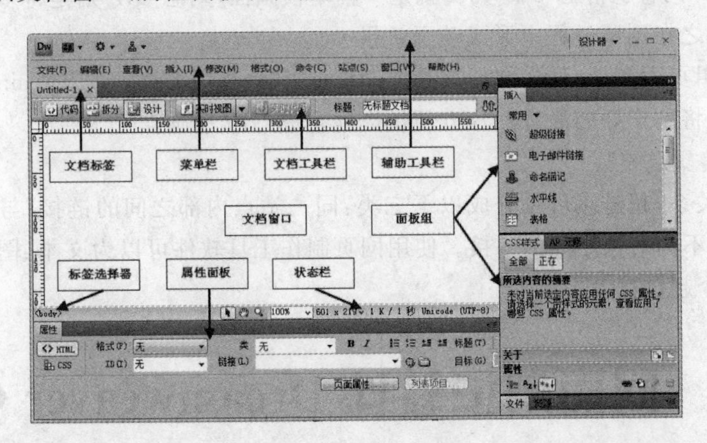

图 6-2-2　Dreamweaver CS4 工作界面

1. 菜单栏

Dreamweaver 的菜单栏包含 10 组菜单，提供了制作网页时需要的各种命令，如图 6-2-3 所示。

图 6-2-3　菜单栏

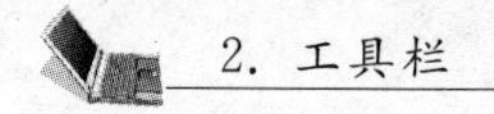

2. 工具栏

工具栏分为【文档】工具栏、【插入】工具栏和【辅助】工具栏。

(1)【文档】工具栏

【文档】工具栏如图 6-2-4 所示。

图 6-2-4　文档工具栏

【文档】工具栏可以通过菜单命令【查看】|【工具栏】|【文档】来显示或隐藏。【文档】工具栏主要包括视图模式切换按钮、网页标题文本框、用于本地与远程站点之间传输文档的相关菜单命令。其中：

【代码视图】用于编写或修改网页源代码；

【设计视图】用于对网页进行可视化编辑；

【拆分视图】同时显示文档的代码视图和设计视图，可同时对网页进行可视化设计和代码设计；

【实时视图】用于实时预览设计效果；

【标题】文本框用于输入网页的标题，它将显示在浏览器的标题栏中。

(2)【插入】工具栏或【插入】面板

单击【窗口】|【插入】命令，可显示或隐藏【插入】工具栏或【插入】面板。

其中：

【插入】工具栏以按钮的形式分类放置，便于网页制作人员快速调用，默认情况下采取选项卡方式布局，如图 6-2-5 所示。

图 6-2-5　【插入】工具栏选项卡

【插入】面板，采取窗口形式列出命令，可放置在工作界面的任意位置，如图 6-2-6 所示。

(3)【辅助】工具栏

【辅助】工具栏位于标题栏及菜单栏上，如图 6-2-7 所示，上面包含网页制作中最常用的【布局】、【扩展 Dreamweaver】和【站点】命令。

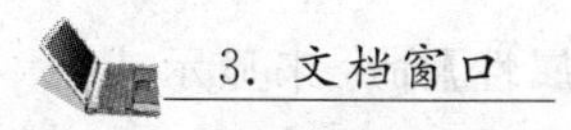

3. 文档窗口

文档窗口是编辑和设计网页的工作区域，图 6-2-8 展示了在文档窗口创建的网页。

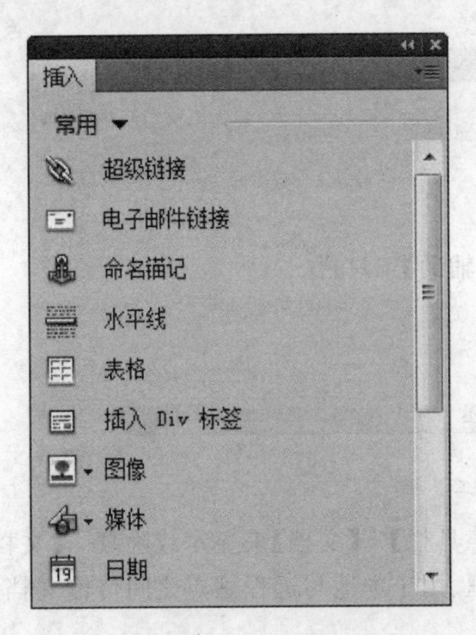

图 6-2-6 【插入】命令面板

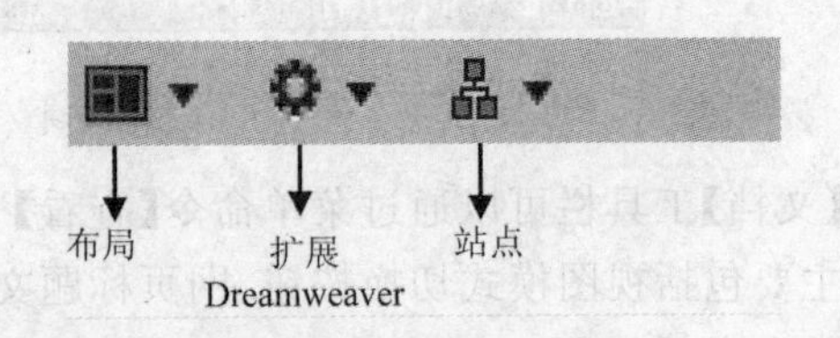

图 6-2-7 【辅助】工具栏

图 6-2-8 【文档】窗口

4.【属性】面板

【属性】面板位于文档窗口的下方，可通过菜单中的【窗口】|【属性】命令来显示或隐藏。该面板用来设置和修改页面中对象的属性，选择不同的网页元素，面板中的项目也不同。与以往版本不同，【属性】面板提供了【HTML】和【CSS】两种属性设置界面，如图 6-2-9 所示。

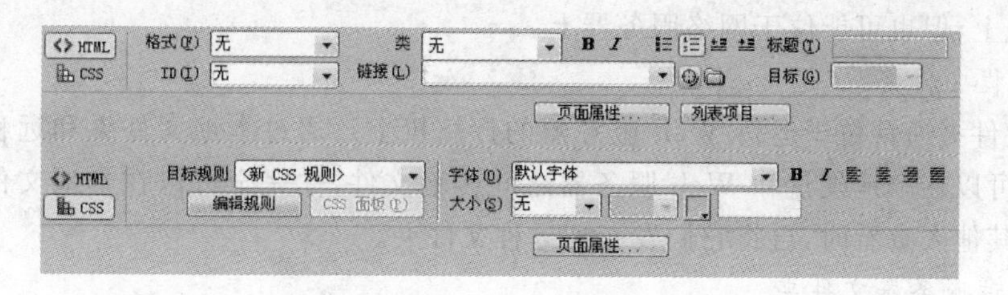

图 6-2-9　文本【属性】面板

5. 面板组

面板组又称为浮动面板，通过【窗口】菜单下的命令可打开或关闭相应的面板，使用面板可以便捷地完成目标的相关操作。面板的显示方式相当灵活，既可单独显示，也可与其他面板组合构成面板组，如图 6-2-10 所示。

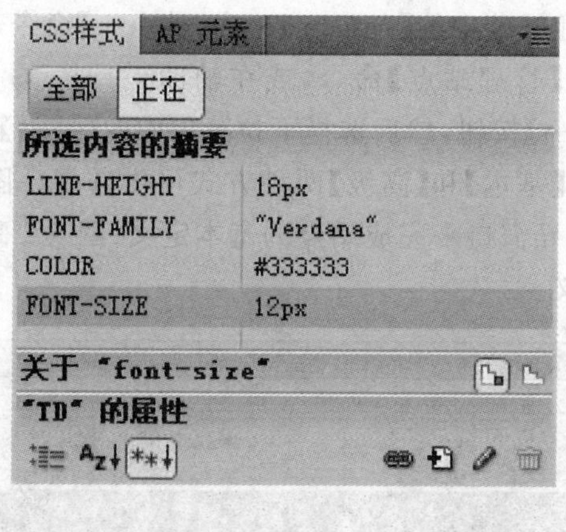

图 6-2-10　【CSS 样式】和【AP 元素】面板组

6.2.3　使用 Dreamweaver 创建站点

本章一开始就指出 Web 站点是网页的集合，但在 Dreamweaver 中，我们将从站点文档的存储位置这一角度来对待站点，表面上看有些微妙差异，但本质上是一样的，之所以要这样做是因为在 Dreamweaver 中创建站点归结为文件夹操作。

1. Dreamweaver 中的站点文件夹

Dreamweaver 中的"站点"是指某个 Web 站点文档在本地或远程的存储位置。Dreamweaver 对站点提供了一套组织和管理所有 Web 文档的方法，可将你的站点文档上传到 Web 服务器，跟踪、维护你的链接和管理文件。因此，在 Dreamweaver 中创建站点首先要定义一个站点，以便充分利用 Dreamweaver 的功能。

若要定义站点，只需设置一个本地文件夹。若要向 Web 服务器传输文件或开发 Web 应用程序，还必须添加远程站点，站点由三个文件夹组成。

(1) 本地根文件夹

存储正在处理的文件，Dreamweaver 将此文件夹称为"本地站点"。此文件夹通常位于

本地计算机上，但也可能位于网络服务器上。

(2) 远程文件夹

远程文件夹通常位于运行 Web 服务器的计算机上。通过本地文件夹和远程文件夹的结合使用，可以在本地硬盘和 Web 服务器之间传输文件，你完全可以在本地文件夹中处理文件，希望其他人查看时，再将它们发布到远程文件夹。

(3) 测试服务器文件夹

用于存储动态网页信息的文件夹。

2. 创建与管理站点操作

(1) 创建站点操作

在 Dreamweaver 中创建站点实质是定义站点名称及 URL 地址，可以采用多种方法：

方法 1：执行【站点】|【新建站点】命令，或在辅助工具栏下拉菜单中选择【新建站点】命令，还可通过单击欢迎屏幕中的【Dreamweaver 站点…】命令来创建。

方法 2：单击【站点】|【管理站点】命令，或在辅助工具栏下拉菜单中选择【管理站点】命令，再点击【新建(N)…】按钮，然后选择下拉菜单中的【站点】。

在定义站点过程中，有【基本】和【高级】两种方式可供选择。图 6-2-11 所示的【基本】方式适合于初学者，它通过向导窗口来完成站点的基本定义；图 6-2-12 所示的【高级】方式供设计者对站点进行相应的定义。

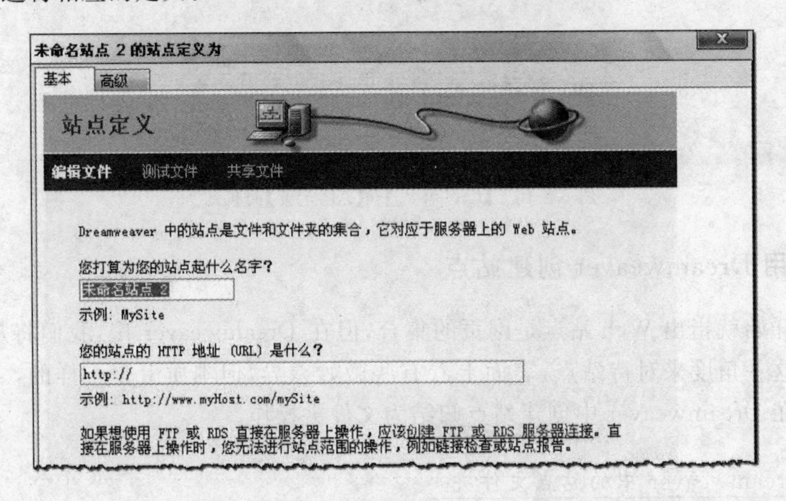

图 6-2-11 【基本】模式定义站点的窗口

(2) 创建静态站点或动态站点操作

定义站点时，如果网页全部由静态页面构成，那么就选择不采用服务器技术，所创建的站点称为静态站点，如果采用服务器技术，则需选择相应的服务器技术，所创建的就是动态站点，如图 6-2-13 所示。

如果采用服务器技术开发网站，又有三种工作方式可供选择，如图 6-2-14 所示。

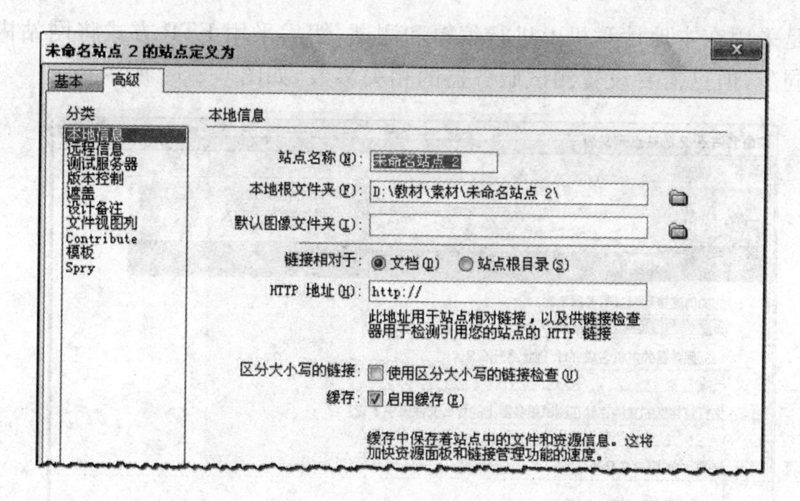

图 6-2-12 【高级】模式定义站点的窗口

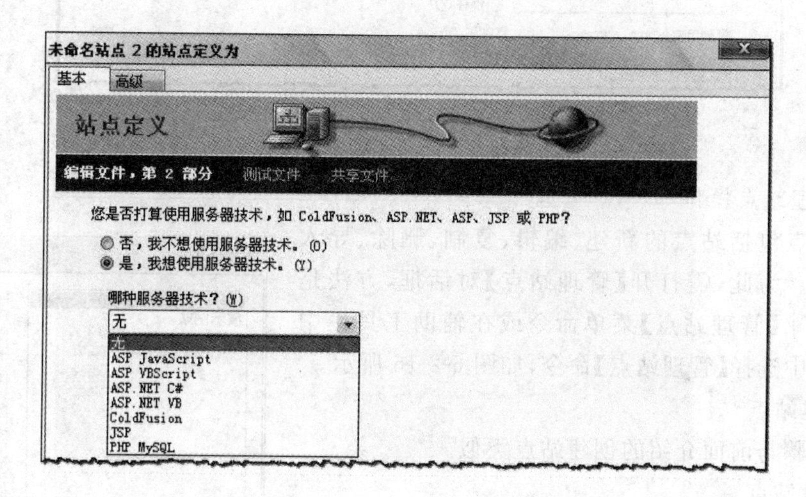

图 6-2-13 是否使用服务器技术对话框

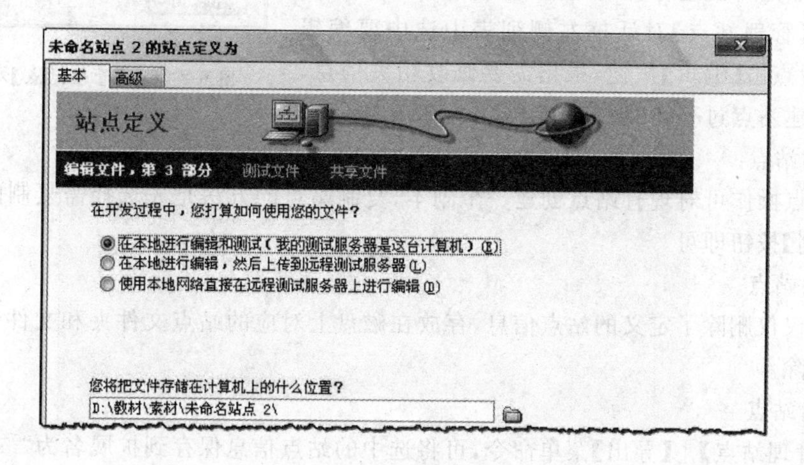

图 6-2-14 文件的三种使用方式

一般都是采用在本地计算机上进行编辑和测试，然后采用 FTP 方式将网站内容与测试服务器进行同步，但这需要设置测试服务器的相关参数，如图 6-2-15 所示。

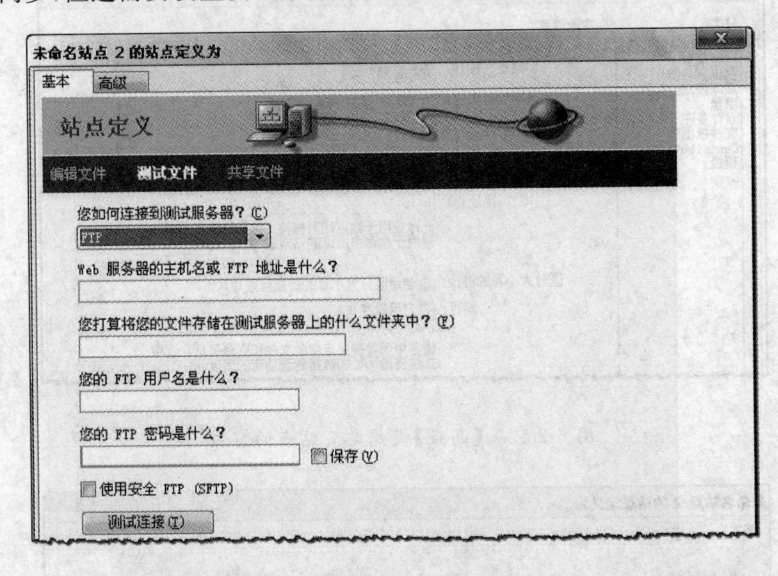

图 6-2-15　设置测试服务器信息

(3) 管理站点操作

管理站点包括站点的新建、编辑、复制、删除、导入和导出操作。为此，需打开【管理站点】对话框，方法是选择【站点】|【管理站点】菜单命令或在辅助工具栏中的下拉菜单中选择【管理站点】命令，如图 6-2-16 所示。

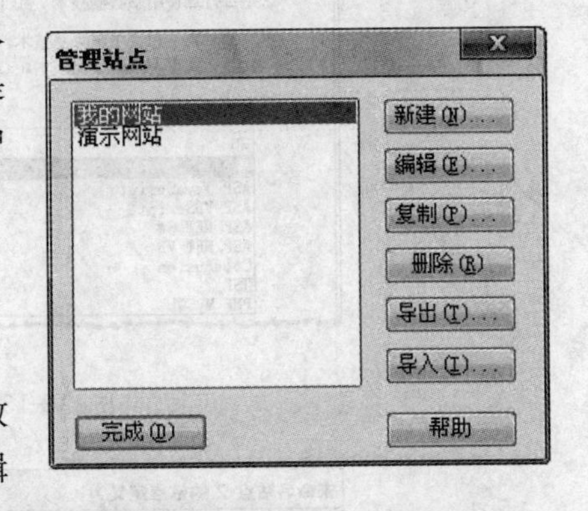

图 6-2-16　【管理站点】对话框

① 新建站点

操作步骤与前面介绍的创建站点类似。

② 编辑站点

编辑站点是对已经存在的站点，重新进行相关参数的设置。在【管理站点】对话框左侧列表中选中要编辑的站点，然后点击【编辑】按钮，根据需要修改相关信息，此操作与创建站点过程类似。

③ 复制站点

复制站点操作可对现有站点创建一个副本，复制站点的方法是先选择需复制的站点，然后单击【复制】按钮即可。

④ 删除站点

此操作仅仅删除了定义的站点信息，存放在磁盘上对应的站点文件夹和文件依然存在，并没有被删除。

⑤ 导出站点

执行【管理站点】|【导出】菜单命令，可将选中的站点信息保存到扩展名为“. ste”的 xml 格式文件中。

⑥ 导入站点

利用【导入站点】生成的文件完成网站信息的导入。

⑦ 切换站点

使用 Dreamweaver 开发站点，只能对当前站点进行编辑调试，【切换站点】可以将别的站点设为当前站点。操作方法有两种：

方法 1：通过【文件】面板的下拉列表选择要切换的站点，如图 6-2-17 所示。

方法 2：在【管理站点】对话框的列表中选择要切换的站点，然后点击【完成】按钮。

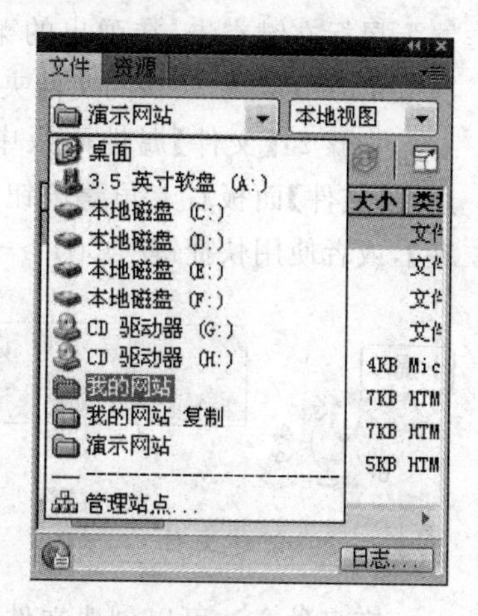

图 6-2-17　【文件】面板站点切换

示例 1　用 Dreamweaver CS4 定义一个本地站点，操作步骤如下：

步骤 1：复制配套光盘的“教材范例\第 6 章\旅游天地”文件夹到“C:\”下；

步骤 2：选择【站点】|【管理站点】菜单命令，选择【高级】选项卡，在【站点名称】框内输入“旅游天地”，点击“本地根文件夹”旁的【浏览文件】按钮，选择“C:\ 旅游天地”文件夹，单击【选择】按钮，再单击【确定】按钮，如图 6-2-18 所示。

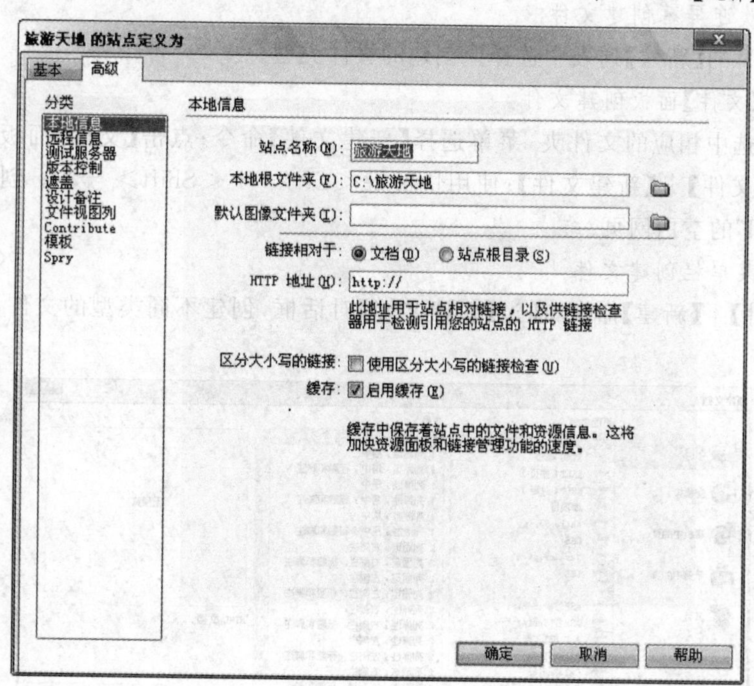

图 6-2-18　新建“旅游天地”本地站点

6.2.4　管理站点中的资源

站点的资源存放在相应的文件中，这意味着无论是创建空白的站点，还是利用已有的文

档构建站点，都涉及到对站点中的文件夹和文件进行管理操作。可利用【文件】面板来实现对本地站点内的文件夹和文件进行创建、删除、复制和移动等操作。

1. 创建文件夹

步骤1：打开【文件】属性面板，在要创建文件夹的位置上鼠标右键点击，在弹出的菜单中选择【新建文件夹】，在"untitled"处输入新的文件夹名即可，如图6-2-19所示；

步骤2：【文件】属性面板中定位要创建文件夹位置，点击【文件】面板右上角按钮，选择【文件】|【新建文件夹】，或者使用快捷键<Ctrl>+<Shift>+<Alt>+N。

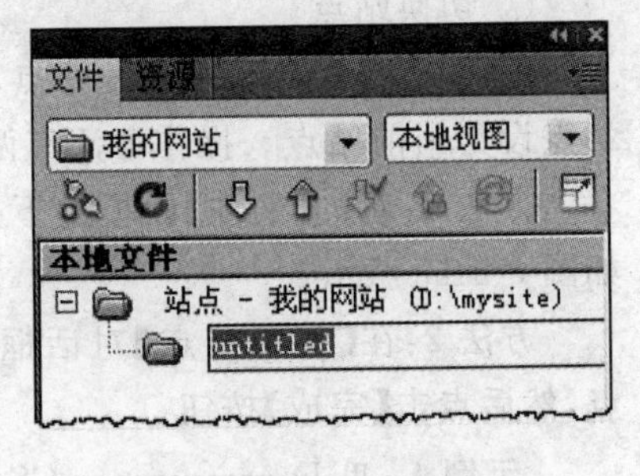

图 6-2-19　创建文件夹

如要重命名文件夹，可单击文件夹的名称，或按下<F2>键，激活文字编辑状态，输入要修改的名称。

2. 创建文件

有多种方法可以创建文件。

(1) 通过欢迎屏幕创建文件

在欢迎屏幕的【新建】列表中选择要创建的文件类型。

(2) 通过【文件】面板创建文件

鼠标右键选中相应的文件夹，菜单选择【新建文件】命令；点击【文件】面板右上角按钮，菜单选择【文件】|【新建文件】；使用快捷键<Ctrl>+<Shift> +N。创建出默认为"untitled. html"的空白网页。

(3) 通过菜单栏创建文件

选择【文件】|【新建】命令，通过【新建文档】对话框，创建不同类型的文件，如图6-2-20所示。

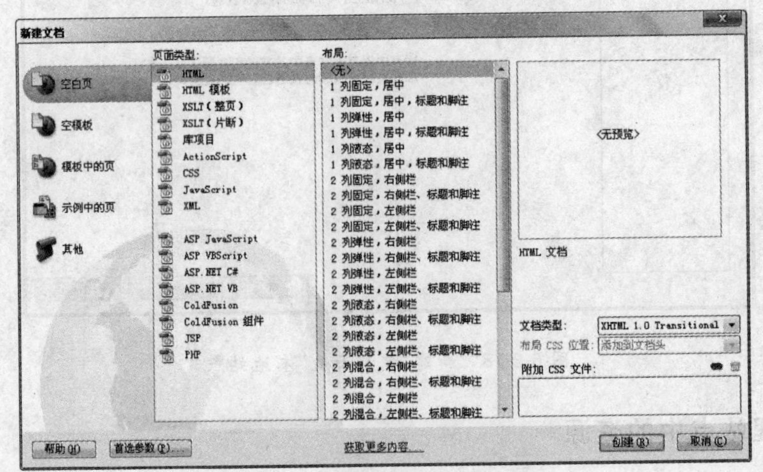

图 6-2-20　【新建文件】对话框

3. 保存文件

执行菜单命令【文件】|【保存】保存现有文件，执行【文件】|【另存为】命令将现有文件保存至新文件。想保存所有打开的文件，选择【文件】|【全部保存】命令。

4. 移动、复制、重命名文件(文件夹)

类似 Windows 的文件管理器，在使用【文件】面板里，利用剪切、复制和粘贴操作对文件(文件夹)进行移动、复制和重命名操作。

值得注意的是，对文件(文件夹)进行移动操作或重命名操作时，由于文件的位置发生变动，其中的链接信息(特别是相对链接)也相应发生变化，会导致链接错误的发生。Dreamweaver 会检查站点内的链接目标文件是否发生变动，如有变动，相关文件的链接自动更新。因此，无论是重命名还是移动文件，都应该在【文件】面板中进行，系统会打开图 6-2-21 所示的对话框，提示您是否是更新链接信息。通常情况下应点击【更新】按钮，确保网页链接的正确。

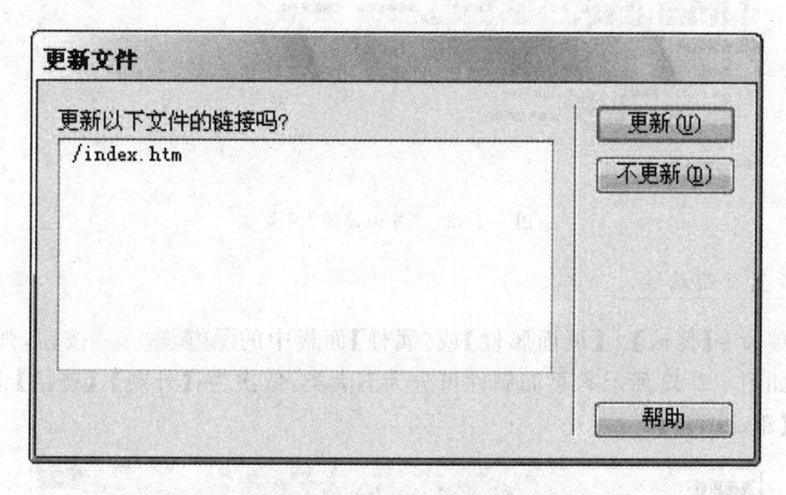

图 6-2-21 提示更新链接

5. 删除文件(文件夹)

打开【文件】面板，鼠标右键选择要删除的文件(文件夹)，执行【编辑】|【删除】命令，将选中的文件(文件夹)从本地站点中删除。

6. 预览网页

选择菜单栏【文件】|【在浏览器中预览→IExplorer】命令或按＜F12＞键，便可在 IE 浏览器中预览编辑的网页效果。

6.2.5 在 Dreamweaver 中编辑页面

当定义好一个站点后，就可以往站点中添加具体内容了。通常我们根据事先规划好的网站栏目和目录结构创建网站相应的文件夹，将准备好的各种素材文件存放到位，接下来就

可以开始进行网页设计了。

稍后我们将通过具体实例，介绍如何对网页进行简单的页面布置，并向空白网页中插入文本、图像以及其他各种类型的网页元素，然后对它们的属性进行设置，完成网页的基本排版布局，生成的网页文件命名为“huangshan.html”，最终效果如图 6-2-22 所示。

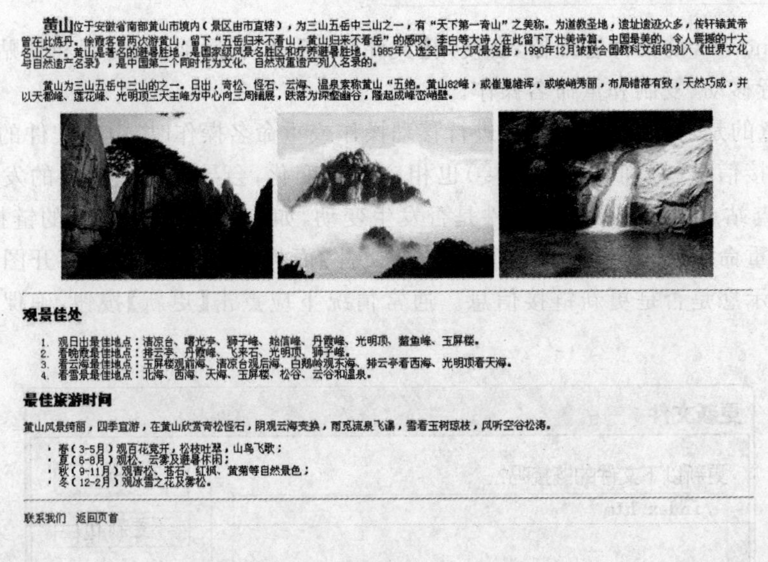

图 6-2-22 “黄山旅游”网页

1. 设置页面属性

执行菜单命令【修改】|【页面属性】或“属性”面板中的 页面属性... 按钮，弹出【页面属性】对话框，如图 6-2-23 所示。页面属性可分为五大类，依次为：【外观】、【链接】、【标题】、【标题/编码】和【跟踪图像】。

页面属性
分类：外观 (CSS)、外观 (HTML)、链接 (CSS)、标题 (CSS)、标题/编码、跟踪图像
外观 (CSS)
页面字体(F)：默认字体　B　I
大小(S)：　px
文本颜色(T)：
背景颜色(B)：
背景图像(I)：　浏览(W)...
重复(E)：
左边距(M)：　px　右边距(R)：　px
上边距(P)：　px　下边距(O)：　px
帮助(H)　确定　取消　应用(A)

图 6-2-23 【页面属性】外观(CSS)对话框

(1) 外观设置

外观设置主要设置与网页外观相关的属性,包括字体大小、字形、颜色、背景颜色、背景图像和页边距。Dreamweaver 提供两种外观设置方式:【外观(CSS)】和【外观(HTML)】,如图 6-2-24 所示。

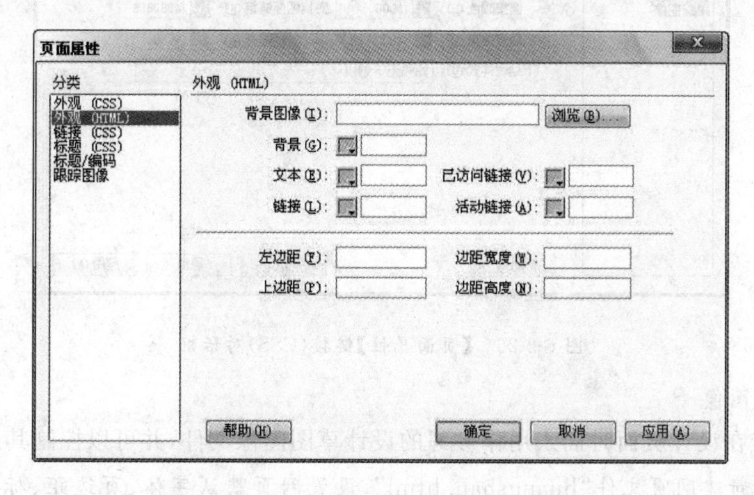

图 6-2-24 【页面属性】外观(HTML)对话框

【外观(CSS)】是 Dreamweaver 默认推荐使用的方式,它使用标准的 CSS 样式,而【外观(HTML)】使用 HTML 标签,两种方式都可以控制网页的整体外观。例如将网页背景同样设为蓝色,使用 CSS 和 HTML 两种方式生成的源代码是不同的,如图 6-2-25 所示。

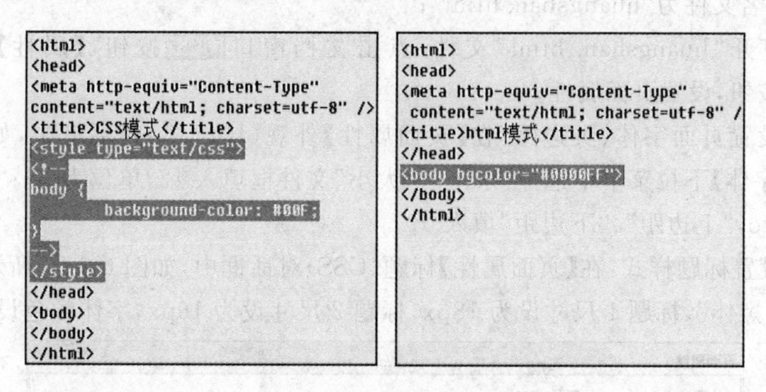

```
<html>
<head>
<meta http-equiv="Content-Type"
content="text/html; charset=utf-8" />
<title>CSS模式</title>
<style type="text/css">
<!--
body {
        background-color: #00F;
}
-->
</style>
</head>
<body>
</body>
</html>
```

```
<html>
<head>
<meta http-equiv="Content-Type"
 content="text/html; charset=utf-8" /
<title>html模式</title>
</head>
<body bgcolor="#0000FF">
</body>
</html>
```

图 6-2-25 使用 CSS 和 HTML 设置网页背景对应的 HTML 代码

(2) 链接 CSS 设置

在图 6-35 中,用 CSS 去定义网页中链接文本的默认字体、字体大小以及链接、访问过的链接和活动链接的颜色。也可以用 HTML 定义上述属性,通过【页面属性】的外观(HTML)对话框中定义,如图 6-2-26 所示。

(3) 标题设置

用于重新定义【属性】面板中【格式】下拉列表中的文本格式。

(4) 标题/编码设置

用于重新定义网页的标题以及制作网页所用语言的文档编码类型。

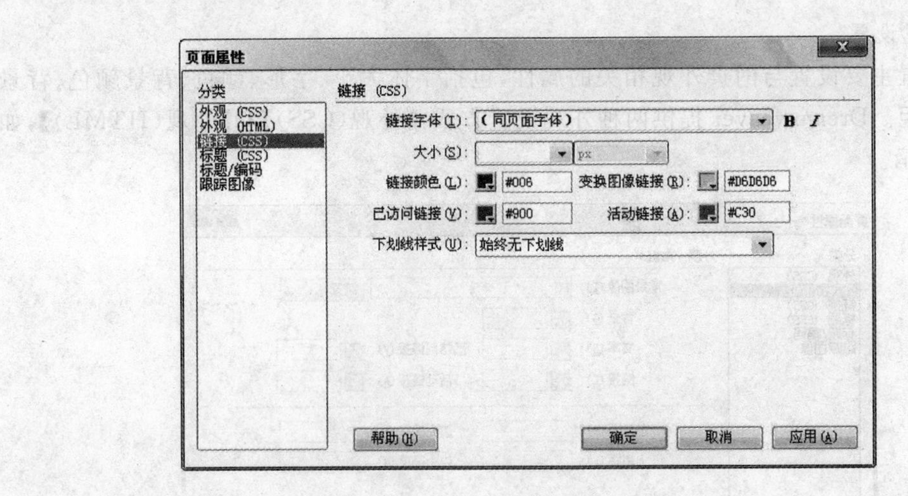

图 6-2-26 【页面属性】链接(CSS)对话框

(5) 跟踪图像

用于设置在设计页面时插入用作参考的设计草图图像文件,并可以控制其透明度。

示例 2 新建网页文件“huangshan. html”,设置网页默认字体、页边距、标题字体、网站标题和超链接颜色。

操作步骤如下:

步骤 1:打开“旅游天地”站点,在【文件】面板上右键点击站点根目录,弹出菜单选择【新建文件】,重命名文件为“huangshan. html”;

步骤 2:打开“huangshan. html”文件,点击文档窗口 设计 按钮,【属性】面板中点击 页面属性... 按钮,设置页面属性;

步骤 3:设置页面字体、页边距:在【页面属性】外观(HTML)对话框中,如图 6-2-24 所示。在【页面字体】下拉菜单中选择“宋体”,“大小”文件框填入 12,单位为 px;“左边距”、“右边距”填入 auto,“上边距”、“下边距”填入 0;

步骤 4:设置标题样式:在【页面属性】标题(CSS)对话框中,如图 6-2-27 所示,设置【标题字体】选项为“黑体”,标题 1 尺寸设为 18px,标题 2 尺寸设为 16px,字体颜色设为＃300;

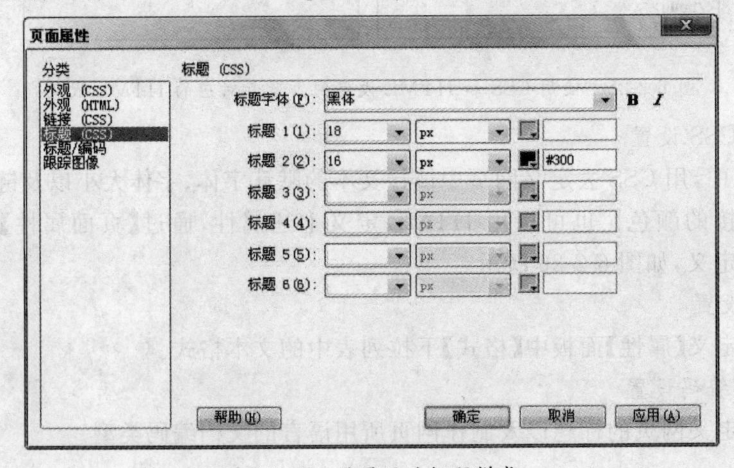

图 6-2-27 设置网站标题样式

如果【标题字体】组合框中没有要设置的字体，可选中其中【编辑字体列表】命令，通过【编辑字体列表】对话框增加所需字体，如图 6-2-28 所示。

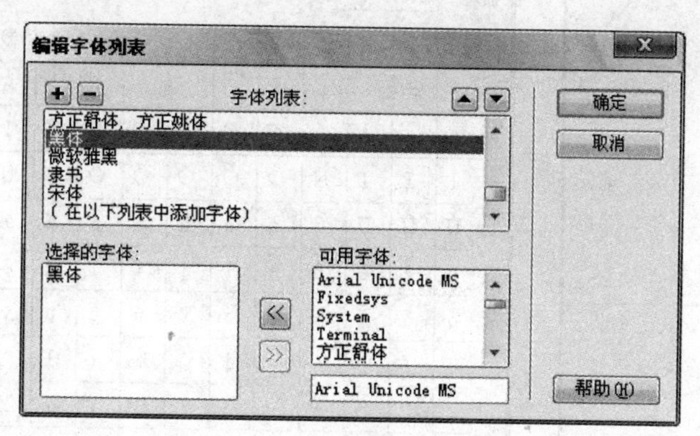

图 6-2-28 【编辑字体列表】对话框

步骤 5：设置网站标题：在【页面属性】标题/编码对话框【标题】文本框中填入“旅游天地”；

步骤 6：设置超链接颜色：如图 6-2-26 所示，在【页面属性】链接(CSS)对话框中分别设置超链接、活动超链接、已访问链接颜色及下划线样式，点击【确定】完成；

步骤 7：执行【文件】|【保存】菜单命令。

2. 文本操作

在网页上添加文本类似于 Word 软件处理文字的方法。

(1) 输入文本内容

输入文本内容主要有以下几种方法：

方法 1：通过光标定位要输入文本的位置进行文本输入。

方法 2：利用 Windows 剪贴板，采用复制、粘贴的方法从其他应用程序中进行文本复制。

粘贴时可通过菜单命令【编辑】|【选择性粘贴】或<Ctrl>+<Shift>+V 组合键对复制文本格式的筛选操作。

方法 3：通过菜单命令【文件】|【导入】实现将 Word、Excel 等文本数据的导入。

① 添加特殊字符

通过菜单命令【插入】|【HTML】|【特殊字符】或者【插入】面板【文本】选项卡下的 字符·其他字符 按钮，可以输入一些键盘上没有的特殊字符，如版权符号、注册商标等，如图 6-2-29所示。

② 插入水平线

通过执行菜单命令【插入】|【HTML】|【水平线】或【插入】面板中【常规】选项卡下的 按钮完成。选中水平线，在【属性】面板中设置其水平线的高、宽、对齐、阴影属性，如图 6-2-30 所示。

③ 插入日期

日期插入是通过执行菜单命令【插入】|【日期】或者【插入】面板中【常规】选项卡下的 日期 按钮，在【插入日期】对话框中设定相应格式后点击【确定】即可，如图 6-2-31 所示。

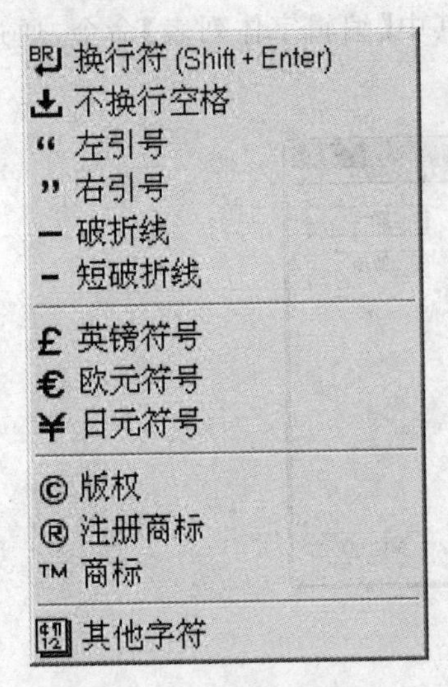

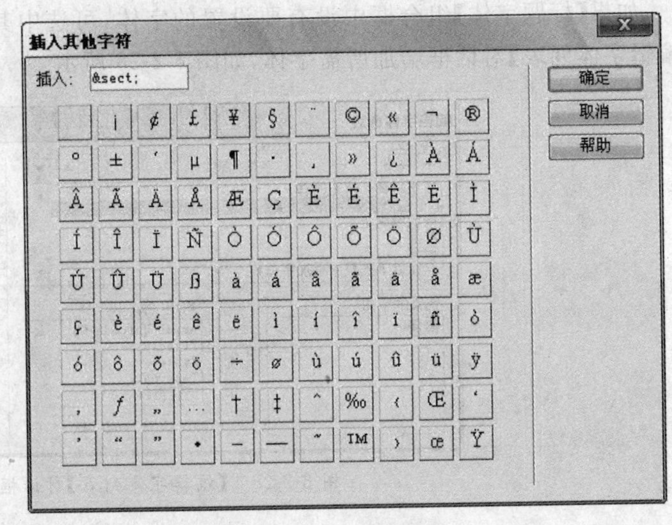

图 6-2-29 插入特殊字符

图 6-2-30 【水平线】属性面板

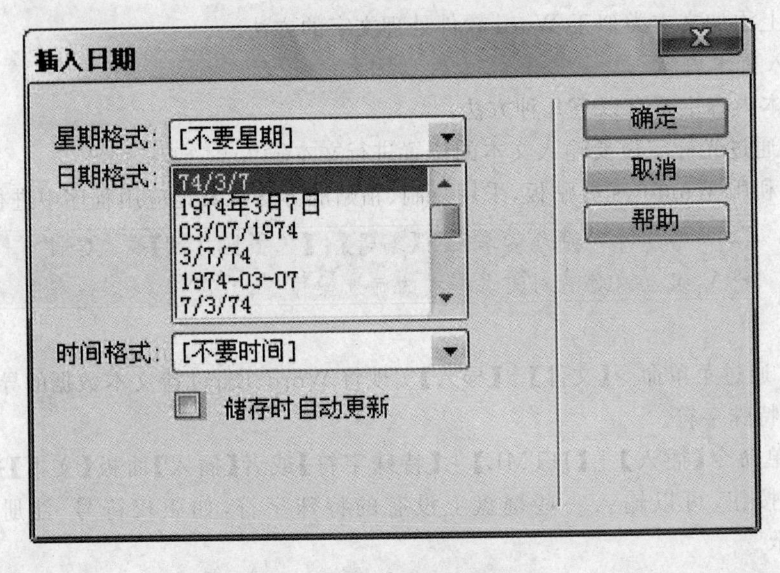

图 6-2-31 【插入日期】对话框

④ 插入换行符、空格

在文档窗口中输入文本时，遇到窗口边界时会自动换行。当输完一个自然段落时，用<Enter>键另起一段；如想另起一行而不分段，可以用<Shift>+<Enter>组合键手工换行，相当于插入一个换行符。

默认情况下，Dreamweaver 不允许输入多个连续的空格。若想输入连续的空格，可以直

接按＜Ctrl＞＋＜Shift＞＋＜Space＞组合键，也可以选择菜单命令【编辑】|【首选参数】，在对话框中选择【常规】分类，选中【允许输入多个连续的空格】复选框。

示例3 打开“huangshan. html”文件，点击文档窗口的[设计]按钮，导入网页文字内容，设置文档的标题格式，插入水平线，最后设置首行缩进效果。

操作步骤如下：

步骤1：打开“huangshan. htm”文件，执行【文件】|【导入】|【Word文档】菜单命令，打开【导入Word文档】对话框，如图6-2-32所示。选择“素材\黄山. doc”文件，【格式化】下拉菜单选择【带结构的文本(段落、列表、表格)】，不选择【清理Word段落间距】复选框，点击【打开】按钮；

步骤2：选择第一段文字“黄山”，切换【属性】面板模式为“＜＞HTML”，【格式】下拉列表中选择【标题1】，点击菜单命令【格式】|【对齐】|【居中对齐】设置对齐方式；选择第四段文字“观景佳处”和第九段文字“最佳旅游时间”，设置格式为【标题2】；

步骤3：光标定位到第三段段末，打开【插入】面板，在【常用】工具组中点击▬按钮，在第三段后及文档最末处各插入一条水平线，选中水平线后在【属性】面板中设置水平线的高为1像素；

步骤4：光标定位到第二段、第三段的段首，按若干次＜Ctrl＞＋＜Shift＞＋＜Space＞组合键，插入两个汉字宽度的空格；

步骤5：执行【文件→保存】菜单命令，按＜F12＞键在浏览器中进行预览。

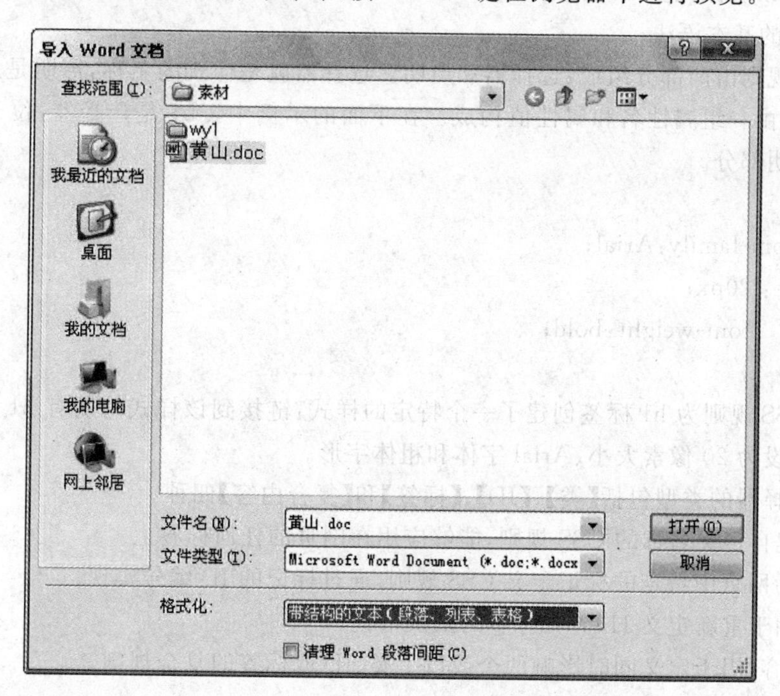

图6-2-32　导入Word文档

(2) 设置字体属性

字体属性主要包括字体类型、颜色、大小、字形等内容，除了使用【页面属性】对页面上的

文本统一设置字体属性外，还可以通过【属性】面板或【格式】菜单中的相应命令单独对指定的文字进行设置。

字体类型：通过【属性】CSS 面板的字体下拉列表或【格式】|【字体】菜单命令设置。

字体颜色：通过【属性】CSS 面板的按钮或【格式】|【颜色】菜单命令设置。

字体大小：通过【属性】CSS 面板的【大小】下拉列表来设置。

文字字形：通过【格式】|【样式】菜单命令或【属性】CSS 面板中B和I来设置。

(3) 运用 CSS 控制页面的外观

① 什么是 CSS?

CSS 是英文 Cascading Style Sheet 缩写，称为层叠样式表，它是一组格式设置规则，用于控制 Web 页内容的外观。通过使用 CSS 样式设置页面的格式，可将页面的内容与表示形式分离开。页面内容(即 HTML 代码)存放在 HTML 文件中，而用于定义代码表示形式的 CSS 规则存放在另一个文件(外部样式表)或 HTML 文档的另一部分(通常为文件头部分)中。将内容与表示形式分离可使得从一处维护站点的外观能作用于每个页面上的每个属性，将内容与表示形式分离还可以得到更加简练的 HTML 代码，这样将缩短浏览器的加载时间。

使用 CSS 可以非常灵活并更好地控制页面的确切外观，可以控制许多文本属性字型、字体、大小、下划线和文本阴影、文本颜色和背景颜色、链接颜色和链接下划线等。使用 CSS 控制字体，可以确保在多种浏览器中以一致的方式处理页面布局和外观。

② CSS 的基本语法

CSS 的规则由两部分组成：选择器和声明。选择器就是样式的名称，声明是用于定义元素的样式，是由一组属性名和属性值构成。在下面的示例中，. h1 是选择器，位于{}之间的内容就是声明部分。

```
. h1  {
      Font-family:Arial;
font-size: 20px;
          font-weight:bold;
          }
```

上面 CSS 规则为 h1 标签创建了一个特定的样式：链接到该样式的所有 h1 标签的文本格式被统一设为 20 像素大小、Arial 字体和粗体字形。

CSS 选择器的类型包括【类】、【ID】、【标签】和【复合内容】四种。

类：创建自定义名称的 CSS 规则，能够应用在网页的任何标签上。

ID：可为网页中特定的标记定义 CSS 规则，通过标记的 ID 编号实现。

标签：用于重新定义 HTML 标签的默认格式。

复合内容：用于定义同时影响两个或以上类、ID 或标签的复合规则。

③ 创建 CSS 样式

在 Dreamweaver CS4 中，创建 CSS 样式有三种方法：

方法 1：执行菜单命令【格式】|【CSS 样式】|【新建】，打开【新建 CSS 规则】向导窗口，选择 CSS 规则选择器的类型、名称，然后设定 CSS 的相应声明，如图 6-2-33 所示。

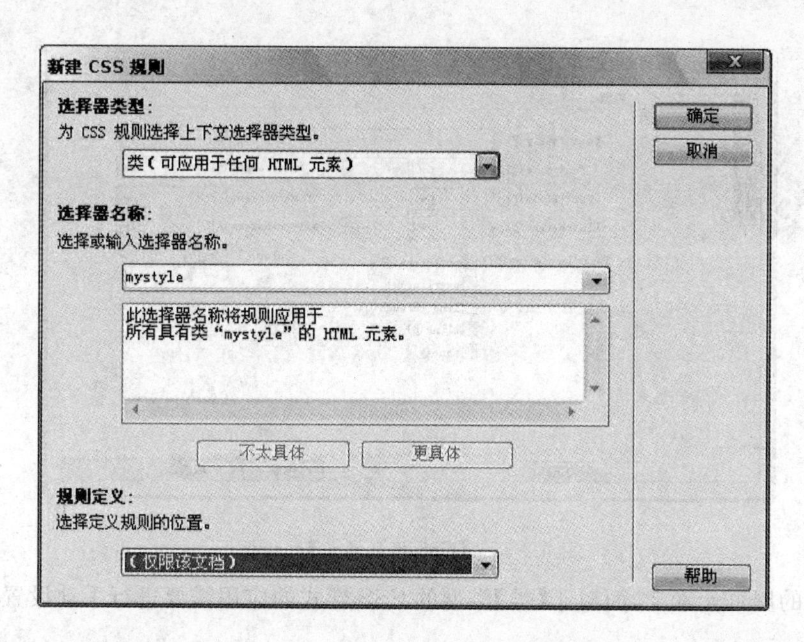

图 6-2-33　【新建 CSS 规则】对话框

方法 2:打开【属性】CSS 面板,在选择【目标规则】组合框里选择【＜新 CSS 规则＞】,点击【编辑规则】,也会弹出【新建 CSS 规则】向导窗口,如图 6-2-34 所示。

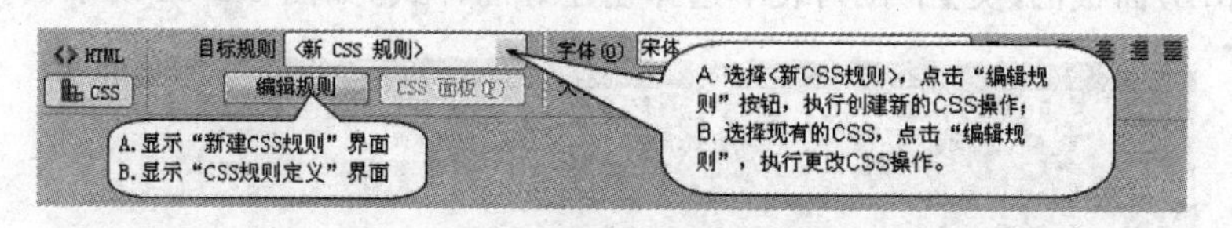

图 6-2-34　通过【属性】面板来新建 CSS 规则

方法 3:单击【CSS 样式】面板底部按钮,同样可以打开【新建 CSS 规则】向导窗口。

方法 4:定义 CSS 属性

在【新建 CSS 规则】向导窗口设定好 CSS 的名称及类型,就可以设置 CSS 的属性。CSS 属性共分为 8 类,分别为【类型】、【背景】、【区块】、【方框】、【边框】、【列表】、【定位】和【扩展】,可以在 CSS 规则定义对话框中进行设置,如图 6-2-35 所示。

类型:定义网页中文本的字体、大小、颜色、行高及文本链接修饰效果等。

背景:设置网页的背景颜色或背景图像等属性。

区块:设置文本的相关属性,包括文字的间隔、缩进及对齐方式等。

方框:定义元素在页面上的位置,包括宽度、高度、浮动、间距等。

边框:定义元素周围的边框,例如边框的宽度、颜色和样式等。

列表:定义列表各种属性,如列表项目符号、位置等。

定位:定义层的大小、位置、可见性、溢出方式、剪辑等属性。

扩展:定义视觉效果及分页。

(4) 运用 CSS 样式

对于【ID】、【标签】和【复合内容】三种类型的 CSS 样式来说,Dreamweaver 会自动将其

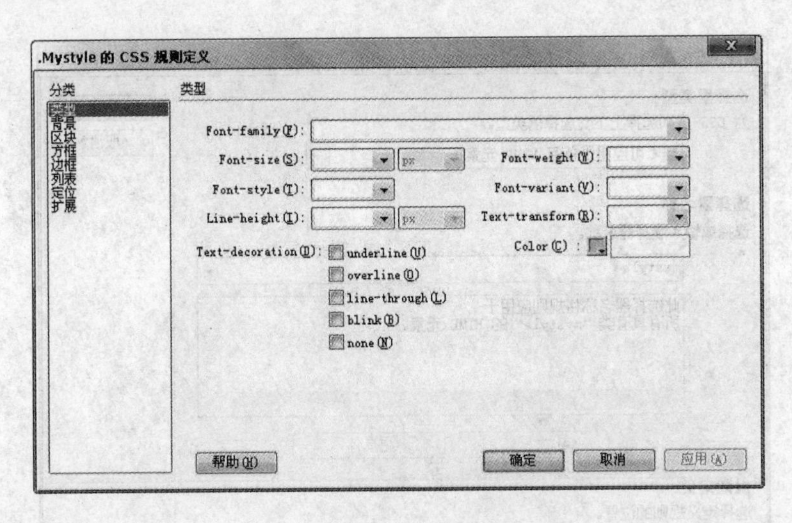

图 6-2-35 【CSS规则定义】对话框

应用到对应的网页元素上，而对于【类】类型的 CSS 样式的应用需要进行手动设置，方法有如下几种。

① 通过【属性】面板

选中要应用 CSS 样式的内容，然后在【属性】(CSS)面板的【目标规则】下拉列表中或在【属性】(HTML)面板的【类】下拉列表中选择创建好的样式，如图 6-2-36 所示。

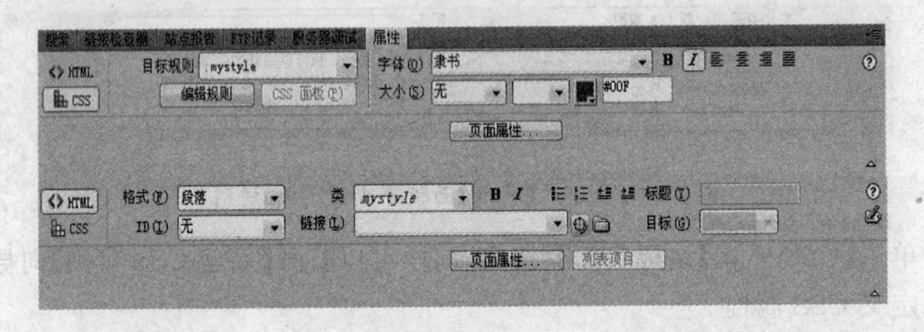

图 6-2-36 【属性】面板应用样式

② 通过菜单命令【格式】|【CSS 样式】

选中要应用 CSS 样式的内容，点击【格式】|【CSS 样式】，从子菜单中选中创建好的样式即可。

③ 通过【CSS 样式】面板

选中要应用 CSS 样式的内容，右键点击【CSS 样式】面板中要应用的样式，弹出菜单选择【套用】命令即可。

(5) 外部样式表

外部样式表是供多个网页调用的 CSS 文件。

① 创建外部样式表

创建外部样式类似于样式表的创建，不同之处在于当在【新建 CSS 规则】对话框设定 CSS 名称和类别时，选择【规则定义】下拉列表中的【(新建样式表文件)】后点击【确定】，在接下来的【将样式表文件另存为】对话框中输入外部样式表的路径及名称，如图 6-2-37 所示。

图 6-2-37　创建外部样式表

② 应用外部样式表

其他网页文档要应用已创建的外部样式表，必须通过【附加样式表】命令将样式表文件引用到文档内，实现方法有以下两种：

单击【CSS 样式】面板中按钮，打开【链接外部样式表】对话框，点击按钮定位要导入的样式表(.css)文件，添加方式选择【导入】或【链接】，点击【确定】按钮。

执行菜单命令【格式】|【CSS 样式】|【附加样式表】，弹出【链接外部样式表】对话框，其余操作同上。

将样式表引用到文档中，既可选择【链接】方式也可选择【导入】方式，如要将一个样式表文件引用到另一个样式文件中，只能使用【导入】方式。

(6) 设置段落格式

段落是由一些字符组成，以 Enter 键进行分隔。段落格式包括分段、对齐方式、文本缩进和凸出和列表。段落格式作用于整个段落，因此在设置段落格式无需选定整个段落，只要将插入点定位于段落中任何位置，设置的格式会作用于整个段落。

① 应用标题格式

选定要设置的段落，通过【属性】HTML 面板【格式】下拉列表快速指定标题样式，标题样式(标题 1～6)可在【页面属性】标题 CSS 对话框内进行编辑。

② 文本对齐方式

有左对齐、右对齐、居中对齐和两端对齐 4 种方式。通过执行【格式】|【对齐】子菜单中对应命令，也可以通过【属性】CSS 面板中的按钮、按钮、按钮和按钮来进行设置。

③ 文本缩进和凸出

文本缩进指整个段落的左右边界分别向中央缩进一段距离,文本凸出恰好相反。点击【属性】HTML 面板上的 或 按钮或选择【格式】|【缩进(凸出)】菜单命令,实现段落的缩进和凸出。

(7) 列表

列表通常使用编号列表和项目列表和定义列表两种类型。

点击【属性】HTML 面板上的按钮或【格式】|【列表】|【项目列表】菜单命令进行设置。

点击【属性】HTML 面板上的按钮或【格式】|【列表】|【编号列表】菜单命令进行设置。

修改列表属性,默认的项目符号是"●",编号是"1. 2. 3."。选择"属性"HTML 面板上的 列表项目... 按钮或【格式】|【列表】|【属性】菜单命令打开【列表属性】对话框进行设置,如图 6-2-38 所示。

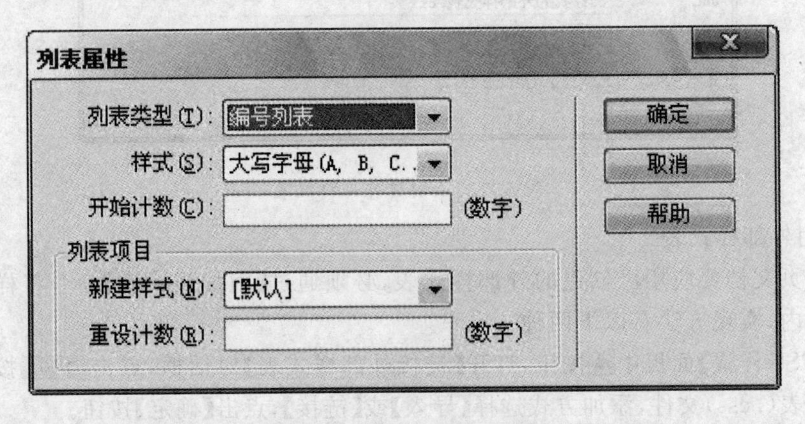

图 6-2-38 【列表属性】对话框

示例 4 开"huangshan. html"文件,按照要求对网页的文本进行格式设置,最终显示效果如图 6-2-39 所示。

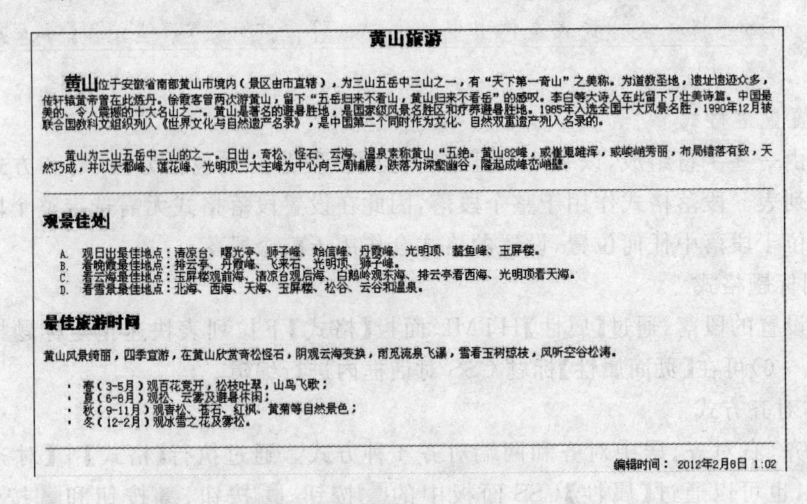

黄山旅游

黄山位于安徽省南部黄山市境内(景区由市直辖),为三山五岳中三山之一,有"天下第一奇山"之美称。为道教圣地,遗址遗迹众多,传轩辕黄帝曾在此炼丹。徐霞客曾两次游黄山,留下"五岳归来不看山,黄山归来不看岳"的感叹。李白等大诗人在此留下了壮美诗篇。中国最美的、令人震撼的十大名山之一。黄山是著名的避暑胜地,是国家级风景名胜区和疗养避暑胜地。1985年入选全国十大风景名胜,1990年12月被联合国教科文组织列入《世界文化与自然遗产名录》,是中国第二个同时作为文化、自然双重遗产列入名录的。

黄山为三山五岳中三山的之一。日出,奇松、怪石、云海、温泉素称黄山"五绝。黄山82峰,或崔嵬雄浑,或峻峭秀丽,布局错落有致,天然巧成,并以天都峰、莲花峰、光明顶三大主峰为中心向三周铺展,跌落为深壑幽谷,隆起成峰峦峭壁。

观景佳处

A. 观日出最佳地点:清凉台、曙光亭、狮子峰、始信峰、丹霞峰、光明顶、鳌鱼峰、玉屏楼。
B. 看晚霞最佳地点:排云亭、丹霞峰、飞来石、光明顶、狮子峰。
C. 看云海最佳地点:玉屏楼观前海、清凉台观后海、白鹅岭观东海、排云亭看西海、光明顶看天海。
D. 看雪景最佳地点:北海、西海、天海、玉屏楼、松谷、云谷和温泉。

最佳旅游时间

黄山风景绮丽,四季宜游,在黄山欣赏奇松怪石,阴观云海变换,雨觅流泉飞瀑,雪看玉树琼枝,风听空谷松涛。

- 春(3-5月)观百花竞开,松枝吐翠,山鸟飞歌;
- 夏(6-8月)观松、云雾及避暑休闲;
- 秋(9-11月)观青松、苍石、红枫、黄菊等自然景色;
- 冬(12-2月)观冰雪之花及雾松。

编辑时间: 2012年2月8日 1:02

图 6-2-39 设置"黄山"文本格式

操作步骤：

步骤1：打开“huangshan.html”文件，通过【属性】CSS面板将正文第一段行首“黄山”的字体设置为【微软雅黑】，字体颜色设置为暗红色（#C30），字号18px，字形粗体，CSS规则命名为【fitxtstyle】；

步骤2：选择正文第4～7段，然后在【属性】HTML面板中单击按钮将其设置为编号列表，执行【格式】|【列表】|【属性】菜单命令，如图6-2-38进行设置。选择网页最后四段文字，执行【格式】|【列表】|【项目列表】菜单命令；

步骤3：执行【文件】|【保存】菜单命令，按<F12>键在浏览器中进行预览。

3. 图像编辑

适当运用图像能使网页更加美观，图像的文件格式有很多，在网页中通常使用GIF、JPG和PNG三种格式，其中前两种文件格式使用较为广泛。GIF格式文件适合制作网站Logo、广告条及网页背景，而JPG格式文件适合表现颜色丰富的图像，比如照片等。

（1）插入图像

① 利用【选择图像源文件】对话框插入图像

将光标置于要插入图像的位置，执行【插入】|【图像】菜单命令，或点击【插入/常用】面板中图像菜单组 按钮，在弹出【选择图像源文件】对话框中选择需要的图像文件。如图6-2-40所示。

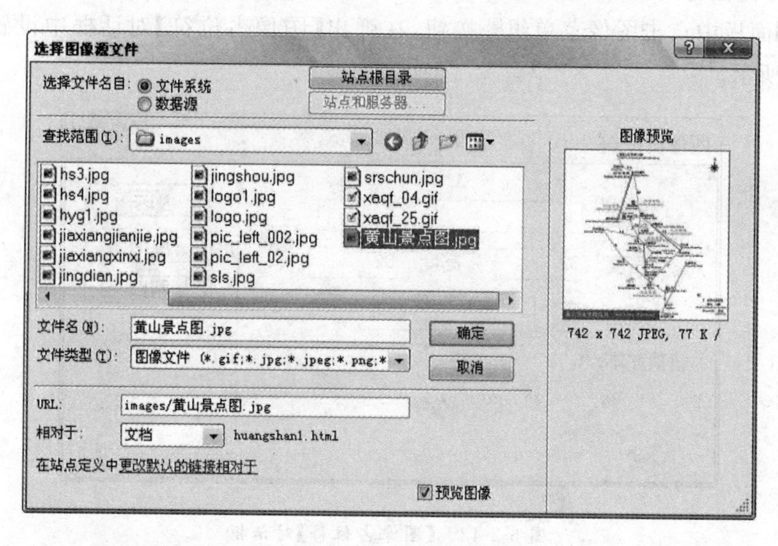

图6-2-40 【插入图像】对话框

如果插入的图像文件不在站点文件夹中，系统会弹出信息提示框，提示【是否愿意将该文件复制到根文件夹中吗?】。通常点击【是】，出现【复制文件为】对话框，选择保存位置并输入文件名后并保存。如果不进行复制，可能会造成图像无法正常显示。

② 通过鼠标拖曳

在【文件】面板或【资源】面板中选中图像文件，直接将其拖曳到网页中即可。

在插入图像文件时，会出现【图像标签辅助功能属性】对话框，如图 6-2-41 所示。在【替换文字】组合框内可输入简短描述文字，用处是如果图片链接发生错误会在图像的所在位置显示信息，另外当鼠标指向该图像，鼠标指针下方显示这段描述信息。

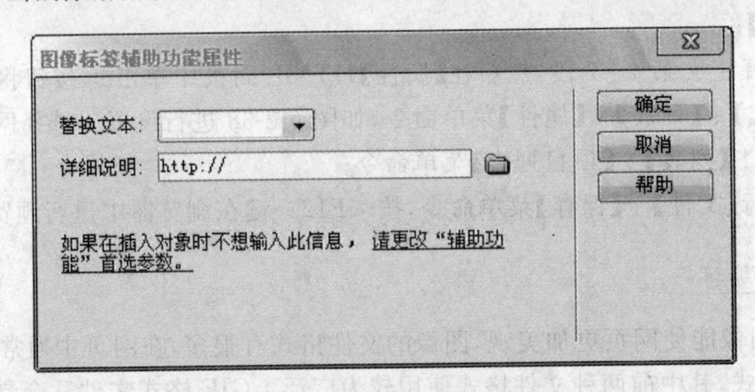

图 6-2-41 【图像标签辅助功能属性】对话框

(2) 插入图像占位符

在设计网页时，如所需的图像尚未准备好，可先于指定位置插入图像占位符，方便网页的排版布局。当确定适合的图像后，用图像去替换占位符，方法是选定占位符，在【属性】面板的【源文件】文本框中定位图像文件即可。

插入图像占位符的方法：选择菜单命令【插入】|【图像对象】|【图像占位符】，或者点击【插入/常用】面板中点击图像菜单组按钮，在弹出【图像占位符】对话框中设置相应属性，在图 6-2-42 所示。

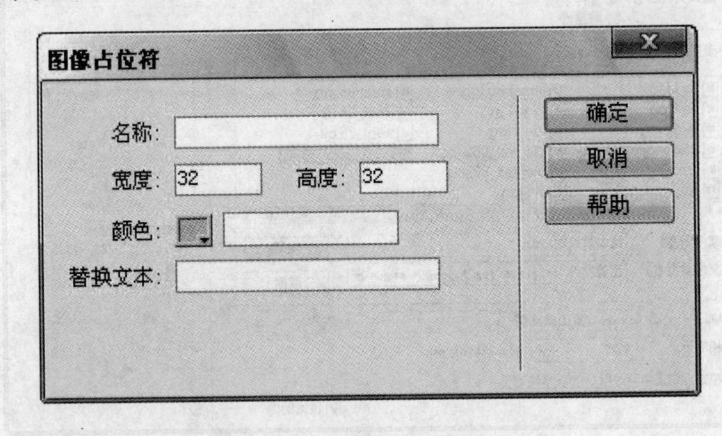

图 6-2-42 【图像占位符】对话框

(3) 设置图像属性

选中插入的图像，通过图像【属性】面板来设置 ID、宽度和高度、边距和边框、对齐方式等图像属性，如图 6-2-43 所示。

① ID

【ID】文本框用于设置图像的名称。

② 宽度和高度

“宽”和“高”文本框用于设置图像的显示尺寸，单位是像素。通过拖动图像的控制点可

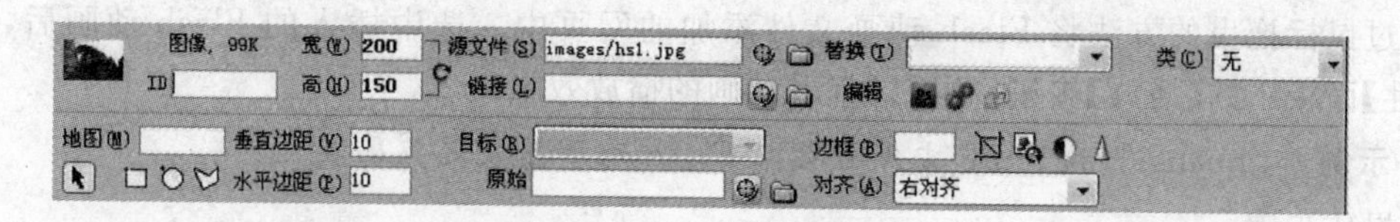

图 6-2-43　图像【属性】面板

以改变图像的大小。

③ 源文件和替换

【源文件】文本框用于指定图像文件,【替换】组合框用于输入替换文本。

④ 边距和边框

【垂直边距(水平边距)】文本框用于设置图像在垂直方向(水平方向)与其它网页元素的间距。【边框】文本框用于设置图像边框的宽度,默认为无边框。

⑤ 对齐方式

【对齐】组合框用于设置图像与周围的文本或其他网页元素的对齐方式。

示例 5 "huangshan. html"网页文件中,按图 6-2-44 所示的页面显示效果插入图片文件"hs1. jpg"并设置属性。

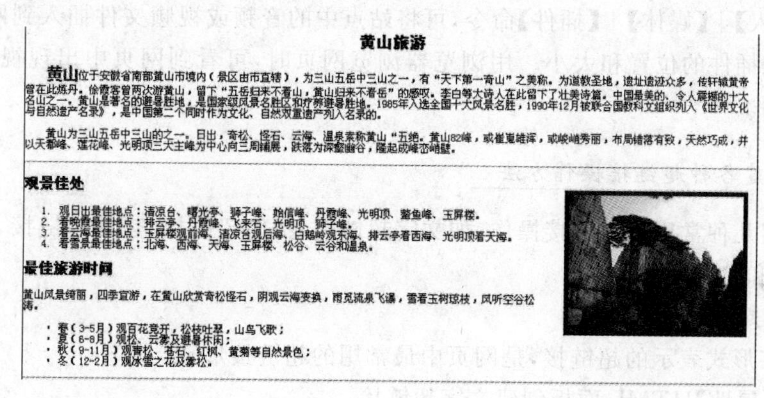

图 6-2-44　设置"黄山"网页中的图像

操作步骤:

步骤 1:打开"huangshan. html"文件,打开【资源】面板,选中【hs1. jpg】文件,用鼠标拖曳至网页"观景佳处"起始位置;

步骤 2:打开图像【属性】面板,将图像的宽度和高度分别设为 200 和 150,图像替换文本设为"黄山风光",图像垂直边距和水平边距设为 10,边框设为 5,对齐设为【右对齐】;

步骤 3:执行【文件】|【保存】菜单命令,按<F12>键在浏览器中进行预览。

4. 多媒体应用

在网页中除了可以插入文字图片之外,还可以插入多媒体元素,用来丰富网页的内容,使网页更具观赏性。

(1) 插入 Flash 动画

插入 Flash 动画类似于插入图像,既可以通过执行菜单【插入】|【媒体】|【SWF】,也可

以通过鼠标拖曳的方法将 Flash 动画文件添加的网页中。选中插入的 Flash 动画后，单击【属性】面板中的【播放】按钮，便可以查看动画的播放效果。

示例 6 “huangshan. html”文件中插入 Flash 动画并设置其属性。

操作步骤：

步骤 1：打开 “huangshan. html”文件，光标定位在正文第二段结尾处。执行【插入】|【媒体】|【SWF】菜单命令；

步骤 2：选择“素材\黄山自然风光. swf”文件，单击【确定】按钮，根据提示将文件复制到站点内的“flash”文件夹内。同时在网页中会出现 Flash 标记，如图 6-2-45 所示；

步骤 3：选中 FLASH 标记，在【属性】面板中设置 SWF 对象的宽为 400，高为 300，垂直边距和水平边距均为 15，执行【格式】|【对齐】|【居中对齐】菜单命令；

步骤 4：执行【文件】|【保存】命令，按<F12>键在浏览器中进行预览。

图 6-2-45　插入 FLASH 动画

(2) 添加音频和视频

执行【插入】|【媒体】|【插件】命令，可将站点中的音频或视频文件插入到网页中，然后调整网页中该插件的位置和大小。用浏览器浏览网页时，可看到网页中出现视频或音频的播放控制界面。

6. 创建各种超链接操作方法

下面介绍几种常用的超链接操作，如文字超链接、图像超链接、热区超链接、电子邮件链接、锚记链接和空链接等。

(1) 文字超链接

指用文字形式表示的超链接，是网页中最常用的超链接形式。

① 通过【属性】HTML 面板创建文字超链接

操作步骤如下：先选中文字，如果创建外部链接，则在【属性】HTML 面板【链接】组合框中输入 URL，内部链接则可以单击组合框右边的按钮，在弹出的【选择文件】对话框内选择目标文件，或将图标拖动到【文件】面板中的目标文件上，【目标】组合框用于设置目标页面的显示方式，如图 6-2-46 所示。

图 6-2-46　插入超链接

图中【目标】组合框中的选项含义如下：

_blank：在新浏览器窗口中打开链接文件。

_parent：将链接的文件载入含有该链接框架的父框架集或父窗口中。如果含有该链接的框架不是嵌套的,则在浏览器全屏窗口中载入链接的文件。

_self:在同一框架或窗口中打开所链接的文档,此参数为默认值

_top:在当前的整个浏览器窗口中打开链接文件。

在默认情况下,一般文字上的超链接是蓝色的(用户也可以设置成其他颜色),文字下面有一条下划线。当移动鼠标指针到该超链接上时,鼠标指针就会变成一只手的形状。如果用户已经浏览过某个超链接,颜色会变成紫色。

② 通过【超级链接】对话框创建超链接

操作步骤如下:选中文字,执行【插入】|【超链接】菜单命令或点击【插入/常用】面板中的按钮,在弹出的【超级链接】对话框中设置超链接的相应属性。

(2) 图像超链接

创建图像超链接的方法与创建文字超链接的方法相同,先选择图像,再设置超链接,只是链接载体换成了图像,图像超链接不会像文字超链接那样具有链接状态提示信息。

(3) 热区超链接

图像热区(又称为热点)是为图像绘制一个或若干个具有几何形状的区域,并为这些区域添加超链接。当创建热区超链接时,选中图像后,在图像【属性】面板中提供三种热点工具:【矩形热点工具】、【椭圆形热点工具】、【多边形热点工具】。

操作步骤如下:单击热点工具按钮,在图像上拖动鼠标,绘制一个热点区域,然后利用【属性】面板设置热点对应的超链接和目标位置,如图 6-2-47 所示。

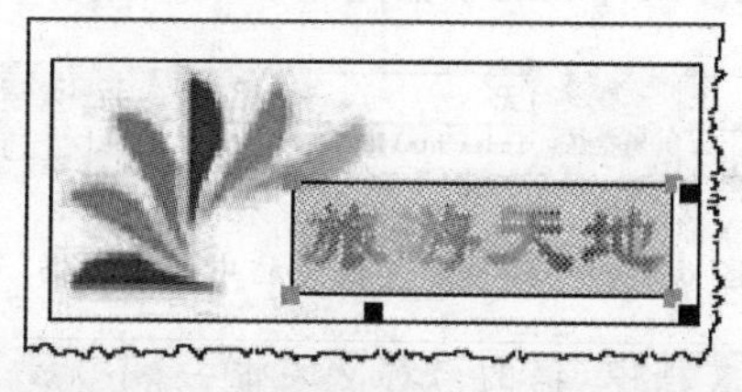

图 6-2-47 图像热点超链接

(4) 电子邮件链接

操作步骤如下:选取文字,执行【插入】|【电子邮件链接】菜单命令,或点击【插入/常用】面板中的按钮,打开【电子邮件】对话框,在【Email】文本框输入 Email 地址。

(5) 空链接

空链接是一个未指定目标的链接,通常用于激活页面上的对象,使其可以响应某种行为,操作方法是选择链接对象,在【属性】HTML 面板【链接】组合框中输入"#"即可。

(6) 下载链接

如果链接目标指向的是非网页类型的其他文件,如压缩文件等,点击该链接会执行下载

该目标文件的操作。

(7) 锚记链接

通常为了使浏览者能方便浏览包含许多内容的网页,可在网页各关键内容处放置标记,再创建能够跳转至标记位置的超链接,这种用于跳转到页面指定位置的链接称为锚记链接。

创建锚记链接需要两步操作:首先在文档中设置标记,再在【属性】HTML 面板【链接】组合框中输入标记用于进行链接。

① 插入锚记

光标定位到插入锚记处,执行【插入】|【命名锚记】菜单命令,或【插入/常用】面板中的按钮,打开【命名锚记】对话框,输入锚记名称,在光标处会出现一个图标。

② 创建锚记链接

选择链接对象,如果要链接的目标锚记位于当前文档,在【属性】HTML 面板【链接】组合框中输入一个"#"号,再输入锚记名称,也可以直接将图标拖动到网页的上。例如,要链接到当前文档中名为 MyName 的锚记处,则需要输入"#MyName",如图 6-2-48 所示。

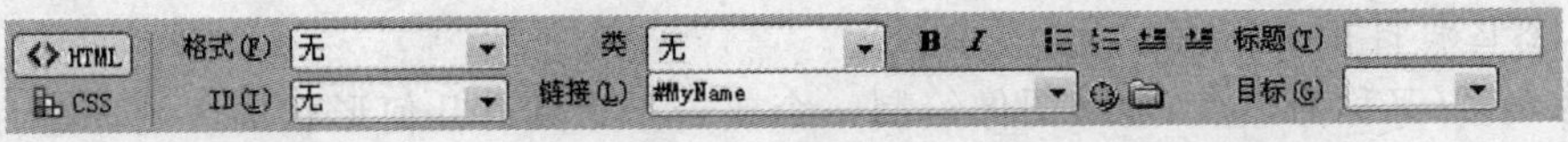

图 6-2-48　链接到当前文档中的命名锚

如果要链接的目标锚记位于其他文档中,则需要先输入该文档的 URL 地址及名称,然后再输入"#"号,再输入锚记名称,如要链接到当前目录下 index. html 文档中的 MyName 锚记处,则应输入"index. html#MyName",如图 6-2-49 所示。

图 6-2-49　链接到其他文档中的命名锚

在同一篇文档中,锚的名称必须惟一,不允许出现相同的锚记名称。

示例 7 "huangshan. html"页面文件中,设置第二段文本"黄山五绝"的超链接,链接目标为"素材\wy1\hswj. html",链接网页以新窗口方式打开。网页底部插入"images\top. gif"图片,链接至网页顶部。

操作步骤如下:

步骤 1:打开"huangshan. html"文件,选中第二段文本"黄山五绝",执行【插入】|【超级链接】菜单命令,【超级链接】对话框按图 6-2-50 所示进行设置;

步骤 2:光标定位网页的第一段处,执行【插入】|【命名锚记】菜单命令,锚记取名为"top";

步骤 3:打开【资源】面板,拖动"top. gif"文件至网页最下端,选中插入的图像,执行【格式】|【对齐】|【居中对齐】菜单命令,在【属性】面板的【链接】文本框中输入"#top";

步骤 4:执行【文件】|【保存】命令,按<F12>键在浏览器中进行预览。

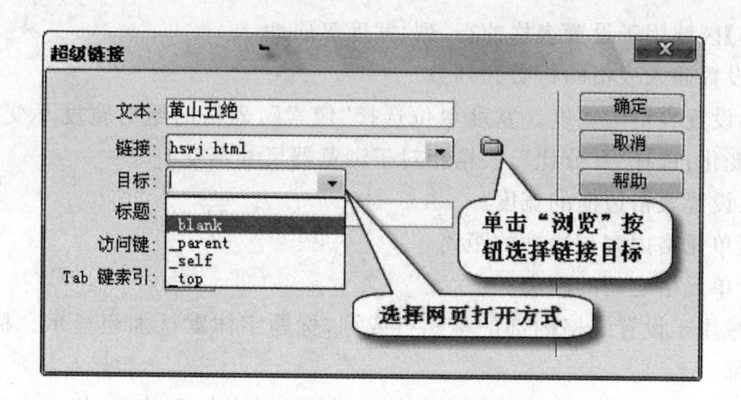

图 6-2-50　在【超级链接】对话框中设置超链接

6.2.6　页面布局及其应用

网页内容的重要性是不言而喻的，但是只注重内容而忽视外观布局的网页是不受欢迎的，两者必须相互配合，才能相得益彰。

Dreamweaver 提供了多种网页布局的方法，目前网页布局技术主要分为三种：表格式布局、框架式布局和 DIV+CSS 布局。

1. 表格布局技术

表格是网页制作的一个重要组成部分，它是最基本的数据组织方式。表格不仅可以简捷直观地显示数据信息，还可以实现对网页的精确排版和定位，因此表格经常被用于网页内容的布局。

(1) 表格的创建

光标定位要插入表格的位置，选择菜单命令【插入】|【表格】或在【插入/常用】工具栏单击图标，在弹出的【表格】对话框中设置相应参数后点击【确定】按钮即可插入表格，如图 6-2-51 所示。

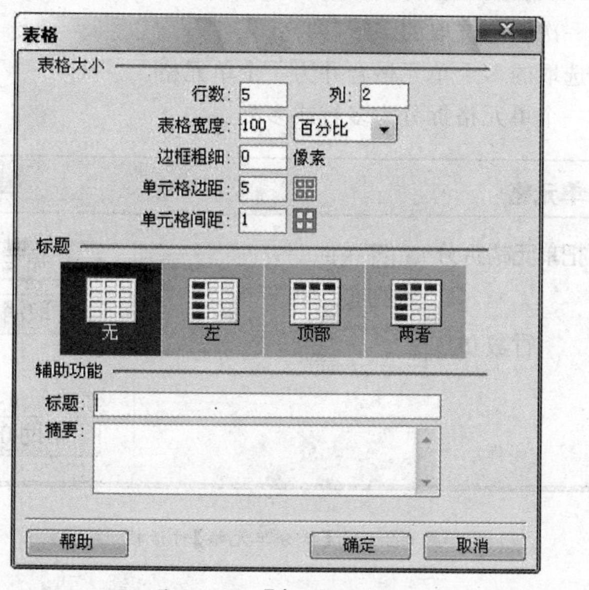

图 6-2-51　【表格】对话框

【表格大小】区域用于设置表格的行、列、宽度等属性：

行数、列：设置插入表格的行数和列数。

表格宽度：设置表格的宽度。宽度单位选择“像素”，表格的绝对宽度不变，不随浏览器大小的变化而变化；选择“百分比”，表格相对于浏览器尺寸不变。

边框粗细：设置表格边框的宽度。

边距：设置单元格内容与边框的距离。

间距：设置单元格之间的距离。

【标题】区域用于设置表格内部的标题行或列，标题字体默认加粗显示。标题内容不会显示在表格内部。

【辅助功能】区域用于设置表格标题的内容、对齐方式及摘要信息，标题内容不会显示在表格内部。

(2) 选定表格元素

要对表格进行编辑，必须先执行选定相应的表格元素。

选择整个表格：执行【修改】|【表格】|【选择表格】菜单命令或点击文档窗口左下角的“<table>”标签。

选择行或列：光标定位到行首或列首，光标变为实心黑色箭头时单击即可，也可以使用鼠标拖曳。

选择单元格：选中单个或不连续多个单元格通过按下<Ctrl>键后单击；选中连续单元格可用鼠标拖曳。

(3) 编辑表格

通过【修改】|【表格】菜单组命令，可对表格、行、列及单元格等对象进行基本编辑操作。

插入行(列)：在光标所处行(列)上方(左边)插入一空行(列)，原先行相应地往下(右)移动。

插入行或列：可一次性插入多行或多列。

删除行(列)：可一次删除选取的多行(列)。

合并单元格：将选取的多个单元格合并为一个单元格。

拆分单元格：将一个单元格拆分为多行或多列。

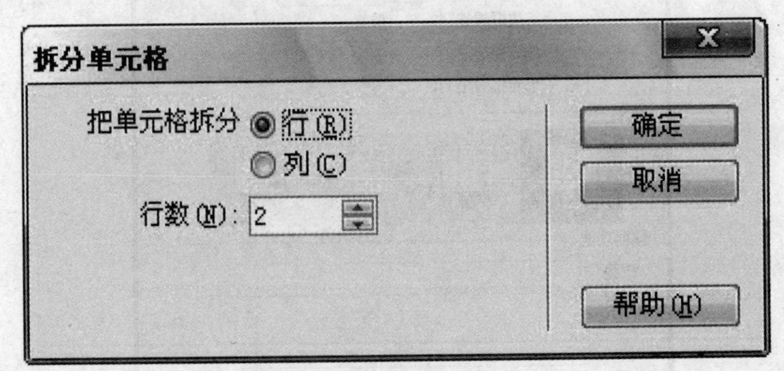

图 6-2-52 【拆分单元格】对话框

(4) 设置表格属性

选择表格后，在通过【属性】面板中对表格进行属性设置，可修改表格的初始参数，如图 6-2-53 所示。

图 6-2-53　表格【属性】面板

行(列)：设置表格的行(列)数。

宽：设置表格的宽度。以"像素"或"%"为单位。

填充、间距和边框：填充即表格的边距；间距指相邻单元格边框之间的距离；边框即表格的边框宽度，如果使用表格进行布局，通常边框设为"0"。

对齐：设置表格的对齐方式，有【左对齐】、【右对齐】和【居中对齐】三种。

类：设置表格的 CSS 样式表的类样式。

和按钮：清除行高和列宽。

和按钮：根据当前值，将表格宽度转换成像素或百分比。

(5) 单元格属性

单元格是组成表格的基本单位，因此我们设置单元格、行或列【属性】面板都是一样的。设置单元格属性要先选中要设置的单元格，单元格【属性】面板上半部分是设置单元格内文本的属性，下半部分设置单元格属性，如图 6-2-54 所示。

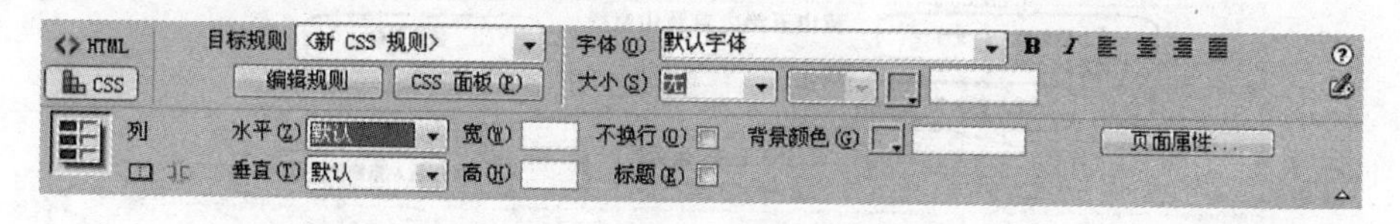

图 6-2-54　单元格【属性】面板

水平和垂直：设置单元格内容的对齐方式。【水平】有左对齐、右对齐、居中对齐和默认 4 种排列方式，【垂直】有顶端、居中、底部、基线和默认 5 种排列方式。

宽和高：表示单元格的宽度和高度。

不换行：设置单元格文本是否换行，当单元格内容宽于单元格的宽度时，单元格会自动加宽以适应单元格内容。

背景颜色：设置单元格的背景颜色。

标题：单元格的内容设为粗体并居中显示。

示例 8　创建的"hsqs. html"文档中，使用表格布局页面，显示成图 6-2-55 所示效果。

操作步骤如下：

步骤 1：执行【文件】|【新建】菜单命令，创建一个空白文档，保存为"hsqs. html"；

步骤 2：点击【属性】面板【页面属性】按钮，在【外观(CSS)】对话框内设置页面字体大小为 12px，左右及上下边距设为 10px；

步骤 3：执行【插入】|【表格】菜单命令，插入"5 行 2 列，表格宽度 100%，边框粗细为 0，

图 6-2-55　制作"黄山奇松"网页的布局

单元格边距为 5，间距为 1(参照图 6-2-51)；

步骤 4：选中表格第 1 行 2 列单元格，执行【修改】|【表格】|【合并单元格】菜单命令，合并 2 列单元格，采用同样方法分别合并第 2、5 行的 2 列单元格，再选中第 3、4 行左边 1 列单元格，点击【属性】面板中的▣按钮进行合并操作；表格第 1 行输入"黄山五绝之首黄山奇松"，在【属性】面板的【格式】下拉列表中选择【标题 2】，【水平】下拉列表选择【居中对齐】，效果如图 6-2-56 所示；

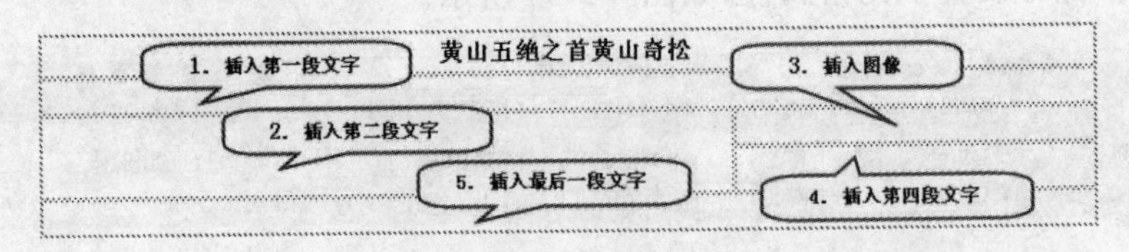

图 6-2-56　进行表格规划

步骤 5：接下来，第 1 步：在第二行插入第一段文字；第 2 步：插入第二段文字，【属性】面板【垂直】设为【顶端】；第 3 步：选中第三行右上侧单元格，插入图像"hs_ss_1.jpg"；第 4 步：插入七律诗，【水平】对齐方式设为【居中】；第 5 步：插入最后一段文字；

步骤 6：文字格式处理：换行可以用<Shift>+<Enter>组合键，也可按<Enter>键，前者不产生分段而只是分行，后者则是进行段落划分；空格的输入可用<Ctrl>+<Shift>+<Space>；

步骤 7：执行【文件】|【保存】命令，按<F12>键在浏览器中进行预览。

2. 框架式布局技术

框架是网页布局工具之一，它能够将浏览器窗口分割成几个独立的区域，每个区域可独立显示一个网页。换句话说，我们可以将多个单独的网页组合到一起，形成一个完整的页面，通过框架集来进行定义。

框架集是一个特殊的 HTML 文件，它定义了一组框架的布局和属性，主要有：框架的数目、大小和位置以及每个框架的初始显示网页等。框架集本身不包含网页的实际内容，它告诉浏览器网页将显示哪些框架，框架的尺寸、位置等。框架可看成浏览器窗口的独立区域，用于显示指定的 HTML 文件的内容。

利用框架结构，可以将导航内容固定在页面的顶部、左边或右边，用户通过导航条切换到要浏览的页面，而且各个框架之间互不干涉。例如图 6-2-57 所示，框架顶部网页中插入作为横幅的图片，左边的网页中插入导航条用于导航，右面的网页中显示相应的内容。

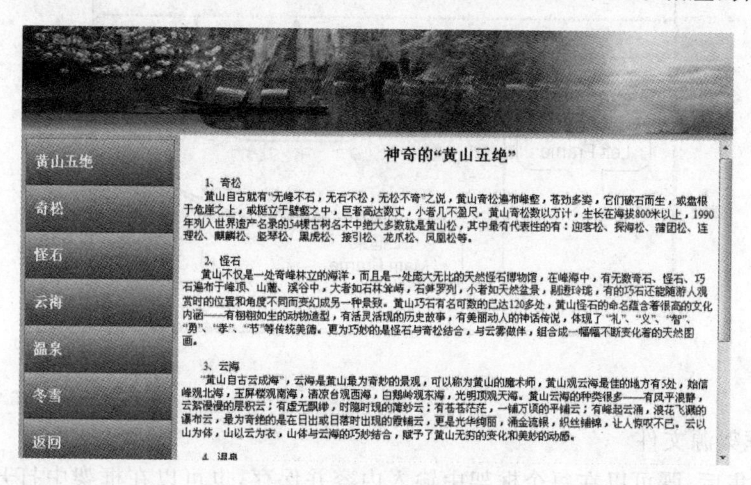

图 6-2-57　框架网页布局

(1) 创建框架网页

当设计框架页面时，一个页面会被分成多组框架，而每个框架应包含一个网页文档，Dreamweaver 通过建立一个框架集文件来定义框架。简单的说，一个包含两个框架的框架集实际上由 3 个文件构成，

创建框架集的方法：

① 选择框架集类型

执行菜单命令【文件】|【新建】，在【新建文档】对话框中，选择【示例中的页】类别中的【框架页】，右侧列表选择框架集类型，如图 6-2-58 所示

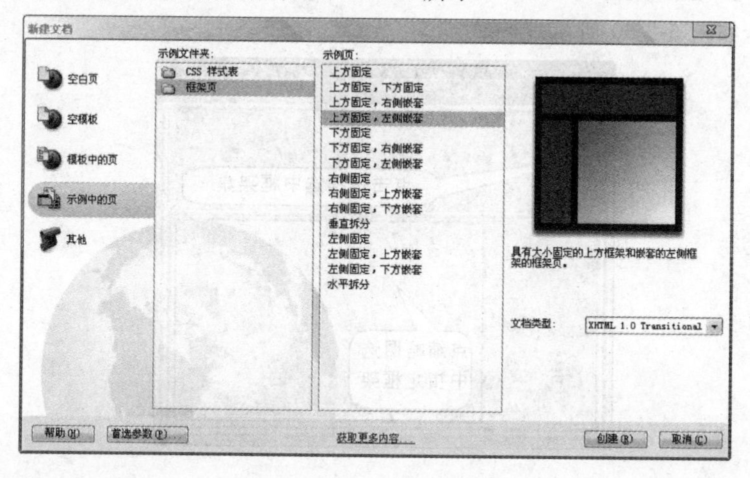

图 6-2-58　创建框架集

同样,也可以通过【插入】|【HTML】|【框架】菜单命令或在【插入/布局】面板点击 框架按钮组来创建合适的框架集文件,会建立一个框架集,如图 6-2-59 所示。

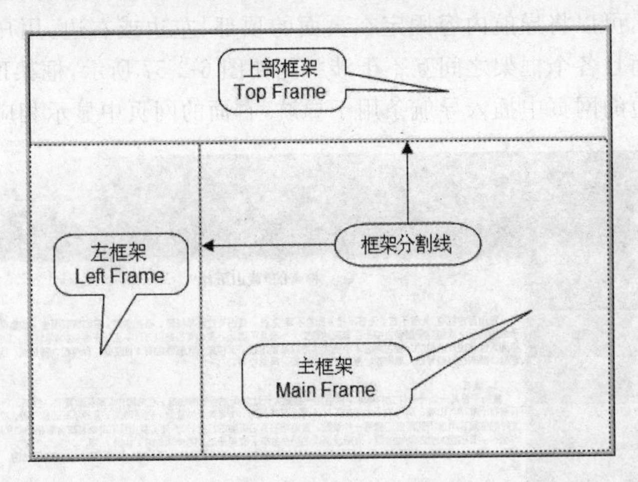

图 6-2-59 框架示意图

② 指定框架源文件

创建框架集后,既可以在每个框架中输入内容并保存,也可以在框架中打开设计好的网页。通过将光标置于框架中,选择【文件】|【在框架中打开网页】菜单命令来指定框架源文件。

③ 保存框架

指定好框架的源文件后,就可以保存框架集及框架文件了。选择【文件】|【保存全部】菜单命令将依次保存框架集内的所有文件。在保存时,系统会首先保存框架集文件,然后保存框架中的源文件,如果框架集中包含新建的网页,会出现【另存为】对话框提示保存相应网页。

(2) 设置框架和框架集

①【框架】面板

选择【窗口】|【框架】菜单命令,打开【框架】面板。【框架】面板以缩略图形式显示框架集及内部框架,如图 6-2-60 所示。

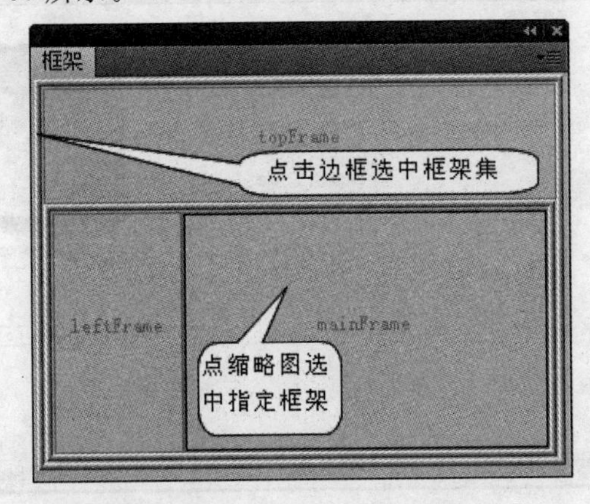

图 6-2-60 【框架】面板

② 选择框架和框架集

在【框架】面板上使用鼠标点击相应的框架缩略图即可选择该框架，点击框架外部边框，会选中框架集。被选中的框架或框架集缩略图周边出现黑色边框，文档窗口上对应框架边框显示为虚线，切换到代码模式则显示框架集文件本身的 HTML 代码。

注意：如果在文档窗口内鼠标点击框架区域，相当于打开了对应框架内网页文件，切换到代码模式显示的是相应框架内的网页 HTML 代码。

③ 设置框架集属性

在【框架】面板上选中框架集后，可通过框架集【属性】面板设置框架的大小、边框宽度等属性，如图 6-2-61 所示。

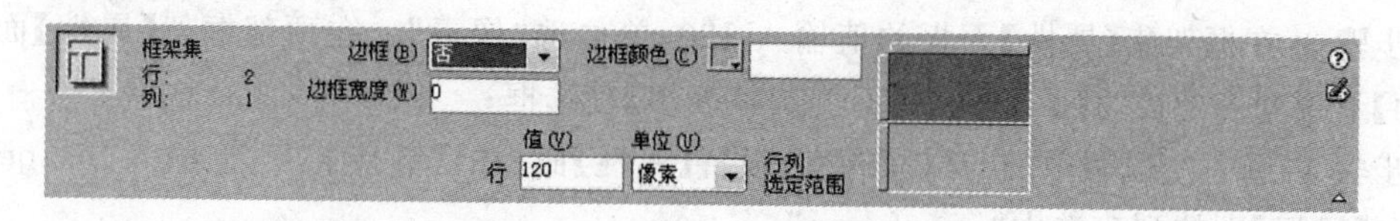

图 6-2-61　框架集【属性】面板

其中：

边框，设置是否有边框，有【是】、【否】和【默认】3 个选项，【默认】选项指由用户浏览器的设置决定框架网页是否显示边框。

边框宽度，设置整个框架集的边框宽度。

边框颜色，设置整个框架集的边框颜色。

单位，选择“像素”将设定大小固定的行或列，选择“百分比”框架大小随框架集大小按设定百分比变化，选择“相对”则会自动分配剩余空间。我们创建左右或上下型框架时，通常将一边框架设定固定像素宽度，剩下的框架设置为相对大小，这样该框架可以自由伸展占据剩余空间。

值，用于设定指定框架区域的高度或宽度。

④ 设置框架属性

通过框架【属性】面板，可以单独设置框架集内的框架页，如图 6-2-62 所示。

图 6-2-62　框架【属性】面板

其中：

源文件，设置框架内的页面文件。

滚动，设置是否添加滚动条。

不能调整大小，设置在浏览时是否可手动调整框架尺寸。

边界宽(高)度，设置框架左右(上下)边界和内容之间的距离。

(3) 在框架中使用超链接

在使用框架技术的网页中设置超链接时，能任意控制链接的目标文档在哪个框架窗格

内打开，只要将链接的 target 属性值设置为要打开框架的框架名称即可。

示例 9 建一框架集文件“hs_wujue. html”，框架为“上方固定，左侧嵌套”，将“教材范例\第 6 章\wy1”目录下的“top. html”、“left. html”、“main. html” 分别导入至顶部、左侧及右侧框架，并设定左侧导航栏的超链接，最终效果如图 6-2-57 所示。

操作步骤：

步骤 1：新建“hs_wujue. html”空白文件，执行【插入】|【HTML】|【框架】菜单命令，选择【左侧及上方嵌套】；

步骤 2：光标定位在上框架，选择【文件】|【在框架中打开】菜单命令，对话框中选择“top. html”文件，同样方法设置左框架添加“left. html”文件，右框架添加“main. html”文件；

步骤 3：在框架集【属性】面板的值输入 120，单位选“像素”。在顶部框架【属性】面板中【滚动】下拉列表中设为【否】，选中【不能调整大小】复选框；

步骤 4：选中左框架中的“奇松”两字，设置【属性】面板的【链接】文本框输入“hs_qisong. html”，【目标】下拉列表选中“mainframe”；

步骤 5：执行【文件】|【保存】命令，按＜F12＞键在浏览器中进行预览。

(4) 浮动框架

浮动框架也是一种常用的框架技术，与框架网页不同的是，浮动框架作为单独的窗格被插入到普通网页中，不再以框架集的形式存在。

示例 10 打开“教材范例\第 6 章\wy1\index. html”文件，如图 6-2-63 所示，在合适位置插入浮动框架并为导航栏设置链接。

图 6-2-63 “index. html”浮动框架设置

操作步骤：

步骤 1：打开“素材\wy1\index. html”文件，整个网页是由表格进行规划，光标定位到表格的第三行处，执行【插入】|【标签】菜单命令，打开【标签选择器】对话框，展开【HTML 标签】分类，在右侧列表中找到“iframe”，如图 6-2-64 所示；

步骤 2：点击【插入】按钮，打开【标签选择器—iframe】对话框，按图 6-2-65 参数设置；

其中：

源，浮动框架中引用的网页文档路径名；

名称，浮动框架的名称；

宽度和高度，浮动框架的尺寸，单位默认为像素；

边距宽度和高度，浮动框架内元素与框架边界的距离；

对齐，设置浮动框架的 5 种对齐方式；

滚动，是否显示滚动条。

步骤 3：点击【确定】按钮，然后关闭【标签选择器—iframe】对话框，在页面上选择“驴友

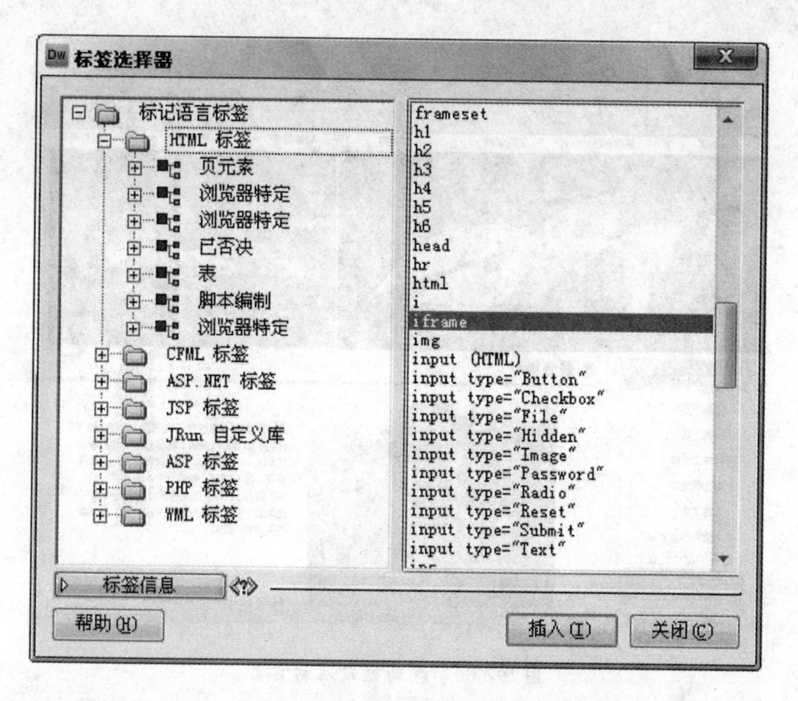

图 6-2-64 【标签选择器】对话框

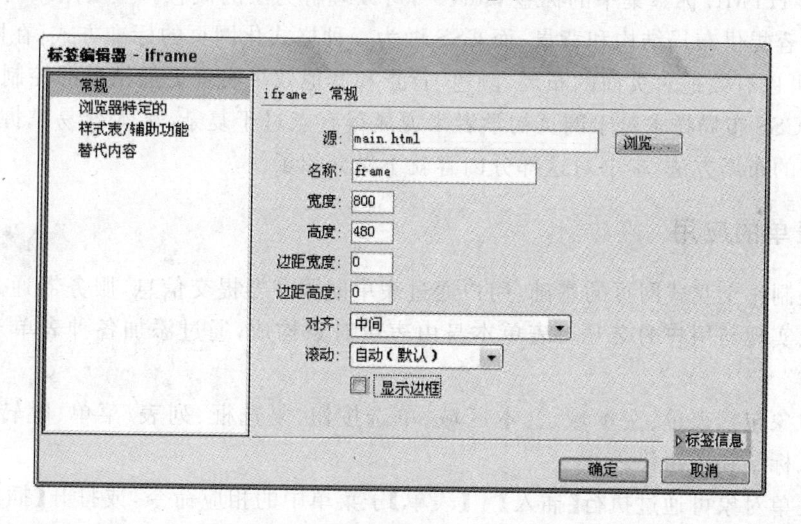

图 6-2-65 【标签选择器—iframe】对话框

攻略”四字，设置【属性】面板的【链接】文本框为“huangshan. html”，【目标】组合框内填入浮动框架的名称“frame”；

步骤 4：执行【文件】|【保存】命令，按 F12 键在浏览器中进行预览，点击“驴友攻略”超链接，查看浮动框架的效果，如图 6-2-66 所示。

3. DIV ＋ CSS 布局

DIV ＋ CSS 是网站标准（又称 WEB 标准）中的术语，在 XHTML 网站设计标准中，不再使用表格定位技术，而是采用 DIV＋CSS 方式实现各种定位。

图 6-2-66　浮动框架网站首页

DIV 指 HTML 标签集中的标签＜div＞，可以理解为层的概念。主要用来为 HTML 文档内大块内容提供布局结构和背景；而 CSS 做为一种格式化网页的标准方式，在网页中使用 CSS 技术，可以有效地对页面的布局、颜色、背景和其他效果实现更加精准的控制。

DIV＋CSS 布局技术对于网页初学者来说显得有点过于复杂，不太容易掌握，但它也的确是一种好的布局方法，本书对这部分内容就不做介绍了。

6.2.7　表单的应用

表单是制作交互式网页的基础，用户通过表单向服务器提交信息，服务器通过收集表单提交的信息实现与用户的交互。表单本身由表单对象构成，通过添加各种表单对象来完成表单的制作。

表单对象包括表单、文本域、文本区域、单选按钮、复选框、列表/菜单、跳转菜单、文件域、图像域、标签和按钮等。

添加表单对象可通过执行【插入】|【表单】子菜单中的相应命令，或打开【插入/表单】面板中的相应工具按钮，如图 6-2-67 所示。

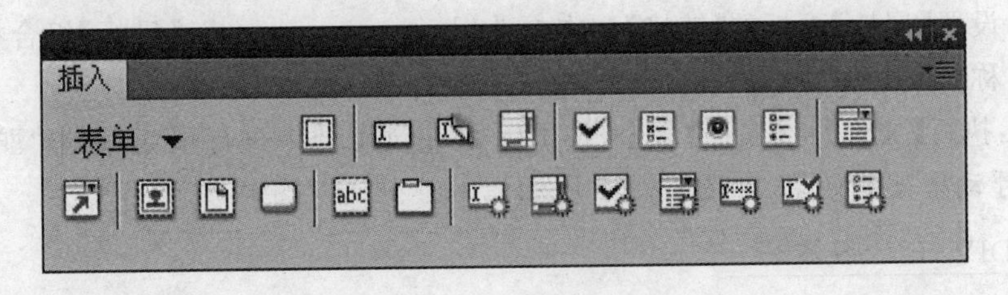

图 6-2-67　【表单】面板

1. 创建表单

在创建表单时，必须首先插入表单标签，选择【插入】|【表单】|【表单】菜单命令，出现如图 6-2-68 所示的红色虚线框，同一表单中的表单对象必须放到虚线框内。如果直接插入表单对象，Dreamweaver 会提示是否插入表单标签。

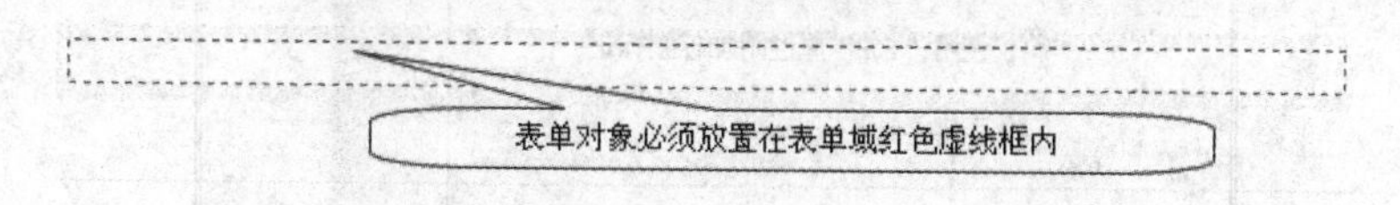

图 6-2-68　插入表单标签

单击表单红色虚线框，在表单【属性】面板中设置表单的参数，如图 6-2-69 所示。

图 6-2-69　表单【属性】面板

其中：

表单 ID，设置表单的惟一名称，可区别同一页面中其他表单；

动作，设置处理该表单的脚本或动态页面，也可输入电子邮件地址；

方法，设置表单数据的传递方式，【默认】指浏览器默认的传送方式，【GET】指将表单提交的数据附加到 URL 后传送给服务器，【POST】指用标准输入方式传送表单数据。

目标，设置反馈网页的打开方式。

2. 表单的设置

(1) 表单文本域和文本区域设置

文本域和文本区域是用于输入文字的表单对象，利用它可以创建单行或多行的文本框。光标定位在表单内，选择【插入】|【表单】|【文本域】菜单命令，在弹出的图 6-2-70【输入标签辅助功能属性】对话框内，设置文本域的 ID 名称及文本框前的标签文字，点击【确定】按钮后表单内即出现文本框和标签文字。

选中添加的文本框，在【属性】面板中设置字符宽度、文本类型、初始值、最多字符数等属性，通过设置【类型】为【单行】或【多行】可以实现文本域和文本区域之间的相互转换，如图6-2-71 所示。

注意：当向表单中插入表单对象时，会弹出【输入标签辅助功能】对话框，可在其中设置表单对象的样式和位置信息。如不想每次插入表单对象都显示该对话框，执行【编辑】|【首选参数】命令，在弹出的【首选参数】对话框中的【分类】列表中选择【辅助功能】选项，取消对【表单对象】复选框的勾选，如图 6-2-72 所示。

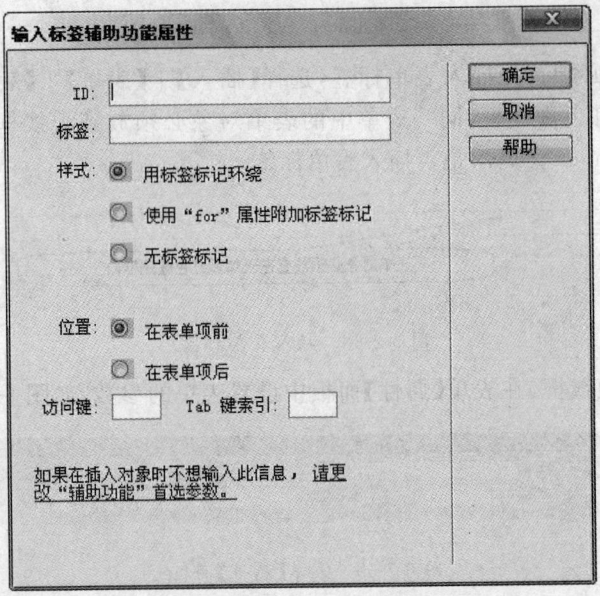

图 6-2-70 【输入标签辅助功能】对话框

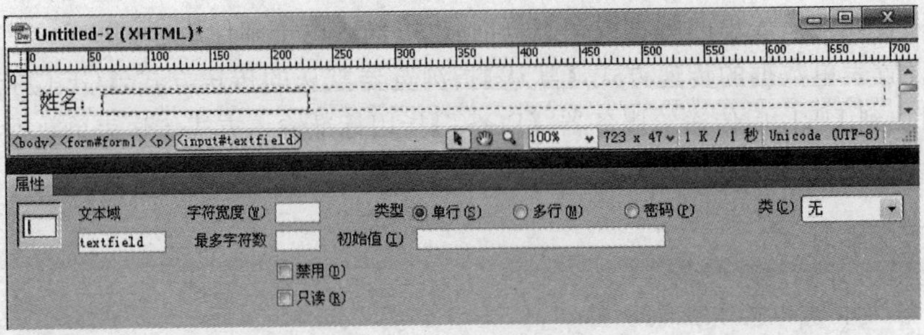

图 6-2-71 文本域及属性

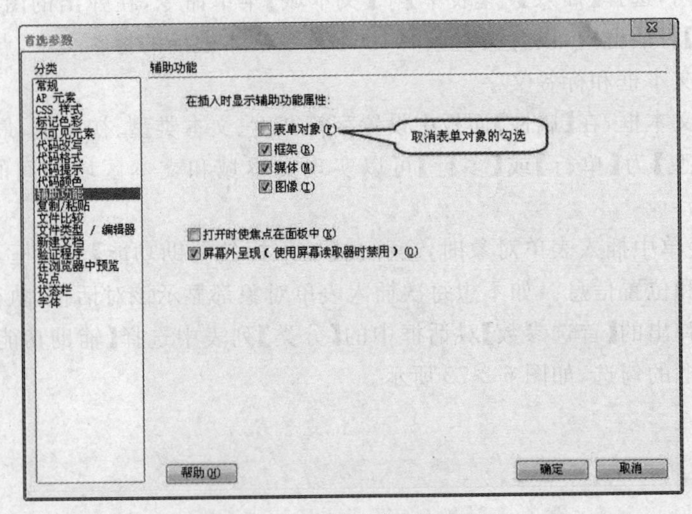

图 6-2-72 【首选参数】对话框

(2) 单选按钮

单选按钮对象用于一组互相排斥的值，也就是用户只能从选项列表中选择一项。单选按钮组中所有按钮必须共享同一个名称。在设置单选按钮属性时，要依次选中插入的单选按钮，分别进行设置。另外可以通过【插入】|【表单】|【单选按钮组】命令一次性插入多个单选按钮，如图 6-2-73 所示。

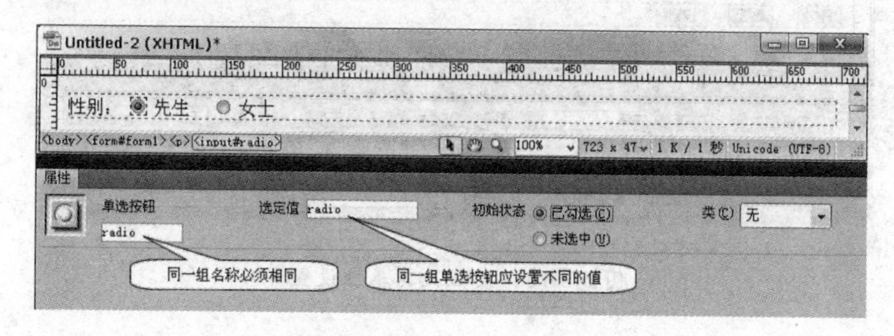

图 6-2-73 单选按钮属性设置

(3) 复选框

复选框用于有多个选项可同时被选中的情况，每个复选框必须有惟一名称，并且是相互独立的。初始状态设定为【已勾选】，框中会出现对勾"√"符号。执行【插入】|【表单】|【复选框组】命令可一次性插入多个复选框，如图 6-2-74 所示。

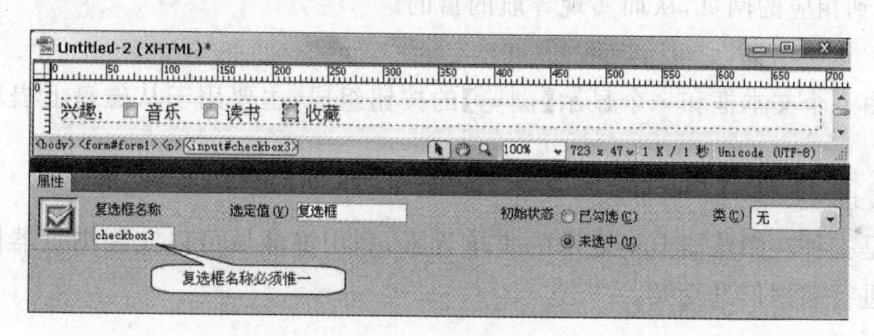

图 6-2-74 复选框属性设置

(4) 列表/菜单

【列表/菜单】显示一个包含有多个选项的可滚动或下拉的列表选择区域，如图 6-2-75 所示。

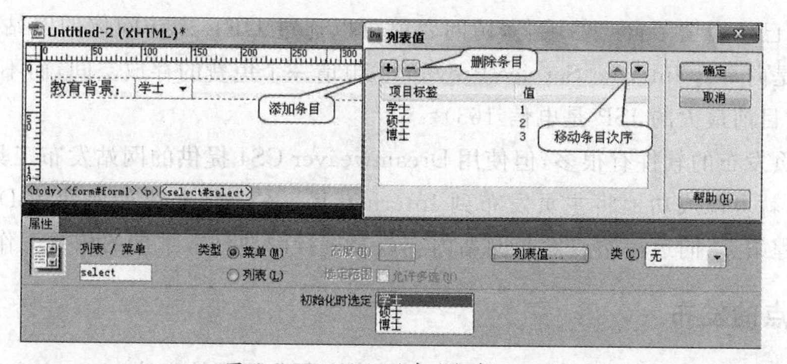

图 6-2-75 添加列表/菜单的内容

(5) 按钮

按钮是表单中必不可少的元素,它能够控制表单的行为动作,使用按钮可以提交表单数据到服务器上,或重置表单,如图 6-2-76 所示。

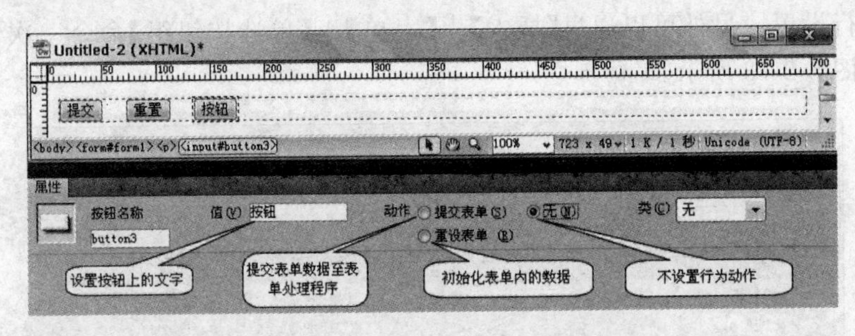

图 6-2-76 按钮及其属性设置

(6) 图像域

使用图像域可以指定图像替代按钮来提交表单,如使用图像域充当重置或自定义按钮功能则需要添加具体代码来控制其行为。

(7) 跳转菜单

跳转菜单实际上就是一个下拉列表,其中显示站点的导航名称。用户通过点击某个选项,即可跳转到相应的网页,从而实现导航的目的。

(8) 文件域

文件域由一个文本框和一个显示【浏览】的按钮组成,主要用于从磁盘上提取文件的路径和名称。

(9) 隐藏域

隐藏域是一种在浏览器上不显示的表单元素,利用隐藏域可以实现浏览器同服务器在后台隐藏的进行数据信息交换。

6.3 网站的发布及维护

当网站创建完成测试无误后,就可以将网站内容发布到因特网上了。对于大型公司网站来说,如果已经申请了自己的域名,访问者就可以通过 URL 来访问你的网站了。但个人主页一般总是向 ISP(Internet Service Provider) 申请一个免费的存放空间,而不必拥有自己的域名(我国目前最大的 ISP 是电信 163)。

用于网页发布的软件有很多,但使用 Dreamweaver CS4 提供的网站发布工具,只需完成相应的设置,就可以成功地将主页发布到 Internet 上。本节将介绍如何使用 Dreamweaver CS4 创建远程站点、向远程站点发布网站内容以及进行网站日常维护的相关工作。

6.3.1 站点的发布

下面介绍通过 Dreamweaver CS4 站点定义功能发布网页的方法。

1. 设置远程信息

要发布站点就必须首先设置远程信息，设置远程信息主要包括以下 4 个方面内容：
设置远程文件夹，即确定用于提供 WWW 服务的主机地址及主机目录。
设置远程文件夹的访问方法。
根据特定通信方式访问远程站点时需要设置的参数。
如果网站采用服务器技术，还需要设置测试服务器文件夹。

示例 11 设置"旅游天地"本地站点的远程信息参数。

操作步骤：

步骤 1：选择【站点】|【管理站点】菜单命令，打开【管理站点】对话框；
步骤 2：在【站点列表】中选择【旅游天地】站点，单击【编辑】按钮打开站点定义对话框；
步骤 3：在【高级】选项卡中选择【远程信息】分类，然后在右侧进行参数设置，如图 6-3-1 所示。

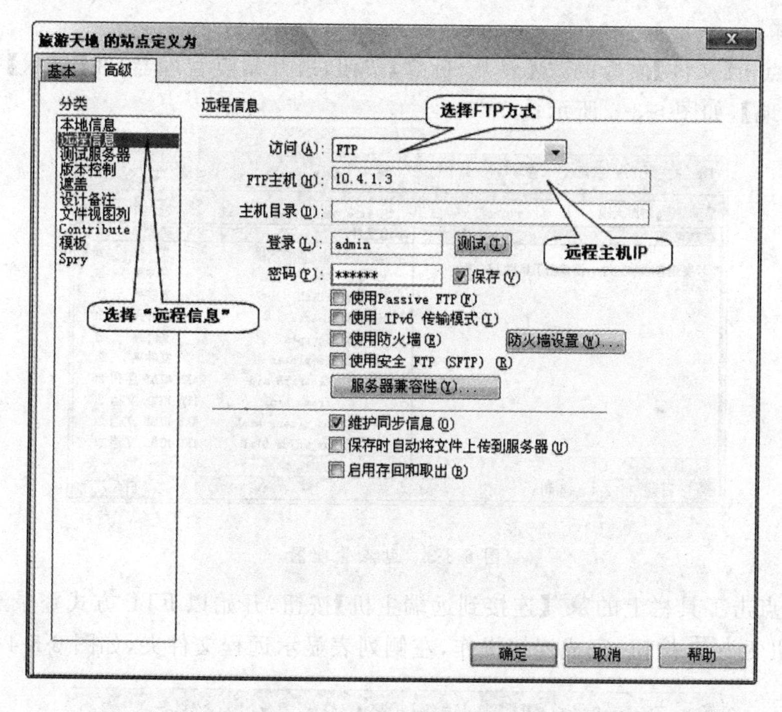

图 6-3-1　设置远程信息

相关参数说明如下：

访问，连接至远程 Web 服务器最常见的方法是【FTP】；使用本地计算机作为 Web 服务器连接方式可用【本地/网络】；

FTP 主机，FTP 主机的名称或 IP 地址；

主机目录，FTP 主机上的站点目录，如为根目录则不用设置；

登录，FTP 登录名，即可操作 FTP 主机目录的操作员账户；

密码，可以操作 FTP 主机目录的操作员账户密码；

步骤 4：单击【测试】按钮，如出现图 6-3-2 所示，说明已连接成功。

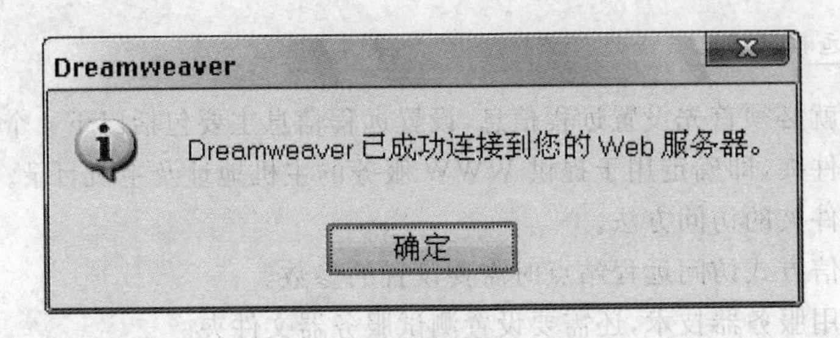

图 6-3-2　成功连接消息提示框

步骤 5:单击【确定】按钮完成设置。

(2) 发布站点

在配置好远程信息后,就可以发布站点了

示例 12 对"旅游天地"本地站点进行发布。

操作步骤:

步骤 1:点击【文件】面板的【展开/折叠】按钮,展开站点管理器,在【显示】下拉列表中选择【旅游天地】,如图 6-3-3 所示;

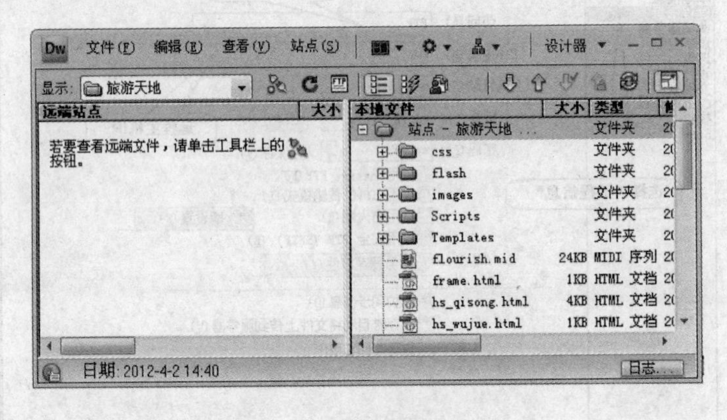

图 6-3-3　站点管理器

步骤 2:点击工具栏上的【连接到远端主机】按钮,开始以 FTP 方式登录至 Web 服务器,当按钮变为按钮,完成连接操作,左侧列表显示远程文件夹,如图 6-3-4 所示;

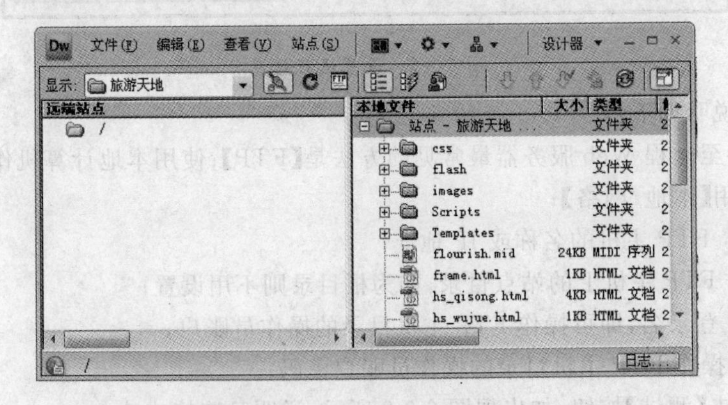

图 6-3-4　连接至远端主机

步骤3：在【本地文件】列表中，选择站点根文件夹，单击【上传文件】按钮，将上传整个站点；如果仅上传部分文件，则选择相应文件或文件夹，如图6-3-5所示；

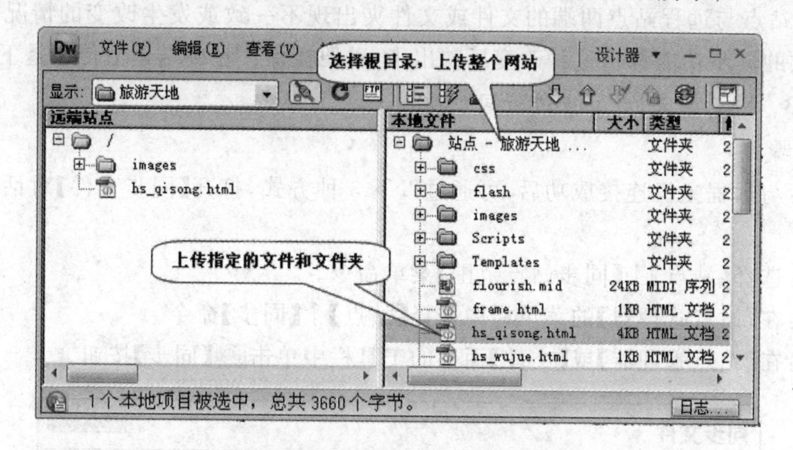

图6-3-5　上传文件到远端主机

步骤4：上传完所有文件后，单击按钮，断开与远端主机的连接。

6.3.2　站点的维护

站点的发布后，随着站点内容的不断更新，包括增、删、改、重命名等操作会使得网站内部的链接失效以及本地站点、远程站点内容的不一致。

在Dreamweaver CS4中可通过下面的方法来有效地管理网站，避免上述问题的出现。

1. 远程站点的维护

当远程站点的位置发生改变，则必须重新设置与远程文件夹有关的信息，保证本地站点与远程站点能正常通信。可以在目标网站的站点定义对话框中重新调整【远程信息】的相关参数，该操作与远程信息设置相同。

2. 站点链接的更新

当本地站点内发生移动或重命名文档时，Dreamweaver都可自动更新与该文档相关的链接。利用该功能，可先在本地修复所有失效链接，然后再进行上传，确保发布的所有文档内的链接指向正确无误。另外，可以通过执行【窗口】|【结果】|【链接检查器】，在【链接检查器】窗口中点击按钮，或执行【站点】|【检查站点范围内的链接】菜单命令，对指定范围内的文档中的链接进行检查并进行维护，如图6-3-6所示。

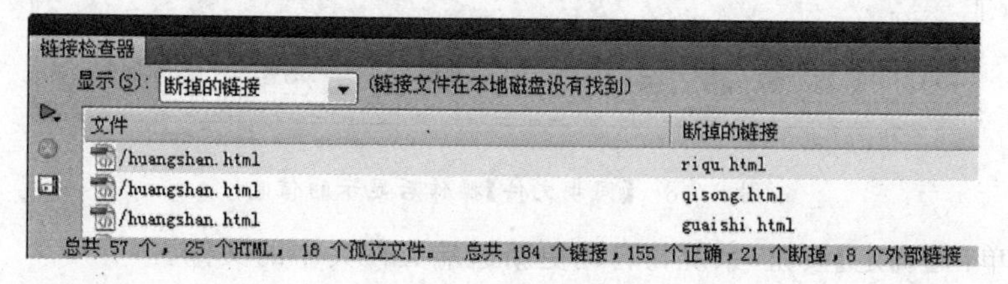

图6-3-6　链接检查器

3. 站点内容的更新

当本地站点与远程站点两端的文件或文件夹出现不一致或发生改变的情况下，Dreamweaver 提供的同步功能都将这种改变反映出来，以便让操作者决定是上传还是下载。

示例 13 对“旅游天地”站点进行同步操作。

操作步骤：

步骤 1：与远程主机连接成功后，可通过以下 3 种方式，打开【同步文件】对话框，如图 6-3-7 所示；

方法 1：选择【站点】|【同步站点范围】菜单命令。

方法 2：在【站点管理器】的菜单栏中选择【站点】|【同步】命令。

方法 3：在【站点管理器】或【文件】面板的工具栏中单击【同步】按钮。

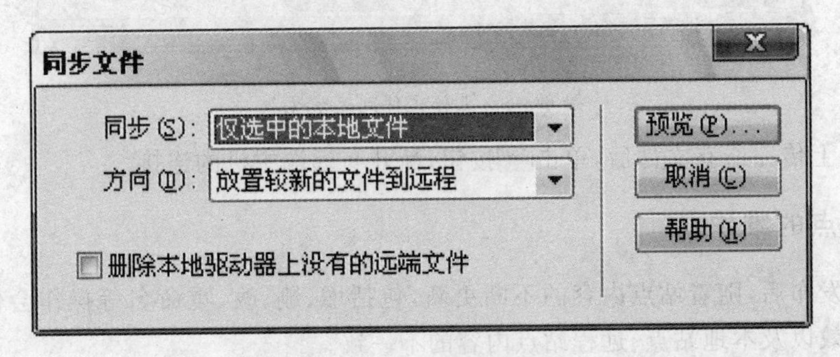

图 6-3-7 【同步文件】对话框

步骤 2：在【同步】下拉列表中选择【整个‘旅游天地’站点】选项，在【方向】下拉列表中选择【放置较新的文件到远程】选项，单击【预览】按钮，开始在本地计算机与远程主机的文件之间进行比较，比较结束后，如发现文件不完全一样，将在列表中罗列出需要上传的文件，如图 6-3-8 所示；

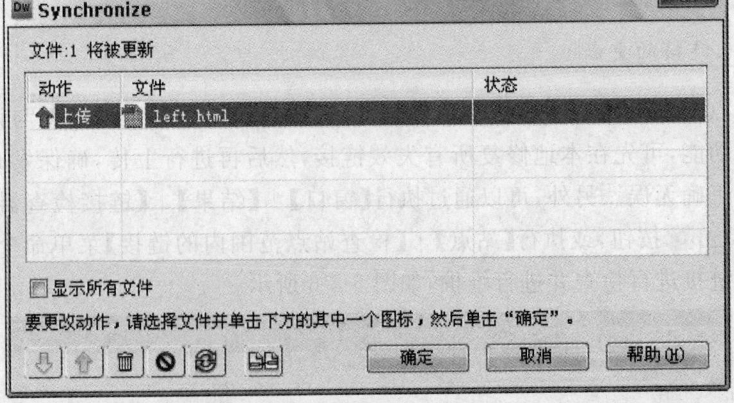

图 6-3-8 【同步文件】操作后显示的信息

步骤 3：单击【确定】按钮，系统将自动更新远端文件夹中的文件。

利用 Dreamweaver 的同步功能，在以后维护网站时用来上传更新过的网页将非常便利。

本章主要介绍了网页设计与制作的基本知识和基本技能，同时介绍了利用 Dreamweaver CS4 进行 Web 页面创作的方法。初学者通过本章的学习，可以在无须精通 HTML 代码的情况下，简单高效的创作出专业风格的网页，再通过站点的发布，将页面展示在浏览者面前。

作为一款网页制作的开发利器，Dreamweaver CS4 除了可以制作出精美的网页外，还具有强大的站点管理功能。Dreamweaver CS4 提供了一整套解决方案，提供了网站规划、设计、实施、部署、发布及维护的功能实现。

通过本章的学习，要求学会 Dreamweaver CS4 的基本操作并掌握制作静态网页技能。但需了解想要设计出真正精美的网页，尚需深入理解 HTML 语言，因为网页的实质就是 HTML 代码。另外，我们还应该掌握如 Photoshop、Flash 等相关软件，配合 Dreamweaver 一起使用，才可以制作出个性化的优秀网页作品。

练习题

一、单项选择题（请将正确答案填在指定的答题栏内，否则不得分）

题号	1	2	3	4	5	6	7	8	9	10
答案										
题号	11	12	13	14	15	16	17	18	19	20
答案										

1. Internet 的通信协议为（　　）。
   A. FTP　　B. HTTP　　C. WWW　　D. TCP/IP
2. 下面哪一项是创建本地站点所涉及不到的（　　）。
   A. 定义新站点　　B. 创建空白文件　　C. 创建空白文件夹　　D. 上传网页
3. 下列哪一项是在新窗口中打开网页文档（　　）。
   A. _self　　B. _blank　　C. _top　　D. _parent
4. 一个有 3 个框架的 Web 页实际上共有（　　）个独立的 HTML 文件。
   A. 1　　B. 2　　C. 3　　D. 4.
5. 在 Dreamweaver CS4 中，快速打开历史面板的快捷键是（　　）。
   A. <Shift>+< F10>　　B. <Shift> +<F8>
   C. <Alt> +<F8>　　D. <Alt> + <F10>
6. 在 Dreamweaver CS4 中，下面关于排版表格属性的说法错误的是（　　）。
   A. 可以设置宽度
   B. 可以设置高度
   C. 可以设置表格的背景颜色
   D. 可以设置单元格间距但是不能设置单元格边距

7. 插入(　　)是制作表单页面的第一步。

A. 文本域　B. 表单域　C. 文件域　D. 图像域

8. 网页标题显示在浏览器的(　　)。

A. 状态栏　B. 工具栏　C. 标题栏　D. 地址栏

9. 外部样式文件的扩展名是(　　)。

A. .js　B. .dom　C. .css　D. .htm

10. 在表单标记中,用(　　)属性来提交填写的信息、调用表单处理程序。

A. method　B. action　C. name　D. style

11. 通常一个站点的主页默认文档名是(　　)。

A. index. html　B. untitle. html　C. main. html　D. webpage. html

12. 在【页面属性】对话框中,不能设置网页的(　　)。

A. 左边距　B. 文本颜色　C. 背景音乐　D. 字体大小

13. 关于在网页中加入命名锚记来实现跳转的说法,不正确的是(　　)。

A. 只能跳转到其他页面的页首

B. 在页面编辑时,需要使用【插入】面板中的【命名锚记】

C. 可以实现同一页面不同位置的跳转

D. 可以实现页面间的跳转

14. 选中整个表格应(　　)。

A. 用鼠标单击表格的任意边框　B. 将鼠标移动到状态栏,单击"<tr>"

C. 选择表格中的内容　D. 使用快捷键"<Ctrl>+A"

15. 在网页的 HTML 源代码中,(　　)标签是必不可少的。

A.
　B. <p>　C. <html>　D. <title>

16. 下面可以用来做 HTML 代码编辑器的是(　　)。

A. Photoshop　B. Flash　C. 记事本程序　D. 以上都不是

17. 关于框架,说法正确的是(　　)。

A. 框架可以在页面中自由移动　B. 框架一旦创建就无法删除

C. 框架只可以当做导航条使用　D. 框架的边框可以设置成为绿色

18. 编辑网页时,我们可以通过(　　)来查看源代码

A. 设计视图和拆分视图　B. 代码视图和设计视图

C. 代码视图和拆分视图　D. 三者均可

19. 关于网页中的换行,说法错误的是(　　)。

A. 可以使用
标签换行

B. 可以使用<p>标签换行

C. 可以直接在 HTML 源代码中按下回车键换行,网页中的内容会跟着换行

D. 使用
标签换行,行与行之间没有间隔;使用<p>标签换行,两行之间会有间隔

20. 下列关于表格的说法不正确的是(　　)。

A. 表格一般不设置高度,而是由表格内容决定

B. 可以为每个单元格设置背景图像

C. 嵌套表格时，外部大表格最好使用百分比，内部小表格使用像素

D. 排版布局时表格插入的行与列尽量多些

二、填空题

1. 设置网页文档的页边距是在________对话框中设置。
2. 表格的宽度可以用________和________两种单位来设置。
3. 在【页面属性】对话框中可以设置文本链接的 4 种状态的颜色，这 4 种状态分别是：________、________、________和________。
4. 附加样式表分为________和________两种方式。
5. 在【新建 CSS 样式】对话框中可用的选择器有________、________、________、________共 4 个。
6. 设计网页布局的常用方法有________、________和________三种。
7. 在网页中可以使用的图像格式主要有________、________和________。
8. Dreamweaver CS4 的编辑区域有________、________和________三种视图模式。
9. 网页按其表现形式可分为________和________两种。
10. 将制作好的网页上传到网上的过程即是________。

三、操作题

1. 利用 wy1 文件夹中的素材(图片素材在 images 中，动画素材在 flash 中)，按以下要求制作或编辑网页，结果保存在该文件夹中。(素材目录：配套光盘的"教材范例\第 6 章\习题素材\wy1")

打开主页 index. htm。设置网页标题为：3G，设置网页背景图像为 bj. jpg，背景不随网页滚动而滚动，并在 index. htm 网页第 1 行插入一个 3 行 3 列的表格。

设置表格属性：对齐方式水平居中、边框线宽度、单元格边距、单元格间距均为 0，指定宽度为 800 像素，合并第 1 行的第 2 列和第 3 列单元格，第 2 行的第 1 列和第 2 列单元格，第 3 行的第 1、2、3 列单元格，所有单元格属性为水平居中和相对垂直居中。

在表格第 1 行第 1 列单元格插入图片 tu01. gif，设置宽为 250 像素，高为 100 像素，图片中包含中国电信四个字的热点区域链接到 dx. htm，并使该页面能在新窗口中打开；在表格的第 1 行第 2 列单元格插入动画 3G. swf，设置宽为 650 像素，高为 120 像素。

根据样张在表格的第 2 行第 1 列单元格插入文本文件"dx. txt"中的内容，字体设置为隶书、24 像素(或 18 磅)，按样张插入表单，添加相应的表单元素，在表单下方将两个按钮设置为登录和重置，并按样张设置在表单下方居中。

根据样张在表格的第 3 行插入"联系中国电信"、"版权所有 © 中国电信"，插入版权符号 ©，字体设置为隶书、24 像素(或 18 磅)，颜色为蓝色(＃0000FF)，"联系中国电信"链接到邮箱地址 admin@sh. ct10000. cn。

【网页样张】

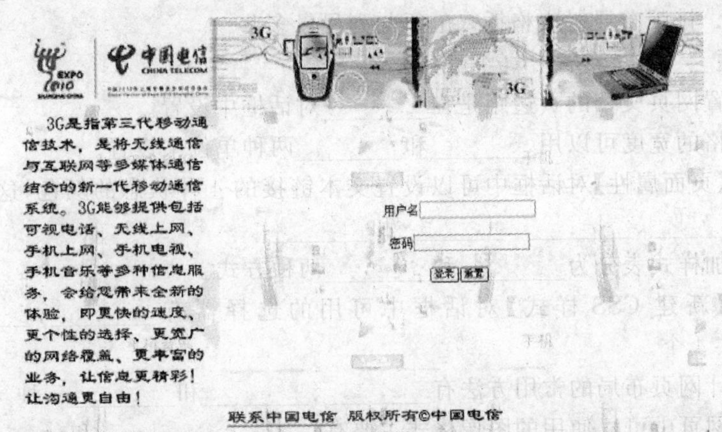

2. 利用 wy2 文件夹中的素材(图片素材在 images 中)，按以下要求制作或编辑网页，效果参照样张，结果保存在该文件夹中。(素材目录：配套光盘的“教材范例\第 6 章\习题素材\wy2”)

打开主页 index. htm。设置网页标题为：音乐课堂；设置网页背景图像为 tu03. jpg，并在 index. htm 网页第 1 行插入一个 3 行 3 列的表格。

设置表格属性：对齐方式水平居中、指定宽度为浏览器窗口的 90%、边框线宽度 0、单元格边距为 0、单元格间距 0，合并第 1 行所有单元格，合并第 3 行第 1 列和第 2 列，设置表格内第一列所有单元格属性为水平和垂直均居中。

在表格的第 1 行中插入水平线，设置其高度为 3 像素，带阴影；在表格第 2 行第 1 列单元格插入图片 tu06. jpg，在表格第 2 行第 3 列单元格插入图片 tu02. jpg，并将这两个单元格的列宽都设置为与图片等宽，图片中包含音乐课堂四个字的热点区域链接到 ds. htm，并使该页面能在新窗口中打开；在表格的第 3 行第 1 列单元格插入动画 tu01. swf，设置宽为 468 像素，高为 60 像素。

根据样张在表格的第 3 行第 2 列单元格插入文本文件“音乐传说. txt”中的文本并编辑，字体设置为隶书、14 像素(或 12 磅)，颜色为枣红色(#993300)。

根据样张在表格的第 2 行第 2 列单元格插入表单，利用文本文件“音乐知识题库. txt”中的内容，按样张插入并编辑，添加相应的表单元素，文字字体设置为 12 像素(或 10 磅)；在表单下方将两个按钮设置为提交和重置，并按样张设置在表单下方居中。

【网页样张】

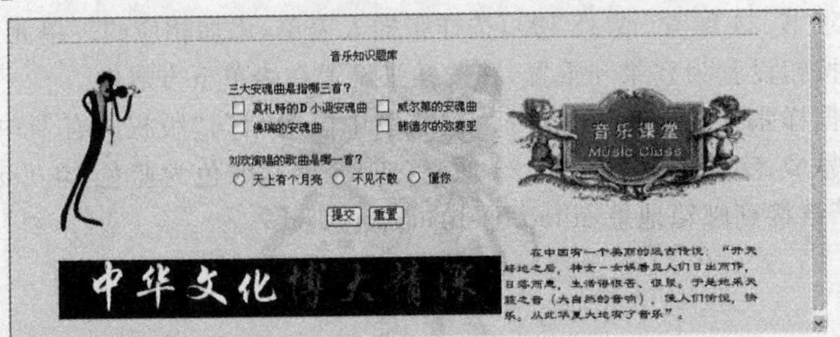

(注意：由于显示器分辨率或窗口大小的不同，以及所使用的网页制作工具的不同，网页效果可能与样张略有差异，因此网页样张仅供参考，最终效果以题目要求为准。)

第 7 章　计算机网络与互联网

本章提要

自 20 世纪 60 年来计算机网络问世以来，在短短的几十年间，计算机网络已经深入到人们的工作、学习和生活的方方面面。人们通过接入互联网，就可使用因特网所提供的各种各样的服务，如网页浏览，下载或上传文件，收发电子邮件，网络聊天，网上娱乐等。本章主要介绍计算机网络与互联网的发展历程以及家庭组网、网络安全的相关知识。

学习目标

1. 了解计算机网络的发展；
2. 了解计算机网络的相关协议；
3. 掌握局域网的体系结构；
4. 了解家庭组网的方法；
5. 了解互联网的应用。

7.1　计算机网络概述

计算机网络是计算机技术和通信技术紧密结合的产物，它的诞生使计算机体系结构发生了巨大变化，在当今社会经济中起到非常重要的作用，它对人类社会的进步作出了巨大贡献。现在，计算机网络技术的迅速发展和互联网的普及，使人们更深刻地体会到计算机网络的便利性，并且已经对人们的日常生活、工作甚至思想产生了较大的影响。

7.1.1　计算机网络的发展

现在，计算机网络无处不在，从手机中的浏览器到无线接入服务的机场，从具有宽带接入的家庭网络到每张办公桌都有联网功能的传统办公场所，再到联网的汽车、联网的传感器（如图 7-1-1 所示）、星际互联网等，可以说计算机网络已成为了人类日常生活与工作中必不可少的一部分。

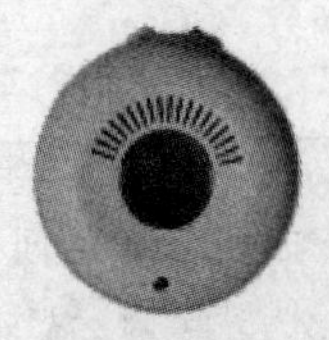

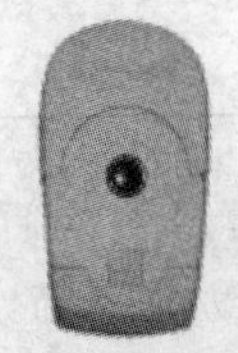

图 7-1-1　物联网传感器

1. 计算机网络的发展历史

计算机网络技术是计算机技术与通信技术相结合的产物,它从产生到发展,总体来说可以分为四个阶段。

第一阶段:20 世纪 60 年代末到 20 世纪 70 年代初,为计算机网络发展的萌芽阶段。其主要特征是:为了增加系统的计算能力和资源共享,把小型计算机连成实验性的网络。第一个远程分组交换网叫阿帕网(ARPANET),是由美国国防部高级研究计划署于 1969 年建成的,第一次实现了由通信网络和资源网络复合构成计算机网络系统,标志计算机网络的真正产生。阿帕网是这一阶段的典型代表。

第二阶段:20 世纪 70 年代中后期是局域网络(LAN)发展的重要阶段。其主要特征为:局域网络作为一种新型的计算机网络结构进入产业部门。1974 年,英国剑桥大学计算机研究所开发了著名的剑桥环局域网(Cambridge ring)。1976 年,美国的施乐公司帕洛阿尔托研究中心推出以太网(Ethernet)。这些网络的实现,一方面标志着局域网络的产生,另一方面,它们形成的以太网及环网对以后局域网络的发展起到导航作用。

第三阶段:整个 20 世纪 80 年代,是计算机局域网络的高速发展阶段。局域网络完全从硬件上实现了 ISO(国际标准组织)的开发系统互连通信模式协议的能力。计算机局域网及其互连产品的集成,使得局域网与局域互连、局域网与各类主机互连,以及局域网与广域网互连的技术越来越熟。

第四阶段:20 世纪 90 年代初至今,是计算机网络飞速发展的阶段。计算机的网络化、协调计算能力发展以及全球互联网的盛行、计算机的发展已经完全与网络融为一体,体现了"网络就是计算机"的口号。目前,计算机网络已经真正进入各行业,为社会各行业所采用。另外,ADSL(利用电话线)、HFC(利用同轴电缆)、小区宽带及 ATM 技术的应用,加上接入成本的下降,使网络技术蓬勃发展迅速走向市场,走进平民百姓的生活。

2. 计算机网络的应用

计算机网络随着发展在各行业越来越多地获得了广泛应用。

(1) 办公自动化系统(OAS)

办公自动化是以先进的科学技术(信息技术、系统科学和行为科学)完成办公业务。办公自动化系统的核心是通信和信息，通过将办公室的计算机和其他办公设备连成网络，可充分、有效地利用信息资源，以提高生产效率、工作效率和工作质量，更好地辅助决策。如图 7-1-2所示的某品牌办公自动化软件的功能特点。

图 7-1-2　办公自动化的功能

(2) 管理信息系统(MIS)

MIS 是基于数据库的应用系统。在计算机网络的基础上建立管理信息系统，是企业管理的基本特征和前提。例如：使用 MIS，企业可以实现各部门动态信息的管理、查询和部门间信息的传递，可以大幅度提高企业的管理水平和工作效率。

(3) 电子数据交换(EDI)

电子数据交换，是将贸易、运输、保险、银行、海关等行业信息用一种国际公认的标准格式通过计算机网络，实现各企业之间的数据交换，并完成以贸易为中心的业务全过程。电子商务系统(EB 或 EC)是电子数据交换的进一步发展。

(4) 现代远程教育(distance education)

远程教育是一种利用在线服务系统，开展学历教育或非学历教育的全新教学模式。如图 7-1-3 所示的中国现代远程与继续教育网网站。远程教育的基础设施是网络，其主要作用是向学员提供课程软件及主机系统的使用，支持学员完成在线课程，并负责行政管理、协同合作等。

(5) 电子银行

电子银行也是一种在线服务，是一种由银行提供的基于计算机和计算机网络的新型金融服务系统，如图 7-1-4。其主要功能有金融银行卡服务、自动存取款服务、转账服务、电子汇款与清算、网上购物、第三方支付等。

7.1.2　计算机网络协议

1. 网络协议

在计算机网络中有许多互相连接的节点，这些节点间要不断地进行数据交换。要做到

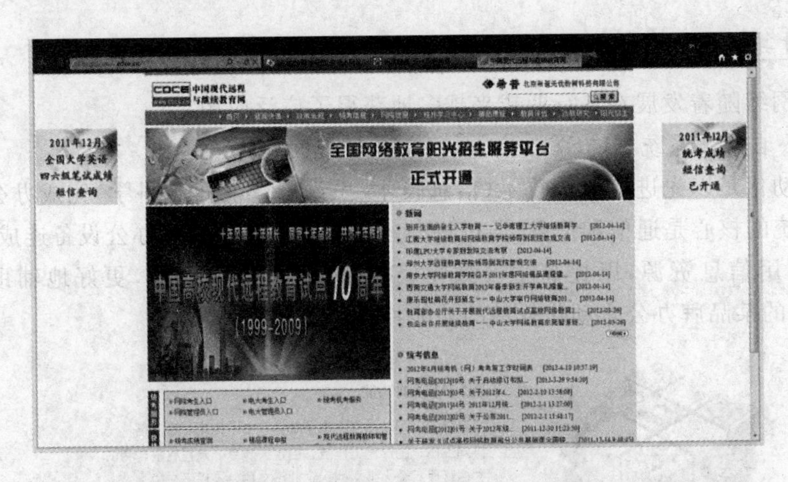

图 7-1-3　中国现代远程与继续教育网页面

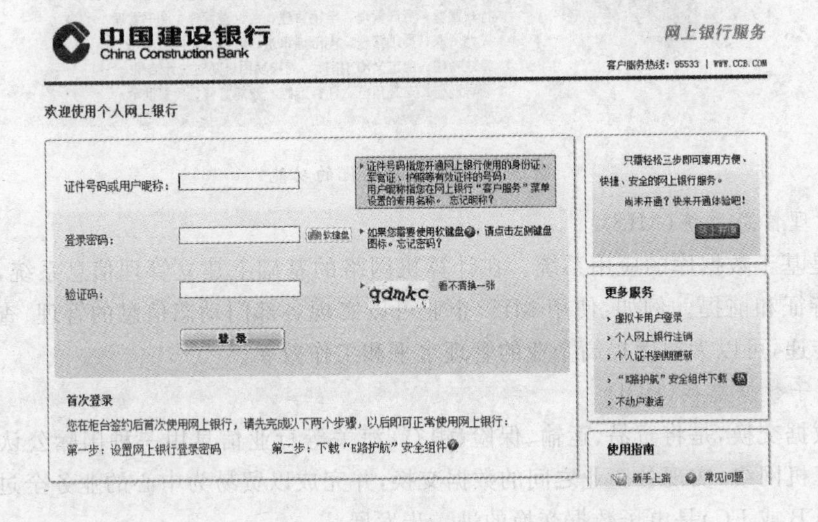

图 7-1-4　中国建设银行个人网上银行登录界面

有条不紊地交换数据，每个节点必须遵守一些事先约定好的规则，这些为进行网络中的数据交换而建立的规则、标准或约定叫做网络协议。

2. TCP/IP 协议

(1) 什么是 TCP/IP 协议

TCP/IP 是互联网上的计算机之间进行通信的协议。这个协议定义了电子设备(如：计算机等)如何连接到了互联网上，以及数据如何在这些电子设备之间传输的规则。这个协议起源于 20 世纪 70 年代中期美国国防部为其 ARPANET 广域网开发的网络系统体系和协议标准，后来发展成为构建国际互联网络(Internet)的基础，目前又成为局域网络首选的通信协议。

(2) IP 地址

IP 地址具有固定、规范的格式，它由 32 位二进制数组成，分成 4 组，其中每 8 位构成一组，这样每组所能表示的十进制数的范围最大不超过255，组与组之用“.”隔开。为了便于识别和表达。IP地址以十进制形式表示，每8位为一组用一个十进制数表示。例如：11001010.01110111.00000010.11000111是一个IP地址，它对应的十进制数的IP地址为202.119.2.199。

IP地址常用A、B、C三类，它们均由网络号和主机号两部分组成，规定每一组都不能用全0和全1，通常全0表示网络本身的IP地址，全1表示网络广播的IP地址。为了区分类别A、B、C，三类的最高位分别为0、10、110，如图7-1-5所示。

A类IP地址用8位来标识网络号，24位标识主机号，A类地址第一组高端首位必须是二进制数字0，其余7位表示网络编号。除去全为0和全为1以外，网络编号的有效值范围是十进制数1～126。第二、三、四组，共计24位，用于作为子网中的主机编号。所以，A类地址的有效子网络数为126个，每个网络号所含的有效主机数为16777214个。这样A类IP地址所能表示的网络数范围为0～127，即1.x.y.z～126.x.y.z格式的IP地址。A类IP地址通常适用于有大量主机的大型网络。

A类地址：

0	网络号	主机号
1位	7位	24位

B类地址：

10	网络号	主机号
2位	14位	16位

C类地址：

110	网络号	主机号
3位	21位	8位

图7-1-5　IP地址编码示意图

B类IP地址用16位来标识网络号，16位标识主机号。最前面两位必须是二进制数“10”，剩下6位和第二组的8位，共14位二进制数用于表示网络编号。第三、四组共16位二进制数用于表示子网中的主机编号。B类地址有效网络数为16384个，每个网络号所包含的主机数为66534个。用于标识B类地址的第一组数值为128～191。此类地址一般分配给具有中等规模主机数的网络用户，如各地区网络管理中心。一些规模较大的大学一般拥有B类地址，例如，澳大利亚国立大学的网络号的第一组为150，清华大学网络号的第一段为162等。

C类地址第一组高端前3位必须是二进制数“110”，剩下的5位和第二、三组，共21位二进制数用于表示网络号，第四组的8位二进制数用于表示子网中的主机编号。采用上述类似算法，C类地址有效网络数为2097152个，每个网络号所包含的主机数为254个。用于标识C类地址的第一组数值为192～223。C类地址一般分配给小型的局域网用户，例如，北京电报局网络号的第一段为202。

综上所述：从第一段的十进制数字即可分出IP地址的类别，见表7-1-1。

表7-1-1　A、B、C类IP地址

类型	第一段数字范围	包含主机台数
A	1～127	16 777 214
B	128～191	65 534
C	1～2～223	254

(3) 子网掩码

子网掩码是用来判断任意两台计算机的IP地址是否属于同一子网的根据。最为简单

的理解就是将两台计算机各自的IP地址与子网掩码进行AND运算后，如果得出的结果是相同的，则说明这两台计算机是处于同一个子网络上的，可以进行直接通信。

一般来说，一个单位IP地址获取的最小单位是C类(256个)，有的单位拥有IP地址却没有那么多的主机入网，造成IP地址的浪费；有的单位不够用，形成IP地址紧缺。这样，我们有时可根据需要把一个网络划分成更小的子网。

正常情况下的子网掩码的地址为：网络位全为“1”，主机位全为“0”。因此有：

A类地址网络的子网掩码地址为：255. 0. 0. 0.

B类地址网络的子网掩码地址为：255. 255. 0. 0

C类地址网络的子网掩码地址为：255. 255. 255. 0

可以利用主机位的一位或几位将子网进一步划分，缩小主机的地址空间而获得一个范围较小的、实际的网络地址(子网地址)，这样更便于网络管理。

3. IPv4 与 IPv6

(1) IPv4

现有的互联网是在IPv4协议的基础上运行的，但随着互联网的迅速发展，IPv4定义的有限地址空间将被耗尽，地址空间的不足必将影响互联网的进一步发展。为了扩大地址空间，拟通过IPv6重新定义地址空间。IPv4采用32位地址长度，只有大约43亿个地址，而IPv6采用128位地址长度，几乎可以不受限制地提供地址，如图7-1-6。按保守方法估算IPv6实际可分配的地址，整个地球每平方米面积上可分配1000多个地址。

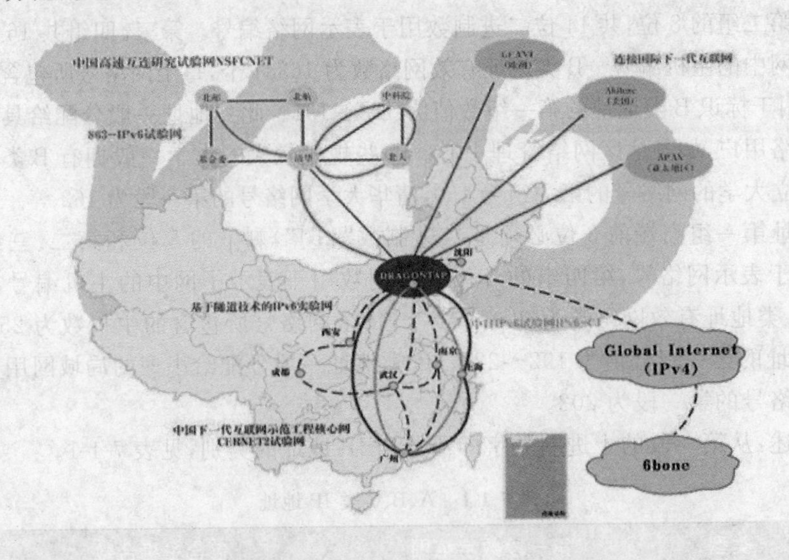

图 7-1-6　中国 IPV6 主干节点示意图

(2) Ipv6 地址表示方法

IPv6的128位地址按每16位划分为一个位段，每个位段被转换为一个4位的十六进制数，并用冒号“:”隔开，这种表示法称为冒号十六进制表示法。

例　用二进制格式表示128位的一个IPv6地址：

0010000011101101000000000000000000000000000000000000000010111100111011

00000010101010100000000000000001111111111110000010001001110001011010

按每16位划分为8个位段：

0010000111011010 0000000000000000 0000000000000000 0000000000000000

0000001010101010 0000000000001111 1111111000001000 1001110001011010

然后将每个位段转换成十六进制数，并用冒号隔开：

21DA:0000:0000:0000: 02AA:000F:FE08:9C5A

(3) IPv6 地址的简化表示

如果某个位段中有前导0，可以将其省略，例如，00D3可以简写为D3。

如果几个连续位段的值都为0，那么这些0就可以简写为::，称为双冒号表示法。

如：21DA:0:0:0:2AA:F:FE08:9C5A

可以简化写为:21DA::2AA:F:FE08:9C5A

双冒号"::"在一个地址中只能出现一次，否则，无法计算一个双冒号压缩了多少个位段或多少个0。

4. 域名

域名(domain name)是为了便于记忆互联网中的主机而采用的符号代码，和IP地址相对应。例如：mail. sbs. edu. cn表示210. 35. 104. 3，www. tsinghua. edu. cn表示166. 111. 8. 248。

域名采用"主机名.最低级域名.…最高级域名"的多级结构。各级子域名用小数点隔开，并从左向右由小域名向大域名顺序排列，常见的最高级域名的含义如下表所示。

表 7-1-2 常见的最高级域名

域名	含义	域名	含义
com	商业部门	hk	香港
net	大型网络	uk	英国
gov	政府部门	au	澳大利亚
int	国际组织	jp	日本
edu	教育部门	ca	加拿大
mil	军事部门	us	美国
org	组织机构	cn	中国

7.1.3 计算机网络的体系结构

1. 通信协议的概念和层次结构

从上一节可以看出，协议能协调网络的运转，使之达到互通、互换和互控的目的。那么，如何来制定协议呢？由于协议十分复杂，涉及面很广，因此在制定协议时通常采用分层法。分层法最核心的思路是，上一层的功能是建立在下一层功能的基础之上，并且在每一层内都要遵守一定的规则。

层次和协议的集合称为网络的体系结构。体系结构应当具有足够的信息，以允许软件

设计人员给每一层编写实现该层协议的有关程序，即通信软件。许多计算机制造商都开发了自己的网络通信系统，如 IBM 公司从 20 世纪 60 年代后期就开始开发了网络体系结构(SNA)；数字设备公司(DEC)也发展了自己的网络体系结构(DNA)。各种通信体系的发展增强了系统成员之间的通信能力，但是也产生了不同成员之间的通信障碍，因此迫切需要制定世界统一的网络体系结构标准。负责制定国际标准的 IOS 吸取了 SNA 和其他计算机厂商的网络体系结构，提出了开放系统互连(open system interconnection)参考模型(简称 OSI-RM)，按照这个标准设计和建成的计算机网络系统都可以互相连接。

2. OSI 参考模型及各层功能

OSI/RM(open system interconnection/reference model)称为互动式系统互连参考模型，它是由 ISO 组织提出的一个使各种计算机能够互连的标准框架。它是一个逻辑上的定义和规范，它把计算机这样一个复杂的网络从逻辑上分成了 7 层。每一层都有相关、相对应的物理设备，如路由器、交换机。

建立 7 层模型的目的是为解决异种网络互连时所遇到的兼容性问题，它的最大优点是将服务、接口和协议这三个概念明确区分开来：服务说明某一层为上一层提供一些什么功能，接口说明上一层如何使用下一层的服务，而协议涉及如何实现本层的服务；这样各层之间具有很强的独立性，互联网中各实体采用什么样的协议是没有限制的，只要向上提供相同的服务并且不改变相邻层的接口就可以了。网络 7 层的划分也是为了使网络的不同功能模块(不同层次)分担起不同的职责。

OSI 参考模型如图 7-1-7 所示。每一层的数据并不是从一端的第 N 层直接送到另一层的，第 N 层的数据在垂直的层次中自上而下地逐层传递直至物理层，在物理层的两个端点进行物理通信，这种通信称为实通信。而对等层由于通信并不是直接进行，因而称为虚拟通信。

应用层
表示层
会话层
传输层
网络层
数据链路层
物理层

图 7-1-7　OSI 参考模型

1～3 层的功能主要是完成数据交换和数据传输，称之为网络低层，即通信子网；5～7 层主要是完成信息处理服务的功能，称之为网络高层；低层和高层之间由第 4 层衔接；数据通信网只有物理层、数据链路层和网络层。

3. TCP/IP 体系结构

在讨论了 OSI 参考模型的基本内容后，就要回到现实的网络技术发展状况。OSI 参考模型研究的初衷是希望为网络体系结构和协议的发展提供一种国际标准。但是，大家不能不看到互联网在全世界的飞速发展，以及 TCP/IP 的广泛应用对网络技术发展带来的影响。

(1) TCP/IP 的特点

按照常规的理解，网络技术和设备只有符合有关的国际标准才能大范围地获得工程上的应用，但由于历史的原因，现在广泛应用的不是国际标准 OSI，而是目前最流行的商业化网络协议 TCP/IP。互联网之所以能够迅速发展，就是因为 TCP/IP 能够适应和满足世界范围内数据通信的需要。TCP/IP 具有如下几个特点：①开放的协议标准，可以免费使用，并且独立于特定的计算机硬件与操作系统；②独立于特定的网络硬件，可以运行于局域网、广域网及互联网；③统一的网络地址分配方案，使得整个 TCP/IP 设备在网中都具有唯一的地址；④标准化的高层协议，可以提供多种可靠的服务；⑤TCP/IP 不是一个协议，而是众多协同工作的一组协议，又称协议簇。

TCP/IP 参考模型的层数比 OSI 要少，TCP/IP 结构体系将网络划分为应用层（application layer）、传输层（transport layer）、网络互联层（internet layer）和网络接口层（network layer）4 层，如图 7-1-8所示。

应用层
传输层
网络互联层
网络接口层

图 7-1-8 TCP/IP 分层体系结构

(2) TCP/IP 参考模型各层的功能

① 网络接口层

在 TCP/IP 参考模型中，网络接口层是参考模型的最低层，它负责通过网络发送和接收数据报。TCP/IP 参考模型允许主机接入网络时使用多种流行的协议，如局域网协议或其他协议。

在 TCP/IP 的网络接口层中，它包括各种物理网络协议，如局域网的以太网、令牌环、分组交换网中的帧中继、PPP、HDLC、ATM 等。当这种物理网络被用作传送 IP 数据报的通道时，就可以认为是这一层的内容。这体现了 TCP/IP 的兼容性与适应性，也为 TCP/IP 的成功奠定了基础。

② 网络互联层

网络互联层是参考模型的第 2 层，主要功能包括以下几点。

接收到分组发送请求后，将分组装入 IP 数据报，填充报头并选择发送路径，然后发送到相应的网络接口。

接收到其他主机发送的数据报后，检查目的地址，如果要转发，则选择发送路径，然后转发出去。如目的地址为本节点 IP 地址，将分组交送传输层处理。

处理 ICMP 报文：即处理网络互联的路径选择、流量控制和拥塞控制问题。

③ 传输层

TCP/IP 参考模型中传输层的作用与 OSI 参考模型中传输层的作用是一样的，即负责在应用进程之间的端到端通信。传输层的主要目的是：在互联网中源主机与目的主机的对等实体间建立用于会话的端到端连接。

TCP/IP 体系结构的传输层定义了传输控制协议（Transport Control Protocol，TCP）和用户数据报协议（User Datagram Protocol，UDP）两种协议。TCP 是一个可靠的面向连接的传输层协议，它将某结点的数据以字节流形式无差错地投递到互联网的任何一台机器上。UDP 是一个不可靠、无连接的传输层协议，UDP 将可靠性问题交给应用程序解决。UDP 也应有于那些可靠性要求不高，但要求网络的延迟较小的情况，如语音和视频数据的传送。

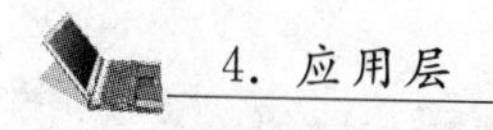

4. 应用层

在 TCP/IP 体系结构中，传输层之上的是应用层。它包括了所有的高层协议，并且总是不断有新的协议加入，其主要协议包括。

(1) 远程登录协议（Telnet）：用于实现互联网中的远程登录功能。

(2) 文件传输协议(File Transfer Protocol,FTP):用于互联网中的交互式文件传输功能。

(3) 简单邮件传输协议(Simple mail Transfer Protocol,SMTP):用于实现互联网中电子邮件的传送功能。

(4) 域名系统(Domain Name System,DNS):用于实现网络设备名字与 IP 地址映射的网络服务。

(5) 简单网络管理协议(Simple Network Management Protocol,SNMP):用于实现管理与监视网络设备的功能。

(6) 超文本传输协议(Hypertext Transfer Protocol,HTTP):用于 WWW(万维网)服务。

对于 TCP/IP 的体系结构,还有一种表示方法,就是分层给出具体使用的协议来表示 TCP/IP 的协议簇。

它的特点是上下两头较大而中间相对协议较小,这种情况可以表明:TCP/IP 可以为各种各样的应用提供服务(所谓的 everything over IP),同时也可以连接到各式各样的网络上(所谓的 IP over everything)。正因为如此,互联网才会发展到今天的这种全球规模。

7.2 局域网技术

局域网是指将有限范围内的各种计算机、终端和外部设备组成的网络,可以实现文件管理、应用软件共享、打印机共享、扫描仪共享、电子邮件、传真通信服务等功能。简单的局域网如图 7-2-1 所示。局域网由网络硬件和网络软件两部分组成。网络硬件用于实现局域网的物理连接,网络软件则主要用于控制并具体实现信息的传送和网络资源的分配与共享。网络硬件应包括服务器、工作站、网络适配器(又称网卡)、网络设备、传输介质。局域网的系统软件包括网络协议软件和网络操作系统两大部分,网络协议用来保证网络中两台设备之间正确传送数据,网络操作系统是指能够控制和管理网络资源的软件。

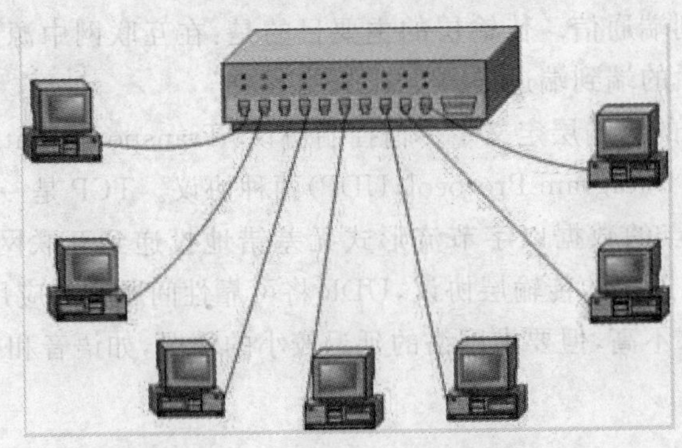

图 7-2-1　简单的局域网

以太网(Ethernet)是最常用的局域网。它是美国施乐公司的 Palo Alto 研究中心于 1975 年研制成功的。开始以无源的电缆作为总线来传送数据帧,并以表示传播电磁波的以太(ether)来命名。在20世纪80年代初,美国电气和电子工程师协会IEEE802委员会根据Ethernet技术规范,制定出局域网的体系结构,即著名的IEEE802参考模型,许多IEEE802标准已成为ISO国际标准。

Ethernet是一个在中等区域范围内实现计算机通信的技术规范,按其规范构成的计算机局域网络适用于办公自动化、分布式数据处理、终端访问等,其数据传输速率为10Mbps,高速以太网速率可达1000Mbps,采用CSMA/CD介质访问控制。

7.2.2 无限局域网

无线局域网(Wireless Local Area Network,WLAN)是目前最新,也是最热门的一种局域网,特别是从英特尔公司推出自带无线网络模块的迅驰笔记本处理器以来,更是得到了飞速的发展。无线局域网采用802.11系列标准,它也是由IEEE 802标准委员会制定的。目前这一系列标准主要有四个,分别是802.11b、802.11a、802.11g和802.11z。前三个都是传输速度提高进行的改进,802.11z是一种专门为了加强无线局域网安全的标准。因为无线局域网的无线特点,它使任何进入此网络覆盖区的用户都可以轻松地以临时用户身份进入网络,给网络带来了极大的不安全因素,为此802.11z标准专门就无线网络的安全性方面作了明确规定,加强了用户身份论证制度,并对传输的数据进行加密。

无线局域网与传统局域网主要不同之处在于传输介质不同,无线局域网是采用无线电波作为传输介质的。正因为它摆脱了有形传输介质的束缚,所以这种局域网最大的特点就是灵活性和移动性,只要在网络覆盖范围内,就可以在任何一个地方与服务器及其他工作站连接,而不需要重新铺设电缆,很适合那些移动办公一族。

1. 网卡

多数电脑已内置无线网卡,一般都会被系统自动识别。涉及网卡的主要配置参数有:网络类型、无线网络的网络名称(SSID)、密码设置等。不同厂商的无线网卡配置过程不太相同,用户可以使用网卡附带的管理工具进行设置。

2. 无线路由器

随着通信技术的发展,无线路由器(wireless router)的设置也越来越简化,大多可以即插即用、无需配置、精巧便携,商旅家用两相宜,而且能够良好兼容智能手机、平板电脑、笔记本/上网本等设备。如图7-2-2所示。

3. 无线网络连接

点击桌面任务栏通知区域的“网络”图标▪,显示当前范围内无线信号源,如图7-2-3所示。选择可用的无线信号源,点击进入,填入相应安全授权密码,即可接入该无线网络。

7.2.3 家庭组网

在家里、宿舍、学校或者办公室,如果多台电脑需要组网共享,或者联机游戏和办公,并且这几台电脑上安装的都是Windows 7系统,那么实现起来非常简单和快捷。因为Win-

图 7-2-2　TP-link 公司的无线路由器

图 7-2-3　无线信号源

dows 7 中提供了一项名称为“家庭组”的家庭网络辅助功能，通过该功能我们可以轻松地实现电脑互联，在电脑之间直接共享文档、照片、音乐等各种资源，还能直接进行局域网联机，也可以对打印机进行更方便的共享。具体操作步骤如下：

1. Windows 7 电脑中创建家庭组

在 Windows 7 系统中打开【控制面板】|【网络】和【Interne】，点击其中的【家庭组】(图 7-1)，就可以在界面中看到家庭组的设置区域。如果当前使用的网络中没有其他人已经建立的家庭组存在的话，则会看到 Windows 7 提示你创建家庭组进行文件共享。此时点击“创建家庭组”(图 7-2-4)，就可以开始创建一个全新的家庭组网络，即局域网，见图 7-2-5。

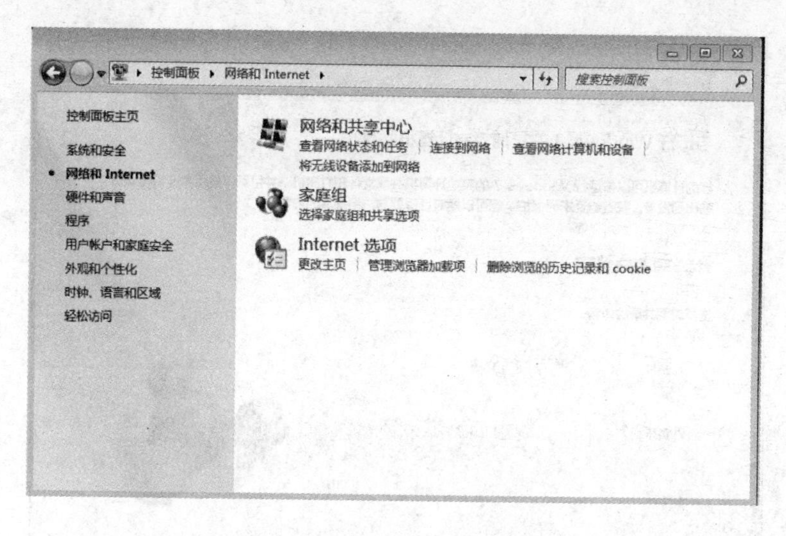

图 7-2-4　网络和 Internet 界面

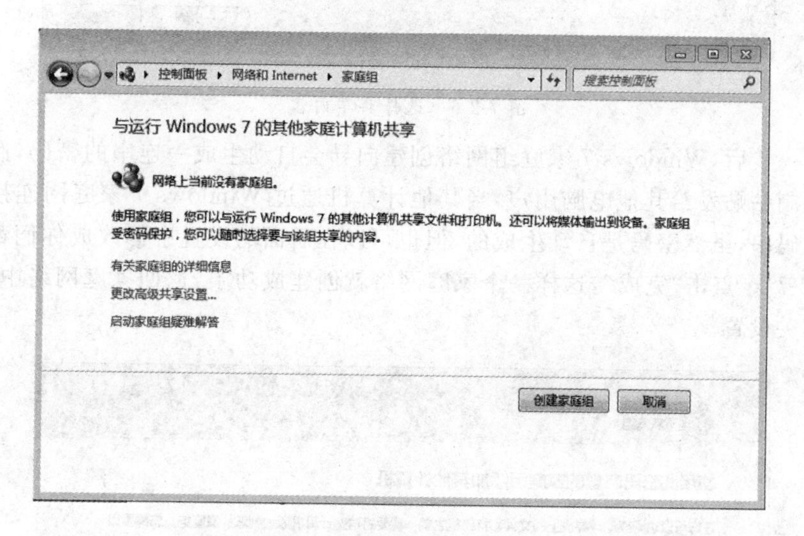

图 7-2-5　家庭组网络界面

创建家庭组的这台电脑需要安装 Windows 7 家庭高级版，Windows 7 专业版或 Windows 7 旗舰版才可以，而 Windows 7 家庭普通版加入家庭网没问题，但不能作为创建网络的主机使用。所以即使你家里只有一台是 Windows 7 旗舰版其他的电脑即使是 Windows 7 家庭普通版都不影响使用。

打开创建家庭网的向导，首先选择要与家庭网络共享的文件类型，默认共享的内容是图片、音乐、视频、文档和打印机 5 个选项，除了打印机以外，其他 4 个选项分别对应系统中默认存在的几个共享文件(图 7-2-6)。

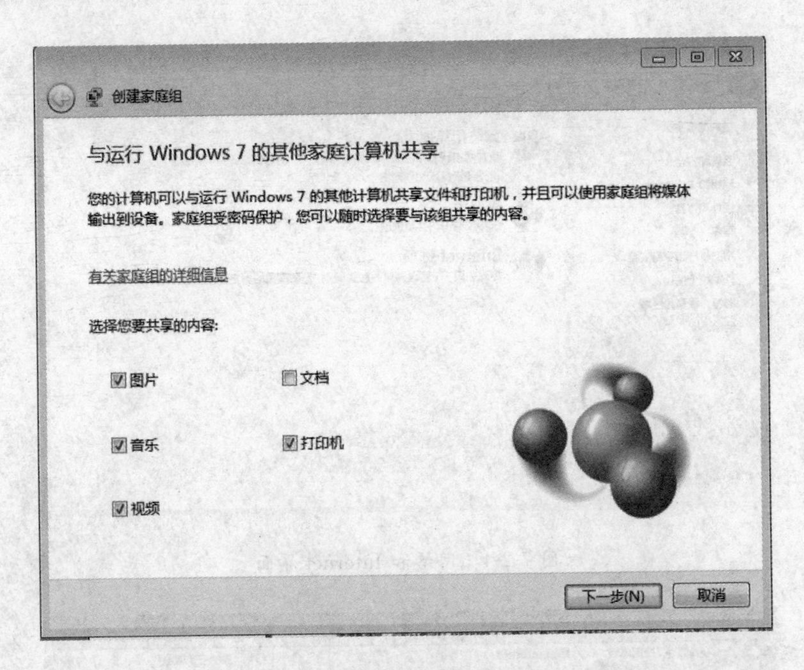

图 7-2-6 选择共享内容

点击下一步后，Windows 7 家庭组网络创建向导会自动生成一连串的密码，此时你需要把该密码复制粘贴发给其他电脑用户，当其他计算机通过 Windows 7 家庭网连接进来时必须输入此密码串，虽然密码是自动生成的，但也可以在后面的设置中修改成你们都自己熟悉密码(图 7-2-7)。点击“完成”，这样一个家庭网络就创建成功了，返回家庭网络中，就可以进行一系列相关设置。

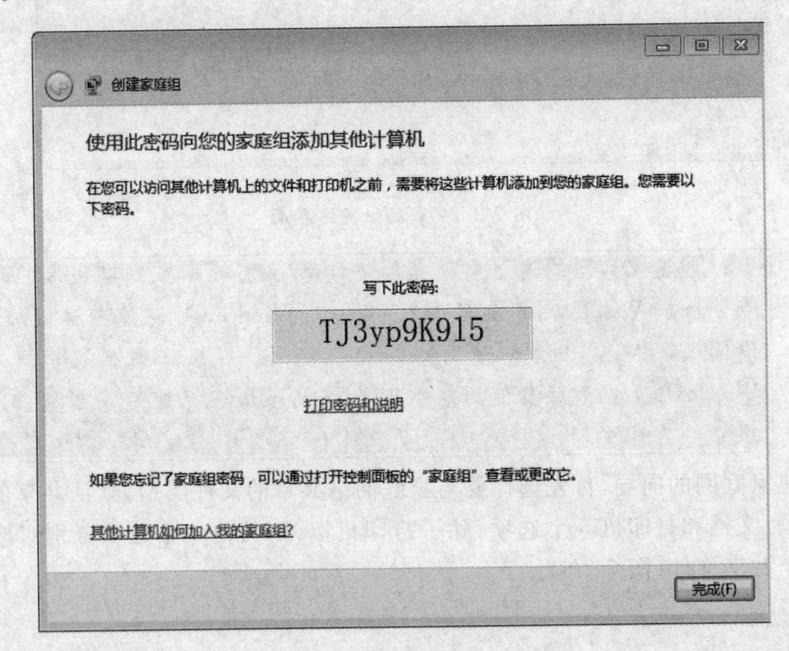

图 7-2-7 设置家庭组网络密码

当你想关闭这个 Windows 7 家庭网时，在家庭网络设置中选择退出已加入的家庭组。然后打开【控制面板】|【管理工具】|【服务】项目，在这个列表中找到【Home Group Listener】和【Home Group Provider】这个项目，右键单击，分别禁止和停用这两个项目，就把这个 Windows 7 家庭组网完全关闭了，这样大家的电脑就找不到这个家庭网了。

2. 自定义共享资源

在 Windows 7 系统中，文件夹的共享更比 Windows XP 方便很多，只需在 Windows 7 资源管理器中选择要共享的文件夹(图 7-2-8)，点击资源管理器上方菜单栏中的【共享】(图 7-2-9)|【高级共享】，勾选“共享此文件夹”(图 7-2-10)，最后设置相关权限即可。

图 7-2-8 选择共享文件夹

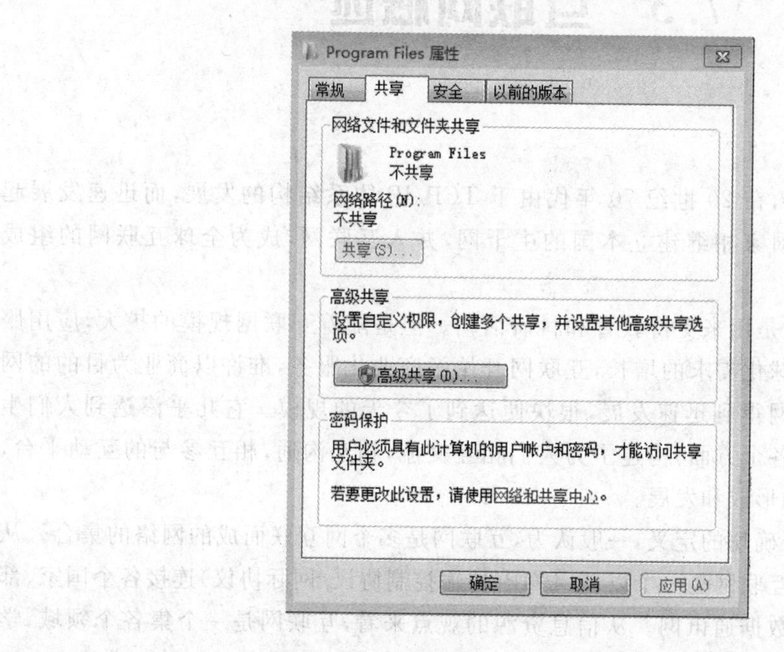

图 7-2-9 共享对话框

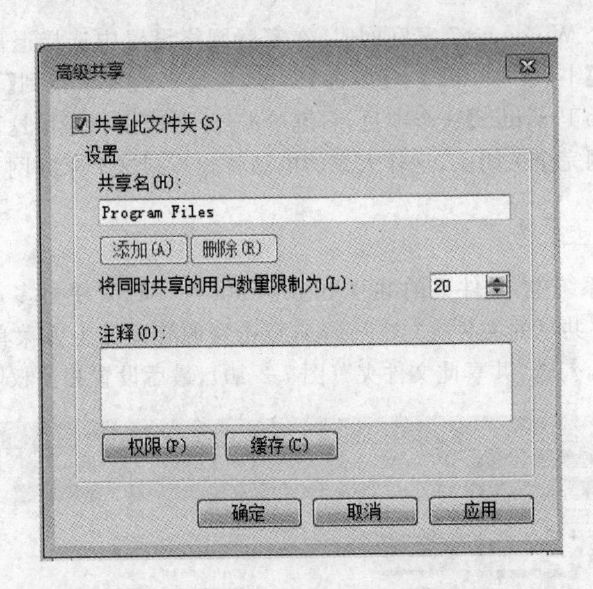

图 7-2-10　高级共享对话框

在 Windows 7 系统中设置好文件共享之后，可以在共享文件夹上点击右键，选择“属性”菜单打开一个对话框。选择“共享”选项，可以修改共享设置，包括选择和设置文件夹的共享对象和权限，也可以对某一个文件夹的访问进行密码保护设置。Windows 7 系统对于用户安全性保护能力是大大提高了，而且不论使用的是 Windows 7 旗舰版或是 Windows 7 普通版。

7.3　互联网概述

7.3.1　互联网简介

互联网起源于美国，在 20 世纪 70 年代由于 TCP/IP 体系结构的发展，而迅速发展起来。随后世界上很多国家相继建立本国的主干网，并入互联网，成为全球互联网的组成部分。

互联网最初的宗旨是用来支持教育和科研活动。但是随着互联网规模的扩大，应用服务的发展，以及市场全球化需求的增长，互联网开始了商业化服务，准许以商业为目的的网络连入互联网，使互联网得到迅速发展，很快便达到了今天的规模。它几乎渗透到人们生活、学习、工作、交往的各个方面，构建了为人们相互交流，相互沟通，相互参与的互动平台，同时促进了电子文化的形成和发展。

互联网并没有一个确切的定义，一般认为，互联网是多个网互联而成的网络的集合。从网络技术的观点来看，互联网是一个以 TCP/IP(传输控制协议/网际协议)连接各个国家、部门、机构计算机网络的数据通讯网。从信息资源的观点来看，互联网是一个集各个领域、学科的各种信息资源为一体，供上网用户共享的数据资源网。

我国在1994年加入了国际互联网，这更加有助于我国与国际间进行信息交流、资源共享和科技合作，促进我国经济文化发展。多年来我国投入大量资金建设互联网基础设施，促进了我国互联网的普及和应用。如表7-3-1所示。

表7-3-1 中国互联网络信息中心数据

网民数量	5.13亿
宽带网民数	—
网站数	230万
国际出口带宽数	1,389,529Mbps
IPv4	3.30亿
域名数	775万
截止日期	2011-12-31

2008年5月，我国电信业进行了第三次大规模重组。经过此次重组，我国骨干网单位由10家变成了7家，分别包括3家经营性单位中国电信、中国移动、中国联通和4家非经营性单位教育网、经贸网、长城网和科技网。

目前，我国互联网骨干网间互连存在交换中心互连和直接链路互连，全国共设有北京、上海、广州三个国家级交换中心，重庆、武汉两个实验性区域级交换中心。

7.3.2 互联网接入

互联网的接入技术主要研究连接ISP网络与用户之间的连接问题，通过不同的WAN技术来连接用户。本地环路（即最后一公里）使用的连接类型可能与ISP网络内或ISP之间采用的WAN连接类型不同。互联网的连接技术主要有以下几种。

1. 拨号连接终端方式

拨号连接终端方式是最容易实施的方式，费用低廉。只要一条可以连接ISP的电话线和一个账号就可以。但缺点是传输速度低，速率为56kbit/s，线路可靠性差。适合对可靠性要求不高、偶尔上网的用户。现在已经很少使用。

2. ADSL

ADSL(Asymmetric Digital Subscriber Line)是利用数字编码技术从现有铜质电话线上获取最大数据传输容量，以国内常用的ITU-TG.992.1标准为例，ADSL在一对铜线上支持的上行速率为512k-1Mbit/s，下行速率为1-8Mbit/s，有效传输距离在3-5Km范围内。ADSL是一种非对称的DSL技术，所谓非对称是指用户线的上行速率与下行速率不同，上行速率低，下行速率高，特别适合传输多媒体信息业务，如视频点播(VOD)、多媒体信息检索和其他交互式业务。如图7-5-2所示。

图 7-3-1　ADSL 网络服务界面

3. 光纤接入

光纤用户网是指光纤接入是指局端与用户之间完全以光纤作为传输媒体。光纤用户网的主要技术是光波传输技术。光纤接入可以分为有源光接入和无源光接入。目前光纤传输的复用技术发展相当快，多数已处于实用化。光纤接入的特点有：(1) 容量大，光纤工作频率比目前电缆使用的工作频率高出 8－9 个数量级，故所开发的容量大；(2) 衰减小，光纤每公里衰减比目前容量最大的通信同轴电缆每公里衰减要低一个数量级以上；(3) 体积小，重量轻，同时有利于施工和运输。光纤接入网卡如图 7-3-2 所示。

图 7-3-2　光纤接入网卡

(4) 防干扰性能好。光纤不受强电干扰、电气信号干扰和雷电干扰，抗电磁脉冲能力也很强，保密性好。(5) 节约有色金属。一般通信电缆要耗用大量的铜、铅或铝等有色金属。光纤本身是非金属，光纤通信的发展将为国家节约大量有色金属。光纤线缆如图 7-3-3 所示。

图 7-3-3　光纤线缆

4. HFC 接入

HFC（Hybrid Fiber-Coaxial），即光纤和同轴电缆相结合的混合网络，是一种经济实用的综合数字服务宽带网接入技术。我国有线电视（CATV）网自 20 世纪 90 年代初发展至今，全国覆盖面已达 50%，电视家庭用户数有 8000 多万，成为世界上第一大有线电视网。随着计算机技术、通信技术、网络技术、有线电视技术及多媒体技术的飞速发展，尤其在 Internet 的推动下，用户对信息交换和网络传输都提出了新的要求，希望融合 CATV 网络、计算机网络和电信网为一体的呼声越来越高。利用 HFC 网络结构，建立一种经济实用的宽带综合信息服务网的方案也由此而生。连接通过 HFC 接入的线缆调制解调器（如图 7-3-4 所示），可在有线电视网络内实现国际互联网访问、视频点播、家庭办公、远程教育、IP 电话、金融证券、网络游戏、远程医疗等功能。缺点是目前大多数 HFC 网络为 450M 单向传输网，业务开展前须对其进行双向网络改造，所需的工作较为复杂、系统改造成本高。

图 7-3-4　线缆调制解调器

5. 无线接入

无线接入技术是利用无线技术作为传输介质向用户提供宽带接入服务。由于铺设光纤的费用很高，对于需要宽带接入的用户，一些城市提供了无线接入。用户通过高频天线和 ISP 连接，距离在 10 公里左右，带宽为 2－11Mbit/s，费用低，但是受地形和距离的限制，适合城市内聚离互联网服务提供商较近的用户，其性价比很高。

7.3.3　互联网的服务功能

一般来说，互联网可以提供以下主要服务。

1. 万维网（WWW）

WWW 是全球信息网（World Wide Web）的缩写，中文译名为“万维网”。它可以通过简单的方法，把 Internet 上的现有资源连接起来，用户只要操纵鼠标器，就能够在 Internet 上查找已经建立的 WWW 服务器的所有站点提供的超文本、超媒体资源文档。用户可以通过 WWW 服务浏览新闻、下载软件、购买商品、收听音乐、观看电影、网上聊天、在线学习等。

2. 电子邮件（E-mail）

电子邮件是 Internet 上使用最早的信息传递方式。电子邮件系统是在一些特定的结点计算机上运行相应的软件，使之充当“邮局”，用户可以使用这台计算机上的一个“电子邮箱”来收发信件。电子邮件系统可以传送文本、声音、图像、视频等信息。此外，还可用于查询信息。如图 7-3-5 所示的网易邮箱登陆界面。

3. 搜索引擎

可以帮助用户快速查找所需要的资料、想访问的网站、想下载的软件或者是所需要的商品。现在的许多搜索引擎网站都提供页面文字、图片、音乐等方面资料的搜索，例如Google、百度、人民搜索(如图 7-3-6)等。

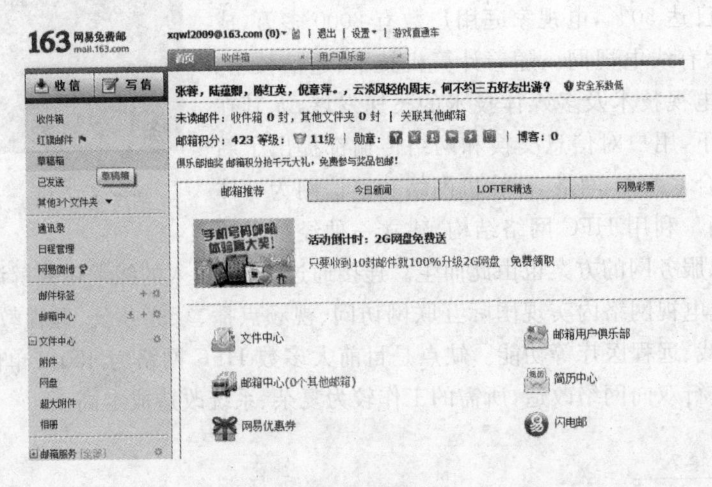

图 7-3-5　网易邮箱登陆界面

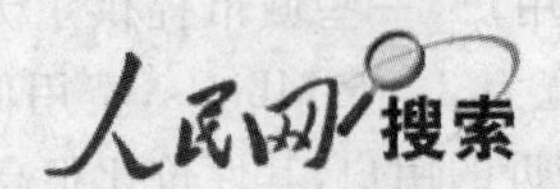

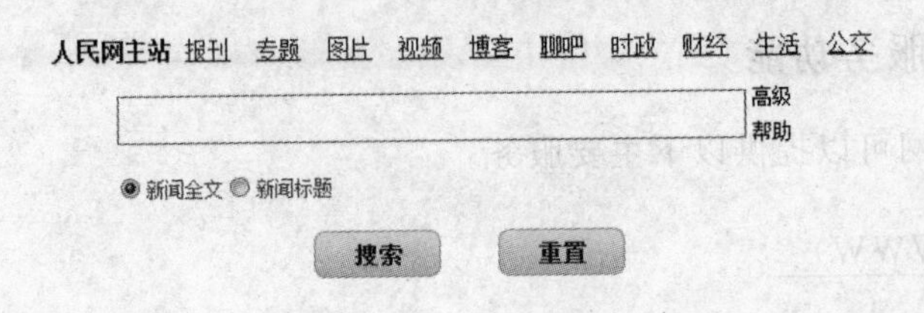

图 7-3-6　人民网搜索主界面

4. 文件传输(FTP)

FTP 是文件传输协议(File Transfer Protocol)的缩写。它是人们从互联网上获取远地主机文件的主要手段。把文件从客户端送往远程主机时，称为“文件上传”(Upload)；反之，称为“文件下载”(Download)。传送的文件可以是文本文件、可执行文件、声音文件、图像文件、数据压缩文件等。

FTP 服务提供了一种实时的文件传输环境，可以通过 FTP 服务连接远程主机，进行文件的下载和上传。

5. 电子公告板(BBS)

BBS 提供一个在网上发布各种信息的场所，也是一种交互式的实时应用。如图 7-3-7 所

示。通过 BBS 这种服务，用户可以发布信息、获取信息、收发电子邮件、与人交谈、多人聊天、就某个问题进行表决等。

图 7-3-7　天涯论坛截图

6. 远程登录(Telnet)

远程登录就是在网络通信协议 Telnet 的支持下，用户通过 Internet 注册到网络上的另一台主机，分享该主机提供的资源和服务，感觉就像在该主机上操作一样，而用户的机器则作为该主机的虚拟终端。也就是说用户的机器仅是作为一台虚拟终端向远程主机传送击键信息并回显结果。通过 Telnet 服务，只要拥有在互联网上某台计算机的账号，即可通过远程登录来使用该台计算机，就像使用本地计算机一样。

7. 新闻组(News Group)

新闻讨论组是为用户在网上交流和发布信息提供的一种服务。存放新闻的服务器叫做新闻服务器，各服务器之间没有直接联系。Internet 上的用户可对某个新闻服务器上的讨论话题发表见解。通过新闻组，用户既可以发表自己的意见，也可以领略别人的见解。

除了上面介绍的 Internet 常用服务外，还有一些其他服务，如文件检索(Archie)、分类目录(Gopher)、全局性分类目录(Veronica)、广域信息服务(WAIS)以及网上电话、网上传真等服务。

7.4　互联网安全与保护

从狭义的保护角度来看，计算机网络安全是指计算机及其网络系统资源和信息资源不受自然和人为有害因素的威胁和危害，从广义来说，凡是涉及到计算机网络上信息的保密性、完整性、可用性、真实性和可控性的相关问题都是计算机网络安全的范畴。

随着近年来增值电信业务规模的扩大和用户数量的剧增，遭到病毒感染、网络攻击、黑客入侵等网络安全的威胁也日益复杂；由于缺乏风险意识、责任意识和必要的防护措施，增值电

信用户信息泄露、业务中断、域名安全等事件时有发生，现实危害和负面社会影响越来越大。

7.4.1 计算机病毒

1. 计算机病毒的定义

“计算机病毒”最早是由美国计算机病毒研究专家 F. Cohen 博士提出的。“计算机病毒”有很多种定义，国外最流行的定义认为，计算机病毒是一段附着在其他程序上的可以实现自我繁殖的程序代码。《中华人民共和国计算机信息系统安全保护条例》中的定义为：“计算机病毒是指编制或者在计算机程序中插入的破坏计算机功能或者数据，影响计算机使用并且能够自我复制的一组计算机指令或者程序代码”。

2. 计算机病毒的特点

从计算机病毒的编写特征和发作的情况看，其具有以下特点：刻意编写，人为破坏；自我复制能力；夺取系统控制权；隐蔽性；潜伏性；不可预见性。

现代计算机病毒的流行特征主要有攻击对象趋于混合型，具有一定的反跟踪技术，增强隐蔽性，加密技术处理，而且病毒繁衍不断变种。

3. 怎样来判断计算机是否中了病毒

(1) 屏幕出现异常图形或画面，这些画面可能是一些鬼怪，也可能是一些下落的雨点、字符、树叶等，并且系统很难退出或恢复。

(2) 扬声器发出与正常操作无关的声音，如演奏乐曲或是随意组合的、杂乱的声音。

(3) 磁盘可用空间减少，出现大量坏簇，且坏簇数目不断增多，直到无法继续工作。

(4) 硬盘不能引导系统。

(5) 磁盘上的文件或程序丢失。

(6) 磁盘读/写文件明显变慢，访问的时间加长。

(7) 系统引导变慢或出现问题，有时出现“写保护错”提示。

(8) 系统经常死机或出现异常的重启动现象。

(9) 原来运行的程序突然不能运行，总是出现出错提示。

(10) 打印机不能正常启动。

7.4.2 网络安全与计算机病毒的防治

从应用的角度出发，网络安全技术大体包括以下方面：实时硬件安全技术、软件系统安全技术、数据信息安全技术、网络站点安全技术、病毒防治技术、防火墙技术。其中最主要的是硬件安全技术、病毒防治和防火墙技术。

1. 身份认证与口令安全

目前常用的身份认证方式主要有如下几种：① 用户名/密码方式，② IC 卡认证，③ 动态口令，④ 生物特征认证，⑤ USB Key 认证，表 7-4-1 是几种认证技术特点的比较。

表 7-4-1 几种认证技术特点比较

认证技术	特点	应用	主要产品
用户名/密码方式	简单易行	保护费关键性的系统，不能保护敏感信息	嵌入在各种应用软件中
IC 卡认证	简单易行	很容易被内存扫描或网络监听等黑客手段所窃取	IC 加密卡
动态口令	一次一密，较高的安全性	使用繁琐，可能会造成新的安全漏洞	动态令牌
生物特征认证	安全性最高	技术尚不成熟，准确性和稳定性还有待提高	指纹认证、虹膜认证系统等
USB Key 认证	安全可靠、成本低廉	依赖硬件安全性	银行 U 盾，iKey 2000 等

2. 防范计算机网络病毒的一些措施

(1) 在网络中，尽量多用无盘工作站，不用或少用有软驱的工作站。

(2) 在网络中，要保证系统管理员有最高的访问权限，避免过多地出现超级用户。

(3) 对非共享软件，将其执行文件和覆盖文件如“*.COM”、“*.EXE”、“*.OVL”等备份到文件服务器上，定期从服务器上拷贝到本地硬盘上进行重写操作。

(4) 接收远程文件输入时，一定不要将文件直接写入本地硬盘，而应将远程输入文件写到软盘、U 盘或移动硬盘上，然后对其进行查毒，确认无毒后再拷贝到本地硬盘上。

(5) 工作站采用防病毒芯片，这样可防止引导型病毒。

(6) 正确设置文件属性，合理规范用户的访问权限。

(7) 建立健全的网络系统安全管理制度，严格操作规程和规章制度，定期作文件备份和病毒检测。

(8) 目前预防病毒最好的办法就是在计算机中安装防病毒软件，这和人体注射疫苗是同样的道理。采用优秀的网络防病毒软件，如“瑞星”杀毒软件和奇虎公司的 360 卫士系列、“卡巴斯基”等。

(9) 为解决网络防病毒的要求，已出现了病毒防火墙，在局域网与 Internet，用户与网络之间进行隔离。

3. 使用防火墙

防火墙(Fire Wall)就是一个位于计算机和它所连接的网络之间的软件或硬件。该计算机流入流出的所有网络通信均要经过此防火墙。

(1) 防火墙的概念

在网络中，所谓“防火墙”，是指一种将内部网和公众访问网(如 Internet)分开的方法，它实际上是一种隔离技术。防火墙是在两个网络通讯时执行的一种访问控制尺度，它能允许你“同意”的人和数据进入你的网络，同时将你“不同意”的人和数据拒之门外，最大限度地阻止网络中的黑客来访问你的网络。换句话说，如果不通过防火墙，计算机使用者就无法访问

Internet,Internet 上的人也无法和公司内部的人进行通信。

(2) 防火墙的功能

防火墙是网络安全的屏障;

防火墙可以强化网络安全策略;

对网络存取和访问进行监控审计;

防止内部信息的外泄。

防火墙的类型

防火墙有不同类型。有三种类型的防火墙供您选择:软件防火墙、硬件路由器和无线路由器。

软件防火墙是单台计算机的很好选择,硬件路由器是连接到互联网的家庭网络的很好选择。一个防火墙可以是硬件自身的一部分,可以将因特网连接和计算机都插入其中。防火墙也可以在一个独立的机器上运行,该机器作为它背后网络中所有计算机的代理和防火墙。最后,直接连在因特网的机器可以使用个人防火墙。

(4) 正确使用防火墙

安装防火墙只是确保安全网络浏览的第一步。保持软件最新、使用防病毒软件和使用反间谍软件,就可以继续提高计算机的安全性,了解更多有关如何保护计算机的步骤。

4. 系统升级与补丁程序

一个完美无暇的软件在客观世界中并不存在,更何况操作系统作为一个拥有上千万行代码的大型软件来说,难免会有这样或那样的缺陷和漏洞。这些漏洞一旦被黑客利用,就可能造成巨大的混乱和损失。因此很多操作系统、应用软件、乃至大家喜欢玩的游戏,定期都会进行升级或对新发现的漏洞推出补丁,当然,这样做的目的并不完全是为了堵漏洞,也为了能支持现在层出不穷的计算机硬件新技术。

下面我们来学习如何开启 Window 7 安装补丁的自动更新功能,点击【开始】|【所有程序】|【Windows Update】,如图 7-4-1 所示。

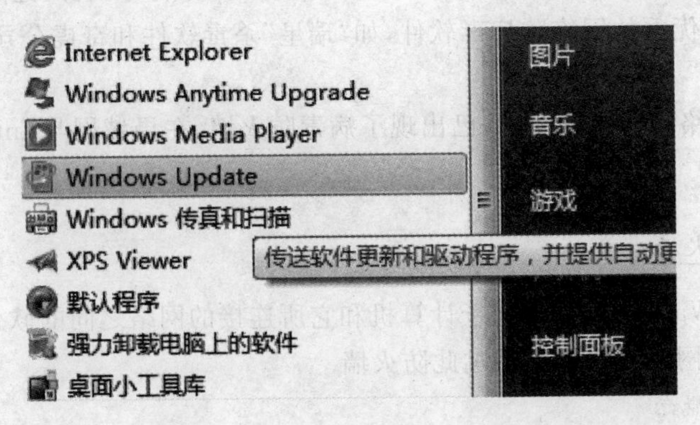

图 7-4-1　点击 Windows Update

打开 Windows Update 对话框,点击【安装更新】按钮(图 7-4-2),弹出开始下载更新程序,点击【我接受许可条款】|【确定】,出现如图 7-4-3 所示画面。

图 7-4-2　Windows Update 对话框

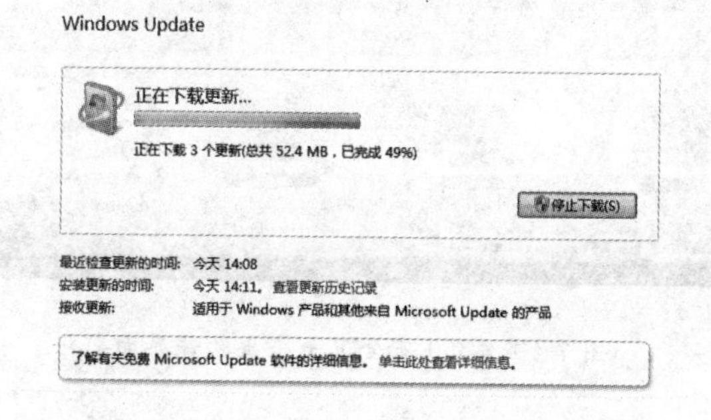

图 7-4-3　正在安装更新程序

5. 使用 360 安全卫士软件

360 安全卫士是由奇虎公司开发的完全免费的安全类上网辅助工具软件，界面如图 7-4-4 所示，它拥有查杀木马、清理插件、修复漏洞、电脑体检等多种功能，并独创了“木马防火墙”功能，依靠抢先侦测和云端鉴别，可全面、智能地拦截各类木马，保护用户的帐号、隐私等重要信息。目前木马威胁之大已远超病毒，360 安全卫士运用云安全技术，在拦截和查杀木马的效果、速度以及专业性上表现出色，能有效防止个人数据和隐私被木马窃取。360 安全卫士自身非常轻巧，还具备开机加速、垃圾清理等多种系统优化功能，可加快电脑运行速度。如图 7-4-4 所示。

图 7-4-4　360 安全卫士界面

360 杀毒软件也是奇虎公司推出的完全免费的杀毒软件，界面如图 7-4-5 所示，它整合了五大领先防杀引擎，包括国际知名的 Bit Defender 病毒查杀引擎、小红伞病毒查杀引擎、360 云查杀引擎、360 主动防御引擎、360QVM 人工智能引擎。五个引擎智能调度，为用户提供全时全面的病毒防护，不但查杀能力出色，而且能第一时间防御新出现的病毒木马。

图 7-4-5　360 安全卫士杀毒软件界面

练习题

一、单项选择题(请将正确答案填在指定的答题栏内,否则不得分)

题号	1	2	3	4	5	6	7	8	9	10
答案										
题号	11	12	13	14	15	16	17	18	19	20

1. 计算机互联的主要目的是(　　)。
   A. 制定网络协议　　B. 将计算机技术与通信技术相结合
   C. 集中计算　　D. 资源共享
2. 网络协议是支撑网络运行的通信规则,因特网上最基本的通信协议是(　　)。
   A. HTTP 协议　　B. TCP/IP 协议　　C. POP3 协议　　D. FTP 协议
3. OSI(开放系统互联)参考模型的最低层是(　　)。
   A. 物理层　　B. 网络层　　C. 传输层　　D. 应用层
4. 在 OSI 参考模型中,将网络结构自上而下划分为(　　)。
   A. 五层　　B. 四层　　C. 七层　　D. 三层
5. 人们可以通过(　　)浏览新闻、下载软件、购买商品、收听音乐、观看电影、网上聊天,在线学习等。
   A. 万维网(WWW)　　B. 电子邮件(E-mail)
   C. 远程登录(Telnet)　　D. 新闻组(UseNet)

6. 不属于“三网合一”的“网络”是(　　)。

A. 电信网　　B. 有线电视网　　C. 计算机网　　D. 交换网

7. 数据传输速率在数值上,等于每秒钟传输构成数据代码的二进制比特数,它的单位为比特/秒,通常记做(　　)。

A. B/S　　B. bps　　C. bpers　　D. baud

8. 宽带系统与基带系统相比有以下哪个优点(　　)。

A. 容量大,结构灵活,覆盖范围广　　B. 需要 Modem

C. 价格高　　D. 安装和维护复杂

9. 关于计算机网络的讨论中,下列哪个观点是正确的?(　　)

A. 组建计算机网络的目的是实现局域网的互联

B. 联入网络的所有计算机都必须使用同样的操作系统

C. 网络必须采用一个具有全局资源调度能力的分布操作系统

D. 互联的计算机是分布在不同地理位置的多台独立的自治计算机系统

10. 常用的数据传输速率单位有 Kbps、Mbps、Gbps,1 Gbps 等于(　　)。

A. 1×103Mbps　　B. 1×103Kbps　　C. 1×106Mbps　　D. 1×109Kbps

11. TCP/IP 协议是一种开放的协议标准,下列哪个不是它的特点?(　　)

A. 独立于特定计算机硬件和操作系统

B. 统一编址方案

C. 政府标准

D. 标准化的高层协议

12. 在下列任务中,哪些是网络操作系统的基本任务?(　　)

① 屏蔽本地资源与网络资源之间的差异

② 为用户提供基本的网络服务功能

③ 管理网络系统的共享资源

④ 提供网络系统的安全服务

A. ①②　　B. ①③　　C. ①②③　　D. ①②③④

13. 如果 sam. exe 文件存储在一个名为 ok. edu. cn 的 ftp 服务器上,那么下载该文件使用的 URL 为(　　)。

A. http://ok. edu. cn/sam. exe　　B. ftp://ok. edu. on/sam. exe

C. rtsp://ok. edu. cn/sam. exe　　D. mns://ok. edu. cn/sam. exe

14. 在下列网络威胁中,哪个不属于信息泄露?(　　)

A. 数据窃听　　B. 流量分析

C. 拒绝服务攻击　　D. 偷窃用户账号

15. Internet 网络的通讯协议是(　　)。

A. HTTP　　B. TCP　　C. IPX　　D. TCP/IP

16. 计算机病毒是(　　)。

A. 计算机系统自生的　　B. 一种人为编制的计算机程序

C. 主机发生故障时产生的　　D. 可传染疾病给人体的那种病毒

17. 计算机网络的主要功能包括(　　)。
    A. 日常数据收集、数据加工处理、数据可靠性、分布式处理
    B. 数据通信、资源共享、数据管理与信息处理
    C. 图片视频等多媒体信息传递和处理、分布式计算
    D. 数据通信、资源共享、提高可靠性、分布式处理
18. FTP是指(　　)。
    A. 远程登录　　B. 网络服务器　　C. 域名　　D. 文件传输协议
19. WWW的网页文件是在(　　)传输协议支持下运行的。
    A. FTP协议　　B. HTTP协议　　C. SMTP协议　　D. IP协议
20. TCP/IP协议的含义是(　　)。
    A. 局域网传输协议　　B. 拨号入网传输协议
    C. 传输控制协议和网际协议　　D. 网际协议

二、简答题

1. 什么是计算机网络？计算机网络有哪些功能？
2. OSI模型从低到高包含哪几层？
3. 互联网的主要应用有哪些？
4. 如何组建家庭局域网？
5. 简述计算机网络安全包括哪些主要部分？